Loriot und die Bundesrepublik

Loriot und die Bundesrepublik

―

Herausgegeben von
Anna Bers und Claudia Hillebrandt

DE GRUYTER

Das Interview, aus dem die Zitate von Stefan Lukschy entnommen sind, finden Sie über die Produktseite https://www.degruyter.com/document/isbn/9783111004099/html.

Wir bedanken uns beim Diogenes Verlag und Susanne von Bülow/Studio Loriot für die Genehmigung der Verwendung der folgenden Abbildungen:
S. 99, Abb.2
Aus: Loriot Spätlese (S. 21). Herausgegeben von Susanne von Bülow, Peter Geyer, OA Krimmel
Copyright © 2013 Diogenes Verlag AG Zürich.
S. 174, Abb. 3 und S. 178, Abb. 5
Aus: Loriots Heile Welt (S. 111, 137)
Copyright © 1973, 1983 Diogenes Verlag AG Zürich.
S. 180, Abb. 6
Aus: Loriots Kommentare zu Politik, Kriminalistik, Wirtschaft, Kultur, Modernem Leben, Männer und Sport sowie Tier- und Frauenwelt (S. 73)
Copyright © 1978 Diogenes Verlag AG Zürich
S. 250, Abb. 4 und S. 258, Abb. 6
Aus: Loriot: Gesammelte Bildergeschichten (S. 343, 530)
Copyright © 2008 Diogenes Verlag AG Zürich.

ISBN 978-3-11-099875-7
e-ISBN (PDF) 978-3-11-100409-9
e-ISBN (EPUB) 978-3-11-100473-0

Library of Congress Control Number: 2023937347

Bibliografische Information der Deutschen Nationalbibliothek
Die Deutsche Nationalbibliothek verzeichnet diese Publikation in der Deutschen Nationalbibliografie; detaillierte bibliografische Daten sind im Internet über http://dnb.dnb.de abrufbar.

© 2023 Walter de Gruyter GmbH, Berlin/Boston
Einbandabbildung: Standbild/Still „Loriot als Nachrichtensprecher" aus „Cartoon F: 16 – Persiflage Tagesschau" © SWR.
Satz: Integra Software Services Pvt. Ltd.
Druck und Bindung: CPI books GmbH, Leck

www.degruyter.com

Inhalt

Anna Bers, Claudia Hillebrandt
„Was, du kennst Loriot nicht?" – Loriot und die alte Bundesrepublik zur Einleitung —— 1

Christoph Stölzl †
Linsensuppe mit pochierter Poularde (Grußwort) —— 15

Die Archetypen der Bonner Republik: Loriots Werk im soziohistorischen Kontext

Stefan Lukschy, Rüdiger Singer
„[N]ie wirklich veraltet" – Anachronistische Ausstattung und Kostümgestaltung —— 21

Hans-Georg Soeffner
Loriot: Metamorphosen eines singulären Multis —— 23

Jens Wietschorke
Zur Komik des gespaltenen Habitus – Loriot und die nivellierte Mittelstandsgesellschaft —— 29

Anne Uhrmacher
„Sie lesen Gedichte, gnä' Frau?" – Loriots Blick auf die Komik bundesrepublikanischer Milieus —— 47

Geschichte, Subjekte, Öffentlichkeit: Loriot und die bundesrepublikanische Alltagskultur

Stefan Lukschy, Rüdiger Singer
„[W]enn sich zwei Menschen zusammentun" – Gender, Herrschaft und Kommunikationsstörungen —— 69

Eckhard Pabst
Nicht mit dem Führer sprechen – Zum Erbe der NS-Vergangenheit bei Loriot —— 75

Stefan Neuhaus
„Das Ei ist hart!" – Loriots hybride Welt —— 93

Rüdiger Singer
„Warum also sollte ein Humorist dauernd komisch sein?" – Loriot vs. von Bülow in Festreden und Interviews —— 109

Bewertungen und Werte: Kritik und Moral bei Loriot und in seiner Rezeption

Stefan Lukschy, Rüdiger Singer
„[W]enn die Ordnung durcheinandergebracht wird" – Loriot als Idealist, Zyniker, Melancholiker? —— 127

Sophia Wege
Vom Verlachen der Ordnung – Loriots Komödien und ihr moralisch-aufklärerisches Potenzial —— 129

Claudia Hillebrandt
Zwischen Spielfreude und Medienkritik – Loriots Fernseh-Sketche über das Fernsehen —— 149

Stefan Neumann
Risse in Loriots heiler Welt? – Loriots Zeichnungen aus den späten 1960er und frühen 1970er Jahren im Spiegel der Kritik von Wolfgang Hildesheimer —— 163

Anna Bers
Loriot geht viral? – Zu Funktionen und Folgen der gegenwärtigen Loriotrezeption —— 185

Lachen in Wort und Bild: Zur Komikkonzeption bei Loriot

Stefan Lukschy, Rüdiger Singer
„[E]s gab keine Lachpausen" – Loriots Timing —— 219

Helga Kotthoff
Loriot, sein elaborierter Code, Gender und die Komik der Seitenkicks —— 221

Dietrich Grünewald
Alltagskaleidoskop – Loriots Bildgeschichten – Humorstrategien und Erzählweisen —— 237

Sarah Alice Nienhaus
Klangvolle Kommentare – Störfrequenzen und Verdrängungsoptimierungen in Loriots Filmen —— 259

Bonusmaterial

Stefan Lukschy, Rüdiger Singer
Loriots Namen, Loriot und die DDR, Loriots Filmmusik —— 275

Autor*innen-Informationen —— 279

Abbildungsverzeichnis —— 281

Anna Bers, Claudia Hillebrandt
„Was, du kennst Loriot nicht?" – Loriot und die alte Bundesrepublik zur Einleitung

1 „Du sollst blasen, nicht saugen" – Loriot in der neuen und alten BRD

In Michael Kleebergs Roman *Vaterjahre* von 2014 entspinnt sich zwischen dem Protagonisten Karlmann Renn, genannt „Charly", und seiner Ehefrau Heike folgender Dialog:

> Hältst du mich für ein Weichei und einen Schlappschwanz?
> Nein, für mich bist du der seelenvolle Macho, der mir eine Putzfrau bezahlen will und das in eine Unverschämtheit kleidet wie „Du sollst blasen, nicht saugen."
> Sorry, aber das habe ich von Loriot geklaut.
> Der ist mir nicht geläufig.
> Was, du kennst Loriot nicht? „Es saugt und bläst der Heinzelmann, wo Mutti sonst nur saugen kann?"
> Heike lachte und hängte sich bei ihm ein.   (Kleeberg 2014, 124–125)

Dieser nur scheinbar ephemere Bezug auf Loriots berühmten Sketch *Vertreterbesuch* (vgl. Loriot 2007, Disc 4, Loriot VI, Tracks 4 und 6) ist symptomatisch für Thema und Erzählverfahren von Kleebergs Roman und zugleich ein deutlicher Beleg für eine typische Form der Rezeption von Loriots Werk: Karlmann Renn, in den 1960er Jahren geboren, ist ein bundesrepublikanischer Jedermann durch und durch. Konsum- und besitzorientiert, dabei wenig empathisch hat der studierte Volkswirt Selbstoptimierungs- und Wettbewerbsdenken der Gesellschaft, in der er lebt, voll verinnerlicht. Die Beziehung zu seiner Frau Heike basiert weniger auf gegenseitigem Verständnis als vielmehr auf seinem Wunsch nach der Sicherheit und Zuverlässigkeit, die ein Familienmodell nach (besitz-)bürgerlichem Muster ihm bietet, das er von seinen Eltern adaptiert. Kleebergs Held ist damit nicht nur qua Alter, sondern auch qua Mentalität ein direkter Nachkomme derjenigen bundesrepublikanischen Gesellschaft der 1950er bis 1980er Jahre, die Vicco von Bülow in seinen Karikaturen, Sketchen und Filmen aufs Korn genommen hat. Ein Knollennasenmännchen der zweiten Generation, wenn man so will. Oder anders gesagt: Kleeberg arbeitet sich mit *Vaterjahre* thematisch an der Gesellschaft ab, die derjenigen folgte, auf die Loriot sich überwiegend bezog.

Zugleich setzt Kleeberg in diesem Kurzdialog ein für Loriot typisches Verfahren ein: den scheiternden Dialog zwischen Ehepartnern. Heike, die in der DDR aufgewachsen ist, kann mit Charlys Anspielung nichts anfangen, bemüht sich aber auch gar nicht, die Hintergründe seines Kommentars aufzudecken. Charly wiederum – das wird im Verlauf des Romans deutlich – schämt sich der Herkunft seiner Frau und hat kein Interesse daran, ihre anders geartete Sozialisation überhaupt verstehen zu wollen. Ihre nicht-westdeutsche Herkunft, die sich in ihrer Loriot-Unkenntnis spiegelt, ist ihm peinlich. Dass scheiterndes Verstehen hier (noch) nicht im Streit endet, hat lediglich damit zu tun, dass Heike und Charly erst seit kurzem ein Paar sind und daher noch glauben, der oder die jeweils andere könne ihm bzw. ihr das bieten, was das Gegenüber sich wünscht. Die stillschweigende Bereitschaft zur Kooperation, die in Loriots Eheszenen in der Regel fehlt, ist hier also noch nicht erodiert.

An Kleebergs Dialog lässt sich damit auch das spezifisch westdeutsche Gepräge von Loriots sozialem Kosmos ablesen. Zugleich lassen sich Probleme der Wiedervereinigung – insbesondere ein Mangel an Dialogfähigkeit – an der Ehe Charlys und Heikes wie in einem Brennglas nachvollziehen: Die von Loriot vielfältig attestierte Unfähigkeit zur konstruktiven Kommunikation setzt sich Kleeberg zufolge in der Nachwendezeit fort und generiert neue Probleme. Kleebergs Einschätzung der gesellschaftsbildenden Wirkung des Loriot'schen Humors fällt offenbar negativ aus. Drittens und letztens zeigt sich in Charlys Kommentar eine typische Facette der Loriot-Rezeption, nämlich deren chiffrenhafte Sprichwörtlichkeit, die auf eine Kanonisierung von Loriots Werk hindeutet.

Die zentralen Etappen auf dem Weg zum Kanonizitätsstatus eines Werks – Publizität und Etabliertheit (vgl. Kampmann 2012) – hatte Loriot bereits zu Lebzeiten spätestens seit den 1980er Jahren genommen. Viele Indikatoren sprechen dafür, dass das Gesamtwerk Vicco von Bülows alias Loriots im Jahr seines 100. Geburtstags nun auch als kanonisiert gelten kann: Eine Werkausgabe seiner Texte und eine seiner Bildergeschichten erschienen schon zu Lebzeiten (vgl. Loriot 2006 und 2008), ebenso die vollständige Edition seiner Fernsehbeiträge (vgl. Loriot 2007); posthum wurden Arbeiten aus dem Nachlass publiziert (vgl. Loriot 2013) sowie drei Biographien vorgelegt (vgl. Lobenbrett 2012; Loriot 2012; Lukschy 2013). Die Knollennasenmännchen Loriots zieren Geschenkartikel aller Art, nicht nur in Buch- und Präsentläden. Ein geeigneter Standort für ein Museum wird derzeit gesucht;[1] in der Fernsehsendung *Unsere Besten* wurde Loriot 2007 zum besten Komiker Deutschlands gewählt.[2] Typische Loriot-Ausdrücke wie „Ein Klavier ... ein Klavier!"

---

[1] Vgl. den entsprechenden Aufruf auf der von Loriots Tochter Susanne von Bülow betriebenen Homepage: https://www.loriot.de/index.php/museum (17. Juli 2023).
[2] Vgl. *Unsere Besten* (Art.). https://de.wikipedia.org/wiki/Unsere_Besten. Wikipedia. Die freie Enzyklopädie (17. Juli 2023).

(Loriot 2006, 97), „Ach was!" (Loriot 2006, 187) oder „Holleri du dödl di" (Loriot 2006, 216) haben Einzug in die Alltagssprache gehalten.

Auch Neukontextualisierungen, die auf einen kanonischen Status von Loriots Schöpfungen hindeuten, lassen sich beobachten: Zu Beginn der Coronakrise beispielsweise wurde in den sozialen Netzwerken ein Cartoon aus *Loriots Großem Ratgeber* geteilt, auf dem in der Rubrik „Hustenmittel" unter der Überschrift „Richtig" ein Liebespaar zu sehen ist, das sich einem Schäferstündchen mit Mundnasenschutz hingibt. Bildunterschrift: „Ein kleidsames Hustenmützchen aus atmungsfreudiger Fenchelwolle bannt die Gefahr der Infektion, ohne die Stunde des lockenden Liebesspiels zu entzaubern." (Loriot 1967, 309)

Scheint heute nun auch die Kanonizität des Werks erreicht zu sein, so ist doch gleichfalls zu beobachten, dass dessen historischer Index deutlicher hervortritt: Die Bezugnahmen der Sketche, Cartoons und Filme auf die Kultur der Bundesrepublik Deutschland der 1950er bis 1980er Jahre werden in dem Maße augenfälliger, in dem der historische Abstand zu dieser Zeit sich vergrößert: Wein- und Staubsaugervertreter, Benimmratgeber und -kurse, gepflegte oder jedenfalls doch um Gepflegtheit bemühte Konversation über Rilke-Gedichte oder Wagner-Opern sind kein Signum der Alltagskultur der Gegenwart mehr. Gleichwohl sind genau diese Zeitbezüge eminent wichtig zum Verständnis des Werks. In diesem Zusammenhang wäre auf vereinzelte Bezugnahmen auf die politische Kultur Westdeutschlands vor der Wiedervereinigung hinzuweisen, wie z. B. die Zeichentrickfilme über Herbert Wehner (vgl. Loriot 2007, Disc 3, Loriot II, Track 14) oder Franz Josef Strauß (vgl. Loriot 2007, Disc 3, Loriot II, Track 13) oder einen Sketch wie *Bundestagsrede* (vgl. Loriot 2006, 226–228). Vor allem interessant und im Werk viel breiter präsent sind offenkundig aber kultur- und sozialgeschichtliche Bezugnahmen: Loriot setzt sich intensiv mit Themen der bundesrepublikanischen Alltagskultur auseinander wie z. B. dem Verhältnis der Geschlechter, dem Konsumverhalten, Modernisierungseffekten in Technik und Verkehr oder einem nach dem Krieg verunsicherten Selbstverständnis der Mittelschicht. Hinzu tritt im Fernsehwerk eine parodistisch-satirische Auseinandersetzung mit dem neuen Massenmedium Fernsehen. Der Kanonizitätsstatus des Werks überdeckt dabei die Tatsache, dass Wissen über diese vielfältigen Bezüge auf die Alltagskultur der alten BRD längst nicht mehr als gesichert gelten kann – gerade bei den nach 1990 geborenen Generationen. Und dies, obwohl gerade dieses Wissen wesentlich dazu beigetragen hat, Loriots Sketchen, Zeichnungen, Texten und Filmen allererst Publizität und Etabliertheit zu sichern. Die Forderung nach einer historisch-kritischen Ausgabe des Gesamtwerks, die Felix Christian Reuter 2021 erhoben hat, hat wohl auch hierin ihren Grund (vgl. Reuter 2021).

Der vorliegende Band will zum einen wesentliche Verbindungslinien zwischen Loriots Werk und der Kultur- und Sozialgeschichte der alten BRD aufzeigen. Zum anderen werden zentrale werkästhetische Fragen in den Blick genommen, die die Voraussetzung dafür bilden, die zahlreichen Verflechtungen zwischen Werk und historischem Kontext nachzeichnen zu können. In insgesamt vier Sektionen eruieren die Beiträge des Bandes, welche Aspekte westdeutscher Sozialstruktur und westdeutschen Alltags in welcher Weise im Werk verarbeitet werden (Sektion 1: Die Archetypen der Bonner Republik; Sektion 2: Geschichte, Subjekte, Öffentlichkeit); sie zeichnen nach, welche Stoßrichtung und welche Schärfe der Loriot'schen Kritik an der eigenen Gegenwart zuzuschreiben sind (Sektion 3: Bewertungen und Werte), und sie fragen danach, welche medienspezifischen Verfahren der Komikerzeugung Loriot einsetzt (Sektion 4: Lachen in Wort und Bild). Das gemeinsame Anliegen aller Beiträge ist es, Loriot im historischen Kontext der alten BRD zu situieren und gleichzeitig Anregungen zu einer breiteren wissenschaftlichen Auseinandersetzung mit seinem Werk zu geben.

2 Übersicht über die Beiträge des Bandes

Die Beiträge des Bandes stammen aus unterschiedlichen Disziplinen – aus Soziologie und europäischer Ethnologie, Geschichts- und Literaturwissenschaft, Medienwissenschaft und Kunstgeschichte wie auch der Linguistik. Sie widmen sich Loriot als Sozioanalytiker der alten BRD, seinen Bezugnahmen auf Geschichte und Alltagskultur dieser Gesellschaft, dem Werthorizont seiner Satire wie auch der Rezeptionsgeschichte Loriots. Und sie fragen nach den zeichnerischen, sprachlichen und filmischen Mitteln, mit denen Loriot Komik erzeugt. Entsprechend vielfältig wie diese Themenpalette fallen daher auch die theoretisch-methodischen Zugänge zu seinem Werk aus. Ergänzt werden sie durch Passagen aus einem Interview, das **Rüdiger Singer** mit **Stefan Lukschy** – Loriots ehemaligem Ko-Regisseur und engem Freund – geführt hat. Diese werden jeweils thematisch passend den einzelnen Sektionen des Bandes vorangestellt. Dabei erhält der Gesprächsausschnitt zum Thema „Gender, Herrschaft und Kommunikationsstörungen" quantitativ ein leichtes Übergewicht, da dieser Themenkomplex im Werk Loriots zentral ist und im Band sonst nicht ausreichend repräsentiert wird. Auch das Thema „Loriot und die DDR" muss weiterhin als Forschungsdesiderat gelten und erfährt im Gespräch von Lukschy und Singer eine initiale Aufmerksamkeit, die – so hoffen wir – zukünftig zu interessanten Forschungsbeiträgen führen wird. An derselben Stelle, im „Bonusmaterial" des vorliegenden Bandes, geht es darüber hinaus um Loriots (sprechende und nichtsprechende) Namen sowie um seinen Umgang mit Filmmusik. Weitere Desiderate ergeben sich aus der Zusammenschau der Beiträge (vgl. auch unten Abschnitt 3).

„Wenn man die Geschichte unseres Landes nach dem Zweiten Weltkrieg schreiben wird, kann man getrost auf die Tonnen bedruckten Papiers der Sozialforscher verzichten und sich Loriots gesammelten Werken zuwenden: *Das* sind wir, in Glanz und Elend", hatte **Christoph Stölzl** (†) in seinem Nachwort zu Loriots *Gesammelter Prosa* (Stölzl 2006, 715, Hervorhebung im Original) festgehalten und damit eine prägnante Formulierung gefunden, die diesem Band als Motto dient. In seinem Grußwort „Linsensuppe mit pochierter Poularde" hebt Stölzl Loriots Rolle des Kultursoziologen und Sozialpsychologen Westdeutschlands vor der Wiedervereinigung noch einmal deutlich hervor. Ob diese Loriot'sche Kunst der Beobachtung von den quasi-ethnologisch Untersuchten auch in diesem Sinne verstanden wurde, lässt Stölzl allerdings offen.

2.1 Die Archetypen der Bonner Republik: Loriots Werk im soziohistorischen Kontext

Die Beiträge dieser Sektion nehmen einerseits Loriots quasi-soziologische Perspektive auf die alte BRD in den Blick und fragen andererseits nach seiner eigenen sozialen Verortung als Humorist.

Hans-Georg Soeffner stellt Loriot in seinem den Band eröffnenden Essay als „singulären Multi" vor, als Kunstfigur ihres Schöpfers Vicco von Bülow, die ähnlich wie Grimmelshausens „Baldanders" in den verschiedensten Rollen auftrat und zugleich eine ganz und gar eigenständige Form des Humors in der alten BRD etablierte. Die Loriot'sche Komik zielt mit Soeffner „auf eine wohldosierte Balance von Irritation und Ordnung, Scheitern und Heiterkeit, wiederholter Krise und krisenhafter Wiederholung, kurz: auf eine Balance von ‚Ernstes Leben' und ‚Ernstes Kunst' – in ‚netter' Form." Diese Balance identifiziert Soeffner als Teil eines „mops'schen Grundgesetzes", das für Vicco von Bülows Werk charakteristisch sei.

Jens Wietschorke geht in „Zur Komik des gespaltenen Habitus. Loriot und die nivellierte Mittelstandsgesellschaft" von der These aus, dass Loriots soziale Komik von der für die westdeutsche Selbstbeschreibung vor der Wiedervereinigung so missverständlichen wie wirkmächtigen Auffassung als nivellierter Mittelstandsgesellschaft ihren Ausgang nehme. Wietschorke zufolge dreht sich die von Loriot entworfene Welt um die Norm der bürgerlichen Mitte und die mit dieser verknüpften Aufstiegserwartungen. Loriot führe den gespaltenen Habitus eines kleinbürgerlichen Milieus vor, dessen faktischer sozialer Aufstieg in den 1950er und 1960er Jahren mit dem angezielten Erwerb kulturellen Kapitals nicht Schritt hält. Loriots soziale Satire komme damit in ihrem Terrain zu ähnlichen Ergebnissen wie der Soziologe Pierre Bourdieu oder der Kulturanthropologe Berthold

Franke, die diesen Habitus Ende der 1970er, Anfang der 1980er Jahre aus der Sicht ihrer jeweiligen Disziplin erfassen.

Anne Uhrmachers Beitrag „‚Sie lesen Gedichte, gnä' Frau?' Loriots Blick auf die Komik bundesrepublikanischer Milieus" untersucht zwei berühmte filmische Kunstwerke Loriots: einerseits den Sketch *Flugessen* und andererseits die Dichterlesung des Poeten Lothar Frohwein aus dem Film *Pappa ante portas*. Das Fundament ihrer Detailobservationen bildet die kultursoziologische Studie *Die Erlebnisgesellschaft* von Gerhard Schulze aus dem Jahr 1992. Diese eigne sich so gut zur Applikation auf Loriots Werke, dass man bisweilen meinen könne – so Uhrmacher – Künstler und Soziologe hätten Kenntnis des jeweiligen Schaffens gehabt. Anhand der exemplarischen Analysen kann so deutlich werden, dass in der komischen Überzeichnung diverser distinktiver Ausdrucksformen des sogenannten Niveaumilieus die humoristische Spitze von Loriots Kunst zu identifizieren ist.

2.2 Geschichte, Subjekte, Öffentlichkeit: Loriot und die bundesrepublikanische Alltagskultur

In dieser Sektion sind Beiträge versammelt, die Loriots komisch-satirische Auseinandersetzung mit der Alltagskultur der alten BRD in den Blick nehmen und seine Selbstinszenierung als Humorist in dieser Gesellschaft umreißen.

Auf die Vorgeschichte Westdeutschlands und deren Spuren in Loriots Werk blickt der Beitrag von **Eckhard Pabst** mit dem Titel „Nicht mit dem Führer sprechen. Zum Erbe der NS-Vergangenheit bei Loriot". Pabst zeigt anhand verschiedener Karikaturen und Sketche, dass Loriot in der Regel zwar indirekt, aber zeitgenössisch doch unmissverständlich auf Verhaltensroutinen und Denkmuster der NS-Zeit wie z. B. Pedanterie und Obrigkeitshörigkeit Bezug nimmt und damit deren Fortdauer in der Bundesrepublik in Form subtiler Anspielungen kenntlich macht. Um diesen Effekt zu erzielen, bedarf es laut Pabst allerdings der Rahmung, die Loriot in den Karikaturen durch die Bildunterschriften, im Fernsehen durch die An- und Abmoderationen gewährleistet.

Loriots Werk zielt laut **Stefan Neuhaus** insgesamt darauf ab, „die Problemzonen der zunehmend hybrid erscheinenden Existenz in der Bundesrepublik zu beleuchten". Hybridität und weitere Symptome spezifisch zeitgenössischer Existenzbedingungen wie Kontingenzerfahrungen, Auflösung von künstlerischen und inhaltlichen Grenzen sowie Probleme der Identität, so Neuhaus' Beitrag mit dem Titel „‚Das Ei ist hart!' Loriots hybride Welt", ließen sich in zahlreichen Karikaturen Loriots nachvollziehen. Die untersuchten graphischen Kunstwerke gehören zu den weniger bekannten und belegen eine demaskierend-kritische Zielrichtung seines Humors.

Nach Loriots Rollenverhalten in der Öffentlichkeit jenseits des eigenen Werks fragt **Rüdiger Singer** in seinem Beitrag „‚Warum also sollte ein Humorist dauernd komisch sein?' Loriot vs. von Bülow in Festreden und Interviews". Singer hält fest, dass Loriot sich als Redner durchaus anders präsentiere als als Interviewpartner: Als (Fest-)Redner nehme Loriot grundsätzlich die von ihm erwartete Rolle des Spaßmachers an und schaffe mittels Parodie und Ironie eine kooperative Spielsituation mit dem Publikum. Als Interviewpartner hingegen sei Loriot vornehmlich als Komik-Profi aufgetreten, der über den eigenen Beruf Auskunft geben wolle. Singer veranschaulicht und differenziert diese Beobachtung an verschiedenen Beispielen aus Festreden und Interviews Loriots und legt damit die verschiedenen Register offen, derer Loriot sich in diesen unterschiedlichen Genres seiner „Öffentlichkeitsarbeit" bedient.

2.3 Bewertungen und Werte: Kritik und Moral bei Loriot und in seiner Rezeption

Geht man davon aus, dass Loriots Werk tatsächlich satirisch ist, so ist zu klären, welche Werthaltungen und Normen es lächerlich macht und welche es affirmativ dagegenstellt. Diese Frage steht in den Beiträgen dieser Sektion in unterschiedlicher Perspektivierung im Zentrum.

Sophia Wege liest Loriots Sketche als Minidramen und ordnet sie in ihrem Beitrag „Vom Verlachen der Ordnung. Loriots Komödien und ihr moralisch-aufklärerisches Potenzial" in die deutschsprachige Komödientradition ein. Wege attestiert Loriots Sketchwerk wie auch den Filmen wirkungsästhetisch einen moralischen, aufklärerisch-erzieherischen Impetus und verweist zu diesem Zweck auf wichtige Bezüge seines Komikverständnisses und seiner ästhetischen Verfahren zur Komödie der Frühaufklärung. Als verlachenswert werde in Loriots Komödien – anders als etwa bei Gottsched – nach Wege allerdings ein Übermaß an bürgerlicher Tugendhaftigkeit ausgewiesen.

Loriots Auseinandersetzung mit dem Medium Fernsehen steht im Mittelpunkt des Beitrags von **Claudia Hillebrandt**. Unter dem Titel „Zwischen Spielfreude und Medienkritik. Loriots Fernseh-Sketche über das Fernsehen" schlägt Hillebrandt zunächst eine Typologie von Sketchen über das Fernsehen vor: Eine erste Gruppe von Loriots Sketchen nehme das Fernsehen als neues Massenmedium in den Blick; eine zweite Gruppe parodiere Fernsehsendungen und Sendeformate mal mehr, mal weniger verspielt. Innerhalb dieser zweiten Gruppe seien eine Reihe von Sketchen zu verorten, die als Mediensatire im engeren Sinne ausgewiesen werden könnten: Diese Sketche führen Hillebrandt zufolge das Scheitern des Fernsehens als Informationsmedium vor, kritisieren das Unterhaltungsfernsehen als zynisch und blicken skeptisch auf die Werbefinanzierung des öffentlich-rechtlichen Rundfunks. In diesem Sinne betreiben sie Diskurs- und Institutionenkritik, die eingebettet sei in eine allgemeine Gesellschaftskritik.

Stefan Neumann zeichnet die wechselvolle Geschichte von Wolfgang Hildesheimers Loriot-Rezeption nach. In seinem Beitrag „Risse in Loriots heiler Welt? Loriots Zeichnungen aus den späten 1960er und frühen 1970er Jahren im Spiegel der Kritik von Wolfgang Hildesheimer" zeigt er, dass Hildesheimer, der zunächst mit einem wohlwollenden Vorwort zu Loriots *Auf den Hund gekommen* (1954) hervortritt, 1973 im *Spiegel* eine für Loriot besonders einschneidende Kritik formuliert. Neumann analysiert diese „Generalabrechnung" eingehend, stellt ihr ausführlich eigene Interpretationsansätze kritisierter Kunstwerke entgegen und beschreibt auch den Fortgang der aufgeladenen Beziehung zwischen den Künstlern.

Anna Bers untersucht die gegenwärtige Rezeption von Loriots Schaffen. Der Beitrag mit dem Titel „Loriot geht viral? Zu Funktionen und Folgen der gegenwärtigen Loriotrezeption" kombiniert eine quantitative Auswertung journalistischer Texte aus dem Jahr 2021 mit deren inhaltlicher Analyse. Die literaturwissenschaftliche Kategorie der Intertextualität, also der Beziehung zwischen zwei Texten, wird hier benutzt, um die Qualität gegenwärtiger Loriotzitate zu bestimmen. Zwei Grundtendenzen lassen sich Bers zufolge – neben zahlreichen Einzelbeobachtungen – festhalten: Loriots Werk werde entweder als konkretes Zitat tradiert, das unter Eingeweihten den Status des Bekannten und genussvoll Geteilten besitzt, oder in Anspielung auf besonders diffuse Kategorien wie das ‚Loriothafte'. Außerdem können aus den Rezeptionsanalysen erste Annahmen zur Kanonisierung Loriots abgeleitet werden, die weiterer Überprüfung bedürfen.

2.4 Lachen in Wort und Bild: Zur Komikkonzeption bei Loriot

Als Zeichner, Drehbuchautor, Regisseur und Schauspieler hat Loriot ein medial vielfältiges Werk vorgelegt. Die Beiträge dieser Sektion widmen sich Loriot als Bild-, Sprach- und Filmkünstler.

In ihrem Beitrag „Loriot, sein elaborierter Code, Gender und die Komik der Seitenkicks" untersucht **Helga Kotthoff** mit den Mitteln der linguistischen Stilistik und Pragmatik Wirkungsmechanismen der artifiziellen und unverwechselbaren Sprache von Loriots Figuren. Eine zentrale Analysekategorie ist dabei der sogenannte ‚elaborierte Code', eine formvollendete Sprachform, die Komik durch eine besonders ausgeprägte Fallhöhe gegenüber den tatsächlichen Handlungen und Ereignissen im Kunstwerk erzeugt. „Verdrehtheiten, Brechungen und Abstürze", aber auch „überraschende und wunderliche Haken" sind weitere linguistisch identifizierbare Effekte, die Kotthoff nicht zuletzt an für Loriot so prägende Gender-Kategorien rückbindet.

Dietrich Grünewald widmet sich in seinem Beitrag „Alltagskaleidoskop – Loriots Bildgeschichten – Humorstrategien und Erzählweisen" Loriots zeichnerischem Werk. Er zeigt an einer Vielzahl von Beispielen, wie Bild-Komik bei Loriot entsteht. Dazu untersucht er dessen Ein-Bild-Geschichten, Bildfolgen und Bildserien, analysiert Erscheinungsbild und Körpersprache der Loriot'schen Figuren – insbesondere natürlich die des Knollennasenmännchens – und fragt nach bildlicher Dynamik und Eigenwelt von Loriots gezeichneten Schöpfungen. Seine Beobachtungen ordnet Grünewald immer wieder in die Geschichte der Karikatur und der komischen Zeichnung ein und kommt zu dem Schluss, dass Loriots Bildwelten „in den meisten Fällen einen skurrilen, oft auch abstrusen Humor auf[weisen], der sich als erlösendes schelmisches Spiel mit unseren Lebensweltproblemen erweist."

Den beiden Filmen des Spätwerks wendet sich der Beitrag von **Sarah Alice Nienhaus** zu. Unter dem Titel „Klangvolle Kommentare. Störfrequenzen und Verdrängungsoptimierungen in Loriots Filmen" fragt Nienhaus nach der Funktion von Klängen in *Ödipussi* und *Pappa ante portas*. Die Hauptthese des Beitrags lautet, dass nonverbale akustische Codes kommentierend eingesetzt werden und damit auf subtile Weise die Kommunikationsstörungen, die in den Filmen inszeniert werden, begleiten, befeuern oder konterkarieren. Unter Rückgriff auf Begriffe und Verfahren der *Sound Studies* vollzieht Nienhaus anhand detaillierter Szenenanalysen nach, wie Geräusche in den Filmen eingesetzt werden, um zum Misslingen von Kommunikation beizutragen, Verdrängtes bloßzulegen, eine Soundscape der alten BRD vor die Ohren zu stellen – vor allem das beginnende Plastikzeitalter – u. a. m.

3 Ausblick

Bei der Arbeit an diesem Band und während der Diskussionen im Rahmen der Konferenz „Loriot und die Bundesrepublik" (Göttingen, 31. März und 1. April 2022), deren Vorträge den hier versammelten Beiträgen zugrunde liegen, wurden bestimmte wiederkehrende Grundfragen erkennbar, um die die Debatte zu Loriots Werk kreiste. Zugunsten künftiger Forschung seien diese Grundfragen und einige Verwandtschaften der Beiträge hinsichtlich ihrer Beantwortung umrissen. Darüber hinaus hat die gemeinsame Beschäftigung mit Loriot auch weiterhin bestehende Desiderate noch einmal schärfer konturieren können (vgl. dazu auch Bers und Hillebrandt 2021, 4). Diese seien zum Schluss ebenfalls benannt und der weiteren Diskussion übergeben.

Im Zuschnitt geht der vorliegende Sammelband – dem oben wiedergegebenen Diktum Christoph Stölzls folgend – der Frage nach, inwiefern Loriot als Soziologe der alten BRD bezeichnet werden könne. Diese Prämisse übernehmen die Beiträge von Soeffner, Uhrmacher und Wietschorke in der ersten Sektion, ebenso Neuhaus in der zweiten, Wege und Hillebrandt in der dritten und schließlich Kotthoff in der vierten Sektion. Loriot erscheint dabei in den meisten Beiträgen als prä-bourdieuscher Analytiker des Habitus der BRD der 1950er bis 1980er Jahre. Als besonders hilfreiche Kategorie Pierre Bourdieus erweist sich in den Analysen von Helga Kotthoff, Anne Uhrmacher und Jens Wietschorke diejenige des Distinktionsgewinns, d. h. des sozial aufwertenden Effekts der Abgrenzung gegenüber anderen Milieus.

Darüber hinaus jedoch wird in der Frage, welches Milieu der Gegenstand von Loriots komischer Kunst sei, in den Beiträgen mit sehr verschiedenen Konzeptionen operiert. Für Jens Wietschorke zeichnet Loriot ein Bild des von Helmut Schelsky sogenannten „nivellierten Mittelstands" (vgl. auch Classen 2021; Hillebrandt 2023); Anne Uhrmacher hingegen argumentiert mit Gerhard Schulzes Kategorie des Niveaumilieus. Auch das Kleinbürgertum wird als Bezugs- und Abgrenzungsgröße wiederholt diskutiert (vgl. Wietschorke 2013 und in diesem Band). Eine weitere soziologische Kategorie bringt der Beitrag von Stefan Neuhaus ein: Er schlägt vor, Loriots Charaktere als „hybride Subjekte" im Sinne von Andreas Reckwitz ernst zu nehmen, und fokussiert damit weniger bestimmte soziale Teilgruppen der westdeutschen Gesellschaft als vielmehr historisch neue Subjektkonzeptionen nach 1945.

Neben diesen vielgestaltigen, z. T. heterogenen soziologischen Kontexten, in die Loriots Werk gestellt werden kann und deren Verbindungen untereinander weiterer Diskussion bedürfen, erweist sich Loriots Œuvre auch in seiner kritischen Auseinandersetzung mit der deutschen Geschichte und der westdeutschen Alltagskultur als deutlich komplexer als vielfach angenommen. Die Beiträge dieses Bandes kommen in ihren Analysen denn auch zu ganz anderen Ergebnissen als Wolfgang Hildesheimer, der in den 1970er Jahren subtil-böswillig feststellte, Loriots Werk sei „liebenswert" und mithin harmlos (vgl. Bers und Hillebrandt 2021, 3 und Neumann in diesem Band). Diese Spur des satirischen Loriot verfolgen Claudia Hillebrandt, Stefan Neuhaus, Eckhard Pabst und Sophia Wege weiter. Loriot beobachtet diesen Beiträgen zufolge vornehmlich eine Prä-1968er-BRD, die geprägt ist vom Erbe des Faschismus wie auch der sich etablierenden Konsumgesellschaft, und begleitet diese kritisch-pädagogisch. Historisch entferntere Wurzeln von Loriots Kunst identifizieren Dietrich Grünewald und Sophia Wege indes in der Literatur und Kunst der Aufklärung.

Einen weiteren zentralen Diskussionspunkt bildete die Frage der spezifischen Selbstinszenierung der Figur ‚Loriot' in der Öffentlichkeit sowie in der charakteristischen Rahmung der Fernsehsketche, die die Beiträge von Eckhard Pabst und Rüdiger Singer in den Blick nehmen. Die bekanntermaßen besonders akribische künstlerische Arbeit Loriots – so zeigen Dietrich Grünewald, Helga Kotthoff und Sarah Alice Nienhaus wie auch Stefan Lukschy im Gespräch mit Rüdiger Singer – lässt sich in seinem Schaffen als Schriftsteller, Zeichner, Schauspieler und Regisseur bis in alle gestalterischen Details nachvollziehen: Seine Sorgfalt offenbart sich nicht nur in genauen Beobachtungen, wie sie das gezeichnete oder das Bewegtbild visuell festhalten, sondern auch in der Handhabung milieuspezifischer Sprache, im Einsatz filmischer Sounds u. a. m.

Die noch wenig erforschte Rezeption des heute bereits kanonisierten Werkes untersuchen Stefan Neumann anhand von Hildesheimers Kritik und Anna Bers entlang gegenwärtiger journalistischer Zitatpraktiken. Als Kern des Loriot-Kanons lassen sich bereits jetzt bestimmte Kunstwerke ausmachen, die in vielen der hier versammelten Beiträge als Beispiele fungieren: Es sind neben den beiden Spielfilmen (*Pappa ante portas* und *Ödipussi*) und wiederholten Hinweisen auf Loriots Ratgeberwerk sowie seine Zeichnungen unter dem Titel *Auf den Hund gekommen* ganz deutlich die Sketche, die immer wieder Gegenstand von Analysen werden. Einen ersten Mini-Kanon des Sketch-Werks bilden in diesem Band die Filme *Der Lottogewinner, Die Nudel, Flugessen, Herren im Bad, Jodelschule, Liebe im Büro, Mutters Klavier, Zimmerverwüstung* sowie die Familie Hoppenstedt, die in mehreren Sketchen auftritt. Bezeichnenderweise stammen alle Sketche aus der 1976 bis 1978 produzierten, besonders populär gewordenen sechsteiligen Serie *Loriot* (Loriot 2007, Disc 3 und 4); kein Sketch entstammt der Vorgängerreihe *Cartoon* (1967–1972). Die Beiträge legen das von ihrer Popularität verdeckte satirisch-kritische Potenzial dieser Sketche wieder frei, indem sie sie historisch und soziologisch kontextualisieren, und stellen ihnen Analysen zu weniger bekannten Sketchen und Zeichnungen an die Seite, mit denen sie in einem engen Zusammenhang stehen.

Die Schnittmengen der vorliegenden Beiträge erhellen auch einander widersprechende Annahmen zu Loriots Werk. So wird zukünftig z. B. zu klären sein, ob Loriots Kunst Züge des Postmodernen trägt oder sich eher als neo-aufklärerisches Projekt verstehen lässt. Auch die Qualität von Loriots politischer Kritik (so sie denn stattfindet) bedarf weiterer Untersuchung. Dies gilt ebenso für Loriots Selbstpräsentation in den Sketchen und Filmen, seine Komikkonzeption wie auch die durchaus nicht bruchlose Rezeptionsgeschichte seines Werks.

Als Desiderate einer künftigen Loriotforschung lassen sich – von den Untersuchungen dieses Bandes ausgehend – folgende Felder benennen: Ein Gegenstand, der zwar wiederholt in den Blick genommen, aber gemessen an der Relevanz für Loriots Werk noch nicht umfassend genug untersucht wurde, sind Geschlechter-

und andere Machtverhältnisse in ihren vielfältigen Facetten (vgl. dazu op den Platz 2016). Als Fundament für zahlreiche disziplinäre Zugänge und zugunsten einer breit angelegten Rezeptionsforschung erscheint uns eine umfangreiche korpuslinguistische Analyse der Werke Loriots und von deren Rezeptionszeugnissen vielversprechend. Auch das Verhältnis Loriots zur DDR sowie Loriots Nachlass harren noch einer wissenschaftlichen Aufarbeitung. Weitere Bezugskontexte, die in der hier und andernorts dokumentierten Diskussion mehr aufscheinen als bereits vollständig ausgearbeitet worden zu sein, sind Loriots künstlerische Wurzeln im neunzehnten Jahrhundert, seine Auffassung von Bildung und sein Kulturbegriff (vgl. Hillebrandt 2023). Wir hoffen, mit diesem Band Anregungen für eine Debatte zu diesen und weiteren Themenfeldern rund um Loriots Œuvre geben zu können.

Digitale Begleitmaterialien zum Band bieten eine auf dem YouTube-Kanal der Georg-August-Universität Göttingen dokumentierte Podiumsdiskussion „Loriot und die Bundesrepublik" (mit Anna Bers, Christoph Classen, Claudia Hillebrandt, Helga Kotthoff, Stefan Lukschy, Eckhard Pabst Hans-Georg Soeffner, Franziska Sperr und Christoph Stölzl †)[3] sowie das im vorliegenden Band nur in Auszügen wiedergegebene Gespräch Rüdiger Singers mit Stefan Lukschy, das in Gänze auf der Homepage des De Gruyter-Verlags als Video- bzw. Audiodatei abgerufen werden kann.[4] Eine Auswahlbibliographie mit aktueller Forschungsliteratur zu Loriot und seinem Werk findet sich in Bers und Hillebrandt (2021, 92–93). Eine umfassende Werkbiographie bietet Neumann (2011).

Die Herausgeberinnen danken Michèle Lichtenstein, Johanna Linnemann und Melina Schickentanz herzlich für die Unterstützung bei der Einrichtung des Bandes. Die Fakultät für Linguistik und Literaturwissenschaft der Universität Bielefeld hat hierfür dankenswerterweise die erforderlichen finanziellen Mittel bereitgestellt. Ebenfalls herzlich danken möchten wir Stefan Lukschy und Franziska Sperr für anregende und einsichtsvolle Gespräche zu Loriot und seinem Werk. Außerdem gilt unser herzlicher Dank Susanne von Bülow, dem Diogenes-Verlag und Manuela Heinz sowie Annette Strelow von Radio Bremen, die wesentlich zum Gelingen der Tagung beigetragen haben, deren Vorträge dem Band zugrunde liegen. Die Tagung wurde von der Fritz Thyssen Stiftung für Wissenschaftsförderung, Radio Bremen und dem Lehrstuhl von Heinrich Detering an der Georg-August-Universität Göttingen großzügig unterstützt. Auch hierfür unseren herzlichen Dank.

---

3 Vgl. Georg-August-Universität Göttingen. *Loriot und die Bundesrepublik*. https://www.youtube.com/watch?v=dHbeU9a_CP8 (17. Juli 2023).
4 https://www.degruyter.com/document/isbn/9783111004099/html

Während der Arbeiten an diesem Band ist Christoph Stölzl völlig unerwartet verstorben. Wir verdanken dem Verstorbenen eine zentrale Anregung zu diesem Band, eben das Verhältnis „Loriot und die BRD" in den Blick zu nehmen. Diese Perspektive hat nicht nur unsere Arbeit von Beginn an geprägt, sondern hat auch den anderen Beiträgerinnen und Beiträgern – ebenso wie Stölzls Tagungsbeitrag – neue transdisziplinäre Perspektiven auf Loriot und sein Werk eröffnet.

Literatur

Bers, Anna, und Claudia Hillebrandt. „Sitzmöbel und Schieberhut". *Loriot. Text + Kritik* 230 (2021): 3–5.

Classen, Christoph. „Lachen nach dem Luftschutzkeller. Loriot in der bundesdeutschen Nachkriegsgesellschaft". *Loriot. Text + Kritik* 230 (2021): 6–15.

Hillebrandt, Claudia. „‚Ich habe keine Lust, mich Heiligabend mit diesen Spießern rumzuärgern!' Zum Gesellschaftsbild im Werk Vicco von Bülows (Loriot)". *IASL* 48.1 (2023): 195–218.

Kampmann, Elisabeth. „Der Kanonisierungsprozess in den Dimensionen Dauer und Reichweite. Ein Beschreibungsmodell mit einem Beispiel aus dem Wilden Westen". *Kanon, Wertung und Vermittlung. Literatur in der Wissensgesellschaft*. Hg. Matthias Beilein, Claudia Stockinger und Simone Winko. Berlin, Boston: De Gruyter, 2012. 93–106.

Kleeberg, Michael. *Vaterjahre*. München: Hanser, 2014.

Lobenbrett, Dieter. *Loriot Biographie*. München: riva, 2012.

Loriot. *Loriot's Großer Ratgeber*. Berlin, Darmstadt, Wien: Bertelsmann, 1967.

Loriot. *Gesammelte Prosa. Alle Dramen, Geschichten, Festreden, Liebesbriefe, Kochrezepte, der legendäre Opernführer und etwa zehn Gedichte*. Mit einem Vorwort von Joachim Kaiser und einem Nachwort von Christoph Stölzl. Hg. Daniel Keel. Zürich: Diogenes, 2006.

Loriot. *Die vollständige Fernseh-Edition*. Reg. Vicco von Bülow. Warner, 2007.

Loriot. *Gesammelte Bildergeschichten. Über das Rätsel der Liebe. Vater, Mutter, Kind. Menschen auf Reisen. Umgang mit Tieren. Autos – Herr und Hund. Beruf und Büro – Sport. Haus und Garten. Weihnachten und andere Feste. Manieren und Kultur und vieles andere in 1345 Zeichnungen*. Zürich: Diogenes, 2008.

Loriot. *Möpse & Menschen. Eine Art Biographie*. Zürich: Diogenes, 2012 [1983].

Loriot. *Spätlese*. Hg. Susanne von Bülow, Peter Geyer und OA Krimmel. Zürich: Diogenes, 2013.

Lukschy, Stefan. *Der Glückliche schlägt keine Hunde. Ein Loriot Porträt*. Berlin: Aufbau, 2013.

Neumann, Stefan. *Loriot und die Hochkomik. Leben, Werk und Wirken Vicco von Bülows*. Trier: WVT, 2011.

Op den Platz, Michel. *„Männer sind … und Frauen auch … Überleg Dir das mal!". Wider die heteronormative Lesart von Geschlechterbildern im Werk Loriots*. Würzburg: Königshausen & Neumann, 2016.

Reuter, Felix Christian. „Loriots Fernsehsketche – mehr als nur Klassiker. Ein Plädoyer für eine historisch-kritische Loriot-Ausgabe". *Loriot. Text + Kritik* 230 (2021): 49–55.

Stölzl, Christoph. „Wir sind Loriot. Ein Preuße lockert die Deutschen". *Loriot. Gesammelte Prosa. Alle Dramen, Geschichten, Festreden, Liebesbriefe, Kochrezepte, der legendäre Opernführer und etwa zehn Gedichte*. Mit einem Vorwort von Joachim Kaiser und einem Nachwort von Christoph Stölzl. Hg. Daniel Keel. Zürich: Diogenes, 2006. 711–717.

Wietschorke, Jens. „Psychogramme des Kleinbürgertums: Zur sozialen Satire bei Wilhelm Busch und Loriot". *IASL* 38.1 (2013): 100–120.

Christoph Stölzl †
Linsensuppe mit pochierter Poularde (Grußwort)

23. März 2005 – Im Abend seines Lebens schloss sich ein Kreis. In Berlin, wo die von Bülows zweihundert Jahre regiert und musiziert hatten, rezitierte Vicco von Bülow in der Philharmonie inmitten des Orchesters seine Texte zu Bernsteins *Candide* nach Voltaires Roman von 1759. Danach zehn Minuten Standing Ovations, die den Bundespräsidenten (der als erster aufsprang), Angela Merkel und den Regierenden Bürgermeister über parteipolitische Grenzen friedlich vereinigten. Der hochgebildete französische Botschafter Claude Martin gab hinterher für den umjubelten Ehrengast ein Mitternachtssouper. Das Menu (Linsensuppe mit pochierter Poularde) hatte Martin basierend auf komplizierten Recherchen nach dem Lieblingsgericht Voltaires selbst komponiert. Kaum wahrscheinlich ist es, dass beim Festessen die Rede auf die Parallelen zwischen Candides Überlebens-Story und der Biographie des Freiherrn von Bülow gekommen ist. Dabei hätte Voltaires bitterböser Abgesang auf das optimistische Menschenbild der Aufklärung, seine Odyssee eines jungen Menschen, in der auf fast jeder Seite neue Gräueltaten geschildert sind, die sich Menschen antun können, Assoziationen genug geboten.

Auch Vicco von Bülows Geschichte nach 1945 handelt von einem, der noch einmal davongekommen ist. Hinter ihm lagen Trümmer: Die aristokratisch-militärische Kultur Preußens, der er entstammte, war nicht nur materiell, sondern auch geistig genauso diskreditiert und zerstört wie die Bildungs-Kulissen seiner Kindheit. Er hat, an verborgener Stelle, sehr viel später einmal angedeutet, dass die grauenhaften Erfahrungen des Vernichtungskrieges im Osten seine ganzen bisherigen Vorstellungen zu Nichts gemacht hätten. Alle Werte hatten sich aufgelöst; ja, Wirklichkeit selbst verlor ihren Boden. Für zwei Jahre verstummte der blutjunge Überlebende buchstäblich. Sein neuer Lebensentwurf nach der ‚Stunde Null' war unausgesprochen, deshalb nicht weniger real, ein kompletter Bruch mit allem Bisherigen. Vicco von Bülow hat oft erzählt, dass nur der Krieg und das Ende Preußens ihn zum Künstler gemacht haben, hinausgeworfen in eine Existenz ohne die festen sozialen Koordinaten, nach denen die von Bülows über Jahrhunderte gelebt hatten. Nicht Offizier, nicht preußischer Beamter oder Gutsherr konnte der Entwurzelte werden. Der da ein Künstlerleben begann, war frei von Konventionen, sie hatten allen Sinn verloren. Es hätte seine biographische Logik gehabt, wenn wir Vicco von Bülow Ende der 1940er Jahre im Lager des Existentialismus oder Nihilismus gefunden hätten. Aber stattdessen führte ihn der Zufall erst als Zeichner, später als Autor und Schauspieler in die Satire, jene Unterhaltungs-Kunst

https://doi.org/10.1515/9783111004099-002

also, in der das Kritische und Destruktive eingepackt sind in entkrampfende Ironie. Dabei half sicherlich, dass aus dem preußisch-militärische Assoziationen weckenden „von Bülow" ein französisch-heiteres „Loriot" geworden war.

Aber der ‚fremde Blick' dessen, der keine Wirklichkeit mehr für selbstverständlich halten kann, ist Vicco von Bülow dennoch dauerhaft geblieben. Er hat ihn in einem langen, unerhört produktiven Künstlerleben fruchtbar gemacht als Kultursoziologe und Sozialpsychologe der (West-)Deutschen im halben Jahrhundert nach ihrer Staatsgründung.

Die junge Bundesrepublik, schwankend zwischen Katzenjammer und Verdrängung, war eigentlich kein idealer Ort für Ironie. Aber Loriot fand mit untrüglichem Instinkt seinen Weg. Wie das Kind am Ende von Hans Christian Andersens *Des Kaisers neue Kleider* blickte er auf die Wirklichkeit, so wie sie sich darbot, und siehe, sie war mit wenigen Pinselstrichen, mit ein wenig Passepartout-Tricks, zur Satire zu machen.

Loriot zog 1950 das Narrengewand des ‚Humoristen' an. Das verbarg zunächst, dass er in Wahrheit eine Art Forschungsreise in die junge Bundesrepublik unternahm. Wie einst Bronisław Malinowski und Margaret Mead, die Pioniere der modernen Ethnologie sich selbst unter die Südseeinsulaner begaben, um Riten und Tabus zu erkunden, so praktizierte es Vicco von Bülow mit der Gesellschaft der 1950er bis 1980er Jahre. Niemand hat die Zeitungen, die Benimmbücher, die Grußworte, die Parlamentsreden und die Tarifverträge der Bundesrepublik mit kälterem Ethnologenblick durchforstet als Loriot. Niemand hat sich listiger in die Soziolekte des Branchen- und Interessengruppenstaates, des Journalismus, des Fernsehens und der Parteien eingeschlichen. Wenn man einmal die ‚Sittengeschichte' der West-Deutschen nach dem zweiten Weltkrieg schreiben wird, kann man getrost auf einige Bücherregale Sozialforschung verzichten und sich lieber gleich Loriots gesammelten Werken zuwenden: *Das* sind wir, in Glanz und Elend. Zu lachen gibt es viel. Lässt man das Gelächter über die Pointen einmal abebben und hört genauer hin, dann ist da auch ein aufklärerischer Grundton und der menschenfreundliche Freiherr von Knigge lässt deutlich grüßen. Und darum ist es kein Zufall, dass Loriot viele seiner Werke in die Form von praktischen Ratgebern gebracht hat.

Was hat er aus uns gemacht? Das, was wir schon immer waren: *juste milieu*, ein bisschen lächerlich und immer sehr menschlich, mit Kämpfen, die die Siege nicht wert sind – ob in Dr. Klöbners Badewanne oder im büroerotischen Clinch mit Fräulein Dinkel („Renate?!"), ob auf dem Weg zum SPD-Parteitag ohne das „sonst" gefahrene „Mercedes-Coupé" oder beim Kampf um die Sendesekunden im Wahlkampf. „Wir sind das Volk", schon wahr. Aber noch wahrer: „Wir sind Loriot." Er hat uns auf's Maul geschaut und hat sich zugleich, ein Harun al-Raschid mit tausend Gesichtern, unter uns gemischt und uns *seine Worte* so in den Mund gelegt, dass wir nun behext sind von ihm und in seinen „geflügelten" Worten sprechen, die uns oft besser auf den Punkt bringen als unsere eigenen Gedanken.

Am Ende liebte ihn die ganze, nach 1990 vereinigte Nation als einen vermeintlich Harmlosen, Grundsympathischen, in dem sie sich rundum repräsentiert fühlte. Das unter der Oberfläche liegende Abgründige interessierte niemanden. An jenem Abend im März 2005 verneigte sich vor Vicco von Bülow das deutsche Establishment in geradezu überwältigender Einigkeit. „Ja, es war ein richtig schöner Abend", sagte Angela Merkel, damals nur wenige Monate von der Kanzlerschaft entfernt. Und fügte hinzu: „Eine ideale Einstimmung auf meinen Osterurlaub". Loriot hätte den Satz, ein Meisterstück der Vermeidung jeder Berührung mit dem heiklen *Candide*-Stoff, nicht besser erfinden können.

Die Archetypen der Bonner Republik: Loriots Werk im soziohistorischen Kontext

Stefan Lukschy, Rüdiger Singer

„[N]ie wirklich veraltet" – Anachronistische Ausstattung und Kostümgestaltung

SL: Es war eigentlich so, dass die Sachen, als wir sie in den 70er Jahren drehten, vom ‚Look' her, würde man heute sagen, schon fast veraltet waren. Es war eher 40er, 50er Jahre-Kleidung, auch die Einrichtung der Wohnung. Es war alles in Braun-Grau-Tönen gehalten, und ich glaube, das spielte bei ihm eine Rolle. Er wollte nicht aktuell witzig, komisch sein, sondern er zielte auf das, was sich schon im kollektiven Unterbewusstsein an Bildern und Wiedererkennbarkeiten, sicher auch an Klischees, abgelegt hatte. Damit konnte er dann natürlich wunderbar spielen […]. Es blieb nicht der oberflächliche Witz, der satirisch die Gegenwart beleuchtet, sondern er sagte: „So, das ist etwas, woran sich alle erinnern." Er erzählte mir auch mal, dass er, wenn er einen Lastwagen zeichnete – zu einer Zeit, als die Lastwagen schon längst keine langen Schnauzen mehr hatten, sondern die Führerhäuser vorne flach abgeschnitten waren – da zeichnete er die Lastwagen immer noch mit langen Schnauzen, weil er sagte: „Daran erinnert sich jeder." Das ist irgendwie im Gedächtnis abgelegt und damit kann er dann eine tiefere Komik erzeugen.

RS: Also das deutlichste Beispiel ist ja der Stresemann-Anzug.

SL: Ja, in seinen Zeichnungen natürlich schon, also bei seinem ersten Buch *Auf den Hund gekommen*,[1] da haben die Hunde natürlich Fell, da ist nicht viel dran zu machen, aber die kleinen Männchen, die von den Hunden wie Haustiere gehalten werden, haben eigentlich eine extrem bürgerliche Kleidung an, die man ja nur zu bestimmten Anlässen anzog. Das war ja nicht Alltagskleidung. Aber auch in unseren Sketchen, wenn man sich mal anguckt, wie die angezogen sind. Die sind sehr konservativ, altmodisch und überhaupt nicht 68er-mäßig angezogen. Das war ja eigentlich die Zeit. […] Das war alles ein bisschen anders, alles ein bisschen altmodisch, und dadurch, dass es damals eigentlich schon veraltet war, ist es nie wirklich veraltet. Das ist, glaube ich, der Trick dabei. Es hatte damals schon so eine gewisse Zeitlosigkeit, und mit dieser Zeitlosigkeit hat er erreicht, dass es tatsächlich auch zeitlos blieb. Dass es damals schon aus der Zeit gefallen war und heute immer noch aus der Zeit gefallen ist, aber deshalb heute noch genauso funktioniert.

---

[1] Loriot. *Auf den Hund gekommen. 38 lieblose Zeichnungen von Loriot.* Eingeleitet von Wolfgang Hildesheimer. Zürich: Diogenes, 2005.

Hans-Georg Soeffner
Loriot: Metamorphosen eines singulären Multis

> Dass [...] also des Ernstes Kunst auch heiter ist wie des Ernstes Leben ...

Loriot, die Kunstfigur, in der Vicco von Bülow der Öffentlichkeit seinen äußerst verwandlungsfähigen Doppelgänger präsentierte, hatte schon im siebzehnten Jahrhundert einen Vorgänger: Hans Jakob Christoffel von Grimmelshausen erfand für seine Kunstfigur, den Simplicissimus, ebenfalls einen Doppelgänger, der für das Prinzip des beinahe grenzenlosen Rollentausches steht. ‚Baldanders', so heißt dieser Doppelgänger, folgt der Devise, „bald groß bald klein, bald reich bald arm, bald hoch bald nieder, bald lustig bald traurig, bald bös bald gut, und in summa bald so und bald anders" zu sein (Grimmelshausen 1962 [1668]), – also im Falle Loriots – bald Opa Hoppenstedt, bald Frankenstein (Fernsehmonster Victor), bald Ludwig II., bald Ehemann Heinrich Lohse, bald Dichter Lothar Frohwein, bald dirigierender Klaviertransporteur, bald Professor Grzimek, bald Bundestagsabgeordneter, also *in summa* bald so und bald anders zu sein. Dieses Prinzip findet seine Fortsetzung in den Medien und Genres, derer sich Loriot bedient: bald Film, bald Cartoon, bald Oper, bald Fernsehen, bald Konzert, bald Werbung, bald Gouache, bald Comic, bald dies und bald das. Kurz, Loriot steht für Multiperspektivität, Multimedialität und multiplen Rollenwechsel. Über die Ästhetik dieses Baldanders zu schreiben, wäre ein Wagnis, hätte nicht Loriot selbst den entscheidenden Hinweis gegeben:

> Also ich persönlich würde sagen, dass des Lebens [...] also des Ernstes Lebens [...] auch heiter ist wie die Kunst [...] also des Ernstes Kunst auch heiter ist wie des Ernstes Leben [...] Lebens [...] Das ist jedenfalls meine persönliche Meinung. (Kubitz und Waz 2009, 159)

Der barocke Baldanders und sein antiker Vorgänger, der göttliche Verwandlungskünstler Proteus, verweigern sich der Sehnsucht nach Eindeutigkeit: Die permanente Metamorphose tritt an die Stelle von Identitätsfiktionen, die ästhetische Irritation an die Stelle der Sinnsuche. Beide lassen also „des Ernstes Leben" und des „Ernstes Kunst" heiter einander irritieren. „Das ist jedenfalls meine (dieses Mal H-G.S.) persönliche Meinung". Und manchmal reicht es schon aus, wenn bei einer bekannten Gestalt ein signifikantes Detail so geändert wird, dass unsere Sehgewohnheiten – auf ‚gut kölsch' – in jenen ‚schälen' Blick transformiert werden, der des „Ernstes Leben" prinzipiell den Gesetzen der Komik ausliefert.

Als Vicco von Bülow sich entschied, ‚acht von insgesamt zweiundachtzig Millionen bedeutenden Deutschen' hervorzuheben, verband er diese Entscheidung mit der Feststellung: „Schon auf den ersten Blick in das Antlitz eines bedeutenden Menschen nimmt man die Spuren wahr, die ein großes Leben hinterließ" (Kubitz und Waz 2009, 146). Und so porträtierte er Richard und Cosima Wagner, Thomas Mann, Friedrich Nietzsche, Arthur Schopenhauer, Albrecht Dürer, Johann Wolfgang von Goethe und Friedrich Schiller in Öl. Über die Auswahl und Vorlagen der Porträts ließe sich vieles sagen und spekulieren. Erkennbar ist, dass Vicco von Bülows Porträtist Loriot sich an den ‚klassischen Stil' hält und nur einige Details variiert. Dabei folgt er wiederum dem Prinzip der Irritation, hier konsequent mit nur *einem* jeweils leicht angepassten Stimulus. Denn alle acht großen Deutschen sind mit dem gleichen physiognomischen Stigma geschlagen wie Loriots Comic- und Cartoon-Charaktere: einer überdimensionalen Knollennase, bei der man schon auf den ersten Blick wahrnimmt, welche Spuren die Hand des Porträtisten im Antlitz jener bedeutenden Menschen hinterließ.

Hat Loriot die Wahrnehmung seiner Akteure erst einmal auf solch irritierendes – oft auffällig unauffälliges – Detail gelenkt, so folgt daraus in der Regel für diejenigen, die einer irritierten Ordnung wieder die gewohnte Struktur geben wollen, ein sich steigerndes, unaufhaltsames Desaster. So beginnt etwa Loriots *Zimmerverwüstung* (vgl. Loriot 2007, Disc 3, Loriot II, Track 4) bei einem in diesem Zimmer Wartenden mit der Beobachtung eines Details der Wohnungseinrichtung: „Das Bild hängt schief". Was sich aus dieser Anfangsbeobachtung ergibt, beschrieb Karl Valentin, ein Wahlverwandter Loriots, so: „Zuerst wartete ich langsam, dann immer schneller". Da dieses immer schneller werdende Warten sich verbündet mit einander überstürzenden, Ordnung stiftenden Handlungen, ist die Verwüstung unausbleiblich: In Sinn-, Ordnungs-, und Glückssuche steckt von vornherein der Wurm, zum Beispiel in der diesem Tierchen ähnelnden Gestalt einer harmlosen Nudel: „Hildegard, bitte sagen Sie jetzt nichts" (frei zitiert nach Loriot 2006, 76–80). – Rentner Lindemann, der Lottogewinner, verwandelt sich während eines Fernsehinterviews nach einem zunächst harmlosen Versprecher unaufhaltsam in Herrn Lottemann, dessen Tochter gemeinsam mit dem Papst eine Herrenboutique in Wuppertal eröffnet (vgl. Loriot 2006, 27–32). Die *Englische Ansage* (vgl. Loriot 2007, Disc 4, Loriot IV, Tracks 3, 8, 10, 13), vorgetragen von Evelyn Hamann, folgt dem gleichen Prinzip. Das Desaster beginnt mit dem „Schlipth". Und dem (verhinderten) Heimdirigenten, angetan mit alltäglicher Strickjacke und einer dem künstlerischen Anlass entsprechenden, den Alltag überhöhenden Fliege, verleidet ein sich ständig wiederholender Sprung in der Schallplatte das heroische Erlebnis des Dirigats von Liszts *Les Préludes* (vgl. Loriot 2007, Disc 5, In der Philharmonie Track 10) – uns Deutschen während des Krieges auch bekannt als Préludes zu Sondermeldungen („Das Oberkommando der Wehrmacht gibt bekannt ...").

Das Prinzip, einen anfänglich kleinen Fehler durch Kaskaden sich wiederholender Korrekturbemühungen beheben zu lassen, dabei Ordnung in Chaos zu verwandeln und die im Alltag hintergründig immer drohende Anarchie in ‚heitere' Bilder zu kleiden, ist Teil dessen, was ich früher einmal als mops'sches Grundgesetz herauszuarbeiten versucht habe (vgl. Soeffner 2012): Es durchzieht als Gesetz der irritierten und irritierenden Wahrnehmung und damit als ‚ästhetische Leitidee' nahezu das gesamte Loriot'sche Œuvre. Der Wiederholung kommt dabei insofern eine besondere Bedeutung zu, als sich in dem forcierten Versuch, etwas zu wiederholen, zeigt, dass es keine Wiederholung im strikten Sinne gibt. Gerade das Bemühen, etwas in ‚gleicher Weise' zu wiederholen, führt zur Krise (vgl. Kierkegaard 1961 [1843]). Als akribischer Regisseur und Beobachter hat Vicco von Bülow um diese Gefahr gewusst (vgl. Meier 2009, 86–87). Wiederholtes Proben mit dem Ziel der Perfektionierung einer Szene riskiert in den Proben letztlich ebenfalls das, was in der Spielszene geschieht – nur mit ernsteren Folgen, weil es sich dann aus des „Ernstes Kunst" in des „Ernstes Leben" begibt: Komik zu inszenieren verlangt, wie Vicco von Bülows Regisseur Stefan Lukschy sehr genau weiß, akribischen Ernst. Hierin gleichen sich Charlie Chaplin und Vicco von Bülow.

Diesen Übergang hält Loriot grundsätzlich in einer wohltemperierten Balance. Er ist weder ein typischer Satiriker noch gesellschaftlicher Pathetiker, kein Komiker und erst recht nicht ‚Comedian'. Auch von anderen großen Mitspielern auf dem Feld des unernsten Ernstes und des ernsten Unernstes unterscheidet er sich deutlich. Weder Wilhelm Buschs in ‚nette' sprichwortnahe Verse gegliederter, bösartig analytischer Witz noch Monty Pythons anarchisch alberne Dekonstruktion gesellschaftlicher Mythen und Normen, Gerhard Polts perfide genaue Nachzeichnung alltäglicher Bosheit und/oder Dumpfheit oder Robert Gernhardts spielerisch gelassene, oft als Albernheit kostümierte, ironische Abgeklärtheit sind Loriots Metier. Er belässt es stattdessen bei einem erstaunt-irritierten ‚Ach was!'

Ein exemplarischer Sinngarant

Jeder Sinnsucher, der Loriots Werk zu durchdenken versucht, muss sich mit folgender Behauptung auseinandersetzen: „Ein Leben ohne Mops ist möglich, aber sinnlos" (Kubitz und Waz 2009, 18). Loriot bebildert seine Behauptung, indem er uns einerseits seine in einen grauen Anzug gekleidete Ganzkörper-Rückenansicht zeigt, wobei er anderseits zunächst die Vorderansicht, dann den Hinterteilanblick der Möpse Henry und Gilbert vorführt, die er unter dem Arm trägt. Die Tiere spielen nicht nur in mehreren Sketchen Loriots die Hauptrolle, sondern sind offenkundig auch fest in das Familienleben der von Bülows integriert. Ein Familienfoto aus dem Jahre 1970, aufgenommen im Haus der Familie am Starnberger See, zeigt Henry und Gilbert auf den Schößen des Ehepaares Romi und Vicco von Bülow. Die Töchter der von Bülows rahmen diese familiäre Mopsidylle ebenso wie die Familienbilder, die im Hintergrund am oberen Bildrand zu sehen sind (vgl. Kubitz und Waz 2009, 163). Die Möpse sind, wie das Foto dokumentieren soll, für das Leben Loriots zentral. Sie sind als Protagonisten in den Sketchen nicht nur ‚Personen des öffentlichen Lebens', sondern als Gefährten Loriots auch Teil des nicht-öffentlichen Familienlebens. Bezeichnenderweise wurde der Mopszyklus (vgl. Loriot 2013, 298–319), entstanden zwischen 1988 und 1991, zum ersten Mal 2009 veröffentlicht. Er war und ist ein Geschenk Vicco von Bülows an seine Frau. Der Mopsengel, das letzte Bild des Zyklus, steht also, wie man vermuten darf, für den Kulminationspunkt möpsischen Wesens: für das Loriot'sche Gegengift gegen Sinnlosigkeit.

Die Kunst kann, wie Loriot bei der Inszenierung von Carl Maria von Webers Oper *Der Freischütz* schmerzhaft erfahren musste, durchaus verwirrend, unordentlich und schwer zu beherrschen sein. Denn um dieser Oper gerecht zu werden, „benötigt" man für die Inszenierung einen „Wasserfall, vier Feuerräder, zwölf galoppierende Pferde, lebende Hirsche und Hunde, ein wildes Geisterheer, diverse entwurzelte Bäume, Platzregen und [...] eine unschuldig Verlobte [...] Aber eben daran scheitert jede Inszenierung. Man ist verärgert und Max, ihr Verlobter auch. Schade [...]" (Kubitz und Waz 2009, 140).

Der Mops – als solcher – dagegen steht für eine letztlich heitere Ordnung, in der, wie wir gesehen haben, auch die größten Gegensätze – Hoffnung und Versagung, Zuversicht und Melancholie, Heiterkeit und Trauer – in ‚prästabilierter Harmonie' (sehr frei nach Gottfried Wilhelm Leibniz) zusammenfinden. Insofern repräsentiert der engelhaft schwebende Mops mehr als nur ein ästhetisch mops'sches Grundgesetz und das Prinzip der ästhetischen Irritation. Denn Loriots Ästhetik zielt darüber hinaus, wie sich abschließend zeigt, auf eine wohldosierte Balance von Irritation und Ordnung, Scheitern und Heiterkeit, wiederholter Krise und krisenhafter Wiederholung, kurz: auf eine Balance von „Ernstes Leben" und „Ernstes Kunst" – in „netter" Form.

So lässt sich auch erahnen, wie Vicco von Bülows Loriot mit der Corona-Krise umgegangen wäre – vermutlich so wie im Dirigat der Hustensymphonie (A Night in the Opera 4): Loriot, unterstützt von den Berliner Philharmonikern, bettet die Hustenanfälle in einen gefälligen, musikalischen Rahmen (vgl. Loriot 2007, Disc 5, In der Philharmonie, Track 8). Sie gehorchen den exakten Einsatzzeichen des Dirigenten Loriot, ästhetisieren die Unarten oder Krankheiten des Publikums und machen diese zum Teil eines Gesamtkunstwerkes, das nicht nur im „Röchelverzeichnis" eine herausragende Stelle einnimmt. Denn es verweist zugleich auch auf einen spezifisch Loriot'schen Sinnhorizont: Wie die Hustensymphonie ist die große Symphonie des menschlichen Lebens – der alltägliche Kampf sowohl mit dem inneren (Ego) als auch dem äußeren (Alter) Schweinehund und das ständige Ringen um die Rückgewinnung von Normalität in den verwüsteten Zimmern unserer kleinen Lebenswelten – ein permanentes Krisenexperiment. Loriot bewältigt es auf seine Weise: Er verleiht den Krisen eine „nette Form".

So bleibt uns am Ende nichts anderes übrig, als uns der weitreichenden, tiefensoziologischen Einsicht Loriots anzuschließen, dass „das Verhältnis von Mensch zu Mensch vielfältig und wunderbar" sei. Auch dann noch, wenn große Fragen offen bleiben – so exemplarisch diese: „Ruhen die Herrschaften parallel oder rechtwinklig?" (Bettenkauf, vgl. Loriot 2006, 175–182)

Literatur

Grimmelshausen, Hans Jakob Christoffel von. *Der abenteuerliche Simplicissimus*. Frankfurt a. M.: Fischer, 1962 [1668].
Kierkegaard, Søren. *Die Wiederholung. Ein Versuch in der experimentierenden Psychologie von Constantin Constantius*. Ders., *Werke, Band II*. Hg. Liselotte Richter. Hamburg, Reinbek: Rowohlt, 1961 [1843].
Kubitz, Peter Paul, und Gerlinde Waz (Hg.). *Loriot. Ach was!*. Berlin: Hatje Cantz, 2009.
Loriot. *Spätlese*. Hg. Susanne von Bülow, Peter Geyer, OA Krimmel. Zürich: Diogenes, 2013.
Loriot. *Die vollständige Fernseh-Edition*. Reg. Vicco von Bülow. Warner, 2007.
Loriot. *Gesammelte Prosa. Alle Dramen, Geschichten, Festreden,Liebesbriefe, Kochrezepte, der legendäre Opernführer und etwa zehn Gedichte*. Mit einem Vorwort von Joachim Kaiser und einem Nachwort von Christoph Stölzl Hg. Daniel Keel. Zürich: Diogenes, 2006.
Meier, Heinz. „Bitte etwas angelegentlicher". *Loriot. Ach Was!*. Hg. Peter Paul Kubitz und Gerlinde Waz. Berlin: Hatje Cantz, 2009. 86–87.
Soeffner, Hans-Georg. „Des Mopses Seele. Zur Ästhetik Loriots". *Soziologie* 41.1 (2012): 7–18

Jens Wietschorke
Zur Komik des gespaltenen Habitus – Loriot und die nivellierte Mittelstandsgesellschaft

1 Einleitung

Dass sich Loriots Komik heute ungebrochener Beliebtheit erfreut, bedeutet keineswegs, dass sie einen zeitlosen Charakter hätte. Nicht zuletzt der vorliegende Sammelband zeigt, dass sie sowohl in ihren Grundzügen als auch in ihren konkreten Sujets unverkennbar in die alte Bundesrepublik verweist. Zudem ist sie auch keineswegs klassenlos. Sie geht nicht in der Karikatur allgemeinmenschlicher Schwächen auf, führt nicht einfach nur die *conditio humana* in ihrer ganzen Absurdität vor. Vielmehr liefert sie einen bestechend präzisen humoristischen Kommentar zu einer ganz bestimmten historisch-sozialen Formation: dem deutschen Kleinbürgertum zwischen der Zeit des ‚Wirtschaftswunders' und den späten 1980er Jahren. Loriots Werk hat somit eine spezifische soziale Ebene, und Hans-Georg Soeffner ist voll und ganz zuzustimmen, wenn er in Loriot einen veritablen „Soziologen der Bundesrepublik" sieht (vgl. Soeffner in diesem Band). Der vorliegende Beitrag geht der Frage nach, inwiefern sich die bundesrepublikanische Sozialstruktur im Werk Loriots spiegelt und in welcher Weise sie das genau tut. Er entfaltet die These, dass Loriot in seinen Cartoons, Texten, Fernsehszenen und Spielfilmen eine soziale Welt vorführt, die sich in spezifischer Weise um die Norm der bürgerlichen Mitte und die Aspirationen des sozialen Aufstiegs dreht. Seine Figuren scheitern systematisch an den kulturellen und habituellen Anforderungen dieses Aufstiegs; im Fokus der humoristischen Wirklichkeitsbeschreibung steht das, was Pierre Bourdieu als „gespaltenen Habitus" bezeichnet hat. So soll auf verschiedenen Ebenen gezeigt werden, dass Loriots Komik immer auch als eine Auseinandersetzung mit der „nivellierten Mittelstandsgesellschaft" verstanden werden kann, die Helmut Schelsky ab 1953 behauptet hat und die als gesellschaftliche Selbstbeschreibung und auch als Lebensgefühl der alten Bundesrepublik bis in die 1970er Jahre hinein prägend war.[1]

Beginnen wir zum Einstieg mit einer Figur, die Loriot in den frühen 1950er Jahren entwickelt hat: dem Knollennasenmännchen. Dieses Männchen ist erkenn-

---

[1] Einen Hinweis auf die „nivellierte Mittelstandsgesellschaft" gibt in diesem Kontext auch Classen (2021, 8–9).

bar ein Mann, es kann aber auch – etwa in der 1953 erschienenen *Stern*-Serie *Auf den Hund gekommen* (vgl. Loriot 2008, 175–200) – für den Menschen überhaupt stehen. Was sofort auffällt, ist seine distinguierte Kleidung: schwarzes Sakko und gestreifte Hose ohne Aufschlag, also der berühmte ‚Stresemann', dazu wahlweise ein Bowler-Hut (alias ‚Melone') oder eine Art Porkpie. In diesem Anzug sitzt das Knollennasenmännchen bei Loriot in einem viel zu kleinen und überdies antiquierten Dienstwagen des Diplomatischen Corps (vgl. Loriot 2008, 429), in diesem Anzug durchlebt es aber auch seinen ganz banalen Alltag in Familie und Büro. Der ‚Stresemann' ist an dieser Stelle höchst signifikant: Er verweist in die Weimarer Republik zurück, er war aber auch *der* Repräsentationsanzug der deutschen Politik der 1950er Jahre auf höchster Ebene. Er wurde von Konrad Adenauer ebenso getragen wie von Theodor Heuss; laut der *Gentleman's Gazette* wurde er damals auch als „Bonner Anzug" bezeichnet (Schneider 2010).

Dabei ist der ‚Stresemann' bei Loriot nicht einfach nur ein beliebiges Accessoire der frühen Bundesrepublik, sondern gibt uns einen wichtigen Hinweis auf die Funktionsweisen seiner sozialen Satire. Zunächst begründet dieser Anzug eine Fallhöhe, aus der sich in vielfältiger Weise komische Wirkungen entwickeln lassen. Das Knollennasenmännchen möchte stets die Etikette wahren, möchte Reputation und Respektabilität ausstrahlen. Beides misslingt ihm aber in absurder Manier. In sarkastischen Rollenwechseln erscheint das so gediegen gekleidete Männchen einmal als Hund, einmal als Kind. Es will zu viel und macht sich dabei meist lächerlich. So scheitert es häufig genau wegen seiner Ansprüche, seiner angelernten Etikette und Selbstdisziplin an den Erfordernissen des wirklichen Lebens. Es wahrt die Fassade, auch wenn dahinter der ganze Bau in Trümmern liegt. Jenseits der Situationskomik liegt darin aber auch eine tieferliegende sozialgeschichtliche Dimension: Denn das Knollennasenmännchen in seinem Stresemann ist eben eine Figur mit Aspirationen. Es lebt in der Regel ein recht gewöhnliches Leben, strebt aber nach oben, möchte gerne ein Männchen von Welt sein. Dadurch wird es zu einer wahren Ikone der frühen Bundesrepublik, die auch als Nation wieder um Würde und Respektabilität bemüht ist. Zugleich porträtiert es den paradigmatischen Bundesbürger, der sich auf dem Weg vom nationalsozialistischen Vernichtungskrieg in eine neue Normalität befindet und gerade noch dabei ist, seine eingeübten Sekundärtugenden wieder ins zivile Leben zu überführen. Dass sich 1953 Leser*innen des *Stern* über die „scheußlichen, menschenverhöhnenden Hundewitze" Loriots echauffieren (Classen 2021, 10), zeigt nachdrücklich, wie empfindlich die Identitätskonstruktion einer neuen deutschen Normalität damals sein konnte. Das Knollennasenmännchen im Wagen des Diplomatischen Corps ist also zweierlei: ein zeitgeschichtlicher Kommentar zur politischen Identitätssuche der frühen Bundesrepublik und ein sozialgeschichtlicher Kommentar zur Charakterstruktur der deutschen Mittelschicht. Oder anders gesagt: Die Deutschen wollten wieder wer sein und Loriot sah ihnen dabei zu.

2 Loriots Welt: Die nivellierte Mittelstandsgesellschaft

Die 1950er und 1960er Jahre lassen sich als die formative Phase von Loriots soziologischem Humor verstehen. In dieser Zeit erfand der Autor und Zeichner Vicco von Bülow viele seiner Genrebilder und Figuren, Situationen und Szenerien, die er dann später in seine Produktionen für das Fernsehen mitnahm und für die Gegenwart der 1970er und 1980er Jahre bearbeitete. Es ist an dieser Stelle aufschlussreich, die Herausbildung des Loriot'schen sozialen Universums mit dem zeitgenössischen Diskurs der soziologischen Selbstbeschreibung der Bundesrepublik zusammenzudenken. Denn in den 1950er Jahren vollzog die bundesdeutsche Soziologie des konservativen wie liberalen politischen Spektrums eine signifikante Abkehr vom Klassenbegriff. Das in den Mittelschichten deutlich angestiegene Wohlstandsniveau veranlasste konservative Soziologen damals, von einer „Klassengesellschaft im Schmelztiegel" oder einer „nivellierten Mittelstandsgesellschaft" zu sprechen – Schelsky ging damals von einer „sozialen Nivellierung in einer verhältnismäßig einheitlichen Gesellschaftsschicht" aus, „die ebenso wenig proletarisch wie bürgerlich ist, d. h. durch den Verlust der Klassenspannung und sozialen Hierarchie gekennzeichnet wird" (zit. nach Geißler 2002, 114).

Die Diagnose der nivellierten Mittelstandsgesellschaft war in dieser Form nie ganz richtig. Zwar kam es nach 1945 durchaus zu einer quantitativen Ausdehnung der Mittelschichten und von 1960 bis 1965 stiegen die Nettomonatseinkommen der Arbeiter- und Angestelltenhaushalte um 31 Prozent sowie von 1965 bis 1970 nochmals um 47 Prozent (vgl. Herbert 2014, 787). Dennoch waren die Lebenschancen und Ressourcen wie Besitz, Einkommen und Bildung auch in den 1950er und 1960er Jahren eindeutig ungleich verteilt, auch die Bundesrepublik blieb eine Klassengesellschaft sui generis. So gab es „die unübersehbare Sozialhierarchie zum einen der marktbedingten Klassen, zum andern der Erbschaft sozialstruktureller Traditionen aus anderen Epochen" (Wehler 2008, 209). Für Ralf Dahrendorf war die „nivellierte Mittelstandsgesellschaft" daher eine „optische Täuschung" (zit. nach Wolfrum 2006, 148); Hans-Ulrich Wehler bezeichnete sie später sogar schlichtweg als „Illusion" (Wehler 2008, 110). Der Wirkmacht von Schelskys Gegenwartsdiagnose tat das keinen Abbruch: In ihr erkannten sich vor allem die wieder, die mehr oder weniger tatsächlich zur Mittelklasse gehörten; mit einem Begriff des britischen Kulturwissenschaftlers Raymond Williams könnte man sagen, dass die „Gefühlsstruktur" (Williams 1961, 48) der frühen Bundesrepublik ganz wesentlich von der Idee der nivellierten Mittelstandsgesellschaft geprägt wurde. Laut dem Soziologen Mario Rainer Lepsius wirkte sie damals „wie eine erlösende Formel, die eine einprägsame Deutung zu liefern schien und zugleich den demokratischen Gleichheitspostulaten wie den degoutierten Ressentiments, wie schließlich auch dem Geltungsanspruch des kleinbürgerlichen Mittelstandes zu schmeicheln schien" (zit. nach Nolte 2000, 330). Die Mitte wurde so zur sozialen Orientierungsmarke der Bundesrepublik, sie war die Zone der Respektabilität, die natürliche Heimat von Anstand und Wohlstand. Für den liberalen Kölner Soziologen René König gewann in diesem Kontext der Begriff der „Mentalität" an Bedeutung, da statistische Methoden allein zur Erfassung sozialer Differenzierungen im „breite[n] Band von Menschen unklarer Zurechnung zwischen Proletariat und Mittelstand" nicht ausreichen und es hier vor allem auf die „individuelle Attitüde" ankomme (zit. nach Nolte 2000, 321). Genau diese Attitüde interessierte den Humoristen Loriot. Hier richtete sich der Blick auf die Bühne des Sozialen, auf der die Zeitgenossen versuchten, ihre Zugehörigkeit zur Mittel- oder gar Oberschicht zu demonstrieren. Damit ist Loriots Komik in ihrem zeitkritischen Gehalt aufs Engste mit der Bonner Republik verbunden. Sie spiegelt den Habitus ihrer nivellierten Mittelstandsgesellschaft ganz unabhängig davon, dass es diese nie wirklich gab. Die Stadt Bonn selbst stand exemplarisch für diese gesellschaftliche *conditio*, sie „symbolisierte den Traum der kleinbürgerlichen Gesellschaft eines Staates, der den Normen des Mittelmaßes entsprach und in dem Ruhe die erste Bürgerpflicht war" (Pintschovius 2008, 540). In diesem Sinne war Bonn voll und ganz Loriots Welt.

Helmut Schelskys Idee speiste sich aus der Annahme, dass sich die sozialen Laufbahnen der aufsteigenden Industriearbeiterschaft und der absteigenden Bourgeoisie in einer breiten Mittelzone träfen, in einer Art verallgemeinertem Kleinbürgertum. So spricht er wörtlich von einer Tendenz zu einer „nivellierten kleinbürgerlich-mittelständischen Gesellschaft" (zit. nach Schildt 2001, 295). Doch sozialgeschichtlich und sozialstrukturell gesehen ist das Kleinbürgertum eine heikle Kategorie. Seine Herkunft aus dem gehobenen Handwerker- und Kleinhändlermilieu der europäischen Städte des neunzehnten Jahrhunderts ist unbestreitbar (vgl. Haupt und Crossigk 1998), dennoch schwingt in diesem Begriff so viel Polemik mit, dass er als analytische Kategorie nahezu unbrauchbar geworden ist (vgl. Franke 1988, 9). In der Forschung wurde daher verschiedentlich versucht, das Kleinbürgertum vornehmlich kulturgeschichtlich zu fassen, wie es beispielsweise Berthold Franke in seiner Studie *Die Kleinbürger* getan hat. Er spricht von einer „Kultur der Normalität" (Franke 1988, 214) und sieht die Aufgabe der Rekonstruktion dessen, was kleinbürgerlich ist, in der Feinanalyse eines ideologischen Komplexes, der sozialhistorisch im Mittelstand verankert ist, aber längst nicht darin aufgeht und sich virtuell auch auf andere soziale Felder erstrecken kann. [...] Strenggenommen ist damit der Gegenstand nicht länger ‚der' oder ‚die' Kleinbürger, sondern eigentlich ‚das Kleinbürgerliche' (Franke 1988, 12).

Der Kulturanthropologe Heinz Schilling ist in seiner Untersuchung dieser Spur gefolgt und nimmt Kleinbürgerlichkeit als „Lebenswelt", als „klassenübergreifenden Kulturstil" und als „Kultur der begrenzten Reichweite" in den Blick (Schilling 2003, 24–27). Dabei benennt er die Trias aus Familie, Lokalismus und Eigentum als „Leitkategorien der bürgerlichen Kultur" (Schilling 2003, 31), identifiziert aber auch „Geiz, Niedertracht, Engstirnigkeit und Fremdenfeindlichkeit, [...] ängstliches Streben nach Achtbarkeit und übertriebene Sorge um Ordnung und Schicklichkeit" als weitere Koordinaten der kleinbürgerlichen Mentalitätsstruktur, so wie sie schon von vielen Romanautoren des neunzehnten Jahrhunderts geschildert worden ist (Schilling 2003, 28). In Loriot hat diese Mentalitätsstruktur einen ihrer treffendsten Chronisten gefunden. Die Grundbegriffe, mit denen Autoren wie Franke oder Schilling das Kleinbürgerliche umschreiben, markieren zugleich einige der Hauptthemen seines satirischen Werks.[2]

3 Phänomenologie des Kleinbürgerlichen Teil 1: Die Aufwärtsorientierung

Loriots Figuren sind in ihrem Innersten die neuen Kleinbürger*innen der arrivierten Bundesrepublik. Darüber kann auch die Tatsache nicht hinwegtäuschen, dass Kleinbürger in der Regel keinen Stresemann tragen und viele Loriot-Szenen auf Gala-Empfängen mit Abendgarderobe, im Konzert oder in der Oper angesiedelt sind. Denn Loriot bezieht seine Pointen nicht zuletzt daraus, dass er seine kleinbürgerlichen Sozialcharaktere auf das gehobene gesellschaftliche Parkett führt und dort nach allen Regeln der Kunst scheitern lässt. Das bedeutet auch: Loriots Akteur*innen sind im Sinne der sozialstatistischen und stratifikatorischen Differenzierung gar nicht unbedingt als Kleinbürger einzustufen. Betrachten wir dazu die Protagonisten der Spielfilme: Paul Winkelmann aus *Ödipussi* leitet ein mittelständisches

---

2 Ein gewisses Maß an Selbstreflexion tut auch diesem Beitrag gut. Ich weise deshalb gerne darauf hin, dass Hermann Bausinger in den 1990er Jahren einen kleinen Aufsatz über die soziale Basis von Studierenden und Lehrenden meines Faches, der Empirischen Kulturwissenschaft, mit dem Titel *Wir Kleinbürger* überschrieben hat (Bausinger 1994). Möglicherweise erfolgt also die vorliegende Analyse der von Loriot aufs Korn genommenen Kleinbürgerlichkeit ihrerseits aus einem kleinbürgerlichen Blickwinkel heraus.

Traditionsunternehmen, Heinrich Lohse aus *Pappa ante portas* ist bis zu seiner Pensionierung Einkaufsdirektor der Deutschen Röhren-A.G. (vgl. Loriot 2011). Das verweist eher auf die sozialen Ränge eines gehobenen Bürgertums und auch die Wohnsituationen der Mutter Winkelmann sowie der Lohses sind ganz gewiss nicht als kleinbürgerlich zu bezeichnen. Dieser Widerspruch zwischen der tatsächlichen sozialen Position vieler Loriot-Protagonisten und ihrem kleinbürgerlichen Sozialverhalten hat allerdings Methode: Denn Loriot führt nicht Kleinbürger*innen, sondern vielmehr einen kleinbürgerlichen *Habitus* vor, eben die von Berthold Franke ausgemachte „Kultur der Normalität". In den wohlhabenden und saturierten Figuren des Loriot'schen Sozialuniversums arbeitet stets das „begrenzte Bewusstsein" (Althaus 2001) des Kleinbürgers, sie sind vom sozialen Typus her die exemplarischen *aufgestiegenen Kleinbürger*, einfache Leute, die zwar zu Wohlstand gekommen sind, denen das selbstverständliche, unfehlbar sichere Sozialverhalten der Oberklasse aber letztlich unerreichbar bleibt. Die saturierte Mitte, die sie anstreben, können sie nicht ganz ausfüllen, sie sind mit der sozialen Rolle, die sie spielen, nicht identisch. Damit führt Loriot exakt das vor, was Pierre Bourdieu als *habitus clivé*, als gespaltenen Habitus, bezeichnet hat (Bourdieu und Wacquant 1996, 161). Ein solcher gespaltener Habitus entsteht aus der Diskrepanz zwischen Herkunftsmilieu und neuem Milieu und ist kennzeichnend für die soziale Laufbahn von Bildungsaufsteiger*innen, aber beispielsweise auch von Aufsteiger*innen aus kleinbürgerlichen in gehobene bürgerliche Milieus. Gerade für die Bundesrepublik der 1950er und 1960er Jahre, die im Sog des ‚Wirtschaftswunders' unzählige Aufstiegsbiographien erzeugte, ist dieser gespaltene Habitus charakteristisch. Wenn gilt, was Axel Schildt und Detlef Siegfried festhalten: „Für – fast – alle ging es aufwärts" (Schildt und Siegfried 2009, 182), dann thematisiert Loriot sozusagen die Brüche und Widersprüche, die diese kollektive Aufwärtsbewegung erzeugte. Die nach oben schielende Mitte der Gesellschaft ist sein Gegenstand, der gespaltene Habitus ist sozusagen die analytische Schnittstelle, an der der Humorist operiert.

Somit geht es in Loriots historischer Anthropologie des Kleinbürgertums nicht nur um Zustandsbeschreibungen der bundesrepublikanischen Mittelschicht, sondern insbesondere um das prozessuale Moment, das im „Streben zur Mitte" (Nolte 2000, 318) liegt. Loriots Kleinbürger sind in dieser Mitte noch nicht durchgehend angekommen – oder besser: Sie sind schon angekommen, aber wollen noch ein bisschen weiter nach oben. So ist weniger die erreichte kleinbürgerliche Realität das Thema der Bilder- und Fernsehgeschichten, sondern vielmehr das ständige Schielen nach den Insignien des sozialen Aufstiegs. Alles, was den höheren sozialen Status repräsentiert – Bildung, Eleganz, Weltläufigkeit –, wird bei Loriot programmatisch verfehlt. Loriots Figuren scheitern in der sozialen Übergangszone, in der sie sich gerade bewähren wollen. Indem sie dem Höheren zustreben, fallen sie stets ein Register tiefer.

Das wird auf den ersten Blick in allen Szenen deutlich, in denen „Bildung und Kultur" – schon immer eine besonders deutsche Angelegenheit (vgl. Bollenbeck 1994) – auf dem Programm stehen. Das intellektuelle Interesse ist da, aber das kulturelle Kapital reicht nicht ganz aus. Der hohe Ton wird verfehlt. Die vom so kleinstädtischen wie kleinbürgerlichen Kulturverein veranstaltete Dichterlesung aus *Pappa ante portas* kann da mit den ganz klassischen komischen Mitteln der Inkongruenz von Stilebenen operieren: Der weihevolle Beginn der Lesung wird durch die knarzende Lederjacke des Dichters konterkariert, der Hinweis auf den Zyklus „Abschied", den Roman „Pedokles" und das Trauerspiel „Goethe in Halberstadt" durch seinen lästigen Schluckauf, das avantgardistische „krawehl, krawehl" durch die Alltagsprosa von Fischstäbchen und gedünstetem Kohlrabi mit Remouladensauce. Für das Kleinbürgertum gehört ‚Bildung' zum aufstiegsorientierten Habitus, als ein unverzichtbares Vehikel sozialen Ansehens und sozialer Distinktion. Bourdieu hat betont, dass eine bestimmte Form „bedingungslose[r] kulturelle[r] Beflissenheit" geradezu zur mentalen Grundausstattung des Kleinbürgertums gehört. Dabei fehlen allerdings die Kenntnisse, die zur wahren und nicht nur vorgetäuschten Kennerschaft gehören: „Das gesamte Verhältnis des Kleinbürgertums zur Kultur läßt sich in gewisser Weise aus diesem Abstand zwischen wirklicher Kenntnis und spontaner Anerkennung ableiten" (Bourdieu 1987, 503). Das bedeutet auch, wie Berthold Franke zusammenfasst: „Gerade in seiner Kunstbeflissenheit zeigt der ganz normale Kleinbürger sein ungeschminktes Gesicht" (Franke 1988, 217).

All das erklärt, weshalb die Bildungsanstrengungen der Loriot-Figuren immer etwas Aufgesetztes haben. Um Beethoven, Rilke oder auch das Werk Lothar Frohweins sind sie ernsthaft bemüht und im Kulturverein sind sie natürlich auch, aber letztlich verfehlen sie die Welt der Bildung, zu der sie kein natürliches Verhältnis haben. Wenn Louise Winkelmann das an sich schon komische Brahms-Lied *Juchhe!* zu Gehör bringt, dann stellt sie es aus wie eine teure Vase. Die fachkundigen Erläuterungen ihres Pianisten Herrn Weber will sie da schon gar nicht mehr hören. In ihren abschätzigen Bemerkungen über die Akademikerin Margarethe Tietze ist die kleinbürgerliche Distanz zur Bildung dann ebenso präsent wie im Sketch *Mutters Klavier*, das nicht als Musikinstrument, sondern nur in seiner Funktion als Geschenk und als Möbelstück thematisiert wird (Loriot 2006, 95–102). Hinzu kommt: Die typische Loriot-Figur ist eben nicht Lehrer, Rechtsanwalt oder Arzt, sondern Großhandelskaufmann oder Verwaltungsbeamter. Mit dem ökonomischen und sozialen Kapital, das diesen Berufen entspricht, hält das kulturelle Kapital kaum Schritt. Umgekehrt wird dort, wo Universitätsprofessoren auftauchen, in der Regel die Umständlichkeit und Ungeschicklichkeit ausgespielt, die die neuere populäre Ikonographie dieser Figur (vgl. Füssel 2016) wie ein Schatten begleitet. Oder die Wissenschaft generell erscheint als absurde Veranstaltung, wie das Interview mit Professor E. Damholzer zeigt, der sich in seinen Forschungen mit der „starken körperlichen Verkleinerung lebender Menschen" beschäftigt, diese im Verlauf an sich selbst demonstriert und zum Schluss von seinem Gesprächspartner versehentlich wie eine kleine Fliege erschlagen wird (Loriot 2006, 320–323). Auch hier wird das rechte Maß wissenschaftlicher Bildung verfehlt, sie kulminiert nämlich in der Selbstzerstörung.

4 Phänomenologie des Kleinbürgerlichen Teil 2: Ordnung und Gemütlichkeit

In seiner Studie *Die feinen Unterschiede* hat Pierre Bourdieu betont, dass die kleinbürgerliche Sichtweise „das gesellschaftliche Sein auf das Wahrgenommen-Sein, auf den Schein verkürzt" (Bourdieu 1987, 755). Diesen Zug des kleinbürgerlichen Sozialcharakters thematisiert auch Loriot immer wieder, wenn er seine Akteur*innen geradezu verzweifelt den Schein wahren lässt. Doch immer, wenn sie alles richtig machen wollen, klebt ihnen sozusagen eine verräterische Nudel im Gesicht, die ihre Bemühungen zunichte macht. Auch ihr Ziel, „zu Wohlstand und Behagen zu kommen" (zit. nach Schildt 2001, 304), wird – wie übrigens hundert Jahre zuvor schon in den Bildergeschichten Wilhelm Buschs (vgl. Vogt 2001) – durch ihre unzulänglichen Mittel konterkariert, ihre Spießigkeit, ihre Ungeschicklichkeit und ihren Versuch, nicht aufzufallen. Ihnen fehlt die *Sicherheit des Auftretens*, die nur durch Übereinstimmung von Habitus und sozialer Rolle zu erreichen ist. Pussi Winkelmann und Heinrich Lohse steht sie ebenso wenig zu Gebote wie Karl-Heinz Meltzer und Renate Dinkel von der „Vereinigten Europa-Trikotagen Meltzer & Co." im Sketch *Liebe im Büro* (Loriot 2006, 51–57). Deren Versuch, die strengen Regeln des Büroalltags hinter sich zu lassen („Sagen Sie Karl-Heinz zu mir!"), scheitert grandios. Je mehr sie sich lockern wollen, desto mehr landen sie in der Verrenkung – ein Teufelskreis, der seinen adäquaten Ausdruck in dem berühmten Satz findet: „Aber es muß gehen, die anderen machen es doch auch!" So bricht sich der gespaltene Habitus vieler Loriot-Figuren an der Materie: Demonstriert wird etwa, wie „die Möbel die Aktivitäten nicht mehr reibungsfrei in sich aufnehmen können – die Anrichte steht den Klavierträgern im Weg, der Beistelltisch des Lottogewinners Lindemann weicht unsanft einem Halb-KW-Scheinwerfer, die Sitzgruppe ist dem Liebesspiel von Direktor Mel[t]zer und Sekretärin Dinkel hinderlich" (Pabst 2021, 30). Möbel und Einrichtungsgegenstände dienen bei Loriot, so verstanden, als Prüfsteine, die schonungslos offenlegen, was an dem Verhältnis von Anspruch und Wirklichkeit im Habitus der Protagonist*innen nicht so ganz stimmt.

„Die anderen machen es doch auch": Das Konformitätsstreben, das sich hier (noch im Versuch der Abweichung) niederschlägt, strukturiert das kleinbürgerliche

Selbst- und Weltbild. Gleichzeitig möchte man aber doch auch, wie es in der *Jodelschule* so schön heißt, „was Eigenes" haben (Loriot 2006, 220). Der Schritt zum Eigenheim ist hier nicht mehr weit, und selbstverständlich bildet dieses einen Hauptschauplatz vieler Loriot-Szenen. Etwa in der Sektion „In Haus und Garten" aus den *Gesammelten Bildergeschichten*: Hier wird der kleinbürgerliche Sozialcharakter durch alle Etappen des Eigenheimerwerbs und der Eigenheimnutzung begleitet – vom Grundstückskauf über Neubau, Inneneinrichtung, Sauberhaltung des Heims und Pflege des Nutzgartens bis zum offensichtlich absurden Schlussbild „Erdöl aus eigener Scholle" (Loriot 2008, 201–247). Mit dem Eigenheim kommt eine Institution ins Visier, die sich wie kaum eine andere mit kleinbürgerlichem Sozialverhalten assoziieren lässt: Das Eigenheim ist in sich konservativ, ein Hort der Ordnung im Kleinen und „wichtigste Reproduktionsstätte des autoritären Systems", die das Gefühl vermittelt, dass die „vom Sozialismus drohende Gefahr, alles teilen zu müssen, gebannt sei" (Petsch 1989, 176). Gleichzeitig ist das Eigenheim ein zentrales Symbol des – wenn auch moderaten – sozialen Aufstiegs, sichtbares Zeichen dafür, ‚es geschafft' zu haben. Auch hier wird weniger eine Realität abgebildet als vielmehr ein Leitbild aufs Korn genommen: „Obgleich die Zahlenrealität ganz anders aussah, bestimmte die Propaganda vom eigenen Haus das Alltagsleben und bestärkte das Kleinbürgertum in seinen Wohnvorstellungen" (Petsch 1989, 176). Über die Eigenheimaspirationen und die erträumte Schollenbindung des Kleinbürgers macht sich Loriot systematisch lustig: Das Bild einer Siedlung aus Hunderten ununterscheidbar gleich aussehenden Häusern unterlegt er mit dem Text: „Der Kenner wählt seinen Baugrund in stillem Vorstadtgebiet. Nach kurzer Zeit verbindet ihn die Liebe zur Natur mit vielen Gleichgesinnten, die aus der lärmenden Großstadt in ländliche Ursprünglichkeit zurückgefunden haben" (Loriot 2008, 203). Wirkungsvoll wird hier die vermeintliche Individualität des Eigenheims als Konformismus decouvriert. Und der „tief im deutschen Menschen verwurzelte Hang zur stilvollen Gediegenheit" (Loriot 2008, 206) wird gleich in einer Reihe von Bildwitzen durch den Kakao gezogen. Teure und oft antike Stilmöbel erweisen sich als unbequem, unpraktisch und marode, die moderne Einrichtung mit „aparte[n] Dekorationsstoffe [n]" (Loriot 2008, 208) hingegen als absoluter Albtraum für das Auge. Wir sehen: Gerade das Streben nach Höherem desavouiert den Kleinbürger, der zwar das ökonomische Kapital für den einen oder anderen kostspieligen Einrichtungsgegenstand aufbringen kann, aber das notwendige kulturelle Kapital zum richtigen Umgang mit den erstandenen Preziosen vermissen lässt.

Zum Eigenheim gehört unabdingbar die Gemütlichkeit hinzu. Und das Epizentrum der Gemütlichkeit ist die deutsche Weihnacht. Kein Wunder also, dass sich Loriot auch an diesem Thema abgearbeitet hat, nicht allein in Form des berüchtigten Gattenmord-Gedichts *Advent* (Loriot 2006, 668–669), sondern in einem längeren Fernsehstück, das seit einer Überarbeitung aus dem Jahr 1997 unter dem Titel *Weih-*

nachten bei Hoppenstedts bekannt ist und in das Loriot den *Advent* integriert hat (Loriot 2007, Disc 4, Loriot VI, Track 5). Dessen Personal besteht aus der klassischen bundesdeutschen Kernfamilie der Pillenknick-Zeit: Walter und Lieselotte Hoppenstedt mit ihrem geschlechtlich nicht näher bestimmten Kind Dicki, dazu Opa Hoppenstedt, nach Stefan Neumann eine „sehr skurrile Figur, aufgrund seines fortgeschrittenen Alters ohne Hemmungen gegenüber der Gesellschaft und damit das genaue Gegenteil der sonstigen Figuren Loriots" (Neumann 2011, 294). Während also Vater, Mutter und Kind Hoppenstedt als genuin kleinbürgerlich gezeichnet werden, verkörpert Opa Hoppenstedt eher das, was in der kleinbürgerlichen Charakterstruktur zwar präsent ist, aber aus Gründen der Respektabilität verdrängt wird: In seinem unbezwingbaren Hang zur Militärmusik klingt an, dass Opa offensichtlich noch im Kaiserreich sozialisiert wurde und möglicherweise den Nationalsozialismus in vorderster Reihe miterlebt hat. Dass es bei Hoppenstedts „gemütlich" werden soll, ist Gegenstand minutiöser Festtagsplanung („Nein, Walter, erst holen wir die Geschenke rein, dann sagt Dicki sein Gedicht auf und wir packen die Geschenke aus, dann machen wir erst mal Ordnung, dabei können wir fernsehen, und dann wird's gemütlich"), und nur Opa schert aus, indem er weder bei der Planung des Abends noch bei der kleinbürgerlichen Tugend des Aufschubs von Triebbefriedigungen mitmacht: „Und wann kriege ich mein Geschenk?" (Loriot 2006, 119–120). Schließlich – wie könnte es auch anders sein – eskaliert der Abend: Dicki liefert statt des erwarteten Weihnachtsgedichtes nur ein lustlos-renitentes „Zicke-Zacke Hühnerkacke" ab, das neu erworbene Spielzeug-Atomkraftwerk explodiert und das vom Atomkraftwerk in den Fußboden gerissene Loch gibt den Blick frei auf die Nachbarn, die im Zimmer darunter an ihrem Weihnachtsbraten sitzen. Auf die berechtigte Frage der Nachbarn „Muß ... das ... sein?" verdeckt Walter Hoppenstedt das Loch mit den Worten: „Ich habe keine Lust, mich Heiligabend mit diesen Spießern rumzuärgern!" (Loriot 2006, 125) Hier führt Loriot zu guter Letzt auch noch das vor, was ein weiteres Grundelement des kleinbürgerlichen Sozialcharakters darstellt: Das reflexartige Ressentiment gegen die anderen, die im Grunde so sind wie man selber. So erkennt man auch bei Loriot die wahren Spießer immer daran, dass sie ihre Mitmenschen für Spießer halten.

Kleinbürgerlicher Ordnungssinn ist auch das Thema einer anderen Loriot-Arbeit für das Fernsehen: Die *Zimmerverwüstung* aus dem Jahr 1976 (Loriot 2007, Disc 3, Loriot II, Track 4). Hier wartet Loriot als Finanzbeamter im Außendienst im Wohnzimmer seiner offensichtlich wohlhabenden Klienten. Er rückt ein schief hängendes Bild zurecht, dabei rutscht ein weiteres Bild aus dem Rahmen, ein Scherenschnitt fällt hinter die Couch, und unter den vorwärtsdrängenden Klängen von Annunzio Mantovanis *Piccolo Bolero* folgt eine Katastrophe der anderen, Möbel und Einrichtungsgegenstände stürzen ineinander und die Kettenreaktion kulminiert in der Totaldemolierung der Wohnzimmereinrichtung. Schließlich entfernt sich der Besucher vom Ort des Schreckens und erklärt sich mit dem hilflosen Satz: „Das Bild hängt schief". Die Pointe dieses kleinen, nur etwa drei Minuten langen Meisterwerks liegt natürlich darin, dass das Chaos eine unmittelbare Folge des Ordnungssinnes ist. Es ist die kleine, penible Geste des Zurechtrückens, die den irreversiblen Zerstörungsprozess in Gang setzt; ausgerechnet die ordnende Hand verwandelt den Salon in einen Schutthaufen. Hier handelt es sich um mehr als nur die „Tücke des Objekts", wie sie etwa in den Bildergeschichten Wilhelm Buschs vorgeführt wird. Denn, psychoanalytisch gedeutet, legt die Zimmerverwüstung sozusagen die eigentliche Wahrheit der auf Verdrängung basierenden Triebstruktur des kleinbürgerlichen Subjekts offen. So bricht das Chaos gerade nicht von außen herein, sondern erweist sich als die Kehrseite der Ordnungsliebe: Hinter der zwanghaften Fassade des braven Bürgers lauern die Kräfte der Zerstörung (Wietschorke 2013, 115–116). Genau betrachtet, ist die Situation sogar noch komplexer. Denn die Zimmereinrichtung, die der ordnungsliebende Beamte da verwüstet, ist selber ein Produkt des kleinbürgerlichen Geschmacks. Die Wohnung „ist keine individuelle Wohnung, sondern wie aus dem Möbelkatalog, also eine modern-konformistische Wohnung, von Kleinbürgern eingerichtet, die modern sein wollen", wie es der Kulturwissenschaftler Rainer Stollmann formuliert (zit. nach Husmann 2011). Hinzu kommt das zur Schau gestellte Bildungsstreben: Aus dem zusammenbrechenden Bücherregal steigt eine Staubwolke auf, die darauf hindeutet, dass die Bücher in diesem Haus nie gelesen werden und nur der Demonstration kulturellen Kapitals dienen. Homolog dazu verhält sich die Musikauswahl, die auf feine Unterschiede im Sinne Bourdieus verweist. Gespielt wird Mantovani statt Ravel, die Kopie statt des Originals, der bundesrepublikanisch-kleinbürgerliche Traum vom Süden statt der anspruchsvollen Ballettkomposition der 1920er Jahre. Der kleinbürgerliche Habitus, so könnte man resümieren, begegnet sich hier also selber.

5 (Seiten-)Blicke nach unten

Die gesellschaftliche Mitte ist die neuralgische Zone, um die sich sowohl Teile der frühen bundesrepublikanischen Soziologie als auch die Figuren Loriots drehen. Die Protagonisten wollen Normalität, Anstand und Wohlstand ausstrahlen und scheitern daran. Sie fallen dadurch auf, dass sie nicht auffallen wollen. Immer dann, wenn sie ihr Leben *comme il faut* absolvieren möchten, eskaliert die Situation. Ihr Ordnungssinn und ihre Höflichkeit sind stets der erste Schritt in die Katastrophe. Doch inwiefern thematisiert Loriot soziale Milieus jenseits der Mitte? Bedeuten seine Konzentration auf die häuslichen und privaten Sphären des Bürgertums und sein abstinentes Verhältnis zur Politik und zum Politischen, dass

Klassengegensätze nie direkt gezeigt werden? In der Tat sind bei Loriot Personen sowohl oberhalb als auch unterhalb des Bürgertums kaum anzutreffen. Wenn in den Bildergeschichten, den Fernsehstücken und Filmen doch einmal Arbeiter oder Handwerker auftreten, dann lassen sie sich in ihrer dramaturgischen Funktion relativ klar benennen: Sie sind dazu da, die gepflegte bürgerliche Lebenswelt mit der Banalität des Materiellen zu konfrontieren. Sie tun vor allem eines: Sie stören. Ein Beispiel dafür ist der Installateur Friedrich-Carl P. aus der Serie *Menschen, die man nicht vergisst* (vgl. Loriot 2008, 698–700). Dass er sein Leben der Dichtung geweiht habe, ist ein Kalauer, der auf die Bildungsferne des Handwerkers anspielt; in der Wohnung seiner Kund*innen richtet er nur Chaos an. Auch der Damen- und Herrenfriseur Edmund B. versteht sein Handwerk offenbar nicht recht, sein Messerschnitt lässt den Kunden mit mittelschweren Gesichtsverletzungen zurück. Seine Schere ist viel zu groß und den Toupierkamm verliert er im Kleid seiner Kundin (Loriot 2008, 704–706). Der Witz besteht in allen diesen Bildern darin, dass die bürgerliche Ordnung durch das grobe Gebaren der dienstbaren Geister durcheinandergebracht wird. Das entscheidende Moment ist die Reaktion der Bedienten – oder besser gesagt: die Nicht-Reaktion. Denn Loriots habituelle Kleinbürger, denen teilweise Ungeheuerliches passiert – das Haus brennt ab oder stürzt ein, die Wohnung wird überschwemmt oder zerstört, sie werden durch Explosionen verletzt –, sehen eigentlich immer nur ruhig dabei zu, wie ihre Normalität gestört wird. In ihrem dümmlichen Gesicht ist das Prinzip der *contenance* wirksam: Der leicht indignierte, aber im Prinzip ungerührte Blick gehört zur bürgerlichen Fassade, so wie sie bei Loriot vorgeführt und karikiert wird: *Sich bloß nichts anmerken lassen.*

Auch in den Spielfilmen kommen Menschen unterhalb der durch die Respektabilitätsgrenze markierten Kleinbürgertums sehr selten vor. Dennoch gibt es sie: die italienischen Bauarbeiter, die ausgelassen in das kleine Café in Mailand stürmen, in dem Paul alias Pussi Winkelmann seine Reisebegleiterin Margarethe Tietze zurückgelassen hat, den abgerissenen Rentner, der Margarethe auf einen Grappa einlädt. In *Pappa ante portas* ist eine veritable Slapstick-Einlage integriert, in der ein Obdachloser ein überaus virtuoses Geigenstück spielt und dann kurz darauf bei dem Versuch, seiner Frau in den Allerwertesten zu treten, selber hinfällt. Das entsprechende Zirkusgeräusch gibt es an dieser Stelle selbstverständlich dazu. Die unterbürgerlichen Schichten, so hat man den Eindruck, sind eigentlich nur ein Kontrastmittel, um den Habitus der Mitte umso deutlicher hervortreten zu lassen. Sie gehören in den Bereich der Groteske, sie jonglieren mit Eiern, reden unverständliches Zeug und tun absurde Dinge. Die soziale Welt der Mitte kennt solche Leute eigentlich nicht, die Berührung mit ihnen ist immer irgendwie peinlich. Und eben das wird vorgeführt: Im Fernsehsketch *Arbeiterinterview* ist nicht der Arbeiter die eigentliche Hauptperson, sondern vielmehr der etwas ‚verspulte' Reporter Viktor Schmoller, dessen Interview zunächst durch den monströsen Maschinenlärm an der Schnittpresse, dann durch den Mittagsimbiss des Arbeiters behindert wird, der den kompletten Wurstbelag seines Brotes auf einmal im Mund hat und so kaum zu verstehen ist (Loriot 2007, Disc 3, Loriot I, Track 9). Auch dieses Bild ist im Wesentlichen eine Groteske: Proletarischer Lärm und proletarisches Wurstbrot verunmöglichen den bürgerlichen Diskurs über Fragen der betrieblichen Mitbestimmung; die tatsächliche Stimme des Arbeiters bleibt wegen seiner eigenen schlechten Manieren unhörbar. Obwohl man in dieser Szene eine gewisse Gewerkschaftskritik erkennen könnte, geht es doch primär um etwas anderes: die Störung der gediegenen Berichterstattung durch die grobe Realität. Diese fungiert auch hier vor allem als Kontrastmittel, um die Absurditäten des bürgerlichen Medienbetriebs aufzudecken. Ein gewisser Klassismus ist als Kollateralschaden immer mit dabei.

Soziale Ungleichheiten thematisieren Loriots Kleinbürger ansonsten nicht. Der Kleinbürger denkt seine Welt nicht politisch, wie Berthold Franke schreibt,

> sein Zuhause ist [...] in Wirklichkeit das Reich der apolitischen Normalität. Dort findet der Kleinbürger Unterstand in Zeiten relativer Ruhe und Schutz vor der Politik [...]. In der gepflegten Privatheit von Familie, Haus und Garten, wie sie das biedermeierliche Idyll als statischen Gegenentwurf zum bedrohlichen Gewühl des modernen Massenzeitalters bietet, fristet der Kleinbürger ein sich dezidiert unpolitisch gebendes Leben – solange man ihn in Ruhe läßt. Nicht einer Partei gilt sein Engagement, sondern dem Verein. Nicht gegeneinander, miteinander heißt es hier, und es geht um den guten Zweck. (Franke 1988, 215)

Wer müsste an dieser Stelle nicht an den Verein in *Ödipussi* denken, der sich zum Ziel gesetzt hat, die Begriffe „Umwelt" und „Frau" in den Karnevalsgedanken einzubringen? So ist der Verein ein weiterer Lieblingsgegenstand der Loriot'schen Komik: Hier findet der Autor genau die Kombination aus bürokratischer Organisation (in Form von Satzungen, Mitgliederversammlungen und Vorstandswahlen) und banalen Inhalten, die er braucht, um komische Fallhöhendifferenzen zu erzeugen. Loriots Verein ist aber beileibe kein Arbeiterverein, sondern der exemplarische *kleinbürgerliche* Verein, das angestammte Reich des gespaltenen Habitus.

6 An der Norm scheitern: Loriots Ratgeber-Paradigma

Dass Loriots Kleinbürgerlichkeit durch moderate Aufstiegsorientierung, das Streben nach Respektabilität, nach den Insignien und der Aura des Bürgertums bestimmt ist, spiegelt sich in der besonderen Bedeutung des Ratgeber-Genres in Loriots Werk. Es wäre kaum übertrieben, von einem regelrechten Ratgeber-Paradigma im Werk Loriots zu sprechen; die eindrucksvolle Reihe der Titel macht das deutlich: Kurz nach den Publikationsdebüts *Reinhold das Nashorn* und *Auf den Hund gekommen* erscheint 1955 der *Unentbehrliche Ratgeber für das Benehmen in feiner Gesellschaft*. Es folgen 1956 und 1957 die Bücher *Wie wird man reich, schlank und prominent?*, *Wie gewinnt man eine Wahl? Ein erschöpfender Leitfaden für Wähler und Politiker aller Parteien*, *Die perfekte Hausfrau. Unbezahlbare Ratschläge für Hausfrauen und solche, die es werden müssen* und *Der gute Ton. Das Handbuch der feinen Lebensart in Wort und Bild*. 1958 schließlich kommt *Der Weg zum Erfolg. Ein erschöpfender Ratgeber in Wort und Bild* heraus. Es folgen weitere ähnliche Titel, 1966 dann die *Neue Lebenskunst in Wort und Bild* und 1968, sozusagen als Summe all dieser Publikationen, *Loriot's großer Ratgeber*. Wir können die zentrale Bedeutung des Ratgeber-Genres im Frühwerk Loriots als Indiz für seine angewandte Soziologie sehen. Denn der Ratgeber ist ein klassisches Format der Mittelschicht. Ratgeber vermitteln das Wissen, das man braucht, um seinen Platz in der sozialen Welt angemessen ausfüllen zu können. Und sie vermitteln das Wissen, das man braucht, um Unsicherheiten kompensieren zu können. Zu ihnen greift aber auch, wer höher hinauswill. So reflektiert der Ratgeber nicht nur das richtige Leben im Sinne der erfüllten sozialen Norm, sondern auch die darüber hinausreichenden Aufstiegsaspirationen. Loriots Humor freilich verkehrt die von den Ratgebern transportierte soziale Norm in ihr Gegenteil: Gerade „das Fehlverhalten wird zur Norm erklärt" (Pabst 2021, 35).

Ratgeber spannen bei Loriot den Raum auf, in dem die Protagonist*innen scheitern. Denn die Dinge, die der Ratgeber vermittelt, sind stets im Stadium der Unsicherheit. Wer Beratung braucht, weiß noch nicht so recht, wie die Dinge funktionieren, und wer erst lernen muss, wie man sich in Gesellschaft benimmt, dem ist genau das noch nicht selbstverständlich. Anders gesagt: Den Ratgeber braucht man, um die Unebenheiten seines gespaltenen Habitus loszuwerden. Hier setzt der klassische Loriot-Sketch an, was sich am Sketch *Anstandsunterricht* hervorragend zeigen lässt. Herr Blühmel, gespielt von Loriot selbst, legt in Dr. Dattelmanns „Institut für zeitgemäße Etikette" seine Benimmprüfung ab, indem er mit zwei Damen – Mitarbeiterinnen des Instituts – an einem gedeckten Tisch sitzt und gehobene Konversation betreibt. Natürlich wird das eigentliche Lern- und Prüfungsziel wirkungsvoll verfehlt. Das Gespräch beginnt mit Blühmels Toast: „Meine Gattin und ich freuen sich, daß Sie, sehr verehrte gnädige Frau, uns heute abend die Ehre erweisen". Es wird gebrochen durch eine Reihe von Beiträgen zur Konversation, die nicht ganz dem hohen Stil entsprechen, etwa wenn Frau Krakowski mitteilt: „Mein Bekannter und ich waren im letzten Sommer auf einem Campingplatz bei Saarbrücken. Dort war es sehr sauber." Weitere Gemeinplätze werden ausgetauscht, und schließlich muss der Prüfling Herr Blühmel drei Durchgänge seines Probe-Abendessens absolvieren und entsprechend viel Wein zu sich nehmen, bis ihm in der letzten Runde der Alkohol allzu sehr die Zunge löst und er körperlich wie sprachlich entgleist. Blühmel lallt und schwankt und die Damen werden schließlich als „fette Schnecke" und „sauberer gepflegter Campingkloß" angesprochen (Loriot 2006, 197–212). Eckhard Pabst hat darauf hingewiesen, dass hier der Bedarf an „Etikette" zwar angemeldet wird, alle Beteiligten aber als inkompetent vorgeführt werden. Auch Dr. Dattelmann selbst, als „Instanz, deren Anliegen die gesellschaftliche Sicherung von Anstandsregeln ist", hat ja „als Prüfer auch keine Wahrnehmung für den Umstand, dass sein Schüler Herr Blühmel im Zuge der wiederholten Durchgänge immer betrunkener wird und folglich gegen Ende der Sitzung keinerlei Etikette mehr erkennen lässt" (Pabst 2021, 27). Schließlich erfahren wir in einer Talkrunde mit Dr. Dattelmann, die als eine Art Rahmenhandlung fungiert, dass Herr Blühmel nach bestandener Prüfung nunmehr die „Abteilung ‚Großes Diner' beim Chef des Protokolls im Auswärtigen Amt" leitet (Pabst 2021, 28). Genauer vorstellen möchte man sich diese von Blühmel veranstalteten protokollarischen Diners natürlich lieber nicht.

Wenn es um das Genre des Ratgebers geht, um den Benimmkurs, die Gruppentherapiesitzung oder die Jodelschule, dann ist Loriot in seinem Element. Er hat die Praktiken kleinbürgerlicher Selbstoptimierung im Visier, ihn interessieren besonders die Menschen, die mehr aus sich machen wollen und dabei grandios scheitern. Wenn er zeigt, wie „Beratungs- oder Schulungsinstitute Autorität beanspruchen und in die Problembewältigung eingreifen" (Pabst 2021, 25–26), dann ist es immer der misslingende Optimierungsvorgang, der die Komik erzeugt – und zwar auf beiden Seiten. Denn das bürokratische Schulungspersonal wie der genannte Dr. Dattelmann befindet sich ebenso auf dem Holzweg wie die Schülerinnen und Schüler, die sich vergeblich darum bemühen, den richtigen Konversationston zu treffen. Bezieht man an dieser Stelle die soziale Herkunft des Autors Loriot selbst mit ein, dann könnte man polemisch sagen, dass hier der Landadel in Gestalt Vicco von Bülows den Bürgern dabei zusieht, wie sie an der Etikette scheitern. Auch darauf hat Christoph Stölzl verwiesen, wenn er schreibt: „Wer blickt am kühlsten auf das bürgerliche Leben? Der Aristokrat, von alters her, und der Besitzlose, der Enteignete." (Stölzl 2006, 714) Folgen wir diesem Hinweis, dann finden wir noch ein weiteres Spezifikum der Loriot'schen Thematisierung der bürgerlichen Mittelschicht. Es handelt sich nämlich, genau genommen, um einen doppelten Blick von innen *und* von außen, der da auf das Kleinbürgertum geworfen wird. Loriots Werk hat, so gesehen, durchaus etwas von einer aristokratischen Veranstaltung, deren Conferencier auf dem Biedermeier-Sofa sitzt und das bundesrepublikanische Bürgertum dekonstruiert – ein Bürgertum, deren Teil er zwar, aber doch nicht ganz ist.

7 Zum Schluss

Die Beispiele aus dem Werk Loriots, auf die sich dieser Beitrag bezieht, stützen eine Lesart des Autors als eines sozialen Satirikers, der ein ganz bestimmtes bundesrepublikanisches Milieu ins Visier nimmt (vgl. auch Hillebrandt 2023). Das Gesellschaftsbild, wie es Loriots Cartoons, Texten, Fernseharbeiten und Spielfilmen zugrunde liegt, ist dabei erkennbar von der Idee einer nivellierten Mittelstandsgesellschaft geprägt. Loriot geht von der bürgerlichen Mitte als dem normativen Leitbild der Bundesrepublik aus und stellt es mit den Mitteln seiner Komik vorsichtig in Frage. Dabei zielt er auf einen *gespaltenen Habitus*, der vor allem dort durchbricht, wo die Fassade des bürgerlichen Anstands gewahrt werden soll. Es ist nicht ganz leicht, von hier aus nach einer kritischen Haltung des Autors Loriot zu fragen: Wen greift seine Satire an? Ist sie überhaupt angriffslustig? Und inwiefern thematisiert sie mentale Negativposten und Fehlentwicklungen der frühen Bundesrepublik? Es ist der letztlich versöhnliche Charakter der Loriot'schen Satire, die hier viele Fragen offenlässt. „Sein Humor soll treffen, nicht verletzen" (Guratzsch 2009, 38), hat Herwig Guratzsch über den Künstler geschrieben, und in der Tat ist Loriot kein bissiger Sozialkritiker der Bundesrepublik, sondern eher deren sensibler ironischer Dokumentarist. Das allerdings ist nicht gerade wenig.

Literatur

Althaus, Thomas. *Kleinbürger. Zur Kulturgeschichte des begrenzten Bewusstseins*. Tübingen: Attempto, 2001.
Bausinger, Hermann. „Wir Kleinbürger. Die Unterwanderung der Kultur". *Zeitschrift für Volkskunde* 90 (1994): 1–12.
Bollenbeck, Georg. *Bildung und Kultur. Glanz und Elend eines deutschen Deutungsmusters*. Frankfurt a. M.: Suhrkamp, 1996.
Bourdieu, Pierre. *Die feinen Unterschiede. Kritik der gesellschaftlichen Urteilskraft*. Frankfurt a. M.: Suhrkamp, 1987.
Bourdieu, Pierre, und Loïc J. D. Wacquant. *Reflexive Anthropologie*. Frankfurt a. M.: Suhrkamp, 1996.
Classen, Christoph. „Lachen nach dem Luftschutzkeller. Loriot in der bundesdeutschen Nachkriegsgesellschaft". *Loriot. Text + Kritik* 230 (2021): 6–15.
Franke, Berthold. *Die Kleinbürger. Begriff, Ideologie, Politik*. Frankfurt a. M.: Campus, 1988.
Füssel, Marian. „Verkörperungen der Wissenschaft? Persistenz und Wandel des Gelehrtenbildes von Thomasius bis Tournesol". *Doing University. Reflexionen universitärer Alltagspraxis*. Hg. Brigitta Schmidt-Lauber. Wien: Verlag des Instituts für Europäische Ethnologie, 2016. 27–54.
Geißler, Rainer. *Die Sozialstruktur Deutschlands*. 3. Auflage. Wiesbaden: Westdeutscher Verlag, 2002.
Guratzsch, Herwig. „Loriots Ernst in der Karikatur". *Loriot – ach was!* Hg. Peter Paul Kubitz und Gerlinde Waz. Ostfildern: Hatje Cantz, 2009. 38–40.

Haupt, Heinz-Gerhard, und Geoffrey Crossigk. *Die Kleinbürger. Eine europäische Sozialgeschichte des 19. Jahrhunderts.* München: C. H. Beck, 1998.

Herbert, Ulrich. *Geschichte Deutschlands im 20. Jahrhundert.* München: C. H. Beck, 2014.

Hillebrandt, Claudia. „,Ich habe keine Lust, mich Heiligabend mit diesen Spießern rumzuärgern!' Zum Gesellschaftsbild im Werk Vicco von Bülows (Loriot)". *IASL* 48.1 (2023): 195–218.

Husmann, Wenke. ,*Loriot war ein Dichter'. Interview mit Rainer Stollmann.* https://www.zeit.de/kultur/2011-08/loriot-interview-sprachwissenschaftler/komplettansicht. *ZEIT ONLINE* am 24. August 2011 (17. Juli 2023).

Loriot. *Gesammelte Prosa. Alle Dramen, Geschichten, Festreden, Liebesbriefe, Kochrezepte, der legendäre Opernführer und etwa zehn Gedichte.* Mit einem Vorwort von Joachim Kaiser und einem Nachwort von Christoph Stölzl. Hg. Daniel Keel. Zürich: Diogenes, 2006.

Loriot. *Die vollständige Fernseh-Edition.* Reg. Vicco von Bülow. Warner, 2007.

Loriot. *Gesammelte Bildergeschichten. Über das Rätsel der Liebe. Vater, Mutter, Kind. Menschen auf Reisen. Umgang mit Tieren. Autos – Herr und Hund. Beruf und Büro – Sport. Haus und Garten. Weihnachten und andere Feste. Manieren und Kultur und vieles andere in 1345 Zeichnungen.* Zürich: Diogenes, 2008.

Loriot. *Die Spielfilme. Pappa ante portas, Ödipussi.* Reg. Vicco von Bülow. Universum Film, 2011.

Neumann, Stefan. *Loriot und die Hochkomik. Leben, Werk und Wirken Vicco von Bülows.* Trier: WVT, 2011.

Pabst, Eckhard. „,Das Bild hängt schief!'. Loriots TV-Sketche als Modernisierungskritik". *Loriot. Text + Kritik* 230 (2021): 23–37.

Petsch, Joachim. *Eigenheim und gute Stube. Zur Geschichte des bürgerlichen Wohnens.* Köln: DuMont, 1989.

Pintschovius, Joska. *Die Diktatur der Kleinbürger. Der lange Weg in die deutsche Mitte.* Berlin: Osburg, 2008.

Nolte, Paul. *Die Ordnung der deutschen Gesellschaft. Selbstentwurf und Selbstbeschreibung im 20. Jahrhundert.* München: C. H. Beck, 2000.

Schildt, Axel. „Bürgerliche Gesellschaft und kleinbürgerliche Geborgenheit". *Kleinbürger. Zur Kulturgeschichte des begrenzten Bewusstseins.* Hg. Thomas Althaus. Tübingen: Attempto, 2001. 295–312.

Schildt, Axel, und Detlef Siegfried. *Deutsche Kulturgeschichte. Die Bundesrepublik von 1945 bis zur Gegenwart.* München: Hanser, 2009.

Schilling, Heinz. *Kleinbürger. Mentalität und Lebensstil.* Frankfurt a. M.: Campus, 2003.

Schneider, Sven Raphael. *The Gentleman's Guide to the Stresemann aka Stroller Suit.* https://www.gentlemansgazette.com/stresemann/. *Gentleman's Gazette* am 16. März 2010 (17. Juli 2023).

Stölzl, Christoph. „Wir sind Loriot. Ein Preuße lockert die Deutschen". *Loriot. Gesammelte Prosa. Alle Dramen, Geschichten, Festreden, Liebesbriefe, Kochrezepte, der legendäre Opernführer und etwa zehn Gedichte.* Mit einem Vorwort von Joachim Kaiser und einem Nachwort von Christoph Stölzl. Hg. Daniel Keel. Zürich: Diogenes, 2006. 711–717.

Vogt, Michael. „,Hier ist das Reich der goldnen Rahmen'. Kunst und Kleinbürgertum bei Wilhelm Busch". *Kleinbürger. Zur Kulturgeschichte des begrenzten Bewusstseins.* Hg. Thomas Althaus. Tübingen: Attempto, 2001. 125–149.

Wehler, Hans-Ulrich. *Deutsche Gesellschaftsgeschichte. Fünfter Band: Bundesrepublik und DDR 1949–1990.* München: C. H. Beck, 2008.

Wietschorke, Jens. „Psychogramme des Kleinbürgertums: Zur sozialen Satire bei Wilhelm Busch und Loriot". *IASL* 38.1 (2013): 100–120.

Williams, Raymond. *The Long Revolution.* London: Chatto & Windus, 1961.

Wolfrum, Edgar. *Die geglückte Demokratie. Geschichte der Bundesrepublik Deutschland von ihren Anfängen bis zur Gegenwart.* Stuttgart: J. G. Cotta, 2006.

Anne Uhrmacher
„Sie lesen Gedichte, gnä' Frau?"
– Loriots Blick auf die Komik bundesrepublikanischer Milieus

Die Komik Loriots wird so vielfältig zu erklären versucht, wie sie ist: als rhetorische Kunst und Sprachkritik, als Spiel mit Sprachvarietäten und -registern, als Blick auf ‚das Bürgerliche' oder auch ‚das Deutsche'. Ein sehr prägendes Moment seines Werkes ist aber auch die Spiegelung sich wandelnder Milieus der alten bundesrepublikanischen Gesellschaft; ihrer Präferenzen, Attitüden und Sprechweisen. Der Habitus von Repräsentanten der unterschiedlichen Milieus wird fein karikiert, zum Beispiel auf der Dichterlesung, im Restaurant, im Verein, am Film-Set – und besonders im Aufeinandertreffen unterschiedlicher Milieus, etwa von Abteilungsleiter und Haushaltshilfe, Künstler und Bürger, Hausfrau und Fabrikant. Es bewahrheitet sich dabei, was Patrick Süskind als Realitätsnähe beobachtet hat: „Loriot bedient sich nicht komischer Mittel, um gesellschaftliche Zustände und menschliche Verhaltensweisen zu beschreiben oder zu kritisieren, sondern er verwendet (unter anderem) gesellschaftliche und individuelle Gegebenheiten, um Komik zu erzeugen." (Süskind 1993, 13) Die Gesellschaft, vor allem die aus Loriots Zeit, ist nicht nur Zielscheibe von Kritik, sondern der Gegenstand der Komik.[1] Loriot selbst betonte: „Unser wirkliches Leben ist eine Karikatur." (Loriot 1993, 137)

In der Kritik an Loriots Werk wurde bisweilen eine vermeintliche Harmlosigkeit angeprangert. Besonders scharf formulierte diesen Vorwurf Wolfgang Hildesheimer[2] in einer Rezension zu dem Band *Loriots heile Welt*: „[D]iese Welt ist in Ordnung, der Humor domestiziert, lieb, golden; schwarz wird er nicht." (Hildesheimer 1973, 169) Hildesheimer verwechselt hier etwas: Schwarzer Humor liegt im Werk Loriots oft vor; der Rezensent beschreibt selbst mehrere prägnante Beispiele, etwa die Karikatur eines erhängten Künstlers, der von Betrachtern als Kunstwerk aufgefasst wird. Was Hildesheimer vermisst, sind wohl eher boshafte Satire und Parodie, die aber nicht mit schwarzem Humor gleichzusetzen sind. Parodie fällt bei Loriot eher artistisch, das heißt besonders gelungen nachahmend, und humorvoll aus. Hildesheimer beklagt eine „Parteinahme für ein Publikum, das mit ihm alles verdrängt, was sticht, verletzt und schmerzt" (1973, 169). Zwar ist dies

---
1 Vgl. hierzu auch Reuter 2016, 37.
2 Stefan Lukschy, ein Freund und sehr enger Mitarbeiter Loriots, berichtete 2022 im persönlichen Gespräch mit der Verf. rückblickend, Loriot habe diese Kritik Hildesheimers gekränkt.

als ein zeitgebundenes, generelles Unbehagen an Unbewältigtem in der frühen BRD[3] zu verstehen; man sollte ihm jedoch entgegnen: Ja, eine Parteinahme für Menschen ist bei Loriot zu beobachten, aber wirksam sticheln kann durchaus auch die feine Beobachtung.

1 Soziologische Milieuforschung als Mittel der Analyse

Gerhard Schulze hat in seiner sehr bekannten kultursoziologischen Studie *Die Erlebnisgesellschaft* aus dem Jahr 1992 (2., leicht veränderte Auflage Schulze 2005) ein anders geartetes, jedoch ebenso vielschichtiges Porträt von Menschen erstellt wie Loriot in seiner Kunst. In der empirischen Untersuchung werden auf der Grundlage repräsentativer Befragungen die bundesrepublikanischen Milieus in den 1980er Jahren umfassend beschrieben. Neben formalen Bedingungen wie Bildung und Vermögen nehmen die Interviews auch Wertorientierungen in den Blick – und ästhetische Präferenzen.

Derartige gesellschaftliche Werte und Vorlieben prägen jede Literatur und werden in ihr verarbeitet, deshalb sind sie für Analysen sehr erhellend, manchmal sogar unverzichtbar. Zeitlich und räumlich untersucht Schulze die von Loriot beschriebene Lebenswelt, die Studie ist deshalb zu einem Vergleich besonders geeignet. Ihr vorangegangen sind die berühmten Milieustudien, die Pierre Bourdieu mit Blick auf Frankreich erstellt hat. Schulzes Studie hat selbst keinen expliziten Bezug zu Loriot, man möchte ihn aber fast vermuten, da Schulzes Beschreibungen so gut zu Loriots Szenen passen. Oder umgekehrt: Loriots Figuren enthalten so viel soziologische Wahrheit, dass man vermuten könnte, ihr Schöpfer habe Studien der empirischen Sozialforschung gelesen und verarbeitet.[4] Es handelt sich auf jeden Fall um sehr genaue Beobachtungen Loriots. Dies soll im Folgenden an zwei Szenen ex-

---

3 Tatsächlich thematisiert Loriots Werk Politisches und erst recht Historisches sehr zurückhaltend. Das Thema NS-Zeit, das ihn selbst als früheren Wehrmachtsoffizier betraf, kommt in einem Fernsehsketch mit dem Thema *Bastelstunde* aus dem Jahr 1969 kurz zur Sprache, es wird hier ein Hakenkreuz gebastelt. Loriot entschied sich aber, diesen Sketch aus der DVD-Sammlung *Die vollständige Fernseh-Edition* auszulassen. Er begründete dies mit der Sorge, das Thema werde zu viel Aufmerksamkeit der Presse auf sich ziehen (vgl. Lukschy 2015 [2013], 266–267).
4 Stefan Lukschy berichtete im persönlichen Gespräch, man habe seiner Erinnerung nach bei der Sketchproduktion nicht über eventuelle wissenschaftlich-theoretische Hintergründe der Texte, etwa konkrete Studien, gesprochen. Die Dokumentation der Bibliothek Loriots und seiner Quellen bleibt eine drängende Forschungsaufgabe, ebenso die Erstellung einer historisch-kritischen Werkausgabe (vgl. Reuter 2021).

emplarisch gezeigt werden: dem Sketch *Flugessen* und der Dichterlesung aus dem Film *Pappa ante portas*. Mit Blick auf vor allem sprachliche Details dieser Szenen ist jeweils die milieuspezifische Parodie Loriots aufzuschlüsseln, wenn man sie mit den Beobachtungen Gerhard Schulzes vergleicht. Die Distinktion, die gesellschaftliche Abgrenzung, zeigt sich stets auch in der Frage: Wie oder was will man nicht sein? Oft genau das, was Loriot als komischen Kontrast inszeniert.

2 Milieuparodie in Loriots Werk

In Loriots Werk werden verschiedenste Milieus nachgeahmt. Keinesfalls parodiert er ausschließlich „Kleinbürger", wie etwa Hildesheimer annimmt, auch wenn dieser das Milieu einschränkend als „fiktiv" (1973, 169) bezeichnet. Auch heute noch klingt der Irrtum, es handele sich vor allem um „Kleinbürger", in der Loriot-Rezeption bisweilen an. Ein Schwerpunkt Loriots liegt vielmehr in der Betrachtung privilegierterer Teile des Bürgertums, von denen im Folgenden die Rede sein wird. Dieses Milieu wird in der Soziologie unterschiedlich bezeichnet. Gerhard Schulze nennt es „Niveaumilieu", andere Gesellschaftstypologien sprechen von einem „konservativ-gehobenen Milieu" (Schulze 2005, 393). Als umgangssprachliche Bezeichnungen des Milieus nennt Schulze zum Beispiel: „Akademiker, Intellektuelle, Bildungsbürger" (2005, 284). Abgrenzung in der sozialen Hierarchie, gerade die der privilegierten Schichten, lädt nun seit jeher vor allem zu kritischen, verzerrenden Parodien ein. Als satirische Formen streben diese Parodien nicht größte Ähnlichkeit an, sondern sie übertreiben und entstellen. Sie machen lächerlich, entlarven und tadeln. Dies geschieht oft aggressiv; denn man verfolgt den Zweck zu läutern (vgl. Schmidt-Hidding 1963, 50–51). Ein moralischer Gegenentwurf zum kritisierten Verhalten steht dann im Raum. Loriot selbst verglich die Erwartung an satirische Weltverbesserung mit gärtnerischer Veredelung:

> Wir Satiriker sollen bessern und veredeln, also eine Art Gartenarbeit leisten. Man braucht nur einen Blick auf die Gartenpflege zu werfen, und der ganze destruktive Charakter dieses Veredelungsauftrags wird deutlich. Da wird ausgerupft, abgeschnitten, abgesägt, weggeworfen, verbrannt und sogar getötet. Der Gärtner bedient sich hierzu waffenähnlicher Werkzeuge. (Loriot 1993, 129)

Wenn gesellschaftliche Distinktion parodiert wird, so lautet die Botschaft meistens: Menschen sollen sich nicht über andere erheben. Didaktisch wird vorgeführt: „So nicht! So macht man sich lächerlich." Der Normalfall in vielen Gesellschaftssatiren ist also eine kritische, boshafte Parodie, die eine Bloßstellung des Parodierten anstrebt.

In Loriots Texten jedoch ist das Boshafte oft wenig ausgeprägt. Dennoch handelt es sich bei Loriots Gesellschaftsdarstellungen um Parodien. Das griechische Wort παρῳδία (parōdía) kann man unterschiedlich übersetzen. Schon früh konnte der Terminus entsprechend der mehrdeutigen Vorsilbe *para-* sowohl einen ‚Nebengesang' bezeichnen, also eine nicht-polemische Imitation, als auch einen ‚Gegengesang', also distanzierende Imitation.[5] Loriots Parodien sind oft zugleich eine artistisch verblüffend gelungene Nachahmung, also eher ein Nebengesang, und eine kritisch-satirische Verzerrung, ein Gegengesang. Es kommt dabei zum Tragen, was Süskind Loriot attestiert: „höchste Kunstfertigkeit und intellektuelle Strenge" (Süskind 1993, 12). Süskind führt dazu Folgendes aus: „Loriot ist ein scharfer Beobachter. Viele seiner Szenen leben von einem Hintergrund akkuratester Realitätsnähe. Diverse Personen hat er bis zur Verwechselbarkeit genau imitiert." (1993, 12) Und diese artistische Seite der Parodie entsteht durch Genauigkeit und ein Können, das an Handwerkskunst[6] erinnert:

> Was ich am meisten an seinem Werk bewundere, ist die Art, wie gut alles *gemacht* ist – wie gut es *gearbeitet* ist, hätte ich beinahe gesagt, als wäre er ein Handwerker, ein Goldschmied etwa–, und meine damit nicht einen Oberflächenglanz, sondern das Wohldurchdachte, das durch und durch Ausgetüftelte, das mit Raffinement und größter Sorgfalt Erzeugte seiner Produktion. (Süskind 1993, 11)

Süskind geht wohl zu weit, wenn er sagt, dass „das Kritische höchstens einen Nebeneffekt darstellt" (Süskind 1993, 13). Auffallend ist aber: Loriots Gesellschaftsdarstellungen lächeln über die menschliche Unzulänglichkeit in ihrer Heterogenität. Der Typus des kleinbürgerlichen Spießers hat nicht weniger Daseinsberechtigung als der des verrückten Künstlers oder der reichen Angeberin. Alle haben ihren Platz und sie bereichern Loriots Welt. Seine Komik ist vor allem von Humor als Haltung geprägt, wird sogar oft mit diesem Wort benannt. Humor zeichnet sich, wie in der Kulturgeschichte vielfach beschrieben wurde, durch Zugewandtheit allem Menschlichen gegenüber aus, Schwächen eingeschlossen, deshalb wird er resümierend auch als ein „Zentralwort der Humanität" (Schmidt-Hidding 1963, 115) geehrt. Humorvolle Autoren beziehen sich selbst in die menschlichen Schwächen ein. Dies wird bei Loriot schon dadurch unterstrichen, dass er die wichtigsten Rollen seiner Filme und Sketche selbst spielt.

---

5 Alfred Liede hat aus dieser Beobachtung eine erhellende Nuancierung von Parodieformen entwickelt, die trotz später abweichender, engerer Beschreibungsversuche nach wie vor Beachtung verdient, da sie die Einordnung parodistischer Texte sehr erleichtert (Liede 2001 [1958]).

6 Robert Gernhardt hat im Nachwort zu seiner Parodiensammlung *In Zungen reden* ein berühmtes Plädoyer für die handwerklich versierte Parodie verfasst, pointiert wirkt sie auch in den Versen: „Wer nicht mit tausend Zungen begabt, / Fangs Dichten gar nicht erst an. / Es macht den wahren Dichter aus / Daß er so und auch anders kann" (Gernhardt 2000, 231).

3 Karikatur des Habitus in zwei prägnanten Szenen

In den beiden Szenen, die hier betrachtet werden sollen, tritt zentral eine bürgerliche Oberschicht auf, die in Loriots Werk oft ein Gegenstand der Parodie ist. Vor allem, wenn sie auf andere Milieus trifft oder sich von diesen abgrenzt, wird ihr Habitus überdeutlich. Dieses von Schulze sogenannte „Niveaumilieu" ist gekennzeichnet durch ein Alter ab etwa 40 Jahren, ein eher hohes Einkommen und höhere formale Bildung; es ist auf ein ‚Hochkulturschema' ausgerichtet: klassische Musik in Konzert und Oper, Theater, Dichterlesungen etc. (Schulze 2005, 291).

> Im Gegensatz zu anderen Milieus ist das Niveaumilieu nur auf ein einziges alltagsästhetisches Schema, das Hochkulturschema, ausgerichtet. Genuß ist überwiegend kontemplativ schematisiert, kultivierte Ausdrucksform einer allgemeineren Suche nach Sammlung und Konzentration. Zum Nachfolgemilieu des Bildungsbürgertums wird das Niveaumilieu durch den antibarbarischen Typus seiner Distinktion, der an dem kenntlich wird, was man *nicht* sein möchte: stillos, unkultiviert, ohne Selbstkontrolle, inkompetent. (Schulze 2005, 287)

Auch die beiden im Folgenden untersuchten Szenen Loriots behandeln Kultur, speziell das Thema ‚Dichtung'. Im Sketch *Flugessen* prallen dabei, wie es in Loriots Werk oft geschieht, milieuspezifische Sprech- und Sichtweisen aufeinander.

3.1 *Flugessen*

Loriot spielt einen Herrn, der am Ende des Sketches als „Herr Staatssekretär"[7] angesprochen wird. Er und eine Dame (Evelyn Hamann) wollen als zufällige Sitznachbarn im Flugzeug ein vornehmes Gespräch führen: über den Dichter Rilke. Karikiert wird die Herausgehobenheit der beiden von Beginn an durch einen überdimensionalen Blumenstrauß, der im Flugzeug ein Hindernis darstellt. Er wird zunehmend ramponiert.

Schon zu Beginn des Gespräches positioniert sich der Staatssekretär mit Blick auf seine materiellen Gegebenheiten, er sagt: „Der Service auf dieser Linie ist wirklich ausgezeichnet". Er lässt damit durchblicken, Vielflieger zu sein und sich mit Fluglinien auszukennen. Im Jahr 1978, dem Entstehungsjahr des Sketches,

---

7 Da der Sketch *Flugessen* nicht in die Ausgabe „Dramatische Werke" aufgenommen wurde, werden die Zitate hier nach eigener Transkription aus dem Sketch wiedergegeben. Dieser findet sich in Loriots vollständiger *Fernseh-Edition* (Loriot 2007, Disc 4, Loriot V, Track 5) und er wird dokumentiert in Loriots Band *Möpse & Menschen*, 226–229, dort unter der Überschrift „Essen im Flugzeug."

war regelmäßiges Fliegen noch eine Seltenheit und ein Indiz dafür, in hoher Position tätig – oder zumindest wohlhabend zu sein. Dann spricht der Staatssekretär seine Nachbarin wieder an: „Sie lesen Gedichte, gnä' Frau?" Diese Anrede war auch in den 1970er Jahren schon ein Relikt in gehobenen Kreisen. Die Nachbarin antwortet schwärmerisch: „Ja, Rilke, ich liebe Rilke." Und er stimmt kennerhaft ein: „Rilke. Etwas Schöneres ist in deutscher Sprache wohl nie geschrieben worden." Gleich mehrere Erkennungszeichen des Niveaumilieus werden in diesen wenigen Worten deutlich. Gerhard Schulze hat es – ohne Bezug zu Loriot – so formuliert:

> Grundlage ist das Ritual des gehobenen Gesprächs, das oft nach der geheimen Absprache abläuft, daß jeder dem anderen ein manifestes Zeichen gibt, beispielsweise durch die Erwähnung eines neuen Romans, einer Theaterkritik, einer Bildungsreise, woran sich die gegenseitige Anerkennung ohne allzu genaues Nachhaken anschließt. (Schulze 2005, 284–285)

Der drei Mal wiederholte Name Rilke ist hier das manifeste Zeichen der Hochkultur. Es ist nicht zufällig Rilke, denn dieser hat einen hehren Ruf. Er wird in der Literaturwissenschaft bisweilen als „Leitgestalt des literarischen Ancien régime" (Neumann 1995, 392) charakterisiert. Sein Ruf kann also auch einer traditionalistischen Wertorientierung entsprechen, die dem Niveaumilieu eigen ist. Zudem wird Rilke die Aura eines angeblich „reinen Dichter-Daseins"[8] zugeschrieben, die verbreitete Vorstellung einer Abgehobenheit der Existenz von allem Irdischen, Niedrigen. Passend zu dieser Aura zitiert Evelyn Hamann später aus Rilkes *Duineser Elegien*: „Und nicht einmal sein Schritt tönt aus dem tonlosen Los."

Unmittelbar nach Nennung des Namens Rilke folgt durch den Staatssekretär die Hierarchisierung des Dichters, seine Spitzenposition wird betont: „Etwas Schöneres ist in deutscher Sprache wohl nie geschrieben worden." Derartige Hierarchisierung prägt die Kulturwahrnehmung des Niveaumilieus entscheidend. Gerhard Schulze hat in seiner empirischen Sozialforschung festgestellt, dieses Milieu lebe in einer „Welt der hierarchischen Ordnungen", in der das „Streben nach Rang" existenziell sei (Schulze 2005, 285): „Das Weltbild des Niveaumilieus ist von oben nach unten geordnet; als primäre Perspektive dominiert die Dimension der Hierarchie. Strukturierendes Prinzip des Wissens ist der feine Unterschied, die Abstufung zwischen höher und tiefer" (Schulze 2005, 284).

In die Hierarchisierung des Dichters lässt Loriots Staatssekretär zugleich seine eigene Weltläufigkeit einfließen, da er die Positionierung Rilkes auf den Bereich der deutschen Sprache eingrenzt. Dies schließt die Kompetenz zum internationalen

---

8 Ein populäres Konversationslexikon wie *Meyers Großes Taschenlexikon* aus Loriots Zeit beschreibt beispielsweise Rilke als Lyriker, der sich zu Berufslosigkeit und „reinem Dichterdasein" entschlossen habe (Meyers 1981, 262).

Vergleich wie selbstverständlich ein. Konversationsmuster des real existierenden Niveaumilieus beschreibt Schulze ganz ähnlich: „Das Gespräch darf in die Tiefe gehen, doch genügt durchaus das bloße Vorzeigen angeeigneter Hochkulturzeichen, die mit einfachen Empfindungsprädikaten – schön, interessant, großartig usw. – garniert werden." (Schulze 2005, 288)

Im Flugzeug folgt ein Duett sich ergänzender Rezitationen Rilkes. Dessen Texte sind im Original belassen, sie werden nicht etwa parodistisch verändert. Und seine Dichtung wird nicht als reines Prestigeobjekt präsentiert, vielmehr scheint er von den beiden Fluggästen ehrlich geliebt zu werden.[9] Diese Begeisterung weckt beim Zusehen gewisses Verständnis, denn Hingabe ist sympathischer als bloße Prahlerei mit Kulturgut. Hier zeigt Loriots Parodie ihre typische Konzilianz.

3.1.1 Kontrastierung unterschiedlicher Milieus

Der hohe Stil Rilkes wird nun aber auf mehreren Ebenen konterkariert. Zum einen durch den Sitznachbarn der Rilke-Verehrer, gespielt von Heinz Meier (Abb. 1). Er stellt sich als Absolvent einer zweijährigen Ausbildung auf einer Gewerbefachschule vor, erweckt also den Verdacht, kein Akademiker zu sein, was der Staats-

Abb. 1: Drei zufällige Sitznachbarn im Flugzeug als Kontrastierung von Milieus (Loriot 2007, Disc 4, Loriot V, Track 5, 00:07:39).

---

9 Stefan Lukschy berichtet von einer Begeisterung auch Loriots für die Dichtung Rilkes (Lukschy 2015 [2013], 134).

sekretär mit Loriots beredtem „Ach" kommentiert. Als Attribut führt der Sitznachbar ein technisches Spielzeug mit sich, ein großes Flugzeug, das nach der Szene ebenso zerstört sein wird wie der Blumenstrauß.

Dieser dritte Reisende passt nicht ins Niveaumilieu seiner Sitzreihe, er beherrscht dessen Gepflogenheiten nicht und stört durch plumpe Bemerkungen. Zunächst imitiert er ungeschickt das im Niveaumilieu beliebte ‚Namedropping', das gerne zum Aussenden der manifesten Zeichen der Hochkultur praktiziert wird. Loriot hat diese Attitüde auch in seinem Sketch *Filmanalyse* parodiert. Ein Diskutant, „Professor Wolf Lemmer", der als „Leiter der Hochschule für Film und Fernsehen in Bebra" vorgestellt wird, doziert hier mit betonter Selbstverständlichkeit: „Denken Sie nur an Bergman, Sinkel, Fellini ...", worauf Loriot in der Rolle des Moderators den Namen „Micky Maus" ins Spiel bringt und sich damit strafende Blicke seiner Gäste einfängt (Loriot 2016, 309).

Ähnlich ist es im Sketch *Flugessen*. Als der Staatssekretär schwärmt: „Für mich ist ein Gedicht wie Musik", nennt die Dame passende Schlagwörter: „Wie ein Nocturne von Chopin ...". Der störende Dritte jedoch fällt mit trivialen Schlagwörtern ein: „Kennen Sie Kassel?" und dann: „Kalle und Bolzmeier – Ihnen kein Begriff? Anbaumöbel?"

Anbaumöbel werden seriell hergestellt und meist für kleinere Wohnräume, was als Konnotation des Wortes im Raum steht. Schon an dieser Stelle wird klar, dass der Sprecher sich für Milieus mit eher bescheidenen Mitteln interessiert, wenn er auch selbst beruflich eine mittlere Position einnehmen mag. Nun spricht er weiter von der banalen Möbelfirma und es wird noch schlimmer: „Der Juniorchef ist ein Cousin von mir. Der macht auch Gedichte." Dieser frivole Vergleich zu Rilke, vom Staatssekretär mit „Ach was" kommentiert, wird gekrönt von einem Zitat des genannten Laienpoeten: „Ich muss die Nase meiner Ollen an jeder Grenze neu verzollen." Als sie dann Kassel überfliegen, schwärmt der Störer im bedeutungsvollen Ton: „Kassel hat übrigens ein neues Schwimmbad – mit Gegenstromanlage und Solarium. Zwei 50-Meter-Becken." Und dann folgt, als extreme Niederung des Gesprächs und als sei dies nicht selbstverständlich: „Toiletten separat". Im Film sieht man fast gleichzeitig ein Reinigungstuch, das in den Kaffee fällt (Abb. 2).

Der Störer des Niveaumilieus zeigt hier seine Präferenz für Freizeitsport und Solarium – ein gänzlich anderes Programm als das Hochkulturschema seiner Sitznachbarn. Noch dazu flucht er vulgär „Scheiße!", ausgerechnet als die Dame Rilkes Zeilen vom „tonlosen Los" zitiert.

Das Niveaumilieu der realen Welt grenzt sich von Menschen mit unerwünschten Eigenschaften ab; aber weniger durch Arroganz diesen Menschen gegenüber als vor allem durch die Inszenierung des Gegenteils: durch gehobene Konversation – so hat es die Soziologie beobachtet:

Abb. 2: Das Bild der Flugzeugkost unterstreicht die Niederung des Gespräches (Loriot 2007, Disc 4, Loriot V, Track 5, 00:10:30).

> Im Gegensatz zur Distinktion des 19. Jahrhunderts richtet sich hochkulturelle Distinktion der Gegenwart weniger klar gegen soziale Großgruppen. Distinktion ist abstrakt geworden. Die Negativfiguren der Verkäuferin, des Hilfsarbeiters, des Metzgermeisters usw. sind symbolische Personifizierungen ungewünschter Eigenschaftsbündel, von denen man sich nicht so sehr durch Arroganz gegenüber konkreten Menschen oder Gruppen distanziert wie durch Inszenierung des Gegenteils. Hierbei bedient man sich vor allem des bereits erwähnten sozialen Musters der gehobenen Konversation, orientiert an der Diskursstruktur gegenseitigen Herzeigens angeeigneter Zeichen der Hochkultur. (Schulze 2005, 288)

3.1.2 Gehabe und Wirklichkeit

Der Humor, der Loriots Parodien so besonders macht, wird nun vor allem durch das Hauptmotiv des Sketches sichtbar, die zweite Ebene des Kontrastes. Loriot bezeichnet in seiner Ankündigung dieses Sketches – auf dem Sofa sitzend – den Menschen ironisch als „König der Lüfte", den Einzigen, dem es gelinge, „während des Fluges eine warme Mahlzeit zu sich zu nehmen". Die Fluggäste versuchen, genau das zu tun. Es gelingt aber alles andere als souverän und königlich, es ist chaotische Erniedrigung. Denn als sie in der Enge speisen wollen, wird eine extreme Schweinerei angerichtet: Die Getränke spritzen meterhoch[10] aus ihren Verpackungen, Plastikbesteck fällt ins Essen, alles rutscht über die Klapptische und die Speisen selbst enthalten un-

---

10 Stefan Lukschy berichtet über die Entstehung des Sketches und die unverhofft stärker als geplant spritzenden Bierdosen sowie die Disziplin der Schauspieler, darüber nicht zu lachen (Lukschy 2015 [2013], 134–136).

genießbare Fäden, die sich alle umständlich aus dem Mund ziehen müssen. Über und über sind die Fluggäste – und das nun unterschiedslos – mit Bier und Tomatensaft besudelt (Abb. 3). So prägt der Kontrast von angestrebter gesellschaftlicher Distinktion und realem Miteinander die Szene. Die Demonstration kulturellen Kapitals, hier in Form des Rilke-Gesprächs, wird *ad absurdum* geführt.

Abb. 3: Nivellierung durch gemeinsame Sudelei (Loriot 2007, Disc 4, Loriot V, Track 5, 00:07:59).

Schließlich klappen alle ihre Tische unabgeräumt gegen die Vordersitze. Sie wälzen sich übereinander beim Versuch, in den Flur oder in die Sitzreihe zu gelangen. Die Enge, die triviale Beschäftigung mit der Flugzeug-Kost, das Chaos, die Verschmutzung: In der Sudelei wird die Gesellschaft nivelliert. Die stark formbetonte, komplexe Dichtung Rilkes erzeugt den größtmöglichen Kontrast zur Formlosigkeit des realen Daseins.

In surrealer Weise dominiert zusätzlich folgender Eindruck: Herr und Dame des Niveaumilieus ignorieren das Szenario des missglückten Speisens völlig, sie kommentieren es überhaupt nicht, so als sei es völlig unwichtig. Die Szene endet ebenso selbstverständlich: Man landet, verabschiedet sich, steigt aus. Alle sind derangiert, der Staatssekretär wird zusätzlich von einem Schluckauf befallen. Eckhard Pabst hat dieses Ignorieren der Umstände hinsichtlich der Frage betrachtet, „ob die Figuren ehemals elitären Schichten entstammen, deren hohe Anforderungen an Niveau und Etikette aufgeweicht sind, oder ob sie ein ihnen ursprünglich fremdes soziales Milieu anstreben, dessen Regeln sie nur ansatzweise beherrschen" (Pabst 2021, 35). Man kann es auch anders betrachten und einwenden: Gerade unnatürlich starre Etikette wird hier parodiert. Die Flugzeugkost mit tückischen Behältnissen, die überraschenden Luftdruckverhältnisse und die Enge machen gewohnte Tischsitten unmöglich. Im Tischgespräch einer privilegierten Schicht gilt es aber als distinguierte Tradition, die Speisen nicht zu erwähnen und Missgeschicke diskret zu übergehen. Doch ist es hier nicht nur unnatürlich, sondern geradezu übermenschlich beherrscht und manieriert, die vorliegende Matsch-Katastrophe zu übersehen. Gerade dadurch entsteht der komische Kontrast; zumal auch etwa Höflichkeitsfloskeln unbeirrt beibehalten werden. So fragt der bekleckerte Staatssekretär, bevor er sich in der Enge aus seiner Jacke quält: „Würde es Ihnen etwas ausmachen, wenn ich mein Jackett ablege?" Seine Kleidung leidet durch die darauffolgende Prozedur und die hilfreichen, aber beschmierten Hände seiner Nachbarin noch mehr. Der französische Philosoph Henri Bergson hat beobachtet: „Die Steifheit ist das Komische, und das Lachen ist ihre Strafe." (Bergson 1988 [1900], 23)

Und wieder entsteht ein Gegenbild durch den Sitznachbarn. Er flucht immerhin, fühlt sich im Chaos unwohl und zeigt das auch deutlich. Man könnte annehmen, dass diese Figur einer mittleren Bildungsschicht zuzurechnen ist, die Gerhard Schulze als „Integrationsmilieu" bezeichnet hat. Dieses Milieu verbindet Eigenschaften verschiedener anderer Milieus und ist gekennzeichnet durch Konformität, Durchschnittlichkeit, die Einhaltung von Normen, das Ideal der Ordnung, und, so nennt es Schulze, eine „antibarbarische Distinktion" (Schulze 2005, 311). Abweichen von der Ordnung führt zu Unbehagen.

Die Bilder der verschmutzten und ins Chaos gestürzten Körper dominieren im Sketch und lassen die davon völlig unbeeindruckte Rilke-Konversation absurd wirken. Solch intellektuelles Gehabe, das jede Realität ausblendet, ist ein Lieblingsthema Loriots. Die Parodie überheblicher Menschen demontiert diese aus besonderer Höhe, und gerade die Schadenfreude darüber macht diese Parodien ungemein vergnüglich. Erinnert sei nur an den hochnäsig sprechenden Kritiker in der Parodie *Literaturkritik*, der einen Zugfahrplan anpreist und dabei Vorzüge beschwört, „die bisher in der schöngeistigen Literatur nicht zu finden waren" (Loriot 2016, 289).

Auch die Text-Bild-Komposition erzeugt im Sketch *Flugessen* entwürdigende Kontraste. Zum Beispiel klebt eine große Schinkenscheibe an Loriots Kinn (Abb. 4), unmittelbar nachdem er die Verse zitiert: „… und alle Winter, wie verwaiste Länder, scheinen sich leise an dich anzuschmiegen." Loriot kontrastiert die Poesie Rilkes mit der ganzen Trivialität des menschlichen Daseins, wenn etwa das Bild des ‚Anschmiegens' konkret umgesetzt wird. Die Parodie Loriots richtet sich aber nicht gegen Rilkes Gedicht, sondern gegen dessen Verklärung und seine Instrumentalisierung als Gegenstand der gesellschaftlichen Distinktion. So hat es Claudia Hillebrandt auch für die satirischen Opernthematisierungen Loriots beobachtet (vgl. Hillebrandt 2021, 56). Rilke ist nur ein Beispiel für Hochkulturzeichen einer für Loriots Zeit typischen privilegierten Schicht der Bundesrepublik, die unbeirrbar glaubt, sich von den Niederungen des Irdischen abheben zu können.

Abb. 4: Rilkes Metapher des ‚Anschmiegens' wird zur schnöden Realität (Loriot 2007, Disc 4, Loriot V, Track 5, 00:08:35).

3.2 Dichterlesung

Das Niveaumilieu ist, mit etwas anderen Facetten, auch Gegenstand der zweiten satirischen Szene, deren Komik im Folgenden mit Hilfe kultursoziologischer Erkenntnisse gedeutet werden soll: In der Dichterlesung aus dem Film *Pappa ante portas* tritt Loriot in zwei Rollen auf, als Dichter Lothar Frohwein und als Zuhörer Heinrich Lohse. Die Figur Lohse ist als ehemaliger Ingenieur eher technisch interessiert und versucht sich in praktischen Lösungen. Im Niveaumilieu, in dem seine Frau sich bewegt, eckt er damit bisweilen an. Auch diese Szene zeigt Loriots brillantes satirisches Spiel mit Soziolekten und elaborierten Codes, und wieder wird der Habitus des Niveaumilieus überzeichnet.

Ein größeres Publikum hat sich zur Dichterlesung in einer Bibliothek versammelt. Evelyn Hamann begrüßt als Renate Lohse in eleganter Untertreibung zur Veranstaltung „unseres kleinen Kulturkreises" (Loriot 1991, 87).

3.2.1 Ästhetische Präferenzen

Klassisch-konservative Kleidung in vorwiegend Grau-, Schwarz- und Beigetönen wird im Niveaumilieu gern getragen (Abb. 5), sie entspricht dem bevorzugten Kleidungsstil der dezenten Eleganz (Schulze 2005, 284). Die Frisuren sitzen, gemäß dem Ideal der Perfektion, denn: „In der Ästhetik des Niveaumilieus [...] bleibt Perfektion ein Wert an sich." (Schulze 2005, 288) Einzig Herr Lohse fällt mit schiefem Hemdkragen und Strickjacke leicht aus dem Rahmen dieser nonverbalen Kommunikation.[11]

Abb. 5: Dezente Eleganz im Spielfilm als Spiegel milieuspezifischer ästhetischer Präferenzen (Loriot 2011, 00:37:24 [*Pappa ante portas*]).

Das Streichquartett im Hintergrund absolviert pflichtbewusst ein atonales Vorprogramm. Die Musik geht dabei allerdings im lauten Hüsteln unter, das Desinteresse der Zuhörer an der neuen Musik wird deutlich. Hier enthüllt sich die traditionelle Ausrichtung[12] des dargestellten Milieus. Herr Lohse flüstert mit seinen beiden Nachbarinnen, zwei aufdringlichen Schwestern mit dem sprechenden Namen Mielke; sie bespitzeln und denunzieren sich im Film gegenseitig. Und sie zeigen sich stets an Mordgeschichten interessiert: „Meine Schwester ist in solchen Dingen immer etwas ... obwohl ... das mit ihrem Mann war damals nur Gerede ...

---

[11] Die Aufführungssituation wird in der Schlussszene des Films nochmal aufgegriffen, als das Ehepaar Lohse ein misstönendes Blockflöten-Hauskonzert veranstaltet. Dessen zwei Zuhörer entsprechen nicht dem Niveaumilieu der Dichterlesung: der Sohn der beiden ist zu jung und wirkt mit grauer Bügelfalten-Hose und Fliege unnatürlich ausstaffiert. Die Haushaltshilfe mit dem bezeichnenden Namen ‚Frau Kleinert' ist prächtig angezogen. Ihr Blumenhut und ihre kleine rosa Handtasche mit Goldrand symbolisieren, dass sie einem unterprivilegierten Milieu angehört, in dem elegante Dezenz nicht zu den ästhetischen Präferenzen zählt.
[12] Vgl. zu Wertorientierungen der Milieus Schneider 2004, besonders 299. Anna Bers hat zu Recht darauf verwiesen, „der klassische Bildungskanon" sei „ein Fundus für Referenzen und Strukturvorgaben" in Loriots Spielfilmen; sie beobachtet auch eine „an traditionellen bürgerlichen Normen orientierte Handlungslogik" (Bers 2021, 74–76).

der ist auf ganz natürliche Weise ums Leben gekommen" (Loriot 1991, 45). Mielkes bringen damit ein vom Hochkulturschema abweichendes Interesse ins Spiel. Kriminalgeschichten gelten allerdings in der literarischen Rezeptionsforschung als der eher seltene Fall einer recht breit milieuübergreifend goutierten Lektüre (vgl. Schneider 2004, 387–388).

Die schon beschriebenen Rangordnungen in der Kulturrezeption manifestieren sich komisch, als Renate Lohse sich in ihrer Begrüßung des Dichters verhaspelt: „der bedeutendste Vertreter ... lebende Vertreter ... der bedeutendste, lebendste ... also noch lebendige Vertreter moderner Lyrik". Sie steigert hier das nicht graduierbare Wort „lebend", denn der Superlativ soll unbedingt genannt werden, selbst da, wo er unmöglich ist und sogar makaber. Satirisch wird hier bloßgestellt, dass Rangordnungen für das Niveaumilieu, wie es Gerhard Schulze mit Blick auf die reale Welt festgestellt hat, entscheidend sind: „[D]ie Lebensphilosophie der Perfektion enthält die Botschaft, daß in jedem legitimen Rangsystem der höchste Rang der beste ist." (Schulze 2005, 285) Und ergänzend hat der Kultursoziologe die Rezeption von Kunst beobachtet: „Die Verselbständigung des Denkens in Hierarchien wird im Verhältnis zum Inhalt deutlich. Gegenüber den hierarchisierbaren Details der Darbietung erscheint die Botschaft als unwichtig." (Schulze 2005, 285)

So wird auch die Person des Dichters von den Figuren im Sketch als irrelevant im Vergleich zu seiner Hierarchieposition empfunden. Das zeigt sich, als Renate Lohse seinen Namen falsch und zugleich diminuierend entstellt nennt, den Rang des Namens aber vorher in maßloser Übertreibung betont:

> Renate   [E]in Mann, der Literaturgeschichte gemacht hat, ein Name, der rund um den Erdball zum Begriff geworden ist: ... Lothar Frohlein!
> *Der Dichter tritt dazu.*
> Frohwein   Frohwein ...
> Renate   ... Äh ... Frohwein ...   (Loriot 1991, 87)

Renate kennt den Dichter also keineswegs, vielmehr hat sie sich, wie es für das Niveaumilieu typisch ist, auf Bewertungsprofessionen verlassen, etwa Literaturkritiker, Literaturwissenschaftlerinnen, das Feuilleton. Schulze hat die Funktion dieser Bewertungen wie folgt beschrieben:

> Auf den großen, aus eigener Kraft kaum zu bewältigenden Bewertungsbedarf des Milieus antworten die Bewertungsprofessionen, deren Dienstleistung extensiv in Anspruch genommen wird: Rezensenten, Theater- und Musikkritiker, Kunsthistoriker, Kommentatoren; Essayisten und Wissenschaftler. Damit die Welt in Ordnung ist, muß sie hierarchisiert sein. (Schulze 2005, 285)

Die Beurteilung selbst gilt, wie Schulze für das echte Niveaumilieu empirisch festgestellt hat, als objektiv begründbar. Deshalb erscheint es uns nicht ungewohnt, wenn die Figur Renate Lohse hier betont: „rund um den Erdball". Schulze hat es für die reale Welt so beschrieben: „Die Bildung des Urteils gilt als Vorgang objektiver Erkenntnis. Dabei scheint die Hierarchieposition, die dem beurteilten Objekt zuerkannt wird, unabhängig vom Beurteilenden zu sein." (Schulze 2005, 285)

So banal heiter der Name „Frohwein" anmutet, so wenig fröhlich stimmt das Programm, das er nun ankündigt. Es ist von grotesker Länge, voller Namedropping und literaturwissenschaftlicher Schlagworte, die das Niveaumilieu begehrt:

> Frohwein Zu Beginn werde ich 22 Gedichte aus dem Zyklus „Abschied" lesen ... dann ...
> Stimme aus Publikum   Etwas lauter, bitte ...
> Frohwein ... dann acht Balladen aus meiner frühen Schaffensperiode ... gefolgt von der Sonettensammlung „Die zwölf Monate" ... hierauf drei Kapitel aus dem Roman „Pedokles" ... und zum Schluß ein Trauerspiel in drei Akten mit dem Titel „Goethe in Halberstadt" ... dann haben wir Gelegenheit, miteinander zu sprechen ...   (Loriot 1991, 88)

Die drohende Langeweile, die Loriot hier überzeichnet, hat ihre Vorlage in manchen echten hochkulturellen Veranstaltungen, die durchaus nicht immer als Genuss konzipiert sind. Gerhard Schulze hat dieses Phänomen ungnädig und überzeugend damit erklärt, dass es eigentlich um das Ziel der Distinktion gehe:

> Daß nicht jeder die gleiche Erlebnisintensität erreicht, mancher sogar sein Leben lang Hochkultur mehr aushalten muß als genießen kann, tapfer gegen die eigene Ratlosigkeit und Langeweile ankämpfend, ist nur deshalb kein Rätsel, weil die subjektive Bedeutung des Hochkulturschemas nicht nur im Genuß besteht. Manchmal wird Genuß nur vorgeschützt, um eine andere Bedeutung zu verheimlichen: Distinktion. (Schulze 2005, 145)

Wie soll nach Frohweins ausuferndem Programm noch Zeit zur Diskussion übrig sein? Die bei Kulturveranstaltungen gängige kommunikative Floskel ‚Gelegenheit, miteinander zu sprechen' wirkt als Schlusspunkt der Planung besonders stereotyp und hohl. Zugleich wird aber eine typische alltagsästhetische Situation des Niveaumilieus nachgeahmt: „Elaborierte Formen der gehobenen Konversation sind etwa die Vernissagen-Unterhaltung, die Diskussion mit dem Autor nach der Lesung, das Podiumsgespräch" (Schulze 2005, 288).

Als milieuspezifische Codes können hier unter anderem gelten: der antikisierende und deshalb Bedeutungstraditionen vorspiegelnde Titel „Pedokles", der sowohl ‚Perikles' wie auch ‚Empedokles' assoziieren kann, sowie der Titel „Goethe in Halberstadt", der keineswegs selbsterklärend ist, sondern Insiderwissen um die Harzreisen der Ikone Goethe suggeriert.

3.2.2 Kontrolle des Körpers

Das reale Niveaumilieu, das nachgeahmt wird, zeigt nach Schulzes empirischen Studien seine Konzentration auf Hochkultur in der Kontemplation, die sich in einer Grundspannung des Körpers und weitgehender Bewegungslosigkeit ausdrückt; es herrscht ein „Kontrollbewußtsein":

> Das schöne Erlebnis von Niveau läßt sich in der kognitiven Dimension als Syndrom von „Kontrolle" und „Sicherheit" beschreiben, physisch als Kombination von „Konzentration" und „Standardisierung". [...] Konzentration manifestiert sich im Körperzustand weitgehender Bewegungslosigkeit, verbunden mit erhöhter Grundspannung (vgl. etwa die Haltung des Konzertbesuchers oder Lesers), Standardisierung in der Konventionalisierung des physischen Habitus. (Schulze 2005, 287)

Derartige Selbstkontrolle wird bei der angedrohten Länge der Lesung vonnöten sein. Das erwartungsvoll konzentrierte Schweigen im Saal wird aber direkt zu Beginn gestört und damit umso mehr hervorgehoben: durch penetrantes Quietschen der schwarzen Kunstlederjacke des Dichters. Schon hier kontrastiert er die angestrebte Perfektion des Niveaumilieus, was in seiner Rolle als Künstler gleichwohl hingenommen wird. Denn das Genie wird als Individuum betrachtet, das über soziale Normen erhaben ist. Als Symbole hierfür fungieren die Lorbeerstämmchen (Abb. 6).

Abb. 6: Lorbeer als Symbol des erfolgreichen Dichters legitimiert seine Exzentrik (Loriot 2011, 00:37:35 [*Pappa ante portas*]).

Die Kleidung des Dichters ist nicht – wie die der anderen – traditionell-elegant, das schwarze Hemd ebenso wenig wie die Jacke und die struppig-langen Haare. Es folgt Ungemach: Nach seinem ersten gelesenen Wort, dem mythisch aufgeladenen Namen „Melusine", erleidet er einen Anfall von lautem Schluckauf. Spätestens dieser entspricht nun gerade dem, wovon sich das Niveaumilieu unbedingt distanziert, es ist das Laute und Unbeherrschte. Der Schluckauf wirkt hier sehr komisch, denn: „Hochkulturelle Ästhetik ist geprägt von einer Zurücknahme des Körpers. Konzentriertes Zuhören, stilles Betrachten, versunkenes Dasitzen – fast immer befindet sich der Organismus im Ruhezustand." (Schulze 2005, 143) Scham und Unsicherheit sind nach Schulze in der realen Welt die Folge, wenn die Kontrolle scheitert: „Beim Scheitern von Erlebnisprojekten dokumentieren sich die angestrebten subjektiven Befindlichkeiten von Kontrollbewußtsein und Sicherheit negativ als Beschämtheit und Verunsicherung." (Schulze 2005, 287) Das Lachen über Loriots Szene erklärt sich somit auch als Schadenfreude über die allgemeine peinliche Berührtheit auf der Dichterlesung.

3.2.3 Kunstauffassung

Loriot parodiert in der so detailreichen kleinen Szene zudem eine milieuspezifische Haltung zur Kunst. Herr Lohse fragt angesichts des hicksenden Dichters: „Gehört das zum Vortrag?" In der ungeschickten Figur zeigt sich eine überzeichnete, aber dennoch typische Position zum Hochkulturschema. Das, was Loriot hier parodiert, beschreibt Schulze nach empirischen Studien der realen Welt so: „Die Bedeutung eines Werkes wird als geheimnisvolle, vom Betrachter unabhängige Eigenschaft gesehen, die er vorfindet und nicht etwa selbst definiert" (Schulze 2005, 285). Das heißt, vielfach verstehen die Rezipienten des Niveaumilieus ihre präferierte Kunst gar nicht. Derartige Ratlosigkeit spricht auch aus Herrn Lohses Frage.

Treffend bloßgestellt hat genau diesen Befund Hape Kerkeling in seinem berühmten Streich *Hurz!*, ausgestrahlt in der ARD-Comedyserie *Total Normal* im Juli 1991 (Kerkeling 1991). Er stellte in einer Aufführung Nonsens als vorgeblich modernen Sprechgesang zur Diskussion: einem echten, hochkulturell interessierten Publikum. Unsinnige Textfragmente („Der Wolf ... das Lamm ... auf der grünen Wiese.") suggerierten eine entfernt an Fabeln erinnernde Performance des Sängers, die er immer wieder mit dem schrillen Ausruf „Hurz!" unterbrach. Nur überaus zaghaft und verunsichert wagte das Publikum nach dieser Darbietung kritische Fragen, die Diskussion brachte dann auch leises, verschämtes Gelächter hervor.

Ähnliche Unsicherheit entlarvt im Sketch die unpassende Einleitung Herrn Lohses, als er zum ausschließlich hicksenden Dichter sagt: „Entschuldigen Sie, wenn ich Sie unterbreche ..." (Loriot 1991, 89). Und ebenso irritiert zeigt sich eine

Zuhörerin, die den tuschelnden Herrn Lohse und seine Sitznachbarinnen empört ermahnt: „Pscht!", obwohl bisher nur der Schluckauf und noch keine Lesung zu hören ist (Loriot 1991, 89).

Nachdem der Schluckauf endlich überwunden ist, lauschen alle gespannt der Sprache des gelobten Dichters: „‚Melusine' ... Kraweel ... Kraweel! ... taubtrüber Ginst am Musenhain, Trübtauber Hain am Musenginst ... Kraweel! ... Kraweel! ..." (Loriot 1991, 92). Es scheint sich um Neologismen und kühne Metaphorik zu handeln, kunstvolle Permutation – wie auch immer. Jedenfalls hält sich der Dichter nach Kräften entfernt von trivialer, allgemeinverständlicher Sprache, also dem, wovon sich auch das Niveaumilieu literarisch gerne distanziert.

Schulze konstatierte in seiner kultursoziologischen Studie allgemein zur Ästhetik des Niveaumilieus:

> Es geht nicht primär um Inhalte, sondern um die Mittel, Inhalte auszudrücken [...]. Im Vordergrund steht, wie die Darbietung gemacht ist, nicht, worauf sie hinaus will. Deshalb hat Kunst, die auf gar nichts hinauswill, sondern nur noch in der Handhabung formaler Möglichkeiten besteht, gute Absatzchancen. (Schulze 2005, 288–289)

So erscheint es plausibel, dass auch der Dichter Frohwein sehr selbstbewusst liest; er ist sich seines Erfolges sicher.

Einen witzigen Kontrast zur alltagsfernen Sprache des Dichters bildet wieder seine in der Szene dargestellte Erdung, ähnlich, wie es auch im Sketch *Flugessen* geschieht; auch hier durch das körperbezogene Thema des Essens. Der Dichter im Film *Pappa ante portas* wird von Heinrich Lohse zur Ablenkung von seinem Schluckauf gefragt, was er gestern gegessen habe. Er antwortet: „... Äh ... Kohlrabi ... gedünsteter Kohlrabi ... mit ... äh ... Fischstäbchen und ... Remouladensoße ..." (Loriot 1991, 92). Diese Nahrung gehört wieder zu dem, wovon sich das Niveaumilieu unbedingt distanziert: dem Trivialen. Als Pointe der Szene springt der Schluckauf nun auf Herrn Lohse über, nicht weniger laut und störend. Das ganze Desaster der Dichterlesung ist – aus Sicht des Niveaumilieus – vollendet. Denn Schulze hat für dieses Milieu empirisch festgestellt, dass es drei dominierende Akzente der Ablehnung gibt: „das Praktische, das Triviale, das Unruhige" (Schulze 2005, 288).

4 Milieuparodie als Thema der Loriot-Forschung

Loriots Satire milieuspezifischer Wertorientierungen und Präferenzen kommt, wie wir mit Blick auf die Details sehen, in ihrer Präzision soziologischen Beschreibungen einzelner Milieus der Bundesrepublik überaus nahe. Und Milieuparodien sind in Loriots Werk sehr prägend. Sie weiter vor soziologischem und historischem Hintergrund zu untersuchen, ist ein lohnendes Projekt. Keinesfalls stimmt Patrick Süskinds Einschätzung, in der Sekundärliteratur sei „bereits alles Erdenkliche über dieses Œuvre und seinen Urheber gesagt worden" (Süskind 1993, 11). Vielmehr muss die wissenschaftliche Betrachtung von Loriots Werk nach wie vor als drängende Forschungsaufgabe gelten, vor allem angesichts seiner unvergleichlichen Bekanntheit und Verbreitung. Milieuparodien helfen zum einen, vergangene Gesellschaften der Bundesrepublik zu verstehen, greifen aber zum anderen Phänomene der Distinktion auf, die noch heute zu beobachten sind und über Loriots Zeit hinausweisen. Die Kommunikation verschiedener Milieus kann man betrachten mit Blick auf verbale und nonverbale Zeichen, Soziolekte, Sprachregister und geschlechtsspezifische Sprechweisen. Die komische Überzeichnung manifestiert sich etwa in Wortwahl, Phraseologie, dem Spiel mit Denotation und Konnotation sowie in Formen der Auslassung und Umschreibung.

Loriot war mutmaßlich selbst dem Niveaumilieu zuzurechnen. Warum nun parodiert er gerade diese Oberschicht so gerne – wie auch ihre begleitenden Bewertungsprofessionen: Filmkritiker, Literaturwissenschaftler, ‚Experten'? Zum einen reizt dieses Milieu zur Attacke, weil es sich aus vermeintlich besonderer Höhe nach unten abgrenzt. Zentrale Angriffsziele von Loriots Parodien sind milieuspezifische Eitelkeit, Weltfremdheit und stereotype Sprache. Kulturelles Kapital wird demonstriert und in Loriots Kontrastierung dann demontiert. Zum anderen aber scheint Loriot eine Vermutung zu bestätigen, die Gerhard Schulze in seiner kultursoziologischen Studie allgemein konstatiert hat: „Freilich ist es möglich, daß das Hochkulturschema […] vielleicht als besonderen Clou seine eigene Ironisierung mit in sich aufgenommen hat." (Schulze 2005, 142)

Literatur

Artikel ‚Rilke'. *Meyers Großes Taschenlexikon*, Bd. 18. Mannheim, Wien, Zürich: Meyers Lexikonverlag, 1981. 262.
Bergson, Henri. *Das Lachen. Ein Essay über die Bedeutung des Komischen*. Übersetzung der franz. Originalausgabe „Le rire" aus dem Jahr 1900. Darmstadt: Luchterhand-Literaturverlag, 1988 [1900].
Bers, Anna. „Von Räumen, Träumen und Türen. Aspekte räumlicher Semantik in Loriots Spielfilmen". *Loriot. Text + Kritik* 230 (2021): 72–81.
Gernhardt, Robert. *In Zungen reden. Stimmenimitationen von Gott bis Jandl*. Frankfurt a. M.: Fischer Taschenbuch Verlag, 2000.
Hildesheimer, Wolfgang. „Nackte Frau auf Bratenplatte. Wolfgang Hildesheimer über ‚Loriots heile Welt'". *Der Spiegel* 19 (1973): 169.
Hillebrandt, Claudia. „Von Schwänen und Fahrplänen. Loriots komische Oper". *Loriot. Text + Kritik* 230 (2021): 56–62.

Kerkeling, Hape: „Hurz!" *Total Normal*. Folge 7. ARD (4. Juli 1991).
Liede, Alfred: „Parodie". *Reallexikon der deutschen Literaturgeschichte*. Bd. 3. Hg. Werner Kohlschmidt und Wolfgang Mohr. Berlin, New York 2001 [1958]. 12–72.
Loriot. *Die vollständige Fernseh-Edition*. Reg. Vicco von Bülow. Warner, 2007.
Loriot. *Möpse & Menschen. Eine Art Biographie*. Zürich: Diogenes, 1983.
Loriot. *Pappa ante portas*, Drehbuch. Zürich: Diogenes, 1991.
Loriot. *Die Spielfilme. Ödipussi, Pappa ante portas.* Reg. Vicco von Bülow. Universum Film, 2011.
Loriot. *Dramatische Werke. Erweiterte Ausgabe*. Hg. Susanne von Bülow, Peter Geyer und OA Krimmel. Zürich: Diogenes, 2016.
Loriot. *Sehr verehrte Damen und Herren ... Reden und Ähnliches*. Hg. Daniel Keel. Zürich: Diogenes, 1993.
Lukschy, Stefan. *Der Glückliche schlägt keine Hunde. Ein Loriot Porträt*. Berlin: Aufbau, 2015 [2013].
Neumann, Peter Horst. „Ernst Jandl bearbeitet Rilke. Eine Variante zum Typ des gedichteten Dichterbilds". *„Verbergendes Enthüllen". Zu Theorie und Kunst dichterischen Verkleidens*. Hg. Wolfram Malte Fues und Wolfram Mauser. Würzburg: Königshausen & Neumann, 1995. 391–398.
Pabst, Eckhard. „,Das Bild hängt schief!' Loriots TV-Sketche als Modernisierungskritik". *Loriot. Text + Kritik* 230 (2021): 23–37.
Reuter, Felix Christian. *Chaos, Komik, Kooperation. Loriots Fernsehsketche*. Würzburg: Königshausen & Neumann, 2016.
Reuter, Felix Christian. „Loriots Fernsehsketche – mehr als nur Klassiker. Ein Plädoyer für eine historisch-kritische Loriot-Ausgabe". *Loriot. Text + Kritik* 230 (2021): 49–55.
Schmidt-Hidding, Wolfgang. *Wit and Humour. Humor und Witz*. Hg. ders. München: Max Hueber Verlag, 1963. 37–161.
Schneider, Jost. *Sozialgeschichte des Lesens. Zur historischen Entwicklung und sozialen Differenzierung der literarischen Kommunikation in Deutschland*. Berlin, New York: De Gruyter, 2004.
Schulze, Gerhard. *Die Erlebnisgesellschaft. Kultursoziologie der Gegenwart*. 2. Auflage. Frankfurt a. M. und New York: Campus, 2005.
Süskind, Patrick. „Loriot und das Komische". *Loriot*. Zürich: Diogenes, 1993. 11–14.

Geschichte, Subjekte, Öffentlichkeit: Loriot
und die bundesrepublikanische Alltagskultur

Stefan Lukschy, Rüdiger Singer

„[W]enn sich zwei Menschen zusammentun" – Gender, Herrschaft und Kommunikationsstörungen

SL: Ich glaube, dass diese Sketche gleichermaßen frauen- wie männerfeindlich sind, um das erstmal vorwegzuschicken. Ich glaube, dass die Idee des fluiden Übergangs der Geschlechter, was heute eben als non-binär bezeichnet wird, etwas gewesen wäre, wo er sich nicht unbedingt sehr zuhause gefühlt hätte. Es gibt ja eine Figur, die folgt aber noch mehr der klassischen Konstellation eines homosexuellen Maskenbildners, in einer der Geburtstagssendungen, der aber eher so ein bisschen was Tuntiges hat und der nicht wirklich in dieses Schema der Auflösung der Geschlechterrollen komplett reinpasst.[1]

Ich weiß nicht, wie er mit dieser Diskussion heute umgegangen wäre. Ich nehme an, er hätte sich dann erfreut an Worten wie „Innenarchitekt*innen" oder „Außendienstmitarbeiter*innen", also mit solchen absurden Wortkonstruktionen und diesem Glottisschlag, darüber hätte er sich mit Sicherheit auch lustig gemacht.

Er hat sich ja immer über herrschende Phänomene lustig gemacht, und wenn jetzt ein herrschendes oder beherrschendes Phänomen des öffentlichen Diskurses die Gender-Debatte ist, dann hätte er natürlich da wieder reingepikst und gesagt: „So, das ist jetzt das Herrschende. Darüber müssen wir uns jetzt lustig machen." So wie er auch sagte: „In der Demokratie hat das Volk die Macht, also müssen wir uns auch über das Volk lustig machen und über die Repräsentanten des Volkes, nämlich die Politiker, die gewählten. Wir müssen uns nicht mehr über irgendeinen Kaiser oder Führer oder ich weiß nicht was lustig machen, sondern es zielt auf die, die in der Demokratie das Volk repräsentieren."

Aber er geht natürlich schon noch von sehr traditionellen Geschlechterrollen aus. Das ist bei ihm der Gegensatz: Mann und Frau, Ehemann und Ehefrau.

RS: Ich glaube, wenn ich ein Seminar darüber machen würde, dann würde ich zwei Studierendengruppen bilden. Die eine Gruppe muss argumentieren, warum diese Sketche feministisch sind, und die anderen müssen argumentieren, warum sie antifeministisch sind. Ich glaube, für beides gäbe es Argumente. Wenn man sich fragt, was dahintersteht: Warum will die Frau reden, er aber nicht? Es kann

---

[1] Gemeint ist der Sketch *Maskenbildner*. Vgl. Loriot. *Die vollständige Fernseh-Edition.* Reg. Vicco von Bülow. Warner, 2007, Disc 6, Der 65. Geburtstag, Track 3, 5.

https://doi.org/10.1515/9783111004099-007

natürlich eine grundsätzliche Situation sein, aber vielleicht fühlt sie sich ja von ihm generell nicht gesehen. Das ist ja bei *Feierabend*[2] ähnlich.

SL: Das sagt Loriot sogar. In der Analyse von *Geigen und Trompeten* sagt er sogar, dass *Er* gar nicht reden will, *Er* kommt gerade aus einem Konzert, *Er* will vielleicht gerade an seine Sekretärin denken.[3] Das heißt, offensichtlich sind in dieser Ehe auch noch andere Dinge im Spiel. Und das würde dann natürlich genau dazu gehören, dass *Sie* sich nicht wahrgenommen fühlt, weil *Er* möglicherweise ganz andere erotische Interessen hat als seine Gattin.

RS: Der andere Punkt könnte sein, also er hatte da auch ein Beispiel für das klassische Missverständnis gebracht, wie Leute aneinander vorbeireden. Der Mann kommt heim und fragt, wann es denn Essen gäbe, und sie entgegnet ihm: „Mein Gott, ich kann doch nicht hexen." Da könnte man jetzt auch sagen, dass sie das falsch versteht und zu empfindlich reagiert, aber er erläutert dann in dem Interview, dass sie schon wittert, dass als nächste Frage gleich kommt: „Warum erst so spät?"

SL: Ja, sie wittert eine Schuldzuweisung in der Frage „Wann gibt es Essen?" und deswegen geht sie in die Abwehr und sagt: „Ich kann nicht hexen." Genau das sind die Verkürzungen, die in diesen Sketchen die Komik ausmachen, dass es also nicht ausdiskutiert wird, dass keine präzise Antwort kommt. Sie könnte ja auch sagen: „In zehn Minuten." Und dann könnte er überlegen, ob er damit einverstanden ist oder ob er dann mit der konkreten Schuldzuweisung kommt: „Warum erst so spät?". Und dann könnte sie wieder sagen: „Ja, weißt du, eben hat mich noch deine Mutter angerufen", auch wieder eine Schuldzuweisung an ihn, „und die hat mich davon abgehalten, ich konnte nicht kochen; ich musste sie erst beruhigen, weil du ihr nicht auf ihren Brief geantwortet hast." Aber das wäre nicht wirklich komisch. Es wäre zwar dieselbe Situation, da wäre alles aufgedröselt, aber es ist eben nicht komisch, weil es nicht mehr in der Verkürzung ist, sondern weil alles ausgesprochen wird. Was ihn interessierte, waren die Auslassungen der wirklichen Kommunikation, um nur noch auf die Konfliktsätze zu kommen. Dann kriegt es auch wieder diese etwas absurde Komik.

---

2 Vgl. Loriot. *Die vollständige Fernseh-Edition*. Reg. Vicco von Bülow. Warner, 2007, Disc 3, Loriot III, Track 10.

3 Vgl. Loriot. *Gesammelte Prosa. Alle Dramen, Geschichten, Festreden, Kochrezepte, der legendäre Opernführer und etwa zehn Gedichte*. Mit einem Vorwort von Joachim Kaiser und einem Nachwort von Christoph Stölzl. Hg. Daniel Keel. Zürich: Diogenes, 2006. S. 157–158.

RS: Da könnte man jetzt weiter überlegen, ob man das lösen könnte, indem man die beiden zur Paartherapie schickt, aber bitte mit einer etwas besseren Therapeutin als wir sie in dem einen Sketch erleben, die ihnen dann beibringt, „Ich-Botschaften" zu schicken und so weiter.[4] Oder ist die Botschaft, dass Männer und Frauen eben doch nicht zusammenpassen?

Sie haben eben schon gesagt, dass er diese binäre Vorstellung hatte und dass es eben nicht nur feste Rollen gibt, sondern vielleicht auch ein anderes Kommunikationsbedürfnis? Wie war das, haben Sie über so etwas gesprochen?

SL: Ich glaube, dass das, was er darstellt, diese kleinen Beziehungsdramen, dass die wirklich nicht nur was mit Männern und Frauen zu tun haben. Ich glaube, dass dieselben Konflikte auch in nicht-binären Beziehungen, sei es in homosexuellen Beziehungen oder in Beziehungen, die sich irgendwie zwischen den Geschlechtern abspielen, stattfinden, dass in Beziehungen immer bestimmte Rollen eingenommen werden. Also, wenn sich zwei Menschen zusammentun, tickt der eine immer ein bisschen anders als der andere Mensch, und genau dadurch entstehen genau diese Konfliktfelder. Wenn man dann nicht offen miteinander redet, wenn man es nicht schafft, miteinander zu reden, dann kommt man in diese absurden Loriot'schen Verknotungen rein und die kann man durchaus auch auf andere Beziehungsstrukturen anwenden. Ich glaube nicht, dass das eine reine Frage von Mann und Frau ist.

RS: Mmh, Sie haben ja sogar mal geschrieben, dass jemand gesagt hat, dass es in einer WG genau so ist wie bei *Feierabend*.

SL: Ja, das war diese Geschichte, wo der Mann bei *Feierabend* sagt: „Ich will hier nur sitzen." Und sie sagt immer: „Mach doch mal dies und das." Das habe ich in einem Comedy-Kurs vorgeführt und da sagte einer, ihm käme das total altmodisch wie bei seinen Großeltern vor, und der andere sagte: „Nee, da gibt's in meiner WG so ein Pärchen, da will er immer nur an seinem Computer sitzen und sie will immer raus, joggen und machen und tun". Im Prinzip eine ganz ähnliche Struktur, dass es eben unterschiedliche, was auch immer, Biorhythmen, Körperdynamiken, Bewegungswünsche bei zwei Leuten gibt, die sich zusammengetan haben und ein Paar sind.

RS: Allerdings dann doch wieder in der gleichen Geschlechterverteilung.

---

4 Gemeint ist der Sketch *Eheberatung*. Vgl. Loriot. *Die vollständige Fernseh-Edition.* Reg. Vicco von Bülow. Warner, 2007, Disc 4, Loriot IV, Track 9.

SL: In dem Fall in der gleichen Geschlechterkonstellation, aber es ist überhaupt nicht schwierig, sich vorzustellen, dass das zwei Männer oder zwei Frauen sind oder whatever.

Das funktioniert, glaube ich, in ganz vielen verschiedenen Konstellationen. Aber das Traditionelle, das spielte bei Loriot eine Rolle, der ist ja auch eine andere Generation, das traditionelle Rollenbild sind bei ihm natürlich Mann und Frau.

RS: Also, dass Frau Hoppenstedt sich mit dem Jodeldiplom emanzipieren will, ist das in gewisser Weise eine konservative Kritik?[5]

SL: Naja, nein. Das hat auch wieder damit zu tun, dass Selbstverwirklichung damals das große Thema war, über das alle sprachen. Das war ein feministischer Ansatz und beherrschte den Diskurs. Und bei dem, was den öffentlichen Diskurs beherrschte, witterte er sofort nicht zu Unrecht Macht; und diese Macht wollte er brechen und ins Lächerliche ziehen.

Da sagt er: „Okay, da kommt jetzt so eine Frau Hoppenstedt und die will jetzt was Eigenes haben und macht ein Jodeldiplom." Und das zieht er natürlich ins Lächerliche, aber der Mann ist ja genauso lächerlich. Der sagt ja auch zu dem Reporter: „Meine Frau jodelt jetzt, dann hat sie was Eigenes." Auch der ist lächerlich, und wenn sich dieses Ehepaar dann mit anderen zum Essen trifft, geht es auch wieder darum.[6] Die eine Frau sagt, sie jodelt jetzt, und dann sagt der andere Mann: „Roswitha reitet jetzt." Und drauf kommt dann der Satz: „Reiter werden ja immer gebraucht." Es wird alles ins Lächerliche gezogen. Er bezieht da keine eindeutige Position, dass er sagt: „Es ist unmöglich, dass die Frauen sich jetzt emanzipieren."

Also das wäre, glaube ich, auch gar nicht durchgegangen. Das hätte er auch als abgeschmackt empfunden.

RS: Genau das ist es, was in dem Interview passiert. Gar nicht, dass sie das Jodeldiplom macht, sondern dass ihr Mann sie die ganze Zeit unterbricht, würde man heute als ‚Mansplaining' bezeichnen.

SL: Genau, richtig, ja.

RS: Das heißt, auch wenn er das insgesamt vielleicht doch lächerlich fand, wird hier ja doch sehr genau gesehen, dass hier um Macht gekämpft wird. Also, dass

---

[5] Gemeint ist der Sketch *Die Jodelschule*. Vgl. Loriot. *Die vollständige Fernseh-Edition*. Reg. Vicco von Bülow. Warner, 2007, Disc 4, Track 2.
[6] Gemeint ist der Sketch *Kosakenzipfel*. Vgl. Loriot. *Die vollständige Fernseh-Edition*. Reg. Vicco von Bülow. Warner, 2007, Disc 4, Track 8.

ihr Mann sie zwar zur Jodelschule lässt, aber dann doch zumindest die Deutungshoheit haben will und als Mann wahrgenommen werden will, der seine Frau das machen lässt.

SL: Das und der Mann lässt sich auch auf diesen herrschenden Diskurs ein. Und zwar ganz gegen sein Erscheinungsbild mit Hut und Aktenmappe, ähnlich einem bürgerlichen Finanzbeamten, lässt er sich aber auf diesen im Prinzip progressiven gesellschaftlich vorherrschenden Diskurs ein. Und das ist natürlich wieder komisch, wenn so ein spießiger Beamter sagt „Meine Frau jodelt, dann hat sie was Eigenes" – höchst lächerlich. Das geht dann, glaube ich, letztlich mehr gegen ihn als gegen sie. Das Ganze setzt sich ja dann fort bei der Weinprobe und dem Besäufnis der ganzen Vertreter, die da ankommen; das sind alles lächerliche Figuren.[7]

RS: Wo sie dann sagt: „Auch ich möchte ein nützliches Glied werden."

SL: „Ein Glied der Gesellschaft", genau, und der „Saugblaser Heinzelmann" kommt, und diese ganzen unanständigen Dinge kommen plötzlich zur Sprache. Das geht dann schon ziemlich weit.

RS: Da sind wir dann wieder bei dem Loriot, der auch Lust auf wirklich ungezogenen Humor hat.

SL: Absolut. Diese Behauptung, er sei ein Komiker ohne Unterleib, neinneinnein, das stimmt nicht.

---

7 Gemeint ist der Sketch *Vertreterbesuch.* Vgl. Loriot. *Die vollständige Fernseh-Edition.* Reg. Vicco von Bülow. Warner, 2007, Disc 4, Track 3, 4, 6.

Eckhard Pabst
Nicht mit dem Führer sprechen – Zum Erbe der NS-Vergangenheit bei Loriot

1 Die Rahmung als Strukturelement

Eine Vielzahl von Loriots Werken weist das Strukturelement der Rahmung auf, also die Kombination zweier aufeinander bezogener Teile, von denen der eine einen inhaltlich-szenischen Weltentwurf liefert und der andere einen ihm zugeordneten Textteil: Das gilt etwa für eine große Anzahl von Cartoons, deren Bildunterschriften nicht diegetische Redeakte der Figuren sind, sondern als heterodiegetische Kommentare fungieren; und das gilt ebenso für die TV-Sketche, denen mehrheitlich eine Anmoderation durch Loriot in der berüchtigten Pose auf einem Biedermeier-Sofa vorausgeht. Ohne an dieser Stelle die jeweiligen Inhalte zu betrachten, lässt sich aus diesem bloßen Befund ableiten, dass das Loriot'sche Erzählen oftmals einem Prinzip der Einordnung folgt, dem mithin eine besondere Funktion zukommen wird: Was Loriot an szenischen Erfindungen darlegt, wird von ihm oftmals in einer einleitenden Erklärung klassifiziert und eingeordnet; es wird semantisch, sozial und historisch verortet – nicht selten sogar anthropologisch, womit Loriots Werke gelegentlich den Anspruch auf eine geradezu universale Perspektive fingieren.[1]

Daraus ergeben sich zwei interessante Rückschlüsse: Zum einen artikuliert sich hier ein besonderes Selbstverständnis der Autorperson. Wenngleich dabei selbstredend zu berücksichtigen ist, dass die moderierende und kommentierende Person Loriot eine konstruierte Kunstfigur ist, die nicht gleichgesetzt werden kann mit der biografischen Person Vicco von Bülow, bleibt doch festzuhalten, dass die eigentlichen Inhalte werkintern von einer Instanz vermittelt werden, die ihre heterodiegetischen Sprechakte sichtbar macht und damit die Rahmung mit thematisiert. Damit ist einem Teil der Loriot'schen Szenen ihre Selbstverständlichkeit, ihr einfaches Dasein, genommen. Ohne einen Anwalt kommen sie nicht aus. Darauf wird zurückzukommen sein.

---

[1] Man denke an die zahlreichen Cartoons zum Thema Geschlechterverhältnis, in denen auf die unterschiedlichen geschlechtsspezifischen Wesenszüge referiert wird (vgl. exemplarisch den Titel der 2006 bei Diogenes erschienen Anthologie *Männer und Frauen passen einfach nicht zusammen)*; man denke auch an Aussagen zur Geschichte des Theaters (im Vorwort zu Loriots *Dramatischen Werken*) oder an die Anmoderation des Sketches *Flugessen* (1978), in der die Fähigkeit des Menschen, während des Fliegens eine warme Mahlzeit zu sich nehmen zu können, besonders betont wird (vgl. Loriot 2007, Disc 4, Loriot V, Track 5).

Zum anderen, und dieser Punkt ist dem eben skizzierten Aspekt vorgelagert, konturiert sich hier eine spezifische Konzeption von Kunst und Literatur in und für die Gesellschaft. Loriot rahmt viele seiner Hervorbringungen, und indem er sie mit Anmoderationen oder den unmittelbaren Eindruck korrigierenden Erklärungen versieht, scheinen diese Werke erklärungsbedürftig zu sein. Die Rahmung impliziert, dass der Kerntext Komponenten enthalten würde, die ohne Rahmung und Anmoderation falsch oder womöglich gar nicht zu verstehen seien. Selbst wenn Sketche wie *Mutters Klavier (Heim TV)* (vgl. Loriot 2007, Disc 4, Loriot V, Track 15) oder *Flugessen* (vgl. Loriot 2007, Disc 4, Loriot V, Track 5) oder *Zimmerverwüstung* (vgl. Loriot 2007, Disc 2, Loriot II Track 4) durchaus auch ohne Anmoderation verstehbar sind (und möglicherweise werden sie gelegentlich ohne die originalen Anmoderationen präsentiert), eröffnet die Anmoderation eine spezifische Lesart. Auch wenn es sich bei der Rahmung um eine ästhetische Konstruktion, um ein ästhetisches Verfahren handelt, fügt sie dem Werk eine weitere Bedeutungsebene hinzu, ohne die es nicht oder nicht richtig verstanden werden kann. Die Einordnungen haben korrigierenden Charakter. Sie fungieren als Richtigstellung. Das, was offensichtlich der Fall ist, ist nicht das Gemeinte. Unter dem Offensichtlichen tun sich weitere Bedeutungsebenen auf.

Dieses weit in Loriots Werk hineinwirkende Leitprinzip: die Korrektur, die Relativierung, die Umdeutung, ja sogar die Umkehrung – dieses Leitprinzip indiziert eine gewisse Nervosität im Umgang mit jenen Abbildern von gesellschaftlicher Realität, als die Loriots Texte, Cartoons und Sketche gelesen werden müssen. Wenn eine der Funktionen von Kunst darin besteht, Bilder der Wirklichkeit zu entwerfen und zur Disposition zu stellen – sei es nun als Idealzustand oder als Gegenbild, sei es bestätigend gemeint oder irritierend, sei es um Konsens oder um Widerspruch bemüht –, dann gilt das freilich auch für die Loriot'schen Welten. Loriots Werke tragen in dieser Hinsicht einen Akzent von Relativierung, der gleichsam in zwei Richtungen Wirkung entfaltet: Zum einen finden sich wie angesprochen die eigentlichen Inhalte der jeweiligen Werke eingebettet in einen interpretierenden Rahmen, der die Dekodierung des Inhalts erleichtern soll. Zum anderen aber indiziert die Rahmung eine gesellschaftliche Verfasstheit, die auf grundsätzliche Unsicherheit im Umgang mit Kunst und Kultur generell verweist. Das einzelne Kunstwerk findet seinen Weg in den Diskurs nicht unvermittelt, sondern bedarf eines Geleitschutzes, der die richtige Aufnahme des Kunstwerkes in der Gesellschaft und die angemessene Umgangsweise mit ihm garantiert. Damit erweist sich „die Gesellschaft" gleichsam als unmündig, als nicht kompetent genug, um unvorbereitet mit Kunst konfrontiert zu werden.

Natürlich sind die Loriot'schen Welten karikierende bzw. satirische Entwürfe der Gegenwart, also auf den komischen Effekt hin konstruierte Bilder: Oftmals referieren sie auf die außersprachliche Wirklichkeit, aber sie zeigen hier eine Störung oder eine Kollision von Anspruch und Wirklichkeit auf. Und die Rahmung dient dazu, diese Kollision zu tilgen. Diese Leitlinie durch das Loriot'sche Werk nimmt ihren Ursprung in den 1950er Jahren in der satirischen Ratgeber-Literatur Loriots und setzt sich fort in den TV-Sketchen, von denen die ersten 1967 erarbeitet wurden und deren berühmteste Zusammenstellungen dann die sechs TV-Sendungen *Loriot I* bis *VI* von 1976 bis 1978 darstellen. Dabei ist festzuhalten, dass sich das strukturelle Element der Rahmung durch die TV-Sketche und die Ratgeber-Literatur hindurchzieht, obschon die Werke medial verschieden und überdies unterschiedlichen Textsorten zuzuordnen sind. Loriot findet zu Beginn seiner künstlerischen Tätigkeit diesen Modus und hält für einen Großteil seines Werkes daran fest. Wenn aber Loriot mit diesem Modus auf eine bestimmte Verfasstheit der von ihm porträtierten Gesellschaft reagiert und diesen Modus dann über zwanzig Jahre lang nicht aufgibt, dann kann man davon ausgehen, dass sich auch diese spezifische Verfasstheit der Gesellschaft seiner Wahrnehmung nach nicht substanziell geändert hat.

In diesem Sinne, um diesen Gedanken noch einmal auf andere Weise zu konturieren, könnte man der Loriot'schen Kunst einen didaktischen Ausgangspunkt unterstellen – einen augenzwinkernden zwar, und einen durchaus liebevollen, der sich der komischen Wirkung bewusst ist und mit den Figuren, denen allerlei Missgeschicke passieren, sympathisiert. Aber der Bedarf an einer Korrektur der sozialen Realität ist gegeben. Sobald wir Loriot als persönlichen Schöpfer dieser Werke in den Fokus nehmen, erscheint er uns als Ziehvater mit vollendeten Umgangsformen, der jede der von ihm entworfenen Situationen besser bewältigen würde als seine Geschöpfe. Sobald wir aber seine komischen Welten allgemeiner als Kunstwerke betrachten und ihre sich über mehrere Ebenen konstruierte Kommunikationshaltung, artikuliert sich in ihnen das Problem, nicht unvermittelt, nicht „einfach so" erzählt werden zu können.

Die folgenden Überlegungen zu Loriots Umgang mit dem Erbe der NS-Vergangenheit nehmen diese Strukturen der Rahmung zum Ausgangspunkt. Die Einbettungen werden als ästhetische Strategie gewertet, mit der Loriot seine satirischen Beschreibungen des gesellschaftlichen Istzustandes transportiert, um damit neben den ins Auge springenden Missständen einen subtilen Subtext mitzuliefern, der gleichsam den Unterboden oder den Kern der sozialen Realität ahnen lässt. Auf dieser Ebene zeichnen sich, so meine These, gesellschaftliche Funktionsweisen und Strukturen ab, die nicht nur als Erbe der nationalsozialistischen Vergangenheit aufgefasst werden können, sondern möglicherweise darüber hinaus auf deutsche Mentalitäten und Dispositionen verweisen, die die Durchsetzungskraft des Nationalsozialismus in Deutschland begünstigt haben.

2 Orientierungshilfen

In seinem Frühwerk der 1950er und 1960er Jahre parodiert Loriot wiederholt das weite Feld der Ratgeber-Literatur,[2] die nach dem Ende des Zweiten Weltkrieges einen gehörigen Aufschwung erfährt und allgemeinverbindliche Standards in Verhaltensweisen und Umgangsformen setzt. Der Umfang dieser Literatur verweist auf eine gewisse Verunsicherung weiter Bevölkerungskreise in Fragen des ‚richtigen' Verhaltens, was mit dem Wunsch nach geistiger, politischer und weltanschaulicher Neuorientierung in diesen jungen Jahren der Bundesrepublik zu erklären ist. Hier tut sich eine erhebliche Leerstelle auf: Der Bedarf an Orientierung ist groß, aber der Grund für die Unsicherheit bzw. die Ursachen, die eine Neuorientierung so wünschenswert machen, bleibt unausgesprochen. Dies ist auch bei Loriot der Fall: Wenn es im Folgenden um Loriots Umgang mit der NS-Vergangenheit gehen soll, so stehen diese Überlegungen unter dem Vorzeichen, dass ihr zentraler Gegenstand einigermaßen verdeckt ist. Allerdings gibt es ein paar Ausnahmen: einige wenige explizite direkte Verweise (wie etwa ein Hakenkreuz oder die Erwähnung Adolf Hitlers, s. u.), dafür aber ein gar nicht mal so kleines Feld subtiler Anspielungen darauf, dass das NS-Erbe zum Reisegepäck von Loriots Mitbürgern auf ihrem Weg in die Normalität zählt.

Zu den eher unauffälligen Szenarien, mit denen Loriot eine subtile Auseinandersetzung mit der deutschen Vergangenheit ansteuert, zählen solche, in denen es um Autorität geht. Als erstes Beispiel kann ein Cartoon dienen, der sich als letzter in dem 1959 erschienenen Band *Wahre Geschichten erlogen von Loriot* findet. Anders als alle übrigen Beiträge in diesem schmalen Bändchen hat diese Szene keinen narrativen Verlauf. Als einzige nicht nummerierte Zeichnung in der Sammlung ist sie der ansonsten fehlerhaft und in falscher Reihenfolge nummerierten Sammlung von lustigen Geschichten gleichsam als Epilog nachgestellt. Eine solche exponierte Anordnung legt den Schluss nahe, dass diese Szene ein übergeordnetes Motiv oder einen leitenden Gedanken etabliert. Sie ist gleichsam selbst die Rahmung, die sich um die übrigen Geschichten legt und sie einordnet.

Das Bild als solches zeigt eine Begebenheit im Straßenverkehr (Abb. 1). Der Fahrer einer Straßenwalze hat einen Passanten überfahren, letzterer kommt soeben unter der weiterrollenden Verdichtungsmaschine zum Vorschein. Dabei zeigt er ein Erscheinungsbild, das in der außersprachlichen Wirklichkeit nicht zu erwarten gewesen wäre: Der überrollte Mann ist zu einer flachen, praktisch zweidimensionalen Figur plattgepresst, um dabei wie ein ausgewalzter Kuchenteig etwas in die Breite und mehr noch in die Länge gegangen zu sein. Aber so wenig er die befürchte-

---

2 Vgl. dazu auch meine Ausführungen in Pabst (2021).

Abb. 1: Cartoon aus *Wahre Geschichten erlogen von Loriot* (Loriot 1959, 74).

ten Verletzungen davongetragen hat, so wenig ist seinem Gesichtsausdruck irgendeine tiefergehende Irritation über seine Transformation zu entnehmen. Allerdings scheint in der vorgestellten Welt dem Vorgang ohnedies kein sonderliches Erregungspotenzial innezuwohnen; denn weder lässt der Bediener der Walze Initiative erkennen, seine unheilvolle Fahrt zu unterbrechen, noch – und hier gelangen wir zum Kern der Szene – sieht sich der Streife gehende Schutzmann zu Sanktionen veranlasst, die über einen mahnend erhobenen Zeigefinger hinausgingen – wie wenn er sagen wollte: „Dass mir das nicht nochmal vorkommt". Indem der Polizist den Vorgang also mahnt, ist das kontingente Geschehen im Sinne polizeilich-juristischer Kontrolle taxiert und verarbeitet; die Mahnung als solche indiziert zwar einen Normverstoß, der aber letztlich doch noch so weit zu dulden ist, dass er kein Schuld, Wiedergutmachung und Strafe regulierendes Verfahren nach sich ziehen muss. Der Fehltritt des Walzenfahrers und auch die physische Schädigung des Unfallopfers lassen sich dieserart als Varianten regelkonformen Verhaltens im Alltagsgeschehen begreifen und bedürfen nicht der Sanktion. Es ist dabei nicht eindeutig festzustellen, ob diese Toleranz im Ermessensspielraum des Schutzmannes liegt, oder ob er hier tatsächlich kodifizierte Vorschriften zur Anwendung bringt. Fakt ist – und das kann uns hier interessieren –, dass die unserem Gefühl nach als schwerwiegender Eingriff in die physische Integrität eines Passanten zu wertende Tat des Walzenfahrers nur symbolisch geahndet wird, nicht aber faktisch. Die Hand des Staates duldet den Fehltritt, indem sie den Fehltritt nicht als solchen wertet, sondern ihn als geringfügig klassifiziert. Um es ganz dramatisch zu formulieren: Die staatlich bestellte Amtsperson billigt ein Kapitalverbrechen – und zwar nicht, indem sie wegschaut, sondern indem sie einen als fahrlässige Tötung einzustufenden Akt zu einer Bagatelle umdeutet und entschuldet.

Eine ähnliche Haltung ist in einem Cartoon zu beobachten, der im selben Band von 1959 erschienen ist und unter dem Titel *XXXVI. Geschichte* drei nummerierte Zeichnungen zu einer kleinen Szene versammelt (Abb. 2). Auch hier tut wieder ein uniformierter Schutzmann seinen Dienst im Straßenalltag.

Abb. 2: *XXXVI. Geschichte* aus *Wahre Geschichten erlogen von Loriot* (Loriot 1959, 22–23).

Diesmal erregt ein für die Lesenden zweifelsfrei als Ganove erkennbarer Mann seine Aufmerksamkeit, der mit Sträflingshosen und Maske bekleidet einen schweren Koffer trägt. Auf Anweisung des Polizisten öffnet der Ganove den Koffer, in dem ein gefesselter und geknebelter Mann kauert. Ganz offensichtlich handelt es sich um eine Geisel oder eine entführte Person. Nachdem der Polizist diesen Kofferinhalt begutachtet hat, darf der Ganove unbehelligt weitergehen. Hier tun sich manche Parallelen zu der eben besprochenen Zeichnung auf: Zum einen macht das Opfer der Tat auch hier keine Anstalten, gegen das, was ihm soeben widerfährt, zu intervenieren. Zum anderen sieht sich auch der Ordnungshüter selbst durch die Inaugenscheinnahme einer freiheitsberaubenden Straftat nicht zu Schritten veranlasst, die den weiteren Vollzug der Straftat verhindern könnten. Seinem Ordnungs- und Autoritätsanspruch ist dann genüge getan, als der Ganove sein Tun offenlegt, um sich damit also zumindest symbolisch dem Rechtssystem unterzuordnen. Und auch dieser unterwürfige Akt ist ja beachtlich: Denn anstatt die Flucht anzutreten oder eine Ausrede zu bemühen, die ihm das Öffnen des Koffers ersparen würde, fügt sich der Ganove dem polizeilichen Befehl. Sosehr er auch Verbrecher ist, er akzeptiert die Obrigkeit und unterwirft sich deren Zugriff. Auch hier waltet also wie im ersten Beispiel eine Ordnungsinstanz, der es bloß um die formale Anerkennung ihrer selbst geht, nicht aber um die Aufrechterhaltung von sozialer und rechtlicher Ordnung im eigentlichen Sinne.

Inwiefern haben wir es bei diesen vergleichsweise harmlosen Zeichnungen nun mit Spuren der NS-Vergangenheit zu tun? Es findet sich hier kein dezidierter Hinweis auf den Nationalsozialismus, in den Szenen agieren keine Nazis, und die Szenen spielen auch nicht – bezogen auf die Entstehungszeit – in der Vergangenheit, sondern richten den Blick in die zeitgenössische Gegenwart. Für heutige Beobachtende könnte aber ein Detail der Uniformen der Beamten Aufmerksamkeit auf sich ziehen, das seinerzeit noch zum gewohnten Alltag zählte: Der Helm, Tschako genannt, war seit 1918 in Deutschland Bestandteil der Uniform der Schutzpolizei, blieb es ebenfalls in der NS-Zeit und war es nach 1949 in einzelnen Bundesländern bis in die 1960er Jahre hinein. Damit protokollieren die lustigen Zeichnungen ein Stück Kontinuität auf der Ebene der polizeilichen Uniformierung, die uns heutzutage möglicherweise mehr irritiert, als es bei den Zeitgenossen der Fall war. Wieso, mag man sich heute fragen, haben sich die Behörden nicht rascher bemüht, ihren Polizeibeamten eine Uniform zu verpassen, die sich deutlicher von derjenigen des NS-Staates unterscheidet? Loriot stellt diese Frage nicht, aber es bleibt zu konstatieren, dass er den Polizisten in seinen Zeichnungen jene Kopfbedeckung verpasst, die das Erscheinungsbild der NS-Polizei prägte, und eben nicht eine solche, die sich davon merklich unterschied.

Daran anknüpfend stellt sich aber die Frage danach, wie die Ordnungsleistung eines Polizeiapparates zu bewerten ist, dessen Beamte bei derartig schwerwiegenden Verstößen gegen die öffentliche Ordnung wegsehen. Auch hier muss man konstatieren, dass Loriot nicht die Wirkmächte eines verbrecherischen Polizeistaates aufzeigt. Das polizeiliche Wegschauen angesichts offensichtlicher Missetaten steht nicht im Dienste eines diktatorischen Regimes, das sich über polizeiliche Repressalien stabilisiert. Es ist gleichsam ein Modus allgemeiner Gelassenheit, durch die sich Opfer wie Täter – wenn man die Beteiligten einmal so nennen darf – auszeichnen und der auch in sehr vielen Cartoonzeichnungen Loriots zu finden ist. Es ist dieser beflissene Gesichtsausdruck der typischen Loriot'schen Knollennasenmännchen, die die Augen geschlossen halten und dieserart ihre jeweils augenblickliche Verrichtung mit einer bemerkenswerten inneren Ruhe und Unbeirrbarkeit vornehmen.

Gleichwohl drängt sich die Frage auf, was von einer Exekutive zu halten ist, die ihren Auftrag, die Einhaltung der Ordnung zu garantieren, derartig auf einen formal-symbolischen Akt reduziert, dass dadurch Straftaten und Unglücke nicht verhindert, sondern geradezu begünstigt werden? Täter und Polizist werden in diesem System gegenseitig entlastet; und sollte eine spätere Administration die Todesfälle aufzuarbeiten haben, wird sie von den Beteiligten die Aussagen hinnehmen müssen, alles sei mit rechten Dingen zugegangen, denn alle Vorgänge wären nach gültigem Recht behandelt worden. Solcherlei Deutungen der Loriot'schen Zeichnungen sind der subtile Subtext einer zunächst einmal nur komischen, weil ins Absurde zielenden Darstellung von Alltagsszenarien. Unter der Oberfläche der Übertreibung legen sie den Blick auf deutsche Mentalitäten frei: auf Pedanterie und auf einen Ordnungssinn, der nur um seines Scheines Willen betrieben wird, und nicht zuletzt auf Obrigkeitshörigkeit, um dabei aber auch Störungen und Dysfunktionalitäten zu offenbaren.

Der Fraktion der wegschauenden Beamten stehen Alltagspersonen gegenüber, die mitunter ohne jedweden Anflug von Skepsis allen Anweisungen folgen. Als Beispiel dafür kann eine als *VI. Geschichte* betitelte, vierteilige Bilderserie dienen, die ebenfalls im *Wahre-Geschichten-Band* von 1959 erschienen ist (Abb. 3): Ein Knollennasenmännchen lenkt ein altertümlich anmutendes Auto[3] durch eine städtische Straßenszenerie. Ein Umleitungsschild zwingt den Fahrer, von der Geradeausbewegung nach rechts abzubiegen, so dass er im zweiten Bild schon in einer ländlichen Gegend ohne jegliche Bebauung und mit einem mächtigen Gebirgszug im Hintergrund angekommen ist. Auch hier leitet ihn ein Umleitungsschild auf eine Abzweigung nach rechts, woraufhin er im dritten Bild auf einer unbefestigten, sehr schmalen Gebirgsstraße abermals mit einem Umleitungsschild konfrontiert ist. Dieses aber weist nicht wie die anderen in Richtung einer abzweigenden Route,

---

3 Unverkennbar indiziert das kleine Cabriolet eine weiter zurückliegende Epoche der Fahrzeugproduktion – dafür sprechen allein schon die freistehenden Kotflügel wie auch die gesamte Karosserieform, die sich markant von der sogenannten Pontonform unterscheidet, die seit den 1940er Jahren bestimmend für den Automobilbau ist. Ohne diese Gedanken an dieser Stelle weiter auszuführen, sei darauf hingewiesen, dass Loriot bei der Darstellung von Fahrzeugen oftmals dezidiert „alte" Modelle, Bauformen und technische Standards aufruft: So sind Eisenbahnzüge in seinen Cartoon grundsätzlich mit Dampflokomotiven bespannt, wie auch die Fahrt zur Familienfeier in dem Kinofilm *Pappa ante portas* in einem antiken Salonwagen vorgenommen wird (vgl. Lukschy, Singer in diesem Band).

Abb. 3: *VI. Geschichte* aus *Wahre Geschichten erlogen von Loriot* (Loriot 1959, 60–61).

sondern direkt in den Abgrund von beachtlicher Tiefe. Das letzte Bild zeigt nun den Autofahrer immer noch in seinem Auto sitzend – diesmal aber hat er Engelsflügel auf seinem Rücken und lenkt das Auto gleichsam von unten herauf schwebend an die von Wolken gesäumte Himmelspforte, an der ein nach rechts deutendes Umleitungsschild hängt.

Der Autofahrer stellt den Sinn der Folge von Umleitungsschildern nicht in Frage, sondern passt seine Route allen Richtungsvorschriften selbst dann an, wenn sie in den Abgrund führen. In dieser Versprachlichung der Bildergeschichte schwingt die Interpretation bereits mit: die nämlich des Abgrundes. Was in Loriots Zeichnung zunächst eine räumliche Disposition, nämlich ein felsiger Steilhang ins tiefe Tal ist, kann im übertragenen Sinne der Abgrund-Metapher etwas anderes bezeichnen: ein katastrophales Ereignis, und vielleicht auch eines von historischen Dimensionen, das sich dann einstellt, wenn an jeder Position des Gesamtvollzuges immer nur willige Anweisungsbefolger agieren. Die Bildergeschichte lässt weitere Schlüsse zu: Zum einen darf man angesichts des Umstandes, dass der Autofahrer die Umleitungen brav befolgt und nicht im Geringsten verärgert auf die andauernden Störungen reagiert, vermuten, dass die Autofahrt kein wichtiges Ziel hatte. Der Fahrer ist gleichsam ziellos unterwegs. Der Umweg irritiert ihn nicht, mithin sind die ursprünglich geplante und die dann umständehalber befolgte Route ihrem Sinn nach äquivalent. Diese Ziellosigkeit macht den Autofahrer zum dankbaren Objekt der Beeinflussung und zum unkritischen Empfänger von Vorschriften. Schließlich, und das ist wieder eine äußerst doppelbödige Pointe, bleibt dem Autofahrer, nachdem er in den Tod gestürzt ist, die Aufnahme ins Himmelreich verwehrt. Bezogen auf die Abgrund-Metapher heißt das, dass das Subjekt, das die behördlichen Lenkungsentscheidungen niemals kritisch hinterfragt hat, nicht auf Absolution und Freispruch derjenigen hoffen darf, die das Gesamtgeschehen später bewerten werden.

Sobald Cartoons wie diese soeben besprochenen einer ins Metaphorische weisenden Lektüre unterzogen werden, gelangt man in die Nähe des Begriffs des Unpolitischen. Im Fokus steht ein Subjekt, das sich zurückhält mit der Artikulation politischer Meinungen, das sich an die Regeln hält, die das herrschende Regime diktiert und das sich ins Private zurückzieht, um sich hier im Konsum, in der Unterhaltung und nicht zuletzt im Kunst- und Kulturgenuss zu entfalten. In diese Sphäre des gesellschaftlichen Miteinanders zielen Loriots satirische Ratgeber: Wir finden hier Zeichnungen, die einen bestürzenden Ist-Zustand der zu neuerlichem Wohlstand gelangten Gesellschaft zeigen, die sich nicht zu benehmen weiß und ihren Wohlstand monströs zur Schau stellt. Aber anstatt dieses Verhalten zu verurteilen, erklären Loriots Benimm-Anleitungen es umgekehrt zur Norm[4] – ganz so, wie die Polizisten die Straftaten durch Nicht-Sanktionierung in den Katalog normativen Verhaltens aufnehmen.

Bemerkenswert ist für den vorliegenden Zusammenhang unpolitischer Subjekte die Kleidung der Figuren, die bekanntlich eine Art Stresemann tragen, also jenen Tagesanzug, den Gustav Stresemann 1925 ins Protokoll eingeführt hat und der in den frühen Jahren der Bundesrepublik zu Staatsempfängen getragen wurde. Heutzutage ist dieser Anzug eher im Bereich gesellschaftlicher Anlässe zu finden, in den 1950er Jahren mag der Bezug zum politischen Geschehen ein verbindlicheres Konnotat gewesen sein. Indem die Herren Loriot'scher Welten sich fast durchgehend so kleiden (die Damen tragen zumeist halblange ärmellose Kleider, deren Schnitt Ähnlichkeit zu praktischen Haushaltskitteln aufweist), bescheinigen sie sich etwas, das in den durchgespielten Situationen überhaupt nicht gefragt ist: nämlich eine parlamentarisch-demokratische Gesinnung. Indem man sich in den von Loriot präsentierten Welten mit dem Rückgriff auf die Weimarer Republik demokratisch legitimiert, erzeugt man eine Leerstelle in der Erinnerungskultur und überspringt in der Abfolge der politischen Systeme jene Phase, in der das Parlament von Goebbels als „Quatschbude" verunglimpft und durch Notverordnungen und die Machtkonzentration auf Adolf Hitler zum Akklamationsorgan degradiert wurde. Die von

---

4 Vgl. dazu auch meine Ausführungen in Pabst (2021, 35–37).

Loriot skizzierte Gesellschaft feiert ihren neu erworbenen Wohlstand und stellt dabei im vorauseilenden Gehorsam ihre Demokratiebereitschaft zur Schau, wobei sie sich ansonsten aber einigermaßen unsicher in Stilfragen aufführt.

Wie erwähnt, parodiert eine große Zahl von Loriots Werken Ratgeber-Literatur, mit der den Unsicherheiten in Umgangsformen und Stilfragen begegnet wird. Diesem Werkkreis lässt sich ebenfalls Loriots Briefsteller *Liebesbriefe für Anfänger* zuordnen, der 1962 erstmals erscheint (vgl. Loriot 1962). Die Fiktion ist also die, dass die Leser dieses Ratgebers Formulierungsvorschläge für eigene Briefe finden, die sie dann entsprechend ihrer Bedürfnisse ändern. Das folgende Beispiel ist mit „Zusagende Antwort an einen Bundeskanzler" überschrieben (Loriot 1962, 59). Der Text präsupponiert also die Annahme, dass in der Gesellschaft, in der er zirkuliert, derartige Amouren von solcher Häufigkeit sind, dass eine entsprechende Formulierungshilfe die Buchauflage rechtfertigt. Der Text lautet wie folgt:

> *6. Zusagende Antwort an einen Bundeskanzler*
> Positano, den 28. Mai 19.
>
> Sehr geehrter Herr Bundeskanzler!
> Noch kann ich mein Glück nicht fassen! Ich kam gerade aus dem Lichtspieltheater, als ihr Eilbrief mich erreichte. Darf ich es glauben? Was mag Sie bewogen haben, unter Millionen gesunder Frauen mich zur Gattin zu bestimmen? Viele meiner Freundinnen sind reicher an Schönheit und Erfahrung, manche gepflegter und aus besserem Hause.
> Noch erinnere ich mich unserer ersten Begegnung auf dem Königsplatz, wo ich Ihnen als Vertreterin der Landesgruppe Süd ein Sträußchen Feldblumen überreichte. Konnte ich ahnen, daß es mehr als Güte war, als Sie mir über das Haar strichen? Auch als wir uns dann jeden Mittwoch in den städtischen Anlagen trafen, glaubte ich annehmen zu müssen, daß ich diese Gunst mit noch anderen teile.
> Aber nun ist alles anders, und ich beantworte Ihre Frage aus übervollem Herzen mit „Ja"! Eine Ungewißheit läßt mich jedoch nicht ruhen: was wird das Volk dazu sagen? Ferner möchte ich die angebotene Verleihung des Bundesverdienstkreuzes erst annehmen, wenn ich Ihnen einen Nachfolger geschenkt habe.
> Es sieht mit Ungeduld und freundlichen Grüßen unserer Vereinigung entgegen
> Ihre Hannelore
> PS: Ich werde, entgegen Ihrer Annahme, nicht am 10., sondern erst am 12. Oktober dieses Jahres fünfzehn.

In der Logik des Textes wendet sich der vorformulierte Brief an betroffene junge Frauen und setzt also voraus, dass es in der vorgestellten Gesellschaft einen Bundeskanzler gibt (oder vielleicht ist hier auch von einer amtsübergreifenden Tradition zu sprechen), der in aller Öffentlichkeit diverse erotische Verhältnisse zu jungen Mädchen unterhält, dabei durchaus deren jugendliche Schwärmerei ausnutzend, die sich als Nebeneffekt politischer Jugendbildungsarbeit einstellt. Dieser mithin promiskuitive und pädophile Bundeskanzler erweist sich zusätzlich als einigermaßen korrupt, indem er die unerfahrene Jugendliche mit Verdienstorden zu ködern versucht. Dass es aber mit einer demokratischen Gesinnung auch auf Seiten der Bevölkerung nicht weit her ist, wird daran deutlich, dass das briefschreibende Mädchen das Amt des Bundeskanzlers ohnehin dynastisch begreift und sich dieserart bereits auf die Geburt eines Nachkommen einstellt. Indem sie in diesem Zusammenhang äußert, das ihr in Aussicht gestellte Bundesverdienstkreuz erst nach der Geburt eines Nachkommen annehmen zu wollen, verrät sie doch eine gewisse Vertrautheit mit der 1938 eingeführten Praxis, solche Mütter mit Verdienstorden zu beleihen, die sich durch eine entsprechende Anzahl von Geburten gesunder Kinder und einen vorbildlichen Lebenswandel ausgezeichnet haben.

In eine ähnliche vorbelastete Richtung weisen einige Details im Text, den man sich mithin als aus einer älteren Auflage nur leicht überarbeitet vorzustellen hat. Textpositionen und Lexeme wie „gesunde Frauen", „Königsplatz" – womit auf München[5] referiert wird –, die Erwähnung eines „Volkes" statt einer Öffentlichkeit und nicht zuletzt der Hinweis auf die Überreichung eines Straußes Feldblumen lassen an Standardrituale des Führerkultes im NS-Staat denken. Loriots Text ruft damit die Vorstellung auf, dass es sich hier um einen Briefsteller aus der NS-Zeit handelt, in dem Standard-Liebesbriefe an Hitler[6] vorformuliert waren und der jetzt in entnazifizierter Neuauflage auf den Markt drängt. Die Entnazifizierung geschieht dabei nur durch eine Wortersetzung – das Lexem „Führer" wird einfach durch „Bundeskanzler" ersetzt. Andere, vor allem inhaltliche und ideologische Änderungen waren nicht erforderlich – weder was die Zielgruppe, noch die Behörden betrifft. Der nunmehr unverdächtige Brieftext durchläuft anstandslos die Prüfinstanzen und kann wieder aufgelegt werden. Er dokumentiert damit in seiner Tiefenstruktur, dass basale Ordnungskategorien des NS-Systems nach wie vor Gültigkeit besitzen.

Auch das folgende Beispiel entwirft den szenischen Rahmen einer Formulierungshilfe, die sich hier allerdings noch weiter institutionalisiert und personalisiert findet. Es handelt sich um eine Zeichnung, in der die Mitglieder einer Gruppenreise – wahrscheinlich im Speisesaal einer Unterbringungseinrichtung – den Tagesordnungspunkt „Urlaubspost" abarbeiten (Abb. 4). Während es draußen

---

[5] Gemeint ist der von klassizistischen Bauten umstandene Königsplatz in München, dessen Planungen auf das Jahr 1806 zurückgehen und der unter den Nationalsozialisten ab 1935 zu einem Aufmarschplatz umgestaltet und für jährliche Kulthandlungen genutzt wurde.

[6] Diese vom Text präsupponierte Position ist an sich schon grotesk – entwirft sie doch eine behördlich-systemische Akzeptanz nicht nur der Zuneigungsbekundungen an Hitler, sondern auch der offenen Darlegung von Hitlers Verfehlungen im Umgang mit seinen Verehrerinnen. Hier wiederholt sich gleichsam die Normierung nicht-normalen Verhaltens des Führers. Dass Hitler in der Tat Adressat zahlreicher Liebesbriefe gewesen ist, belegt etwa Ulshöfer (1996).

Abb. 4: Cartoon aus Loriot. Ach was! (Kubitz und Waz 2009, 59).

furchtbar regnet, sitzen die Urlauber an Tischen und schreiben auf Postkarten den Text, den ihnen die uniformierte Reiseleitung in folgenden Worten diktiert. „… und sind es die schönsten Tage meines Lebens – Punkt – Unterschrift – Marke drauf…".

In der Aktion kommt das Interesse einer Institution zum Ausdruck, die Kommunikation über die Reise zu kontrollieren. Insofern in der aktuellen Situation das Wetter typische Urlaubsaktivitäten nicht zulässt, im von der Reiseleitung diktierten Text aber gleichwohl von den „glücklichste[n] Tage[n] meines Lebens" die Rede ist und alle Reisegäste diesen Text ohne Widerspruch niederschreiben, liegt die Schlussfolgerung nahe, dass das Ziel der Kommunikationskontrolle die Beschönigung der Reise ist. Warum die Reiseleitung ihre Kunden so bevormundet, ist nicht Gegenstand des Cartoons und lässt sich auch nicht eindeutig benennen. Aber unverkennbar wiederholt sich in dieser Prozedur doch ein Mechanismus, mit dem keine zwanzig Jahre zuvor Deportationen vertuscht wurden, indem den Verwandten der Deportierten beschwichtigende Standardbriefe übermittelt wurden. Wie in den zuvor besprochenen Beispielen überdauern also auch in diesem von Loriot entworfenen Weltausschnitt Routinen von Autorität und Untergebenheit. Und niemand nimmt Anstoß daran.

3 Nicht über den Führer sprechen

Eine Gemeinsamkeit aller der hier besprochenen Beispiele ist darin zu sehen, dass in keinem dieser Beispiele der Nationalsozialismus, die Nazis, ihre Verbrechen oder gar Hitler unmittelbar thematisiert werden. Wie ich zu zeigen versucht habe, sind es eher Verhaltensmuster, Formulierungen, Zeicheninventare und strukturelle Routinen, die Loriot in seinen Alltagsbeobachtungen aufspürt und die insofern auf den Nationalsozialismus verweisen, als sie in jener Phase Voraussetzung für das Funktionieren des autoritär-diktatorischen Regimes waren. Die aufgespürten Aspekte sind in diesem Sinne nicht einmal spezifisch nationalsozialistisch, sondern grundlegenderer Natur. Es geht nicht um den Nationalsozialismus also solchen, sondern um nicht getilgte, nicht aufgearbeitete und nicht als verfänglich erachtete soziale Strukturen, die – indem sie den Nationalsozialismus getragen und überdauert haben – gleichsam seine Voraussetzung waren.

Der Modus des Indirekten entspricht der verhaltenen Note seines Verfassers. Aber es ist auch wiederum Aspekt des Diskurses, in dem die Ursachen und Gegenstände, also z. B. die Autoritätshörigkeit, die auch offensichtlichstes Unrecht nicht infrage stellt, nicht explizit angesprochen werden. Die zuvor angesprochene Leerstelle findet sich eben auch bei Loriot – mit dem Unterschied, dass Loriot die Leerstelle aufzeigt. Sie ist gleichsam ein verborgenes Thema vieler seiner Werke. Allerdings gibt es hier auch einige wenige Ausnahmen, die mit unerwarteter Direktheit auf das Symbol- und Personeninventar des Nationalsozialismus zugreifen. Eines dieser wenigen Beispiele findet sich in der Sendung *Cartoon 10* aus dem Jahre 1969, auf die wir heute allerdings nur indirekt Zugriff haben: Stefan Lukschy beschreibt diesen vergleichsweise kurzen und sich offenbar nahtlos aus der Loriot-typischen Moderation heraus entwickelnden Sketch in seiner Loriot-Biographie, um im gleichen Zusammenhang auch darauf hinzuweisen, dass Loriot die weitere Veröffentlichung des bis dahin nur im TV ausgestrahlten Sketches unterbunden habe (vgl. Lukschy 2017, 266–267). Der Beschreibung nach leitet Loriot in der betreffenden Sendung in seiner Moderation zum Thema „Erziehung" über und kommt auf die Notwendigkeit zu sprechen, den Kindern durch die richtige Erziehung „das Empfinden für sauberes Denken und Handeln" (Lukschy 2017, 266) beizubringen. Unmittelbar darauf begibt er sich mit einigen Schritten

> vom Sofa in eine Studioecke [...], wo drei Kinder an einem Tisch saßen und bastelten. Mit sanfter Kindergärtnerstimme wandte Loriot sich den lieben Kleinen zu. Erst als er ein Werkstück in die Hand nahm, war zu erkennen, worum es ging: „Wir basteln ein Hakenkreuz". (Lukschy 2017, 266)

Die nahtlos aus der Moderation heraus erwachsene Szene fingiert eine Situation des bedenkenlosen Umgangs der Zeitgenossen mit dem zentralen Symbol des

Nationalsozialismus – der Moderator, der noch darauf hinweist, dass sich „durch Sägen, Malen und Hämmern [...] die Phantasie des Kindes" (Lukschy 2017, 266) entwickeln würde, thematisiert nicht den symbolischen Gehalt der Bastelarbeiten. Insofern sich die beteiligten Kinder offenbar ganz ahnungslos ihrer Beschäftigung widmen, darf man davon ausgehen, dass sie über die Bedeutung des Hakenkreuzes nicht aufgeklärt worden sind, dass also die Auseinandersetzung mit dem Nationalsozialismus weder Gegenstand schulischer Bildung sein kann, noch hier in der Bastelstunde des Fernsehstudios in irgendeiner Form angesprochen wurde. Darüber hinaus aber stimmt es nachdenklich, dass die Hakenkreuze als Bastelarbeiten der Kinder womöglich als Objekte täglicher Routinen Verwendung finden werden. Damit aber gelangen sie in den Kreis der Aufmerksamkeit von Menschen, die den Nationalsozialismus und seine Folgen durchaus erlebt haben und einschätzen können sollten. Indem dies nicht so ist, indem das Hakenkreuz also scheinbar ohne Anstoß zu erregen als Dekorations- und Gebrauchsgegenstand Eingang in das alltägliche Leben finden kann, muss sich die Gesellschaft geradezu aktiv in einen Zustand der Blindheit gegenüber den Spuren des Nationalsozialismus in ihrer Gegenwart gebracht haben.

Ein anderes Beispiel, in dem Loriot Herrschaftssymbole des Nationalsozialismus und sogar Hitler selbst thematisiert, liegt mit jenem Cartoon vor, in dem eine Rückenfigur im Führerstand eines Straßenbahnfahrzeugs auftritt (Abb. 5), gekleidet in Parteiuniform mit Hakenkreuzbinde und Schirmmütze; über dem Führerstand ist ein Schriftzug angebracht, der die Fahrgäste adressiert: „Nicht mit dem Führer sprechen".

Die Interpretation liegt nahe – die vom Führer beförderte Gesellschaft belligt ihn nicht mit Fragen, fordert von ihm keine Erklärungen oder Rechtfertigungen, egal wohin die Reise geht. Und ebenso fordert sie keine Darlegung der unmittelbaren und fernen Reiseziele. Die Gesellschaft überantwortet sich ihrem Führer und enthält sich der Teilnahme, der Kontrolle, des Einspruches, des Widerstandes. Denn ausweislich der auf einem Schild angebrachten Vorschrift ist es ja verboten, mit dem Führer zu sprechen.

Es braucht nur ein Wort in dieser Vorschrift ausgetauscht zu werden, und wir bekommen das Gebot der Gegenwart: Nicht *über* den Führer sprechen. Auch Loriot wird sich daran halten. Er wird nur in Ausnahmefällen explizit und konkret werden. Er wird vielmehr ein Bild der BRD-Gesellschaft entwerfen, das in vielen Positionen seiner Alltagsroutinen Rudimente der NS-Vergangenheit in sich trägt. Loriots junge Bundesrepublik ist durchwoben von mentalen und formalen Mustern, die den Nationalsozialismus ermöglichen und trugen.

Aus diesem Grund gibt es kaum eine Normalität, die von dem Erbe frei wäre – man muss nur tief genug blicken. Wie ich zu zeigen versucht habe, beruhen manche humoreske Strukturen von Loriots Weltbeschreibungen auf kleinen

Abb. 5: *Nicht mit dem Führer sprechen* aus *Loriot. Ach was!* (Kubitz und Waz 2009, 41).

Kollisionen im Ordnungssystem. An dieser Stelle taucht das Strukturprinzip der Rahmung wieder auf: Zum einen vollzieht sich die Kunst vor dem Hintergrund dieser gestörten und noch nicht wieder ins Gleichgewicht gelangten Gesellschaft; die Bilder, die die Kunst entwirft, transportieren diese Störungen. Sie sind Dokumente dieses Ungleichgewichts. Die Kunst mag unterhalten und auch ablenken, aber sie zeigt auch Missstände auf. Und auch ihr ist die Selbstverständlichkeit genommen. Sie bedarf der Rahmung, vielleicht sogar der Rechtfertigung, um das, was sie transportieren soll, auch transportieren zu können.

Zum anderen ist der Autor in dieser sensiblen Disposition in der Verantwortung, mit seinem Werk diese Analysen zu liefern und mittels Präsentationsleistung für die richtige Aufnahme zu sorgen. Dabei haben seine Rahmungen natürlich mehrere in sich geschachtelte Funktionen: Das Bild, das der Autor präsentiert, zeigt einen gesellschaftlichen Missstand. Der Kommentar sorgt dann für die Richtigstellung: Dieses Verhalten ist nicht Entgleisung, es ist sogar die Norm. Dann aber wird natürlich den Lesenden klar, dass das vorgeführte Tun sehr wohl eine Entgleisung ist und der Kommentar Unsinn ist. Dieser Gesellschaft ist nicht zu helfen. Oder am Ende doch? Wenn es einer kann, dann Loriot.

Literatur

Kubitz, Peter Paul, und Gerlinde Waz (Hg.). *Loriot. Ach was!*. Ostfildern: Hatje Cantz, 2009.
Loriot. *Wahre Geschichten erlogen von Loriot*. Zürich: Diogenes, 1959.
Loriot. *Liebesbriefe für Anfänger. Der klassische Liebesbriefsteller von Fritz Ammer und Georg Andreas mit einem Anhang ‚Moderne Liebesbriefe' von Loriot*. Zürich: Diogenes, 1962.
Loriot. *Die vollständige Fernseh-Edition*. Reg. Vicco von Bülow. Warner, 2007.
Pabst, Eckhard. „‚Das Bild hängt schief!' Loriots TV-Sketche als Modernisierungskritik". *Loriot. Text + Kritik* 230 (2021): 23–37.
Lukschy, Stefan. *Der Glückliche schlägt keine Hunde. Ein Loriot Porträt*. 2. Auflage. Berlin: Aufbau, 2017.
Ulshöfer, Helmut (Hg.). *Liebesbriefe an Hitler – Briefe in den Tod. Unveröffentlichte Dokumente aus der Reichskanzlei*. 2. Auflage, ergänzt durch Beiträge von Gerhard Amendt und Susanne Altweger. Frankfurt a. M.: VAS, 1996.

Stefan Neuhaus
„Das Ei ist hart!" – Loriots hybride Welt

> *Sein Lebenswerk stellt ein politisches Ereignis dar.*
> (Joachim Kaiser 2006, 17)
>
> *Ja, äh ...* --
> [...].
> (Loriot 2006, 23)[1]

1 Vorbemerkung

Über die Probleme der (Post-)Moderne ist viel geschrieben worden, von der „transzendentalen Obdachlosigkeit" (Lukács 1988, 32) bis zur ‚flüssigen' oder, mit der deutschen Übersetzung, ‚flüchtigen' Moderne (vgl. Bauman 2000). Das Subjekt ist seinem aufklärerischen Anspruch, durch Befolgung des kategorischen Imperativs alles leisten und eine bessere Welt schaffen zu können, so wenig gerecht geworden, dass selbst die Krisen in der Geschichte der Moderne und die Turns in der Theorie, die notwendig sind, um diese Krisen konzeptionell einzufangen und vielleicht auch ein Stück Kontingenzbewältigung leisten zu können, kaum noch überschaubar sind.

Eine dialektische Sicht auf die ‚Realität' und ihre Konstruktionsprinzipien ist Teil der Theorie und der Praxis des bundesrepublikanischen öffentlichen Diskurses geworden, von Max Horkheimers und Theodor W. Adornos *Dialektik der Aufklärung* (1944) mit der Frankfurter Schule der Philosophie bis zur Neuen Frankfurter Schule, der Loriot nahegestanden und der er auch vorgearbeitet hat – so hat er das Titelblatt der ersten Ausgabe von *pardon!* gestaltet (1962). Die Entstehung der Zeitschrift kann auch als Geburt der Satiriker-Gruppe um Robert Gernhardt gesehen werden, die später die *Titanic* (1979) aus der Taufe hob.

Bernhard-Viktor Christoph-Carl von Bülow alias Loriot hat das „hybride Subjekt" (vgl. Reckwitz 2006) durch Komik, Ironie und Satire einerseits bloßgestellt und andererseits befreit. Reckwitz bezeichnet damit, im Anschluss an das Konzept kultu-

---

[1] Das so beginnende *Vorwort des Autors* ist eine Anspielung auf Heinrich Heines berühmtes, sich über die Zensur lustig machendes Kapitel XII aus *Ideen. Das Buch Le Grand* in den *Reisebildern*. Das ‚Kapitel' besteht vor allem aus Gedankenstrichen, die Streichungen der Zensur symbolisieren. Stehengeblieben sind jedoch drei Worte am Anfang und eines nach der Mitte: „Die deutschen Zensoren" und „Dummköpfe" (Heine 1994, 212).

https://doi.org/10.1515/9783111004099-009

reller Hybridität Homi K. Bhabhas und an die Diskurstheorie Michel Foucaults, die Mischung aus Abhängigkeit bzw. Fremdbestimmtheit einerseits und Freiheit bzw. Selbstbestimmtheit andererseits, die das moderne Subjekt seit seiner Entstehung im achtzehnten Jahrhundert ausmacht. Vor dem Zeitalter der Aufklärung waren die Menschen in das christliche Weltbild mit seiner feudalen Gesellschaftsstruktur eingebunden. Loriots Figuren zeigen sich Regeln unterworfen, deren Befolgung ihnen Mühe bereitet und die so für die Leser*innen und Zuschauer*innen überhaupt erst als konstruiert und potenziell veränderbar erkannt werden. Damit einher geht, wie wir spätestens seit Michael Foucaults Diskurstheorie wissen, die Frage der Machtausübung, also ob über jemanden Macht ausgeübt wird oder ob das Subjekt selbst Macht ausübt und nach welchen Regeln dies geschieht. Je nachdem, wie die Regeln der Machtausübung funktionieren oder eben nicht funktionieren, kommt es zu Machtanmaßung und Machtmissbrauch. Kunst und Literatur können durch ihr reflexives Verhältnis zur Welt solche Zusammenhänge kenntlich machen – und genau darum geht es auch in Loriots Kunst.

Bereits das Pseudonym Loriot (das französische Wort für Pirol, das Wappentier der Familie) deutet eine Selbstermächtigung durch Rollenspiel an, die ein konsequentes Programm der Hybridisierung der Welt verfolgt, in der diese Welt als Produkt kultureller Entwicklungen erkennbar wird, die nicht ‚natürlicherweise' einfach so sind, sondern aus bestimmten Gründen so geworden und somit auch veränderbar sind. Auf der Ebene der Präsentation werden die Grenzen zwischen Erzählungen, Gedichten, Minidramen, Bildergeschichten, Cartoons, TV-Sendungen, ja sogar Spielfilmen ebenso verflüssigt wie auf der Ebene der Referenz die Anspielungen auf Politik, Kunst, Wirtschaft, Beruf, Freundschaft, Familie und alle anderen gesellschaftlichen wie privaten Teilbereiche – von der Ebene der Darstellung ganz zu schweigen. Die Darstellung lebt von Verfremdungen und Brüchen, mit denen einerseits Komik erzeugt wird, die andererseits aber auch permanente Grenzverletzungen und teilweise auch Rahmenbrüche darstellen. Bekannte Beispiele sind die Moderationen von Loriot und Evelyn Hamann in der Fernseh-Comedy-Serie von 1976 bis 1978, in denen immer wieder etwas schiefzugehen scheint. Im Fernsehen wird Fernsehen simuliert. Zugleich wird das Fernsehen, durch absichtsvolle ‚Pannen', die eigentlich Pointen sind, als Medium, das bestimmten Konstruktionsprinzipien unterliegt, erkennbar gemacht.

Loriot betreibt eine Inventarisierung und Ironisierung des bundesrepublikanischen Alltags, die einerseits die neugewonnene Identität einer permanenten kritischen Revision unterzieht und die andererseits, weil sie eine stabile neugewonnene Identität voraussetzt – mit der überhaupt erst gespielt werden kann –, auch ein neues Selbstbewusstsein vermittelt.[2] Loriots humoristische Arbeit ist ein Beitrag zur Demokratisierung, wie ihn komische Kunst überhaupt nur leisten kann. Beispielhaft soll dies an einigen der immer wieder vorkommenden Bereiche des Alltags und Bestandteilen seines Inventars gezeigt werden, die von der Zimmerpflanze über das Auto und den Urlaub bis zu Geschlechterkonstruktionen und Machtverhältnissen zuhause, in den Betrieben wie in der Politik reichen und in denen auch gezeigt wird, dass alles mit allem zusammenhängt.

Loriot hybridisiert die Alltagswelt des Subjekts, das sich so seiner Hybridität bewusst(er) werden kann. Er verwendet in und mit seiner Kunst Verfahren, die Homi Bhabha zwischen „mimicry and mockery" (2007, 123) ansiedelt,[3] die er allerdings bis zur Kenntlichkeit selbstreflexiv überzeichnet und mit denen die scheinbaren Selbstverständlichkeiten des scheinbar Alltäglichen in einer Art und Weise hinterfragt werden, dass sich ein ‚dritter Raum' der Möglichkeiten öffnet, ein Raum, der Platz hat für abweichende Lebensstile und -weisen.

2 Subjekt und Identität in der Bundesrepublik – und in Loriots Kunst

Durch die Krisen der Moderne, insbesondere der ersten Hälfte des zwanzigsten Jahrhunderts, wird Identität nicht mehr als eine feste, zu erreichende Größe angesehen, sondern als stets vorläufiges Ergebnis eines subjektiven Konstruktionsprozesses, in dem das Individuum versucht, eine Übereinstimmung von „äußerer und innerer Welt" (Keupp 2002, 7) zu erreichen. Dass der Nationalsozialismus eine feste und festgelegte Identität propagierte, bedeutete mit dem Zusammenbruch des Regimes auch eine Implosion solcher mythischer Identitätsvorstellungen. In der Bundesrepublik wurde eine neue ‚deutsche' Identität durch realitätsbezogenere Werte wie den ‚Wiederaufbau' und die Produktivität des ‚Wirtschaftswunders' geschaffen. Es handelt sich allerdings um einen vom Individuum und auch von einem Kollektiv

---

2 In diese Richtung geht auch die folgende Einschätzung des Historikers Christoph Stölzl: „Niemand hat die Zeitungen, die Benimmbücher, die Grußworte, die Parlamentsreden und die Tarifverträge der Bundesrepublik mit kälterem Ethnologenblick durchforstet als Loriot. [...] Wenn man die Geschichte unseres Landes nach dem Zweiten Weltkrieg schreiben wird, kann man getrost auf die Tonnen gedruckten Papiers der Sozialforscher verzichten und sich Loriots gesammelten Werken zuwenden: Das sind wir, in Glanz und Elend" (Stölzl 2006, 715, Hervorhebung im Original).
3 Mit „mimicry" wird die Nachahmung von Verhaltensweisen bis zur Imitation bezeichnet, mit „mockery" das Sich-darüber-Lustigmachen. Bei Loriot ist oftmals, durch vorsichtige Übertreibung, beides gleichzeitig vorhanden.

wie ‚Gesellschaft' nur begrenzt beeinflussbaren und von vielen Faktoren beeinflussten, letztlich unabschließbaren (oder nur durch den Tod abzuschließenden) Prozess (vgl. Keupp 2002, 274), um ein „Projekt" der Lebensgestaltung (Keupp 2002, 65). Niklas Luhmann hat dazu festgestellt:

> Die allgemeine Lebenslage des Menschen ist gekennzeichnet durch eine übermäßig komplexe und kontingente Welt. Die Welt ist komplex insofern, als sie mehr Möglichkeiten des Erlebens und Handelns birgt, als je aktualisiert werden können. Sie ist kontingent insofern, als diese Möglichkeiten sich in ihr abzeichnen als etwas, das auch anders sein oder anders werden könnte. (Luhmann 2008, 12)

Diese Kontingenz bekommt einen sinnfälligen Ausdruck in Loriots unverwechselbaren Arbeiten, deren besondere künstlerische Identität sich bereits früh offenbart und dann immer weiter perfektioniert wird. Ich möchte dies an einigen Beispielen zeigen, die für verschiedene Aspekte des bundesrepublikanischen Alltagslebens stehen und mit Heiner Keupp als „Identitätsbausteine" (2002, 7) der Bürger*innen bezeichnet werden können. Loriots Werk führt solche Identitätsbausteine vor, macht sie zugleich als Konstruktionsprinzipien einer ‚deutschen' kulturellen Identität durchsichtig und damit überhaupt erst kritisierbar, allerdings stets im Modus des Komischen, ohne direkte Konfrontation und das entsprechende Verletzungspotenzial wie bei anderen, wegen der kritischen Absicht insgesamt politischeren Autoren seiner Zeit (z. B. Günter Grass, Martin Walser oder Hans Magnus Enzensberger). Da eine umfassende und wissenschaftlich kommentierte Kritische Ausgabe der Werke fehlt und die genauen Nachweise wohl nur durch eine für diesen Beitrag nicht zu leistende Arbeit am Nachlass erschlossen werden können, beschränke ich mich auf Beispiele aus Auswahlausgaben, vor allem aber aus dem posthum erschienenen Band *Spätlese* (2013), der auch frühe Arbeiten versammelt, die zum Teil als ‚zu kritisch' abgelehnt worden waren und die gerade wegen ihres subversiven Charakters dazu angetan sind, schlaglichtartig die Problemzonen der zunehmend hybrid erscheinenden Existenz in der Bundesrepublik zu beleuchten.[4]

Die von Loriot dafür verwendeten Mittel gehören zur Komik:

> Mit den Mitteln der Komik kann Kritik auf verdeckte Weise geäußert werden und es ist eine Interpretationsleistung erforderlich, sie zu erkennen; daher ist Komik auch immer ein probates Mittel im literarischen Kampf gegen totalitäre Systeme gewesen. Man denke an den großen Kabarettisten Werner Finck, der nach der Machtergreifung der Nationalsozialisten auf die Bühne trat und sprach: „Es geschehen noch Zeichen und Wunder. Wir haben Frühling und die Blätter fangen schon an, braun zu werden." Die NS-Schergen im Publikum, die darauf warteten, ihm aus dem, was er sagte, einen Strick drehen zu können, taten nichts –

---

[4] Zu den Schwierigkeiten des frühen Loriot mit den Tabus der bundesrepublikanischen Gesellschaft vgl. etwa Lukschy 2015, 13.

sie hatten die Anspielung auf die gleichgeschalteten Zeitungen nicht verstanden. Wir sehen – zu bestimmten Formen der Komik gehört Intelligenz, sowohl beim Autor als auch beim Rezipienten. (Neuhaus 2012, 105)

Komik und Ironie sind Schwestern, in Loriots Werk gehen sie oft ineinander über. Ironie wird definiert als: „Uneigentlicher Sprachgebrauch, bei dem das Gemeinte durch sein Gegenteil ausgedrückt wird." (Müller 2007, 185) Wie aber bereits Joachim Kaiser mit Blick auf einen Text Loriots festgestellt hat: „Die Formel ‚Ironie' reicht dafür nicht aus, trifft die komplexe Sache schon zu wenig. Denn im einzelnen enthält jeder Satz noch Widerhaken, Widersprüche oder herrlich unsinnige Differenzierungen." (Kaiser 2006, 16) Loriots Arbeiten steigern sich nicht selten zur Satire, die verstanden wird als: „Angriffsliteratur mit einem Spektrum vom scherzhaften Spott bis zur pathetischen Schärfe." (Brummack 2007, 355) Komik und Schärfe werden dabei vor allem durch das anarchische Potenzial der Zeichnungen, Texte und Filme hervorgerufen (vgl. Neuhaus 2019, 41–68). Anarchisch ist es, wenn am Anfang des Kapitels *Ehe* in *Das große Loriot-Buch* (1998) diese gesellschaftliche Institution durch die seitenlange Zeichnung eines Ankers und einer Ankerkette symbolisiert wird (vgl. Loriot 1998, 432–436), wenn am Anfang des Kapitels *Schöne Umwelt* München im Müll versinkt oder wenn im Gedicht *Advent* die Försterin ihren Mann erschießt, zerteilt und die Einzelteile, „als festtägliches Bratenstück" verpackt, dem Knecht Ruprecht als Spende für die Armen mitgibt (Loriot 1998, 350–351).

Der ‚Angriff' durch Paradoxien, die Kontraste vereinen, um Widersprüche deutlicher zu machen, bezieht sich bei Loriot auf Alltäglichkeiten ebenso wie auf weltpolitische Wetterlagen, die alle zu den Grundfragen der menschlichen Existenz gehören, die sich nach 1945 in eindrücklicher und neuer Weise stellen. Die satirische Schärfe gewinnen Loriots Arbeiten auch dadurch, dass viele Bürger*innen der 1949 neu gegründeten Bundesrepublik gerade noch nicht bereit waren, sich kritischen Fragen der eigenen Identität zu stellen, die immer auch mit Herkunft und Geschichte zu tun hat. Dass Loriot einen anderen Blick auf die Nachkriegsgegenwart hatte als die meisten seiner Mitbürger*innen, zeigt bereits seine Mitarbeit an die jüngste Vergangenheit kritisch beleuchtenden Filmprojekten, etwa seine Rolle in Bernhard Wickis Antikriegsfilm *Die Brücke* (1959).

3 Schatten der Vergangenheit

Die gezeichnete Figur hat die Statur Hitlers, die Armbinde identifiziert sie zweifelsfrei als Nazi (Abb. 1). Die Umgebung bildet den Kontrast: Es handelt sich um eine Straßenbahn und das Wortspiel mit dem Begriff ‚Führer' wird offenkundig. In Bus-

Abb. 1: *Nicht mit dem Führer sprechen* aus *Spätlese* (Loriot 2013, 20).

sen und Bahnen hängen Schilder wie dieses, das besagt: „Nicht mit dem Führer sprechen." ‚Führer' wird hier also als Homonym verwendet, wobei Hitler als selbsternannter ‚größter Führer aller Zeiten' hier nun ein kleiner Führer ist, der nicht mehr Deutschland, sondern eine Straßenbahn lenkt und dies auf Schienen, die den Weg vorgeben und innerhalb eines Fahrplans, den ebenfalls nicht er bestimmt.

Straßenbahnen gab es schon im Dritten Reich, in dem eine solche Karikatur – als die wir die Zeichnung bezeichnen können – für den Zeichner möglicherweise tödliche Folgen gehabt hätte. In der Bundesrepublik hat die Karikatur immer noch eine die angebliche Größe Hitlers herabsetzende Funktion. Dazu kommt eine neue Bedeutung, die den Begriff des Führers nun für alltägliche Berufe reserviert und somit demokratisiert. Wenn wir bedenken, dass Hitler bekanntlich 1945 Selbstmord beging, hier aber als Straßenbahnführer weiterlebt, haben wir es mit einer Kontinuität zu tun, die beunruhigt, verortet sie doch den gefährlichsten Mann der ersten Hälfte des zwanzigsten Jahrhunderts mitten im Alltag, so wie er es vor der Machtergreifung als Obergefreiter, Maler und Gelegenheitsarbeiter war. Die Komik bleibt also im Halse stecken, denn dahinter lauert die Frage, ob das, was früher geschehen ist, noch einmal geschehen kann, oder um es mit dem

Umwege

Abb. 2: *Umwege* aus *Spätlese* (Loriot 2013, 21).

Titel des ersten deutschen Spielfilms der Nachkriegsgeschichte von Wolfgang Staudte zu sagen: *Die Mörder sind unter uns* (1946).[5]

Diese Karikatur (Abb. 2) zeigt den vielleicht zweitgefährlichsten Mann des zwanzigsten Jahrhunderts, Stalin, unschwer zu erkennen am Bart und an dem Emblem auf seinem Stuhl, der einem Thron ähnelt und somit sichtbares Zeichen seiner Herrschaft ist, ein Herrschaftsanspruch, der dem auf Gleichheit abstellenden Sozialismus zumindest in der Theorie entgegengesetzt ist. Der Thronsessel steht auf einem Teppich mit einem übergroßen Hakenkreuz. Stalin paktierte zunächst mit Hitler, um nach dessen Überfall auf die Sowjetunion zu den Spitzen der Siegermächte über Nazideutschland zu gehören. Hier scheint er das Hakenkreuz wie eine Landkarte zu studieren, auch der emblematisch wirkende Untertitel „Umwege" passt dazu. Für Stalin ist der Nationalsozialismus offenbar richtungsweisend, aber weshalb? In der Nachkriegsrealität waren die Verbrechen des Stalinismus ein immer offeneres Geheimnis, die totalitäre Herrschaft auch dieses ‚Führers' wurde immer offensichtlicher, selbst wenn die Führung der DDR davon lange Zeit nichts wissen wollte.

Anfang 2022 bekommt die Karikatur unbeabsichtigt einen aktuellen Bezug, denn der herrschende Führer über Russland benimmt sich wie Stalin oder Hitler, seine Politik unterscheidet sich nicht von den verbrecherischen Methoden der

---

5 Zum Erbe der NS-Vergangenheit in Loriots Werk vgl. den Beitrag von Eckhard Pabst in diesem Band.

beiden, auch wenn er einerseits die Ära Stalins schönzufärben und andererseits die Regierung der Ukraine als Nazis zu diffamieren bestrebt ist.

Schon in der bundesrepublikanischen Realität Loriots erinnert diese Karikatur an die Ähnlichkeit totalitärer Systeme, unabhängig von ihrer politischen Ausrichtung: Sie etablieren eine streng vertikale Hierarchie, beseitigen die Meinungsfreiheit und begehen schlimmste Verbrechen gegen die Menschlichkeit. Durch diese Kritik wirkt die Karikatur, vor dem Hintergrund zeitgeschichtlicher (und zeitgenössischer) Erfahrungen, demokratiefördernd und demokratiebejahend.

4 Große Politik ganz klein

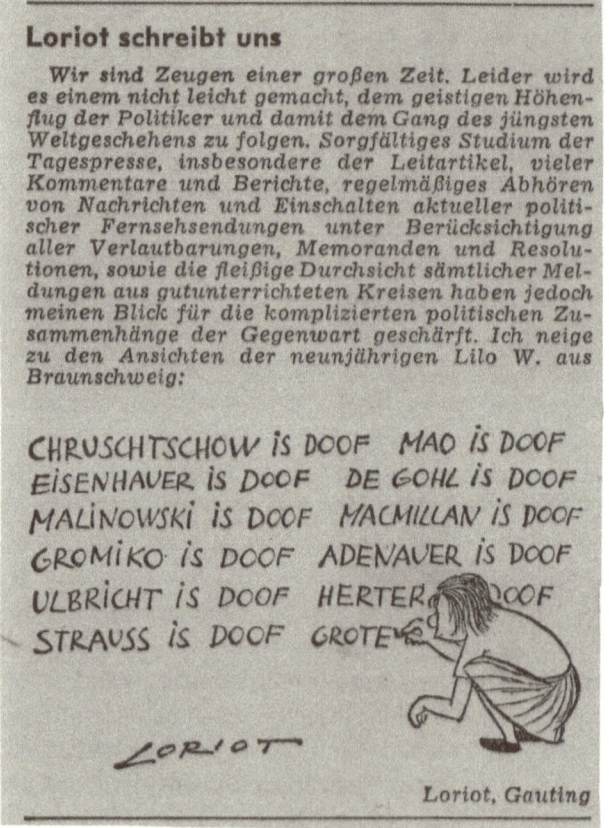

Abb. 3: *Loriot schreibt uns* aus *Spätlese* (Loriot 2013, 38).

In dem als Einsendung an die Redaktion getarnten oberen Teil dieser Satire (Abb. 3) pflichtet eine Autorfigur[6] namens Loriot einem neunjährigen Mädchen bei, das in der unteren Hälfte dabei zu beobachten ist, den Spruch ‚XY ist doof' zu variieren, indem es scheinbar wahllos Namen von zeitgenössischen ‚Führern' (Regierungschefs und -mitgliedern) westlicher wie östlicher Staaten einträgt, die unterschiedlicher nicht sein könnten, abgesehen davon, dass sie alle erwachsene Männer sind. Nicht nur der Kontrast machtlose Schülerin und mächtige Männer fällt sofort auf, auch der Kontrast zwischen den gewählten und um größtmögliche Differenzierung bemühten, fehlerfreien Worten der Autorfigur und der besonders simplen, teils Namen falsch schreibenden Aussage des Kindes. Beides wird durch die Zustimmung der Autorfigur ebenso miteinander äquivalent gesetzt wie die unterschiedlich gestalteten Hälften des Artikels. Das Mädchen hat überdies das typische Loriot-Figuren-Gesicht und es kniet, um weiterschreiben zu können; eigentlich ein Gestus der Bescheidenheit. Die Satire richtet sich gegen Herrschaft in jeder Form, man könnte sogar so weit gehen, darin ein frühes Votum gegen die von Pierre Bourdieu so genannte „männliche Herrschaft" zu sehen (vgl. Bourdieu 2013).

Ein weniger im Wortsinn plakativer, aber nicht weniger respektloser Umgang mit der bundesrepublikanischen Politik findet sich beispielsweise in dem Kapitel „Politik" in *Das große Loriot Buch* (Loriot 1998, 387–398). Schon der erste Beitrag *Die Nudelkrise* macht sich über den typischen Habitus von Politikern lustig. „Herr Ministerialdirigent Dr. Walter Klöbitz vom Bundeswirtschaftsministerium erörtert die Frage ‚Gefährdet die deutsche Nudel den Zusammenhalt der Europäischen Wirtschaftsgemeinschaft?'" (Loriot 1998, 389), seine Rede beginnt wie folgt:

> Herr Präsident, meine sehr verehrten Damen und Herren,
> die deutsche Nudel (*Beifall*) ... die deutsche Nudel ist in den Mittelpunkt des Weltinteresses gerückt, seit die Bundesrepublik mehr Rohnudelmasse vernudelt als England und Frankreich zusammen. In der bevorstehenden Ministerratssitzung der Europäischen Wirtschaftsgemeinschaft muß sich die qualitative Überlegenheit der deutschen Breitbandnudel erweisen, oder wir gehen einer Nudelkrise unvorstellbaren Ausmaßes entgegen. (*Beifall*) (Loriot 1998, 389)

Die nicht nur angesichts des Gegenstandes absurde, sondern auch nationalistisch grundierte Rede wird gesteigert, als sich der hohe Ministerialbeamte gegen die angebliche Ignoranz der „linksintellektuelle[n] studentische[n] Jugend" wendet, um schließlich auszurufen: „Ich kenne keine linke und keine rechte Nudel – (Beifall) es gibt nur eine – deutsche – Nudel! (anhaltender Beifall)" (Loriot 1998, 390). Die Anspielung ist für historisch unterrichtete Rezipient*innen offensichtlich. Zu Beginn des Ersten Weltkriegs versuchte der Kaiser – leider erfolgreich –, Kriegsbegeisterung zu schüren: „Ich kenne keine Parteien mehr, ich kenne nur noch

---

6 Zur Inszenierungspraxis mittels solcher Autorfiguren vgl. Neuhaus 2014, 307–326.

Deutsche', ist das bekannteste Zitat von Wilhelm II. Millionenfach fand es Verbreitung in Zeitungsmeldungen, auf Plakaten und Postkarten." (Mix o. J.)

Spätestens die komisierend verfremdende Verwendung des Zitats dürfte bei allen, die Wilhelm II. und seine Kriegsrhetorik kritisch sehen, dafür sorgen, dass dem Lachen ein bitterer Nachgeschmack folgt. Schon die rechtskonservativen bis nationalistischen Töne zuvor haben dazu beigetragen, eine ungute historische Kontinuität aufzuzeigen. Nicht zufällig werden die Worte einem hohen Beamten in den Mund gelegt – waren es doch stets die Staatsdiener, die als Vollstrecker des jeweiligen Herrscherwillens fungiert haben. Hannah Arendts bekannter Begriff der „Banalität des Bösen" weist in diese Richtung (vgl. Arendt 2015). Loriots Text führt vor, dass die bundesrepublikanischen Politiker zumindest unsensibel mit der Geschichte umgehen, wenn sie nicht selbst eine Nudel im Gesicht, sprich: Dreck am Stecken haben.

5 Von Tieren und Menschen

»Schlechter Jahrgang diesmal!«

Abb. 4: *„Schlechter Jahrgang diesmal!"* aus *Spätlese* (Loriot 2013, 140).

Diese Karikatur ist nicht Loriots einzige, in der das Verhältnis von Menschen und Tieren umgekehrt wird (Abb. 4, vgl. z. B. auch Loriot 2013, 138 u. 143).[7] Ein solcher Kontrast wirkt ebenfalls als herabsetzende Komik – mit der die Menschen erkennen sollen, dass auch ihre Macht begrenzt ist. Damit ist aber nur ein extremer Punkt dessen bezeichnet, was Loriots Werk insgesamt ausmacht: Menschliche Figuren werden durch Verfremdung mit zeichnerischen oder sprachlichen Mitteln als kontingente Lebewesen dargestellt, die einerseits selbstbewusst agieren, sich andererseits aber ihrer Begrenztheiten oft nicht bewusst sind – woraus Loriot sein komisches Kapital gewinnt. Tierfiguren wirken als Zerrspiegelfiguren, die den Menschen ihre negativen Verhaltensweisen vorhalten. Im vorliegenden Fall wird die – von Loriot immer wieder zum Gegenstand gemachte – Jagd kritisch beurteilt, denn die Vertauschung der Rollen führt eindrücklich vor, dass das Ausstellen von Köpfen gleich welcher Art barbarisch ist, auch wenn die Art des Zurschaustellens in Wohnräumen als Teil einer Kultur gilt, die in der Regel gesellschaftlich und wirtschaftlich hochstehenden Persönlichkeiten vorbehalten ist.

Wenn zurecht immer wieder betont wird, dass es bei Loriots Kunst zumeist um zwischenmenschliche Kommunikation geht – wir haben heute natürlich vor allem die filmischen Arbeiten im Kopf (etwa die berühmten Geschichten *Der Lottogewinner* von 1976 oder, als Zeichentrick, *Herren im Bad* von 1978 in der Sendung *Loriot*, natürlich auch ganz grundsätzlich die beiden Kinofilme *Ödipussi* von 1988 und *Pappa ante portas* von 1991) –, dann lässt sich feststellen, dass an den alltäglichsten Situationen durch (im Wortsinn) Überzeichnung gezeigt wird, wie Hierarchien funktionieren, obwohl sie eigentlich nicht funktionieren, weil das gezeigte Verhalten (Rede, Mimik, Gestik) von einer vollkommen selbstverständlich erscheinenden Handlung durch Emotionen und Irritationen, die zum Aussetzen von Logik führen, ins Absurde gesteigert wird. In diesen Situationen geht es oft nicht mehr um das, um das es geht, sondern um etwas ganz anderes: Um Anerkennung einerseits und um Macht andererseits. Die scheinbar selbstverständlichen Regeln, nach denen das alltägliche Leben funktioniert, werden so als kontingentes und letztlich fragiles Ergebnis kultureller Konstruktionsprozesse sichtbar, somit auch als Beispiele für kulturelle Hybridität.

Nehmen wir als Beispiel die Szene einer Ehe in Gestalt einer Bildergeschichte, in der ein namenloser Er seiner Frau sagt, dass das Frühstücksei hart ist und sie auf sein Ansinnen „Ich hätte nur gern ein weiches Ei …" erwidert: „Gott, was sind Männer primitiv!", woraufhin er „(düster vor sich hin)" leise sagt: „Ich bringe sie um … morgen bringe ich sie um …"[8] Erkennbar ist das Ei des Anstoßes nur der

---

7 Vgl. etwa auch die Rubrik „Auf den Hund gekommen" in: Loriot 2008, 175–200.
8 Vgl. den Abdruck und die kurze Interpretation in: Neuhaus 2017, 65.

Anlass für einen Streit, der tiefere Gründe hat und da diese Gründe nicht genannt werden, darf man annehmen, dass die Szene exemplarischen Charakter hat und es um typische Probleme in Paarbeziehungen geht. Er hat Macht über sie, weil er am Tisch sitzen und sie das Ei kochen lassen kann; sie hat Macht über ihn, weil sie das Ei zubereitet und er sich mit dem abfinden muss, was sie ihm vorsetzt. Das Problem sind, so ließe sich schlussfolgern, die starren Rollenmuster, die keinen flexiblen Umgang mit stereotypen Aufgabenverteilungen erlauben, etwa indem der Mann sich sein eigenes Ei kocht, ohne dass sie oder er ein Problem damit hat. Es sind wechselseitige Abhängigkeiten, deren Selbstverständlichkeit durch die Geringfügigkeit des Anlasses und die scheinbare Absurdität, dass ein Ei zum Mordanlass werden kann, zur Disposition gestellt werden. Und die Symbolik des Eis hat bei dieser kurzen Überlegung noch keine Rolle gespielt.

6 Fazit

Die wenigen Beispiele sollten zeigen, dass Loriots Kunst Grenzen überschreitet – mediale und moralische, soziale und politische, zwischenmenschliche und selbst solche zwischen Menschen einerseits, Flora und Fauna sowie Gegenständen andererseits. Man könnte auch sagen, dass Grenzen aufgelöst werden, weil sie als Ergebnisse kultureller Setzungen sichtbar werden, als Beispiele der Hybridität von Kultur insgesamt. Mit Komik, Ironie und Satire wird das, was als alltäglich und selbstverständlich gilt, nach einer loriotspezifischen Logik des Absurden verfremdet und subvertiert. Alltägliches ist eben nicht alltäglich. Es wird in seine Konstruktionsprinzipien zerlegt, neu zusammengesetzt und so überhaupt erst als Ergebnis eines kontingenten Prozesses kenntlich, in dem Menschen – so hat es einst Sigmund Freud formuliert – erkennen müssen, „daß das Ich nicht Herr sei in seinem eigenen Haus" (Freud 1999, 7). Diese aufklärungskritische Perspektive (es würde zu weit gehen, hier zu zeigen, dass sie mit der Kritischen Theorie, wie sie sich in Max Horkheimers und Theodor W. Adornos *Dialektik der Aufklärung* zeigt, kompatibel ist), also die Erkenntnis der eigenen Begrenztheiten, ist zugleich eine Vorbedingung für die Befreiung von Zwängen, wie sie Judith Butler, im Anschluss an Adorno, für die Postmoderne formuliert hat: „Es heißt aber, dass wir von eben dem, was unser Handeln bedingt, keine vollständige Rechenschaft geben, dass wir keine konstitutive Grenze dafür angeben können, und es heißt, dass dieser Zustand paradoxerweise die Grundlage unserer Zurechenbarkeit ist." (Butler 2014, 148) Es zeigt sich bei Loriot das Gewordene und Hybride von dem, was personale und gesellschaftliche Identität ausmacht, was als Bestandteil von ‚Kultur' so scheinbar selbstverständlich zu ‚uns' zu gehören scheint.

In der Komik der Darstellung bekommt die Erkenntnis der Zwänge, vor allem des Alltags, etwas Befreiendes.

Figuren können mit satirischer Schärfe dafür bestraft werden, dass sie ihre eigenen Begrenztheiten nicht erkennen. Es gibt aber auch den Weg der Einsicht, der über die Komik führt und es Figuren ermöglicht, ein neues Selbstbewusstsein zu gewinnen. Loriot selbst hat solche Rollen in seinen beiden Kinofilmen *Ödipussi* (1988) und *Pappa ante portas* (1991) gespielt. Loriots Figuren sind nicht immer, aber oftmals Stehaufmännchen und -weibchen im besten Sinn, sie lassen sich nicht unterkriegen und gehen unbeirrt ihren Weg, auch und gerade wegen der Kontingenzen dieses Wegs. Komik entsteht nicht zuletzt daraus, dass sich die Zuschauer*innen dieser Kontingenzen bewusst sind und die Figuren nicht oder nur nach und nach. Der bei aller Verfremdung die Richtung vorgebende Kompass von Loriots Kunst stammt aus einer reflexiv gewordenen, sich selbst misstrauisch bis kritisch gegenübertretenden Aufklärung. Auch Loriots Kunst zieht die Konsequenzen aus dem Scheitern der Moderne und stellt die Weichen für eine zweite, hoffentlich bessere, reflexiv gewordene Moderne, deren Grundlage die schon immer vorhandene Hybridität von Kultur und Gesellschaft ist.

Loriots Strategie der Hybridisierung von allem, was die Identität der Bürger*innen in der bundesdeutschen Gesellschaft seit der Nachkriegszeit ausmacht, ist also ein wichtiger Beitrag zu dem Projekt der ‚reflexiven Modernisierung' (vgl. Beck et al. 1996). Auch wenn es sich bei der ‚alten' Bundesrepublik um eine weitgehend untergegangene Welt handelt, kann Loriots Kunst gerade wegen ihrer sich oftmals erst auf den zweiten Blick erschließenden Radikalität auch heute noch modellbildend sein. Die totalitären Unterströmungen des Alltags, seine Machthierarchien, die Rollenmuster (Gattin und Gatte, Kind, Chef, Angestellte*r, Beamte*r ...), alles wird durch eine anarchische Komik durchgeschüttelt. Das so provozierte Lachen ist zweischneidig, weil es das Wissen über alles Tabuisierte und Verschwiegene mit einschließt. Aber es ist befreiend für jene, die sich von stereotypen Vorstellungen und überkommenen Vor-Urteilen befreien wollen, die in der Regel nur anderen nutzen und die Ausbildung der eigenen Individualität begrenzen. So wie es für eine Frau befreiend sein kann, ihrem Gatten nicht jeden Morgen ein Frühstücksei vorsetzen zu müssen, über das er sich dann ärgert, und befreiend für den Mann, der kein Ei vorgesetzt bekommt, über das er sich dann ärgern muss. Emanzipiert wären beide, wenn sie nicht in einer ei-harten, durch problematische gesellschaftliche Rollenmuster vorgezeichneten Abhängigkeit leben, sondern sich zunächst einmal um ihre eigenen Bedürfnisse kümmern würden. Das Ei ist ja nur, wie uns in der potenziell tödlichen Komik der Situation aufgeht, der Stein des Anstoßes.

Literatur

Arendt, Hannah. *Eichmann in Jerusalem. Ein Bericht von der Banalität des Bösen*. Mit einem einleitenden Essay und einem Nachwort zur aktuellen Ausgabe von Hans Mommsen. 11. Auflage. München, Zürich: Piper, 2015.
Bauman, Zygmunt. *Flüchtige Moderne* [Liquid Modernity, 2000; dt. 2003]. Aus dem Engl. v. Reinhard Kreissl. Frankfurt a. M.: Suhrkamp, 2003.
Beck, Ulrich, Anthony Giddens und Scott Lash. *Reflexive Modernisierung. Eine Kontroverse*. Frankfurt a. M.: Suhrkamp, 1996.
Bhabha, Homi K. *The Location of Culture. With a new preface by the author*. London, New York: Routledge, 2007.
Bourdieu, Pierre. *Die männliche Herrschaft*. Aus dem Französischen von Jürgen Bolder. 2. Auflage. Frankfurt a. M.: Suhrkamp, 2013.
Brummack, Jürgen. „Satire". *Reallexikon der deutschen Literaturwissenschaft. Neubearbeitung des Reallexikons der deutschen Literaturgeschichte. Bd. III: P–Z*. Hg. Georg Braungart, Klaus Grubmüller, Harald Fricke, Jan-Dirk Müller, Friedrich Vollhardt und Klaus Weimar. Berlin, New York: De Gruyter 2007. 355–360.
Butler, Judith. *Kritik der ethischen Gewalt*. Aus dem Englischen von Rainer Ansén und Michael Adrian. Adorno-Vorlesungen 2002. Erw. Ausg. 4. Auflage. Frankfurt a. M.: Suhrkamp, 2014.
Freud, Sigmund. „Eine Schwierigkeit der Psychoanalyse". *Werke aus den Jahren 1917–1920*. Hg. Anna Freud et al. Frankfurt a. M.: Fischer, 1999 (Gesammelte Werke, Bd. 12). 3–12.
Heine, Heinrich. „Reisebilder". *Heinrich Heine. Reisebilder. Erzählende Prosa. Aufsätze*. Hg. Wolfgang Preisendanz. Frankfurt a. M.: Insel, 1994 [Werke in vier Bänden, Bd. 2]. 7–505.
Horkheimer, Max, und Theodor W. Adorno. *Dialektik der Aufklärung. Philosophische Fragmente*. 15. Auflage. Frankfurt a. M.: Fischer, 2004.
Kaiser, Joachim. „Loriot, der Schriftsteller". *Loriot. Gesammelte Prosa. Alle Dramen, Geschichten, Festreden, Liebesbriefe, Kochrezepte, der legendäre Opernführer und etwa zehn Gedichte*. Mit einem Vorwort von Joachim Kaiser und einem Nachwort von Christoph Stölzl. Hg. Daniel Keel. Zürich: Diogenes, 2006. 13–22.
Keupp, Heiner, et al. *Identitätskonstruktionen. Das Patchwork der Identitäten in der Spätmoderne*. 2. Auflage. Reinbek: Rowohlt, 2002.
Loriot. *Das große Loriot-Buch. Gesammelte Geschichten in Wort und Bild*. Zürich: Diogenes, 1998.
Loriot. *Gesammelte Bildergeschichten. Über das Rätsel der Liebe. Vater, Mutter, Kind. Menschen auf Reisen. Umgang mit Tieren. Autos, – Herr und Hund. Beruf und Büro – Sport. Haus und Garten. Weihnachten und andere Feste. Manieren und Kultur und vieles andere in 1345 Zeichnungen*. Zürich: Diogenes, 2008. 175–200.
Loriot. *Gesammelte Prosa. Alle Dramen, Geschichten, Festreden, Liebesbriefe, Kochrezepte, der legendäre Opernführer und etwa zehn Gedichte*. Mit einem Vorwort von Joachim Kaiser und einem Nachwort von Christoph Stölzl. Hg. Daniel Keel. Zürich: Diogenes, 2006.
Loriot. *Spätlese*. Hg. Susanne von Bülow, Peter Geyer und OA Krimmel. Zürich: Diogenes, 2013.
Luhmann, Niklas. *Liebe. Eine Übung*. Hg. André Kieserling. Frankfurt a. M.: Suhrkamp, 2008.
Lukács, Georg. *Die Theorie des Romans. Ein geschichtsphilosophischer Versuch über die Form der großen Epik*. Frankfurt a. M.: Luchterhand, 1988.
Lukschy, Stefan. *Der Glückliche schlägt keine Hunde. Ein Loriot Porträt*. Berlin: Aufbau, 2015 [2013].
Mix, Andreas. ‚*Ich kenne keine Parteien mehr, ich kenne nur Deutsche!' Propagandaplakat mit Aufruf Kaiser Wilhelms II. an das deutsche Volk*. https://www.dhm.de/lemo/bestand/objekt/plakat-ich-

kenne-keine-parteien-mehr-ich-kenne-nur-deutsche-1914.html. LeMO – Lebendiges Museum Online (17. Juli 2023).

Müller, Wolfgang G. „Ironie". *Reallexikon der deutschen Literaturwissenschaft. Neubearbeitung des Reallexikons der deutschen Literaturgeschichte. Bd. II: H–O*. Hg. Georg Braungart, Klaus Grubmüller, Harald Fricke, Jan-Dirk Müller, Friedrich Vollhardt und Klaus Weimar. Berlin, New York: De Gruyter, 2007. 185–189.

Neuhaus, Stefan. „Anarchische Komik im Film am Beispiel der Marx Brothers". *Komik im Film*. Hg. Michael Braun, Oliver Jahraus, Stefan Neuhaus und Stéphane Pesnel. Würzburg: Königshausen & Neumann, 2019. 41–68.

Neuhaus, Stefan. „Das bin doch ich – nicht. Autorfiguren in der Gegenwartsliteratur (Bret Easton Ellis, Thomas Glavinic, Wolf Haas, Walter Moers und Felicitas Hoppe)". *Subjektform Autor. Autorschaftsinszenierungen als Praktiken der Subjektivierung*. Hg. Sabine Kyora. Bielefeld: transcript, 2014. 307–326.

Neuhaus, Stefan. „Das lachende und das weinende Auge – Komik als Kippspiel bei Erich Kästner". *Erich Kästner – so noch nicht gesehen. Impulse und Perspektiven. Internationales Kolloquium aus Anlass des Erscheinens der Bibliographie Erich Kästner von Johan Zonneveld. Tagungsband*. Hg. Sebastian Schmideler. Marburg: Tectum, 2012. 101–118.

Neuhaus, Stefan. *Grundriss der Literaturwissenschaft*. 5. Auflage. Tübingen, Basel: Francke, 2017.

Reckwitz, Andreas. *Das hybride Subjekt. Eine Theorie der Subjektkulturen von der bürgerlichen Moderne zur Postmoderne*. Weilerswist: Velbrück Wissenschaft, 2006.

Stölzl, Christoph. „Wir sind Loriot. Ein Preuße lockert die Deutschen". *Loriot. Gesammelte Prosa. Alle Dramen, Geschichten, Festreden, Liebesbriefe, Kochrezepte, der legendäre Opernführer und etwa zehn Gedichte. Mit einem Vorwort von Joachim Kaiser und einem Nachwort von Christoph Stölzl*. Hg. Daniel Keel. Zürich: Diogenes, 2006. 711–717.

Rüdiger Singer
„Warum also sollte ein Humorist dauernd komisch sein?" – Loriot vs. von Bülow in Festreden und Interviews

1 Einleitung

„Warum sind Humoristen, Komiker, Satiriker so ernste Leute?" Es war nicht das erste und nicht das letzte Mal, dass Bernhard-Viktor Christoph-Carl von Bülow, auch Vicco von Bülow oder Loriot genannt, diese Frage beantworten musste. Sie war nicht ganz so beliebt wie die Frage, ob die Deutschen Humor hätten, oder die, warum Loriots Humor so harmlos und liebenswürdig sei, aber beinah. Wie er jedoch 1986 im Gespräch mit der FAZ-Journalistin Ingrid Heinrich Jost reagierte, ist in mehrfacher Hinsicht aufschlussreich: „Ich möchte diese Frage korrigieren, sie muss lauten: Warum sind Humoristen, Satiriker, eben dies ganze Volk, warum sind die im Privatleben nicht komischer als andere? Nun, das liegt einfach daran, dass Humorist genauso ein Beruf ist wie zum Beispiel Sänger oder Politiker." (Loriot 2011, 63)

Bemerkenswert ist zunächst, dass der bis dahin überaus verbindliche Gesprächspartner von Bülow erstmals in diesem Interview zwar höflich, aber doch bestimmt eine Frage korrigiert. Und zwar mit hoher Präzision: Von den drei angebotenen Etiketten – „Humoristen, Komiker, Satiriker" – wiederholt er die vergleichsweise seriös klingenden; die „Komiker" aber ersetzt er durch die spöttische Wendung „eben dies ganze Volk" und ruft damit die traditionelle Haltung der Gesellschaft gegenüber Spaßmachern auf: als „fahrendes Volk" außerhalb der gesellschaftlichen Ordnung (Heßelmann 2002, 254–265). Umso programmatischer beharrt er darauf, dass es in Wahrheit um eine Tätigkeit gehe, die sich zwar zu einem wichtigen Teil in der Öffentlichkeit vollziehe, doch wie vergleichbare Tätigkeiten ein „Beruf" sei. Das impliziert Professionalität, Rollendistanz, Anspruch auf ein „Privatleben". In diesem Sinne werden die aufgerufenen Analogien weiter ausgeführt:

> Ein Sänger, der dauernd mit Stütze spricht, ist unerträglich. Ein Politiker, der auch im Privatkreis über nichts anderes reden kann als über Politik und ständig nur Werbung für seine Partei macht, ist etwas Furchtbares. Genauso grauenhaft wäre es, wenn ein Humorist unablässig meinte, er müsse witzig sein, weil man das von ihm erwartet. (Loriot 2011, 63–64)

Damit könnte die Frage beantwortet sein – doch von Bülow legt nach: „Die Tätigkeit eines Humoristen ist eine sehr nachdenkliche Arbeit am Schreibtisch, die ungeheure Konzentration verlangt. Wenn man beim Essen sitzt oder sonst wo, ist man eben nicht in der Hochspannung, die man braucht, um satirisch oder humoristisch arbeiten zu können. Also verhält man sich auch nicht so." (Loriot 2011, 64) Das steht im Widerspruch zur Feststellung seines Freundes Stefan Lukschy (2015, 222): „Auch im Alltag war Vicco sehr komisch. Sosehr man tiefernste Gespräche mit ihm führen konnte, so verging kein Tag, an dem er nicht versucht hätte, seine Umgebung zum Lachen zu bringen."[1] Das aber ging offenbar nur den Familien- und Freundeskreis etwas an; im Interview nahm Loriot das Klischee vom ernsten Komiker gern auf, um die Dignität seines Berufes zu unterstreichen: Wer „am Schreibtisch" sitzt, gehört eben nicht zu „diesem Volk" der „Komiker", sondern zur arbeitenden Bevölkerung.[2] In diesem Sinn bekennt sich der Humorist auch immer wieder zu seinem Preußentum und bestätigt gerne den Eindruck, ein Perfektionist zu sein, der eine Szene auch schon mal fünf- bis vierunddreißigmal wiederhole (vgl. Loriot 2011, 32, 155, 235). Abgeschlossen wird das Interview durch eine weitere Analogie, die implizit auf die höhere Wertschätzung für tragische Kunst anspielt: „Ein Tragöde, der nur tragische Stücke schreibt, weint ja auch nicht die ganze Zeit. Warum also sollte ein Humorist dauernd komisch sein?" (Loriot 2011, 64, vgl. 171).

Und doch: Die Vorstellung vom Sänger, der dauernd mit Stütze spricht, und vom Tragöden, der die ganze Zeit weint, *sind* komisch – im Gegensatz zu den Antworten auf die vorigen Fragen des Interviews, die sich zumeist auf seine erste Operninszenierung beziehen. In diesem Fall hat die Komik eine klare Funktion: die eigenen Überzeugungen karikaturistisch in Szene zu setzen. Doch auch harmlosen Humor hat Loriot in vielen Gesprächen zu bieten, und zwar aus einer „ungeheure[n] Konzentration" heraus, die der „am Schreibtisch" keineswegs nachsteht: Interviews sind Teil der Berufsausübung.

---

1 Insbesondere habe er „kleine Pannen, ‚Verhörer' zum Beispiel" aufgegriffen (Lukschy 2015, 222). Der Kauf einer Berliner Wohnung 1999 sei für ihn „ein Jungbrunnen" gewesen: „Er [...] parodierte immer mal wieder den alten Mann, der er ja inzwischen tatsächlich war, indem er beim Überqueren der Straße scherzhaft mit dem Stock fuchtelte und mümmelnd vorbeifahrenden Autos drohte. Genausogut konnte es aber auch vorkommen, dass er trotz Gehstocks unvermutet auf dem breiten Bürgersteig der Knesebeckstraße aus purer Lebensfreude ein paar leichtfüßige Wechselschritte im Stil eines altmodischen Swingtänzers wagte." (Lukschy 2015, 193) Die Anekdoten ließen sich mehren (und im Hinblick auf bevorzugte Komik-Muster auswerten).

2 In einem Altersinterview reagierte Loriot denn auch auf die Behauptung „Von vielen Komikern wird gesagt, sie seien privat ganz ernste Menschen" deutlich anders: „Das ist so ein Allgemeinplatz. Aber es stimmt insofern, als derjenige, der eine komische Geschichte erzählen oder eine Parodie machen will, bestimmte Gesetze der Komik einhalten muss. Da aber Komik aus dem Ernst entsteht, muss ein guter Komiker auch den Ernst beherrschen. Sonst beherrscht er die Komik nicht" (Loriot 2011, 230).

In diesem Sinn wird er bereits im frühesten auf YouTube verfügbaren Gespräch in Szene gesetzt, einem Interview, das der NDR 1964 am Frankfurter Flughafen mit dem „Karikaturisten" Loriot auf Werbetour führte: Die erste Einstellung zeigt ihn elegant gekleidet auf dem Rollfeld (Loriot 1964, 0:00–0:03), die zweite beim Betreten des Flughafengebäudes (0:04–0:12), die dritte in der Flughafenbar, wo er zunächst auf Wunsch des Kellners ein Knollennasenmännchen auf die Serviette zeichnet (0:12–0:41).

Nicht ganz so beflissen zeigt er sich 1986 im Südwestfunk, als ihn Gero von Boehm fragt, „auf welche Seite seines Ruhms" er am ehesten verzichten könne: „Auf Interviews wie dieses hier zum Beispiel und Öffentlichkeitsarbeit." (Loriot 2011, 25) Allerdings nimmt er seiner Antwort mit einem verschmitzten Lächeln die Spitze und ergänzt umgehend: „Obwohl ich jetzt sehr gern mit Ihnen hier sitze." (2007, 0:35–0:44) Insgesamt ist ein solches Aufblitzen von Überdruss höchst selten;[3] der Interviewte beweist, wie er es in einem anderen Zusammenhang formuliert hat, „eine ziemliche Schafsgeduld" (Loriot 2011, 167). Oder eben Professionalität – nur dass er als Komik-Profi Auskunft geben möchte und nicht als Spaßmacher auftreten.[4]

Anders verhält es sich mit einem anderen Teil seiner Öffentlichkeitsarbeit, nämlich den „[b]ewegende[n] Worte[n] zu freudigen Ereignissen", wie die Sektion in Loriots *Gesammelter Prosa* (Loriot 2006, 523–655) überschrieben ist; im Untertitel des Bandes werden sie schlicht *Festreden* genannt. Der Festredner Loriot nimmt grundsätzlich die von ihm erwartete Rolle des Spaßmachers an, parodiert allerdings auch die jeweilige Redegattung, ironisiert die gesamte Situation und etabliert eine kooperative Spielsituation mit dem Publikum, die er kontrollieren kann.

Diese gattungsspezifischen Rollenauffassungen sollen im Folgenden an kurzen, markanten Beispielen belegt werden. Vor ihrem Hintergrund geht es aber auch um Abweichungen: Wo wechselt der humoristische Redner Loriot vom Spaß zum Ernst, und wo fällt der verbindliche Interviewpartner von Bülow aus der Rolle des Humor-Experten? „Wo" bedeutet: bei welchen Themen oder Anlässen und gegenüber welchen Adressat*innen? Beginnen wir mit dem Redner.

---

3 Eine Ausnahme findet sich in einem Gespräch mit Thomas Thuma, als Loriot gleich die zweite Frage „Gibt es etwas, das sie nach all den Jahren an ihrem Œuvre nervt?" mit „Die Fragen dazu" pariert (2011, 188).

4 Als er aufgefordert wurde, *Advent* vorzutragen, behauptete er, das Gedicht lange nicht gelesen zu haben und nicht auswendig zu können (vgl. Loriot 2006, 100). Das mag so gewesen sein; Tatsache ist aber, dass er *nie* auf Zuruf eine ‚Nummer' reproduzierte.

2 Festreden 1: Parodistischer Regelfall

Angesichts von Loriots notorischer Kompositions-Sorgfalt (vgl. Lukschy 2015, 264–265) ist es sicher kein Zufall, dass das Kapitel „Bewegende Worte zu freudigen Ereignissen" in der *Gesammelten Prosa* (Loriot 2006) mit zwei sehr gegensätzlichen Reden beginnt. Zusammengenommen machen sie das Spektrum möglicher Haltungen zu Situation und Publikum sichtbar. Es handelt sich um die – schließlich als *Musik* betitelte – Festrede vom 9. Mai 1982 zum 100. Geburtstag des Berliner Philharmonischen Orchesters (Loriot 2006, 525–527) und die – schließlich als *Weimar* betitelte – Eröffnungsrede für eine Loriot-Ausstellung am 9. März 1989 (Loriot 2006, 529–530).

Die Philharmoniker-Rede vertritt den parodistischen Haupttypus. Schon die ersten Worte nach der kurzen Anrede „Meine sehr verehrten Damen und Herren" signalisieren, dass es sich um eine Parodie der Gattung Festrede handelt: „wenn wir in dieser Feierstunde ... nur das hat Bedeutung, so meine ich ..." (Loriot 2006, 525). Der Einstieg mit einem „wenn"-Satz war damals schon mindestens ein Jahrhundert lang üblich und schuf, zumal in der Kombination mit Nominalstil und Gemeinplätzen, beste Voraussetzungen dafür, sich grammatisch zu verheddern, was Loriot denn auch virtuos tut.[5]

Der parodistische Einstieg wird umgehend mit einer karikaturistischen Rollenzuschreibung für den Redner verbunden: Loriot heißt die Gäste nicht nur „im Namen des Kulturdezernats Berlin-Tiergarten anläßlich des 100. Geburtstages des Berliner Philharmonischen Orchesters herzlich willkommen", sondern übermittelt auch – bzw. „[f]erner" – „die Grüße der Staatlichen Konservatorien in Gifhorn, Seesen und Münster, der Bayerischen Akademie für Sozialrhythmik und des Interessenverbandes Niedersächsisches Liedgut" (Loriot 2006, 525). Das karikaturistische Schema des aufgeplusterten Grüßaugust sollte er im selben Jahr noch einmal variieren, nämlich in seiner Rede zur Wiedereröffnung des renovierten Deutschen Theaters in München am 8. Oktober 1982, in diesem Fall bereits für die Eröffnungs-Pointe:

> Sehr verehrter Herr Ministerpräsident,
> sehr verehrter Herr Staatsminister,
> sehr verehrte Herren Oberbürgermeister und Bürgermeister,
> meine sehr verehrten Damen und Herren,

---

5 „[W]enn wir in dieser Feierstunde ... nur das hat Bedeutung, so meine ich ... durch oder besser im Sinne der musikalischen Glaubwürdigkeit als Selbstverständnis im Sinne kultureller Verpflichtung unter der Maxime: Wer, wo, was und warum ... Hier liegt die unverzichtbare Aufgabe unserer geteilten Stadt" (Loriot 2006, 225, Kursivdruck im Original).

als Leiter des Referates für kulturelle Angelegenheiten auf Bundesebene und stellvertretender Kulturbeauftragter des Rahmenausschusses der Sonderbereiche Kunst und Integration, Kunst und Kommunikation sowie Kunst und kulturelle Koordination zur Aktivierung und Optimierung der Bundesmodelle für kulturelle Investitionsprogramme übermittle ich Ihnen, auch im Auftrag des persönlichen Referenten der Abteilung kulturelle Öffentlichkeitsarbeit des Herrn Bundeskanzlers sowie des Arbeitskreises Kunst und Kultur im Informationsstab des Herrn Bundespräsidenten, die herzlichsten Grüße. (Loriot 2006, 545)

Was folgt, sind in beiden Fällen Gattungsparodien, aus denen allein man schon, um das Tagungsmotto von Christoph Stölzl zu variieren, die Gemeinplätze bundesrepublikanischer Festreden „nach dem Zweiten Weltkrieg" rekonstruieren könnte.[6] Allerdings ist die Münchner Rede doch noch einen Deut boshafter und bundesrepublikanischer: Bereits die korrekt abgestufte Anrede der Honoratioren gerät, unmittelbar vor der wahnwitzigen Häufung von behördlichen Funktionen und Zuständigkeiten, ins Zwielicht der Parodie. Vor allem aber wartet Loriot mit der satirischen Fiktion auf, der Münchner Stadtrat hätte sich „seinerzeit zwischen zwei Projekten" entscheiden müssen: „Zur Diskussion standen die Renovierung des Deutschen Theaters und der Ankauf eines einzelnen Kampfflugzeuges vom Typ ‚Tornado'" – beide zum identischen Preis von „DM 48 Millionen zuzüglich Mehrwertsteuer" (Loriot 2006, 546). Den Hintergrund bietet die Auseinandersetzung um den Nato-Doppelbeschluss, und man darf vermuten, dass diese Passage einem Freund des Redners besonders gefiel: dem friedensbewegten Tübinger Rhetorikprofessor Walter Jens.

3 Festreden 2: Huldigender Humor

Zurück zum Anfang des Kapitels „Bewegende Worte zu freudigen Ereignissen" und zur zweiten Rede, die einen Gegenpol zur ersten markiert. Gehalten wurde sie anlässlich der Eröffnung einer Ausstellung in Weimar vom 9. März 1989, als Gorbatschow zwar bereits an der Macht, der Mauerfall aber noch nicht absehbar

---

6 „Wenn man die Geschichte unseres Landes nach dem Zweiten Weltkrieg schreiben wird, kann man getrost auf die Tonnen bedruckten Papiers der Sozialforscher verzichten und sich Loriots gesammelten Werken zuwenden" (Stölzl 2006, 715), siehe auch die Einleitung dieses Bandes. Für den „Wenn-Anfang" einer Rede zum Beispiel gibt es, glaubt man dem 1959 in dritter Auflage erschienenen Populärratgeber *Die Kunst der Rede und des Gesprächs* von Ludwig Reiners, „geradezu ein festes Schema [...]: ‚Wenn ich es heute wagen darf, Ihre Aufmerksamkeit zu erbitten, so gestatten Sie mir, bevor ich zu dem eigentlichen Gegenstand meines heutigen Vortrages komme, kurz darauf hinzuweisen, daß ich natürlich mit Rücksicht auf die Kürze der mir zur Verfügung stehenden Zeit nicht im einzelnen darauf eingehen kann, ob und inwieweit ..., ich kann vielmehr nur grundsätzlich die Methode herausstellen ...'" (Reiners 1959, 50).

war. Auch in dieser Rede setzt bereits die Anredesequenz den Ton, jedoch einen ganz anderen als in Berlin und München:

> Sehr verehrter Herr Staatssekretär,
> sehr verehrter Herr Bürgermeister,
> meine sehr verehrten Damen und Herren
> oder kürzer: liebe Freunde, [...]
> (Loriot 2006, 528)

Dazu passend problematisiert Loriot beziehungsweise der in Brandenburg geborene und in der DDR höchst beliebte von Bülow zunächst die Spaßmacherrolle:

> [M]an hat im Leben nicht so oft das Gefühl, am richtigen Ort zu sein. Ich habe es jetzt.
> Es hat 65 Jahre gedauert, und es ist kaum entschuldbar, bis ich Weimar zum ersten Mal mit eigenen Augen sehen konnte. Nun wird diese Begegnung für mich zu einem Ereignis, über das ich kaum reden kann, ohne Gefühle zu zeigen, die schlecht zu einem Humoristen passen.
> Also verkneife ich mir das lieber und sage statt dessen einfach: Ich bin sehr glücklich, hier bei Ihnen in Weimar sein zu können. (Loriot 2006, 528)

Da dies aber nun gesagt ist, folgt eben doch der humoristische Pflichtteil und zwar sogar mit wohldosierter politischer Würze:

> Als meine Frau und ich vorgestern am frühen Nachmittag die Stadt erreichten, führte uns der Weg auf den Theaterplatz, wo wir zunächst eine Weile in gebührender Andacht vor dem Marx-Engels-Denkmal verharrten, bis uns, durch das Fehlen der charakteristischen Barttracht beider Herren, die ersten Zweifel kamen.
> Dann sahen wir auch schon, daß es sich hier nicht um führende Politiker, sondern vielmehr um die beiden bedeutendsten DDR-Schriftsteller handelte: Goethe und Schiller nämlich. (Loriot 2006, 529)

Die Formulierung lässt offen, ob dies eine Verspottung der Doktrin vom sozialistischen Kulturerbe ist (vgl. Ackermann 1999, 776–779) oder eine launige Verbeugung davor.[7] Jedenfalls wird der Scherz einer Verwechslung von literarischen und sozialistischen „Klassikern" nicht etwa, wie der Münchner Vergleich zwischen Tornado und Theaterrenovierung, mit satirischer Spitze weitergeführt, sondern in selbstironischer Weise: Loriot verspottet seinen eigenen Quasi-Klassiker-Status, sicher nicht uneingedenk der Verleihung von Ehrenbürgerwürde und erstem Goethe-Nationalpreis an Thomas Mann fünfzig Jahre zuvor:

---

7 Immerhin erzählt Loriot 2008 in einem Gespräch mit der *Sächsischen Zeitung*, er habe „später gehört, dass einige der anwesenden höheren Chargen und Minister nicht ganz einverstanden waren. Es wurde ja niemand eingeladen, von dem man annehmen konnte, dass er solche Sachen sagen würde" (Loriot 2011, 226).

> Vielleicht wird mir eines Tages von den Weimarer Stadtvätern ein Gartenhäuschen an der Ilm zugewiesen; ich würde dort Gedichte schreiben, den *Faust* illustrieren und mich auf den Spuren Minister Goethes in die Landespolitik einarbeiten, wobei mir ein Schnellkurs in sozialistischer Aufbaupraxis willkommen wäre. (Loriot 2006, 529–530)

Dass diese Pointe keinen Angriff darstellen soll, sondern eine freundliche Frotzelei, wird klargestellt durch die an- und abschließende Volte: Loriot kolportiert die Unart „des Dichterfürsten", er habe „im Alter viel geredet und sei schwer zu unterbrechen gewesen", was dem Redner nun die Gelegenheit bietet, sich „vorteilhaft von Goethe zu unterscheiden" (Loriot 2006, 530) und die Ausstellung zu eröffnen. So werden die DDR-Funktionäre zwar geneckt, doch in einem Atemzug mit Goethe und von einem Redner, der sich selbst auf die Schippe nimmt. Die *eigentliche* politische Botschaft jedoch stand am Anfang der Rede: Vicco von Bülow sei „am rechten Ort", empfangen von seinen „lieben Freunden".

Damit steht die Weimarer Rede für die vergleichsweise kleine Gruppe von Festreden, in denen Loriot sich auch – und in diesem Fall sogar vor allem – als von Bülow zeigt. Weitere Beispiele sind Lobreden für Freunde wie den Musikkritiker Joachim Kaiser und den Filmproduzenten Horst Wendlandt. Diesem bekennt er an seinem 70. Geburtstag:

> Niemals – jedenfalls solange ich dich kenne, und das sind so um die 15 Jahre –, niemals waren dir 30 000 Meter mehr oder minder begabt belichteten Negativmaterials wichtiger als die Lust zu leben und andere, die deiner Hilfe bedurften, daran teilnehmen zu lassen. Das ist es, was ich immer an dir bewundern werde! (Loriot 2006, 601)

In der Rede zum 60. Geburtstag von Joachim Kaiser heißt es sogar: „Nun hindert mich eine gewisse Genanz, die uns nördlich Geborene verbindet, dir alles das zu sagen, was mich an diesem, an deinem Tage bewegt. Nur soviel: Ich werde nicht müde, dir zuzuhören." (Loriot 2006, 566). Und ein paar Sätze weiter: „Sei umarmt, mein lieber Freund, vergiß die Zahl und genieße den Tag. Es ist ein schöner Moment ... und ein Ereignis!" (Loriot 2006, 567)

Allerdings stehen diese preußischen Liebeserklärungen nicht, wie in der *Weimar*-Rede, am Anfang, sondern am Schluss der Geburtstagsreden. Der Rest besteht vor allem in humoresken Phantasien. So hätte dem Literatur- und Musikkritiker Joachim Kaiser schon bei dessen Geburt „im ostpreußischen Milken" 1928 „die Elite der zeitgenössischen Literatur und Musik [...] in bis dahin unbekanntem Ausmaß" gehuldigt (Loriot 2006, 560). Bei Horst Wendlandt wird das Thema, er habe sich „immer gern über Konventionen hinweggesetzt" (Loriot 2006, 596), karikaturistisch ausgemalt – etwa wenn es heißt, er tue als Gastgeber in seinem Haus am Wannsee einfach alles für die Unterhaltung der Gäste:

> Man braucht nur ein kleines, stets bereit liegendes Bällchen den Steilhang zum See hinunterzuwerfen, schon saust unser Horst jauchzend in die Tiefe, fängt es im Lauf weit unten zwischen den Zähnen, bringt es im Galopp wieder herauf und legt es den nächsten Gästen erwartungsvoll vor die Füße. So geht es unermüdlich hinunter und herauf, bis Ille zum Essen ruft. (Loriot 2006, 600)

Zwar begegnet auch hier wieder das parodistische Spiel mit Versatzstücken und Verfahrensweisen der Festrede, in diesem Fall dem für Lobreden obligaten Reigen verklärender oder neckischer Anekdoten. Doch steht dieses Spiel nicht nur im Dienst der Unterhaltung (und vielleicht auch des *comic relief* vom anstrengenden Feierritual), sondern arbeitet der abschließenden Huldigung von Kaisers eloquenter Kulturkennerschaft bzw. von Wendlandts Lebenskunst vor.

4 Festreden 3: Distanzierende Ironie

Damit stehen diese Lobreden auf Freunde nicht nur im Gegensatz zu Loriots parodistischen Festreden, sondern auch zu einer Laudatio wie der zur Verabschiedung des „verdienten Landrats Otmar Huber" (Loriot 2006, 725) im Heimatlandkreis Bad Tölz-Wolfratshausen: Ihn vergleicht der Redner variantenreich mit Goethe, weil dieser ebenfalls Jurist war und *einmal* in Wolfratshausen gefrühstückt hat. Das ergibt zwar hübsche Pointen, doch erfährt man über den Geehrten kaum mehr, als dass er einige Radwege gebaut hat und selbst gerne radelt – der Text trägt denn auch in der *Gesammelten Prosa* schlicht den Titel *Der Landrat* (Loriot 2006, 577–579).[8]

Die Herzlichkeit der eigentlichen Freundschaftsreden steht aber auch im Gegensatz zu den meisten Dankesreden für Preisverleihungen – eigentlich ja schon ein Anlass, persönlich zu werden, dem der Geehrte sich jedoch weitgehend entzieht. Ein frappierendes Beispiel ist die Rede zur Verleihung des Goldenen Möbelwagens, eines Karnevalsordens, in Stuttgart, der Stadt seiner Gymnasialjahre (Loriot 2006, 551–554): „Ein Wort des Dankes an diese Stadt. Ich entdeckte Stuttgart rein zufällig, als ich in jungen Jahren auf einer Radfahrt von Plochingen nach Plieningen von der geteerten Straße abkam." Und schon zwei Sätze weiter: „Es waren glückliche Jahre. Bis Stuttgart eines Tages an das geteerte Straßennetz angeschlossen wurde, elektrisches Licht bekam und Telefon. Da bin ich dann weggezogen." (Loriot 2006, 552)

---

[8] In ähnlicher Weise entledigt sich Loriot der Verpflichtung, seinem Landesherrn zum 60. Geburtstag zu huldigen, mit einer „Betrachtung [...], die sich auf den eigentlichen Kern seines glanzvollen Lebenslaufes konzentriert: den Fußball" (*Der Herr Ministerpräsident*, Loriot 2006, 636–639; hier 636).

Gewiss, die launige Fiktion ist hier zusätzlich motiviert durch das Genre der Karnevalsrede. Dennoch ist es frappierend, wie Loriot hier die Biographie des Vicco von Bülow geradezu auslöscht: Tatsächlich kam er ja 1938 als Fünfzehnjähriger nach Stuttgart, nachdem sein Vater nach einem Fahrradunfall den Polizeidienst quittiert hatte und in die Privatwirtschaft gewechselt war, erlebte mit Entsetzen die Pogromnacht und verließ die Stadt als Achtzehnjähriger mit Notabitur, um an der Ostfront zu kämpfen (vgl. bes. Loriot 2011, 108–113).[9]

5 Festreden 4: Überzeugende Ironie

Bedankte sich Loriot also für eine Ehrung der Stadt seiner Gymnasialjahre mit gewohnter Rollenroutine, so veranlasste ihn die Verleihung des Weilheimer Literaturpreises, dessen Jury aus Schüler*innen des dortigen Gymnasiums bestand, zu einer sehr anderen Dankrede, eigentlich einer humoristisch getarnten Mahnrede. Gehalten am 12. Juni 1999, trägt sie den Titel *An die Jugend* (Loriot 2006, 535–539), und diese Verallgemeinerung leuchtet umso mehr ein, als die Rede schon am 28. Oktober wiederverwendet wurde für die Immatrikulationsfeier der Freien Universität Berlin (Loriot 2006, 723). Offensiv unzeitgemäß wie der Titel ist auch die im Schlussteil formulierte Botschaft:

> So bleibt mir nur die Hoffnung, Ihr [sic!] werdet nicht auf sämtliche Knöpfe drücken, die Euch eine schrankenlose Technik zur Verfügung stellt.
> Vielleicht seid Ihr dann die erste kluge Generation, die den wirklichen Fortschritt darin erkennt, nicht alles zu tun, was machbar ist. (Loriot 2006, 539)

Diese Mahnung ist jedoch so listig vorbereitet und der *common ground* mit den Hörer*innen so diskret ausgeweitet, dass ein gewisser Persuasionserfolg durchaus möglich scheint.[10] Zunächst macht von Bülow aus der Not eine Tugend, indem er Redegattung und Redner ironisiert:

---

[9] Die Darstellung in der Loriot-Biographie von Lobenbrett 2013 (27–32) bietet nur eine flüchtige Paraphrase von Loriots Selbstaussagen.
[10] Meine Beobachtungen orientieren sich an Kapitel „VII: Aspekte der Kooperationssicherung" in Stefanie Luppolds *Textrhetorik und rhetorische Textanalyse* (2015): Wohlwollen wird einerseits hergestellt durch den Einsatz von Textelementen, die „besonders positiv wertschätzend auf die Persönlichkeit des Adressaten, seine Handlungen und Fähigkeiten bzw. Besitztümer Bezug nehmen", andererseits durch Elemente, die „in besonderer Weise jegliche ‚Zumutung' an den Adressaten vermeiden (Evitation) oder zu entschuldigen suchen (Apologie)" (228).

> Man kann sich auf verschiedene Weise blamieren. Zum Beispiel mit dem Versuch, nach Vollendung des 75. Lebensjahres eine Rede an die Jugend zu halten. Schon die schelmisch vorgetragene Behauptung, ‚ich bin auch mal jung gewesen' wirkt ziemlich unwahrscheinlich. (Loriot 2006, 535)[11]

Diese Pointe treibt er dann aber so sehr ins Absurde, dass den jungen Hörer*innen unter der Hand eine Umkehrung der unterstellten Sichtweise nahegelegt wird: „Glaubwürdiger ist doch, daß alte Menschen, sogenannte Großeltern, immer schon alt waren. Und in abgelegenen Teichen darauf warteten, von Störchen aufgenommen und nach ruhigem Anflug dort abgeworfen zu werden, wo sie von Nutzen sind. Das leuchtet ein." (Loriot 2006, 535) So rundet der Redner seine *captatio benevolentiae* ab, indem er diskret die sympathieträchtige Rolle eines Über-Großvaters einnimmt.

Diese Rolle wird im nächsten Schritt gegen die der Eltern ausgespielt: „Aber wie funktioniert das mit Vater und Mutter? Es ist doch verhängnisvoll, daß Eltern früher auf die Welt kommen als ihr Kind. Dadurch entwickeln sie vorzeitig ein ungutes, durch nichts begründetes Überlegenheitsgefühl." (Loriot 2006, 535) Zwar ist diese Argumentation nicht weniger absurd als die Storch-Hypothese. Dennoch dürfte der Vorschlag zur Erziehung der „sogenannten Erwachsenen", „Kinder sollten ihre Eltern rechtzeitig daran gewöhnen, abends nicht zu lange aufzubleiben" (Loriot 2006, 536), auf ein „karnevaleskes Lachen" zielen, das durch das Spiel mit einer imaginären „Gegenwelt gegen die offizielle Welt" momentane Entlastung schafft (Bachtin 1985 [1969], 329). Man darf sogar vermuten, dass manche Jugendlichen den anschließenden Vorschlag, sie sollten „den endlich freigewordenen Wohnraum nutzen für entspannte Geselligkeit mit ihren gleichaltrigen Freunden", keineswegs abwegig fanden und durchaus geneigt waren, dies als eine „wichtige Übung zur Formung des späteren Sozialverhaltens" zu betrachten (Loriot 2006, 536–537).

Selbst die Aufforderung zu ungehemmtem Fernsehgenuss und die Kritik am „überreiche[n] Arbeitspensum" von Schule und Universität[12] müssen nicht zwangsläufig als Ironie verstanden werden – unmissverständlich jedoch sind die Ironie-Signale ab der folgenden Passage:

---

11 Nach Luppolds Modell (siehe vorige Anmerkung) verfolgt die Eröffnung eine „Komplianzstrategie mit expliziter Apologie": „Nicht immer können potenziell widerständige Faktoren im Rahmen einer Komplianzstrategie vollständig ausgespart werden. [...] In diesem Fall bleibt [einem Orator, R. S.] nur die explizite sprachliche Thematisierung dieser Tatsache in Verbindung mit rechtfertigenden Elementen" (Luppold 2015, 224).
12 Da sich dieser Schein-Vorwurf in den *Gesammelten Werken* an „[d]ie Universitäten" richtet (Loriot 2006, 537), vermute ich, dass diese nicht, wie im Nachweis angegeben, auf die Weilheimer Rede zurückgreifen, sondern auf die zur Immatrikulationsfeier der FU Berlin.

Ihr aber solltet nicht nachlassen, vor allem die Werbung intensiv zu verfolgen, die ja leider alle paar Minuten durch unverständliche Spielfilmteile unterbrochen wird. Dann wißt Ihr, was unser Leben so glücklich macht: nicht Wissen, nicht Bildung, nicht Kunst und Kultur ... neinnein ... es sind der echte Kokosriegel mit Knusperkruste, die sanfte Farbspülung für den Kuschelpullover und der Mittelklassewagen für die ganze glückliche Familie mit Urlaubsgepäck und Platz für ein Nilpferd. (Loriot 2006, 537)

Damit finden „Jugend" und Redner weiträumigen *common ground* auf dem Feld der Konsumkritik, und es ist nur noch ein kleiner Schritt zur abschließenden Warnung vor ungehemmtem Technikkonsum. Von Bülow geht ihn, indem er zuerst eine Anekdote erzählt, die belegt, „daß für Greise keine Sportschuhe mehr hergestellt werden. Es sei denn, Großeltern finden sich damit ab, wie verschrumpelte Mickymäuse auszusehen" (Loriot 2006, 538). Sodann wechselt er ausdrücklich zum „Reich der Elektronik" und spinnt einerseits das Thema einer Überforderung der „älteren Generation" fort: durch eine „Unzahl von Bedienungstasten", durch die schlechte Unterscheidbarkeit technischer Geräte („Wenn das Handy läutet und man hält sich den Rasierapparat ans Ohr, können Sekunden vergehen, die über Tod und Leben entscheiden") und durch „jene Sprache, die nur ein Jugendlicher beherrscht, der am Computer sitzt, um per Internet eine verläßliche Kommunikationsschiene zum Sohn eines Börsenmaklers in Timbuktu aufzubauen" (Loriot 2006, 538). Gleichzeitig aber zollt er damit auch der Technik- und Medienkompetenz der Enkelgeneration seinen Tribut und kann sie schließlich umso überzeugender als potenziell „erste kluge Generation" ansprechen: sofern sie die Technik beherrscht, ohne sich von ihr beherrschen zu lassen (Loriot 2006, 539).

6 Interviews 1: Das humoristische Mirakel

Für seine Reden also machte Loriot / von Bülow souverän von der Freiheit Gebrauch zu entscheiden und zu planen, wie weit er sich als humoristischer Rollenspieler präsentieren, ein wenig persönlicher werden oder ausnahmsweise unter der Maske des Spaßmachers zum Mahner werden wollte. In Interviews dagegen war diese Souveränität systematisch bedroht, haben Befrager*innen von *celebrities* doch seit jeher den Ehrgeiz, ihrem Publikum den „Menschen" hinter der „Maske" zu zeigen.[13] Loriots Sketch *Das Filmmonster* (Loriot 1981, 282–287; 2007,

---

13 Ruchatz (2014, 53–54) definiert *celebrity* „nicht schlicht über Ruhm, sondern als historisch spezifische Kategorie von Berühmtheit, die sich durch das Interesse an der Einheit von öffentlicher und privater Person auszeichnet" und verweist auf die bewundernde Frage aus dem Vorwort zu einer 1901 erschienenen Interviewsammlung des Journalisten Jules Huret, wie dieser es nur

Disc 3) führt dieses Begehren *ad absurdum*: Die Reporterin einer Frauenzeitschrift bedrängt einen Horrordarsteller, er solle seine „berühmte, unverwechselbare Horrormaske" ablegen und „ein einziges Mal [...] uns zeigen, wie Sie wirklich aussehen" (Loriot 1981, 283). Da er gar keine Maske trägt, führt die Indiskretion nicht nur zu Peinlichkeit, sondern, so die Regieanweisung, zu „*Entsetzen*" (Loriot 1981, 286, Kursivdruck im Original).

Im Fall des Interviewpartners Loriot / von Bülow äußerte sich die Neugier allerdings meistens in einer Variante, die wohl noch immer reichlich lästig war und durchaus mit indiskreten Fragen einhergehen konnte, aber doch auch einigermaßen berechenbar war und einen gewissen Gestaltungsspielraum ließ. Das Interesse dahinter lässt sich auf eine Doppelformel bringen: Loriot / von Bülow wurde zunächst vor allem als ‚Mirakel' angesprochen und dann zunehmend auch als ‚Orakel'.

Der ‚Mirakel'-Aspekt bezieht sich auf Ruhm und Berufe des Vielseitigen und wird motiviert durch ein urdeutsches Bedürfnis, das von Bülow zeitlebens auf die Nerven ging: dem Bedürfnis nach Kategorisierung (vgl. Loriot 2006, 540). So fragte Jörg Hausmann 1968 für die *Neue Ruhr Zeitung*: „Was ist ein Karikaturist?" In dieser Form war die Frage dem Zeichner zu pauschal: „Das ist sehr schwer zu beantworten. Da könnte man ein kleines Buch darüber schreiben." Hausmann versuchte es nochmals: „Lassen Sie mich anders fragen: Wie muss ein Mensch beschaffen sein, um als Karikaturist zu leben?" Damit hatte von Bülow das Gespräch dort, wo er es haben wollte, nämlich bei Fragen des Komik-Handwerks: „Er muss sehr genau beobachten, und er muss nicht nur etwas komisch finden können. Es muss ihm zu einer bestimmten Sache, die zunächst nicht komisch erscheint, etwas anderes einfallen, das sehr nah an der wirklichen Situation – aber übertrieben ist." (Loriot 2011, 9)

Wurden die Fragen allerdings allzu töricht, schlug er mitunter auch einen satirischen Haken. So wurde er im selben Interview von 1968 gefragt: „Warum haben Ihre Figuren eigentlich diese entsetzlichen Knollennasen? Um diese Figuren lächerlich zu machen – der Racheakt eines Karikaturisten, der sich sonst nicht wehren kann?"[14] Scheinbar nachdenklich entgegnet Loriot:

---

schaffe, die Interviewten zu veranlassen „à se demasquer aussi complètement" [„sich auch so vollständig zu demaskieren", R. S.] (Mirbeau 1901, vi).

14 Solche bemüht kritischen Fragen, die in Wahrheit nur dümmliche Klischees bedienen, parodiert Loriot auch in seinen Festreden. So bedauert er beim hundertjährigen Geburtstag der Berliner Philharmoniker, „daß sich nicht ein Orchestermitglied des Gründungsjahrganges 1882 heute abend unter den Mitwirkenden befindet. Ein Versehen der Veranstalter? Oder die zeitgemäße Gleichgültigkeit gegenüber älteren Menschen, die nicht mehr so sauber blasen wie ihre Urenkel?" (Loriot 2006, 526, Kursivdruck im Original) Die Rede zur Wiederöffnung des Deutschen

> Nein, das glaube ich nicht ... Die Nase war bei den ersten Menschen dieser Art spitz. Und nur durch das viele Zeichnen im Laufe der zwanzig Jahre ist die Nase wie ein Stein im Gebirgsbach durch Jahrmillionen abgeschliffen und rund geworden. Das ist keine Absicht. Das ist eine natürliche Gewohnheit, die gewachsen ist. (Loriot 2011, 10)

Darin steckt zwar ein Körnchen Wahrheit, denn tatsächlich sind die allerersten Loriot-Nasen von 1950 noch ziemlich spitz, aber karikaturistisch zugespitzt und ins Profil oder Halbprofil gesetzt auf der Suche nach einem möglichst markanten Erscheinungsbild der Figuren, das auch unterstützt wird durch die Kostümierung, den berühmten Stresemann-Anzug (vgl. Loriot 1983, 35; 40–41). Die Entwicklung ins Knollige vollzog sich keineswegs über 20 Jahre hinweg, sondern rasch und zielstrebig (vgl. Loriot 1983, 42–44): Voll ausgebildet ist das „Loriot-Männchen" bereits in der *STERN*-Serie *Auf den Hund gekommen* von 1953 (z. B. Loriot 1983, 45–47).

Diese Serie wurde eingestellt, weil viele Leser*innen darin den Menschen als „Krone der Schöpfung" verhöhnt sahen (Loriot 2011, 32, vgl. 1983, 47–49). So schwer es heute fällt, diese Reaktionen nachzuvollziehen – in der Formulierung „diese entsetzliche Knollennase" schwingt noch 1968 ein ähnlicher Vorbehalt gegen das Verfahren der Karikatur mit. Diesen (gleichfalls sehr deutschen) Vorbehalt hat sich Loriot auch in Reden zur Eröffnung von Karikatur-Ausstellungen vorgeknöpft (Loriot 2006, 540–544; 587–591). 1991 ging er an die Wurzel des Problems, indem er folgendes Zitat präsentierte: „Es gehört durchaus eine gewisse Verschrobenheit dazu, um sich gern mit Karikaturen und Zerrbildern abzugeben." Die Formulierung stamme „von Goethe, einem Schriftsteller, den ich noch bis vor kurzem für bedeutend gehalten habe. Schade ..." (Loriot 2006, 588). Genau genommen handelt es sich zwar um ein Zitat aus dem Tagebuch von Goethes Figur Ottilie im siebten Kapitel der *Wahlverwandtschaften*, das den Zartsinn dieser Figur kennzeichnet (vgl. Goethe 1994, 451). Dennoch kann es durchaus für eine klassizistische Reserve gegenüber Karikaturen stehen (vgl. Scheffler und Scheffler 1995, 10–13), die bildungsbürgerlich lange nachwirkte. Noch 1998 fragte August Everding in einer aufwändigen Interviewsendung des *Bayerischen Rundfunks*, was ein Karikaturist eigentlich sei, weitete die Frage dann aber aus:

> Wenn Sie in ein Hotel gehen, dann müssen Sie diesen Fragebogen ausfüllen, und da steht ‚Beruf', was schreiben Sie dort? Karikaturist oder Autor, Regisseur oder Schauspieler? Sie könnten ja auch schreiben Philosoph, Soziologe, Psychologe.
> LORIOT Zunächst einmal bin ich ratlos, stehe eine Weile dort und kaue am Bleistift und schreibe dann einfach Loriot hin. (Loriot 2011, 116; Loriot und Everding 1998, 4:23–4:46)

Theaters in München gibt Anlass zu einem Vergleich mit der Übertragung von Bundestagsdebatten: „Leider wird in diese verdienstvolle Sendung häufig ein Publikum eingeblendet, das auf teuren Plätzen immer nur zur Hälfte applaudiert. Zufall? Der Racheakt einer unterbezahlten Komparserie? Oder nur die übliche Infamie des Fernsehens?" (Loriot 2006, 547).

Bei aller Absurdität vermittelt die erfundene Szene dann doch einen gewissen Stolz darauf, ein Paradigma geschaffen zu haben, das sich allen Kategorisierungen entzieht, und sein Pseudonym zur Chiffre dafür gemacht zu haben. Für professionelle Fragen zu Aspekten dieses Paradigmas steht der Interviewpartner Loriot weiter am liebsten zur Verfügung, und da er sich zunehmend an die Aufführung von Opern macht, gibt er auch gerne Einblick in seine musikalischen Vorlieben (Loriot 2011, 41–45; 56–60; 71; 119). Was das Bestreben angeht, Persönliches und Biografisches zu erfahren, hat er ein bewährtes Repertoire, auf das er wohldosiert auch in Reden zurückgreift und das sich mit dem Untertitel von *Möpsen & Menschen* (1983) charakterisieren lässt: *Eine Art Biographie*. Bohrenden biografischen Nachfragen zu intimen Erlebnissen wie etwa der Kriegserfahrung, weicht er allerdings eher aus (Loriot 2011, 137; 156; 206)[15] und entschädigt dafür im vermeintlich letzten Interview von 2002 (Loriot 2011, 147–170; vgl. 161; 199) mit Einblicken in die Beschwerden des Alters. Als der 79-jährige aber auch noch gefragt wird, ob er oft über den Tod nachdenke, verwahrt er sich dann doch: „Na das ist vielleicht ein heiteres Interview!" (Loriot 2011, 164)

Im selben Gespräch stellen Franziska Sperr und Jan Weiler 2002 für die *Süddeutsche Zeitung* auch eine Frage, die nur folgerichtig ist, wenn Loriot eine Berufsbezeichnung und der Humorist im Ruhestand ist: „Sind Sie eigentlich noch Loriot?" Die Antwort erfolgt salomonisch-ironisch: „Viele nennen mich so. Aber inzwischen hat sich auch mein richtiger Name herumgesprochen." (Loriot 2011, 160)

7 Interviews 2: Das (deutsch-)deutsche Orakel

Inzwischen war „Loriot" aber nicht nur ein Markenzeichen, sondern eine Kulturmacht. Kaum eines der späten Interviews kommt ohne den Hinweis aus, wie viele Sketch-Sätze inzwischen geflügelte Worte geworden seien, ja wie viele Situationen als „typisch Loriot" empfunden würden (vgl. z. B. Loriot 2011, 148–149). Zudem hatte er sich ja, ganz im Gegensatz zum Filmmonster Vic Dorn bzw. Victor Dornberger (Loriot 1981, 282–283), aber ähnlich wie Uwe Seeler, dagegen entschieden, international Karriere zu machen, auch aus der Überzeugung heraus, dass

---

[15] Umso überraschender, wie er in einem Interview von 2006 die Frage nach der „einschneidendste[n] Erinnerung an drei Jahre Rußlandfeldzug" beantwortet: „Nicht das Erlebnis selbst, sondern die spätere beschämende Erkenntnis, das Grauen des Krieges hingenommen und eingeordnet zu haben – wie jene Nacht im verschütteten Graben, als mich etwas im Gesicht beim Schlafen störte. Es war die Hand eines Toten, die mich gestreichelt hatte" (Loriot 2011, 195).

sein Humor nur im deutschen Kulturraum funktioniere.[16] So wurde er zum Orakel für alles Deutsche – vom Zustand des deutschen Fernsehens (vgl. z. B. Loriot 1981, 181)[17] bis zu dem der deutschen Sprache (vgl. z. B. Loriot 1981, 153–154).

Mit der Funktion des Orakels konnte Loriot / von Bülow souverän umgehen, umso mehr, als damit jene peinliche Wahrheit in Vergessenheit geriet, mit der er leichtsinnigerweise zu seinem 60. Geburtstag an die Öffentlichkeit getreten war: dass von Bülow ebenso eine Rolle war wie Loriot und sich dahinter ein trunksüchtiger Klein- und Spießbürger namens Blühmel verbarg (Loriot 2007, Disc 6, Der 60. Geburtstag). Allerdings wurde diese tollkühne Selbstentblößung seinerzeit schlicht nicht ernstgenommen – und auch heute könnten wir der Wahrheit keineswegs ins Auge schauen, ohne eine schwere Erschütterung unserer deutschen Identität zu riskieren.

Lassen wir es also.

Literatur

Ackermann, Manfred. „Phasen und Zäsuren des Erbeverständnisses in der DDR". *Materialien der Enquete-Kommission, Überwindung der Folgen der SED-Diktatur im Prozeß der Deutschen Einheit'. 13. Wahlperiode des Deutschen Bundestages. Bd. 8: Das geteilte Deutschland im geteilten Europa.* Baden-Baden: Nomos, 1999. 776–779.

Bachtin, Michail M. *Literatur und Karneval. Zur Romantheorie und Lachkultur* [1969]. Aus dem Russischen übersetzt und mit einem Nachwort von Alexander Kaempfe. Frankfurt am Main u. a.: Ullstein, 1985.

---

16 „Zum Beispiel reizte mich diese verkorkste deutsche Alltagssprache sehr, zum Beispiel das Wort Sitzgruppe, oder das Wort Auslegeware – beides Worte, die ich sehr gerne satirisch verwende. Das ist nicht übersetzbar. Ich müsste darauf verzichten, wenn ich international arbeiten würde, und darum blieb ich auf der deutschen Seite." (Loriot 2011, 123–124) Ergänzend Tom Kindt (2021, 20): „Die wohlwollende Satire, der mitfühlende Humor, die slapstickhaften Katastrophen des Alltags oder die absurden Desaster der Verständigung – Loriots Werk führt in wesentlichen Zügen deutsche Komiktraditionen fort."

17 In einem Gespräch mit Marianne Koch (Loriot und Koch 1979) bezieht er für seine Verhältnisse leidenschaftlich Stellung, indem er Thesen seines am 4. Juli desselben Jahres gehaltenen Vortrags *Satire im Fernsehen* verteidigt (Loriot 2006, 401–408), insbesondere die Forderung: „Zum Berufsethos eines Fernsehmachers der gehobenen Gehaltsklasse müßte auch der Ehrgeiz gehören, aus seiner politischen Überzeugung ein Rätsel zu machen" (Loriot 2006, 406). Der Vortrag gehört allerdings *nicht* zu seinen Festreden – und das Gespräch ist fast schon ein Streitgespräch, wenn auch in aller Freundschaft. Siehe den Beitrag von Claudia Hillebrandt für eine gründliche Analyse.

Goethe, Johann Wolfgang. *Sämtliche Werke. I. Abteilung, Bd. 8: Die Leiden des jungen Werthers. Die Wahlverwandtschaften* [1809]. *Kleine Prosa. Epen*. Hg. Waltraud Wiethölter in Zusammenarbeit mit Christoph Brecht. Frankfurt a. M.: Deutscher Klassiker Verlag, 1994.

Heßelmann, Peter. *Gereinigtes Theater? Dramaturgie und Schaubühne im Spiegel deutschsprachiger Theaterperiodika des 18. Jahrhunderts (1750–1800)*. Frankfurt a. M.: Klostermann, 2002.

Kindt, Tom. „Loriot und der deutsche Humor?". *Loriot. Text + Kritik* 230 (2021): 16–22.

Lobenbrett, Dieter. *Loriot. Biographie*. 2. Auflage. München: Riva, 2013.

Loriot im Interview am 15. April 1964. https://www.youtube.com/watch?v=jxzDqdLlHEw. WDR 1964. Eingestellt von Brotcast [sic!] (17. Juli 2023).

Loriot. *Loriot's Dramatische Werke*. Zürich: Diogenes, 1981.

Loriot. *Möpse & Menschen. Eine Art Biographie*. Zürich: Diogenes, 1983.

Loriot. *Gesammelte Prosa. Alle Dramen, Geschichten, Festreden,Liebesbriefe, Kochrezepte, der legendäre Opernführer und etwa zehn Gedichte*. Mit einem Vorwort von Joachim Kaiser und einem Nachwort von Christoph Stölzl. Hg. Daniel Keel. Zürich: Diogenes, 2006.

Loriot und August Everding. *Begegnung im Prinzregententheater. August Everding im Gespräch mit Vicco von Bülow*. https://www.youtube.com/watch?v=6FHT87fWPTc. Bayerischer Rundfunk 1998 (17. Juli 2023).

Loriot und Marianne Koch: *3nach9* (Ausschnitt). https://www.dailymotion.com/video/x308pxs. Radio Bremen 1979 (17. Juli 2023).

Loriot. *Gesammelte Werke aus Film und Fernsehen*. 8 DVDs. Warner, 2007.

Loriot. *Bitte sagen Sie jetzt nichts. Gespräche*. Ausgewählt von Daniel Keel und Daniel Kampa. Zürich: Diogenes, 2011.

Lukschy, Stefan. *Der Glückliche schlägt keine Hunde. Ein Loriot Porträt*. Berlin: Aufbau, 2015 [2013].

Luppold, Stefanie. *Textrhetorik und rhetorische Textanalyse*. Berlin: Weidler, 2015.

Mirbeau, Octave. „Préface". Jules Huret. *Tout Yeux, Tout Oreilles*. Paris: Fasquelles, 1901. i–vii.

Reiners, Ludwig. *Die Kunst der Rede und des Gesprächs*. 3. Auflage. Bern: A. Francke, 1959.

Ruchatz, Jens. „Interview-Authentizität in der Gattungsgeschichte des Interviews". *Echt inszeniert. Interviews in Literatur und Literaturbetrieb*. Hg. Torsten Hoffman und Gerhard Kaiser. Paderborn: Wilhelm Fink, 2014. 45–61.

Scheffler, Sabine, und Ernst Scheffler. „Deutsche Karikaturen gegen Napoleon I., oder: Wahre Abbildung des Eroberers". *So zerstieben getraeumte* [sic!] *Weltreiche. Napoleon I. in der deutschen Karikatur*. Hg. dies. unter Mitarbeit von Gerd Unverfehrt. Stuttgart: Gerd Hatje, 1995. 10–23.

Stölzl, Christoph. „Wir sind Loriot. Ein Preuße lockert die Deutschen". *Loriot. Gesammelte Prosa. Alle Dramen, Geschichten, Festreden, Liebesbriefe, Kochrezepte, der legendäre Opernführer und etwa zehn Gedichte*. Mit einem Vorwort von Joachim Kaiser und einem Nachwort von Christoph Stölzl. Hg. Daniel Keel. Zürich: Diogenes, 2006. 711–717.

Bewertungen und Werte: Kritik und Moral bei Loriot und in seiner Rezeption

Stefan Lukschy, Rüdiger Singer

„[W]enn die Ordnung durcheinandergebracht wird" – Loriot als Idealist, Zyniker, Melancholiker?

SL: Es ist einfach so, dass die Komik bei Loriot immer entsteht, wenn die Ordnung durcheinandergebracht wird. Und die bürgerliche Ordnung, in der er sich sehr gut auskannte, die wurde einfach durch Lächerlichmachen, durch das Unterwandern von … also er öffnete, ohne es politisch zu benennen, den Leuten die Augen über die Absurdität vieler Dinge des bundesdeutschen Alltagslebens. Und das hat durchaus was politisch Subversives in meinen Augen. Wir kamen auch relativ schnell auf solche Gesprächsthemen, wo der Humor zu verorten sei, ob der irgendwie politisch gar nicht zu verorten sei oder dann eher doch links zu verorten sei. Damals war diese – obwohl das ist heute ja immer noch so – die Trennung rechts/links ist ja nach wie vor da. Er hielt nicht so viel von dieser Trennung, aber er hielt, glaube ich, sehr viel davon, Dinge humoristisch zu unterwandern, indem er sie einfach lächerlich machte oder die ihnen innewohnende Lächerlichkeit hervorholte.

[…]

Er wollte die Leute natürlich zum Lachen bringen, aber er wollte ihnen natürlich schon den Spiegel vorhalten. Er fand ja auch das ganze Leben zumindest in weiten Teilen ziemlich grotesk, war aber dann auch sehr ernsthaft, also auch in seinen sozialen Bemühungen, mit seiner Stiftung, die er gegründet hat, die Leuten geholfen hat.[1] Er war überhaupt kein Zyniker. Er war eigentlich enttäuscht von der Tatsache, dass nicht alles gut ist, sondern dass eben diese Welt doch an Dingen krankt. Es wäre alles viel schöner, wenn es anders wäre, aber es ist halt nicht so. Das hat er eingesehen, und er war weder ein Idealist noch ein enttäuschter Idealist, also ein Zyniker, sondern er guckte sich das mit mild lächelndem Kopfschütteln an. Am ehesten war er vielleicht ein Melancholiker, so wie eigentlich alle großen Humoristen und Clowns immer eine melancholische Komponente haben.

---

[1] Gemeint ist die Vicco-von-Bülow-Stiftung. Sie ist in Brandenburg an der Havel ansässig und fördert musische Projekte für Kinder, Jugendliche und Senioren sowie Pflege- und Erhaltungsmaßnahmen für historisch bedeutsame Kunst- und Kulturgüter. Vgl. Invitrust. Gemeinnützige Stiftung zur Förderung des Stiftungsgedankens. https://www.invitrust.org/vicco-von-bulow-stiftung/ (17. Juli 2023).

https://doi.org/10.1515/9783111004099-011

Sophia Wege
Vom Verlachen der Ordnung – Loriots Komödien und ihr moralisch-aufklärerisches Potenzial

1 Einleitung

Der Umstand, dass es bis heute vergleichsweise wenig Forschungsliteratur zu Loriot gibt, obgleich dessen künstlerisches Schaffen die Kultur der Bundesrepublik nachhaltig prägte, hängt unter anderem mit der bis in die Antike zurückreichenden Geringschätzung des Komischen gegenüber dem Tragischen zusammen. Aristoteles' Anmerkungen zur Komödie in der *Poetik* beschränken sich auf wenige Zeilen; weitestgehend wurde *prodesse* über *delectare* gestellt. Auch in theater-, medien-, und literaturwissenschaftlichen Diskursen galt das Hauptinteresse stets dem Tragischen, während das Komische lange Zeit hintenan stand (vgl. Marx 2012, 37). Erst mit der Aufwertung der Unterhaltungskultur in der Postmoderne änderte sich die Wahrnehmung, dennoch wird einem postmodernen Medienphänomen, wie Loriot es gewesen ist – in dem Sinne, dass er Massen- und Elitekultur kombinierte – erst in jüngster Zeit die gebührende wissenschaftliche Aufmerksamkeit und Wertschätzung entgegengebracht.[1] Sicherlich ist der anhaltende mediale Loriot-Hype auch dadurch bedingt, dass nun hinreichender historischer Abstand zu den 1980er und 1990er Jahren besteht – in denen Loriot seine größten Erfolge feierte –, welcher den Blick für das schärft, was bleibt.[2]

Nun fehlen dem viel gepriesenen ‚feinen Humor', dem sanften Spott der Loriot'schen Werke tatsächlich weitestgehend, wenn auch nicht durchgehend, die schmerzhaften Spitzen und Schärfen, doch wird man dem Künstler deshalb noch lange nicht reine Liebenswürdigkeit, Harmlosigkeit und Kritiklosigkeit unterstellen können,[3] und ganz sicher ist Loriots Arbeit von seichtem, eskapistischem Klamauk weit entfernt: Sehr wohl findet sich eine dezidierte Ebene gesellschaftskritischer

---

[1] Pionierarbeit leistete Stefan Neumann (2011). Der enorme Erfolg des Text + Kritik-Heftes zu Loriot, herausgegeben von Anna Bers und Claudia Hillebrandt (2021), belegt eindrücklich das anhaltende, breit gefächerte öffentliche Interesse an Loriots Werken auch jenseits der geisteswissenschaftlichen Nische. Es besteht nach wie vor immenser Forschungsbedarf.
[2] Um die Weihnachtszeit 2021 waren Loriots Spielfilme in den Mediatheken des öffentlich-rechtlichen Fernsehens frei zugänglich. Zur enormen medialen Präsenz vgl. den Beitrag von Anna Bers in diesem Band.
[3] So die Einschätzung der Herausgeberinnen Bers und Hillebrandt (2021, 4).

Analytik mit den Mitteln des Komischen und der Satire. Im Folgenden gehe ich der Frage nach, inwiefern Loriots hochkulturaffine Unterhaltungskunst, insbesondere in den als Komödien oder Mikrodramen zu bezeichnenden Sketchen und Fernsehfilmen, eine Moral vermittelt – auf eine dem Künstler eigene subtile Weise. Die Hypothese lautet zum einen, dass Loriot das moralische Wertesystem der Deutschen, einschließlich der Ostdeutschen, komödiantisch inszenierte, und zum anderen, dass diese Komik durchaus einen dezidiert sozialkritischen, indirekt auch moralischen und sogar aufklärerisch-erzieherischen Impetus erkennen lässt. Der letzte Punkt lässt sich allerdings nur rezeptionsästhetisch angehen: Loriots Werke zeichnen sich durch ein moralisierendes Potenzial aus, das heißt, Werte und Normen werden nicht mit der Keule unter die Zuschauer gebracht, indem etwa die Protagonist:innen für ein Fehlverhalten vom Gang der Dinge bestraft würden; sie bauen nicht auf das, was man literaturwissenschaftlich als poetische Gerechtigkeit bezeichnet. Vielmehr setzt Loriots hintergründige moralische Erziehung Selbstreflexion und Selbsterkenntnis seitens der Bundesbürger, seitens mündiger Medienkonsumenten, voraus. Nur insofern sich die Fernsehzuschauer:innen und Kinobesucher:innen in den komischen Held:innen, ihrem Denken, ihren Problemen, ihren Kommunikationsformen, den von ihnen in bestimmten sozialen Situationen an den Tag gelegten Verhaltensweisen wiedererkennen, können sie, zumindest potenziell, nicht nur die moralischen Normen und Werte erfassen, die das Leben der Figuren dirigieren, sondern auch die eigenen moralischen Vorstellungen in den sanften Zerrbildern dieser bürgerlicher Existenzen – und zwar insbesondere in deren bürgerlicher Tugendhaftigkeit – gespiegelt, verlacht und somit subtil hinterfragt sehen.[4] Auf der Ebene der Handlung ist das Moralische stets auch Gegenstand der gesellschaftlichen Diagnostik Loriots; anders gesagt resultiert das kritische und zugleich moralisierende Potenzial der Komik häufig aus der komödiantischen Inszenierung von bürgerlicher Moral an sich: Loriot zeigt die freiwillige Unterordnung unter ein selbstverordnetes, stark übertriebenes Idealmaß typisierter bürgerlicher Tugendhaftigkeit – vor allem den Ordnungswahn, der sich auf alle Bereiche des Lebens erstreckt, sowie die moralische Norm unbedingter Konformität, definiert als Vermeidung störender Extreme und Abweichungen von einer zum Standard erklärten bürgerlichen Normalität.

---

4 Volker Klotz hält zur Wirkung der Komödie fest: „Lachen können die Zuschauer nur, wenn das, was die Bühne im Augenblick sichtbar und hörbar entstellt, ihre persönlichen und öffentlichen Alltagserfahrungen aufführt. Was dann bei diesem Lachen herauskommt, hängt ab von den besonderen gesellschaftlichen, historischen und psychologischen Umständen. Es kann die Lachenden beruhigen: meine und unsere Verhältnisse sind längst nicht so schief wie die vorgeführten; sie können bleiben, wie sie sind. Oder es kann die Lachenden beunruhigen: meine und unsere Verhältnisse sind ähnlich schief wie die vorgeführten; sie sollten anders werden." (1987, 11) Hierin läge dann das Potenzial.

Dass die Zuschauer:innen die Tugendideale auf der Leinwand als komische, bis ins Lächerliche reichende Übertreibungen erkennen, impliziert allerdings das Vorhandensein und die Anerkennung einer impliziten, tatsächlich gültigen moralischen Norm, an der das beobachtete Verhalten des Normalbürgers gemessen wird. Eine solche, von Loriot akzeptierte und avisierte Norm, kann als Korrektiv im Hintergrund aktiviert werden und ermöglicht den Abgleich zwischen aktueller, ‚fehlerhafter' Norm in den komisch inszenierten Situationen und einem angestrebten impliziten Ideal. Das implizite, avisierte moralisierende Potenzial dieser komödiantischen Satiren besteht darin, dass das Publikum das eigene Exerzitium moralischen Handelns im bürgerlichen Alltag als allzu rigide, übertrieben, fremd- wie selbstschädigend, mitunter auch unmenschlich erkennt, reflektiert und verlacht.[5] Rekonstruieren lässt sich Loriots Ideal einer maßvollen, humanen – das heißt die Schwächen und Fehler tolerierenden –, an inneren Werten und nicht äußerlichen Formen und Regeln orientierten, nicht verabsolutierten, bürgerlichen Tugendhaftigkeit und Ernsthaftigkeit, die ein erhebliches Maß an Toleranz gegenüber Unvernunft, Unordnung und Komik einschließen soll.

2 Komödie und Moral

Eine moralisierende Komik hat es in der deutschen Literaturgeschichte schon einmal gegeben. Gemeint sind, in Teilen, das „bürgerliche Lachtheater" (vgl. Klotz 1987) des neunzehnten Jahrhunderts[6] sowie insbesondere die Typenkomödien der Frühaufklärung im achtzehnten Jahrhundert, deren erklärtes Ziel die moralische Erziehung der Zuschauer war, genauer die „Vermittlung bürgerlicher Ethikkonzepte" (Bartl 2009, 68). Die bekanntesten Stücke dieser Gattung stammen von Johann Christoph Gottsched und seiner Frau Luise Adelgunde Victorie Gottsched

---

[5] Die Komik ergibt sich somit keineswegs aus dem Misslingen, dem Scheitern an sich allein (das wäre reiner Slapstick), sondern aus dem Scheitern an *überzogenen* Idealen; wären die Normen nicht so hoch gehängt, fiele das Scheitern deutlich weniger lächerlich aus.
[6] Hierunter subsummiert Klotz Komödien und Lustspiele sowie auch die Posse, den Schwank und die Operette. Ausgehend von Kotzebues *Die deutschen Kleinstädter* (1802) liegt sein Fokus auf dem neunzehnten Jahrhundert als der Epoche des Bürgertums, das allerdings bis heute andauere. Klotz konstatiert eine besondere Affinität zwischen Komik und der Gattung Drama beziehungsweise Theater und Bühne: „Offenbar können Ereignisse, die vor gegenwärtigem Publikum unmittelbar auf der Bühne erscheinen – beziehungsweise, etwas anders, in der Zirkusarena und auf der Kinoleinwand – heftigere Belustigung hervorrufen als Ereignisse, die gedruckt im Buch oder gerahmt im Bild, gelesen und betrachtet werden." (Klotz 1987, 10) Begründet wird dies damit, dass das Medium Theater strikt an der Nachahmung von Wirklichkeit interessiert sei und auch „zu nachahmender Entstellung begabt" (Klotz 1987, 10).

(genannt die Gottschedin). Bei Loriots Fernsehsketchen, und überwiegend auch den Fernsehfilmen, handelt es sich dem Prinzip nach um Bühnenstücke beziehungsweise Minidramen, Komödien, Lustspiele. Wie sich herausstellt, lässt sich der moralische Anteil ihrer Komik gewinnbringend unter Heranziehung der Komödienmodelle der Aufklärungszeit, auch als Kontrastfolie, analysieren. Wohlgemerkt geht es hier nicht um eine Quellen- und Einflussgeschichte im engeren Sinne, sondern um das Nachzeichnen gattungsgeschichtlicher Traditionslinien eingedenk der Unterschiede; um das Aufzeigen inhaltlicher und konzeptueller Ähnlichkeiten hinsichtlich der Konzeption des Komischen und Komödiantischen sowie spezifischer Parallelen hinsichtlich der Vermittlung des Moralischen in komödiantischer Gestalt. Eine solche historische Kontextualisierung der Analyse des Komischen vor dem Hintergrund der Gattungstheorie des Dramas ist geeignet, bestimmte inhaltliche wie auch wirkungsästhetische Dimensionen von Loriots Komödien zu beschreiben.

Noch eine knappe Anmerkung dazu, was hier unter Moral verstanden werden soll. Auf die Unterscheidung zwischen Ethik als philosophische Disziplin und Moral als deren Gegenstand wird an dieser Stelle verzichtet, zumal es außerhalb philosophischer Spezialdiskurse durchaus gängige Praxis ist, die Begriffe synonym zu verwenden, etwa in Einführungen zum Thema Moral und Ethik für den Schulunterricht. Moral wird hier, dem Gegenstand angemessen, maximal breit und alltagssprachlich verstanden als anthropologisch und kulturell geprägtes System von handlungsleitenden Normen, Werten, Prinzipien und von mental repräsentierten Vorstellungen dessen, was konsensuell von einer kulturellen Gemeinschaft als richtiges oder falsches Handeln anerkannt wird, was als gut oder schlecht gilt, was erlaubt und nicht erlaubt, wünschenswert oder zu verurteilen ist, oder auch, in der Sprache des achtzehnten Jahrhunderts formuliert, was gesellschaftlich als lasterhaft oder tugendhaft anzusehen ist. Mein Fokus der Untersuchung liegt eher auf der pragmatischen Ebene des Handelns, einschließlich sprachlich-kommunikativer Handlungen, vor dem Hintergrund der von Mitgliedern einer sozialen Gemeinschaft definierten Normen und Werte, welche die moralischen Urteile eines Einzelnen oder auch einer Gruppe prägen. Handeln wird bewusst so weit wie möglich als Lebensgestaltung gefasst; es wird beispielsweise davon ausgegangen, dass die frei gewählte Gestaltung von Arbeitsverhältnissen, Freizeit, Einkaufserlebnissen und so weiter, die dahinter liegenden bürgerlichen Moralvorstellungen bis zu einem gewissen Grad widerspiegelt.

Kommen wir nun zu wesentlichen Merkmalen der Gattung Drama, die sich auch in Loriots Komödien wiedererkennen lassen. Aristoteles definiert die Gattung Komödie als

Nachahmung von schlechteren Menschen, aber nicht im Hinblick auf jede Art von Schlechtigkeit, sondern nur insoweit, als das Lächerliche am Häßlichen teilhat. Das Lächerliche ist nämlich ein mit Häßlichkeit verbundener Fehler, der indes keinen Schmerz und kein Verderben verursacht, wie ja auch die lächerliche Maske häßlich und verzerrt ist, jedoch ohne den Ausdruck von Schmerz. (Aristoteles 1982, 17)

Die Schmerzfreiheit erstreckt sich auf das Schicksal der Protagonist:innen wie auf die Reaktion der Zuschauer:innen, deren Gefühle nicht, wie es bei der Tragödie der Fall ist, bis hin zu Furcht, Schrecken oder heftigem Mitleid erregt werden. Der zumeist charakterliche Fehler der Protagonist:innen, der das Geschehen motiviert, muss demnach einer der harmloseren Sorte sein, der keine schwerwiegenden, fatalen, ‚tragischen' Folgen nach sich zieht, ansonsten bliebe das Lachen als Wirkung aus.

Die Gattung Drama mit ihren Teilgattungen Tragödie und Komödie galt im achtzehnten Jahrhundert als das bedeutsamste Medium der Aufklärung und Erziehung, genauer der Erziehung des sozial aufstrebenden bürgerlichen Theaterzuschauers zu moralischem Handeln, worunter man, und dies ist entscheidend, explizit vernünftiges, rationales und somit (im individuellen, familiären und gesellschaftlichen Feld) nützliches Handeln verstand, nicht jedoch das von Affekten und Impulsen gelenkte Denken und Handeln, das wenige Jahre später von den Autoren der Empfindsamkeit zelebriert wurde: „Insbesondere das Drama wird von Gottsched in den Dienst eines moralisch-philosophisch-sozialen Erziehungsprogramms gestellt." (Steinmetz 1987, 20) Ziel war die Beseitigung charakterlicher Fehler und Laster, die dem Ideal des als moralisch und tugendhaft geltenden Vernünftigen entgegenstand, im Falle der Komödie durch das Lächerlich-Machen der Fehler und Laster – wobei Lächerlichkeit und Lasterhaftigkeit erstmals gleichgesetzt wurden (vgl. Steinmetz 1987, 21). Johann Christoph Gottscheds Definition der Komödie im *Versuch einer critischen Dichtkunst vor die Deutschen* (1730) lautet entsprechend: „Die Comödie ist nichts anders, als eine Nachahmung einer lasterhaften Handlung, die durch ihr lächerliches Wesen den Zuschauer belustigen, aber auch zugleich erbauen kann." (Gottsched 2009 [1730], 186, im 11. Kapitel: *Von Komödien oder Lust-Spielen*) Ziel der Komödie beziehungsweise der Darstellung eines als lächerlich enttarnten Lasterhaften, wie im Übrigen auch des Tragischen, ist bei Gottsched die Erziehung der Zuschauer mittels Inszenierung eines sogenannten „moralischen Lehrsatzes" auf der Bühne, also in Gestalt einer Handlung: „Der Poet wählet sich einen moralischen Lehrsatz, den er seinen Zuschauern auf eine sinnliche Art einprägen will. Dazu ersinnt er sich eine allgemeine Fabel, daraus die Wahrheit eines Satzes erhellet." (Gottsched 2009 [1730], 161, im 10. Kapitel: *Von Tragödien oder Trauerspielen*) Die Zuschauer sollen die Fehler – die milden moralischen Laster – der Figuren selbständig erkennen und dann *verlachen*, so der zeitgenössische Terminus, indem sie den hinter der Handlung liegenden und aus der Handlung ersichtlichen und bewiesenen Lehrsatz, die extrahierte Moral, herleiten und sodann akzeptieren.[7] Im Zuge dieses Erkenntnisprozesses des Lächerlichen würden die Zuschauer zu tugendhafteren, vernünftigeren, und damit in den Augen Gottscheds moralischeren Bürgern erzogen werden.

Unter lächerlich zu machenden Lastern und Fehlern verstand man Verstöße gegen eine allgemein anerkannte, als vernünftig und moralisch geltende bürgerliche Lebens- und Verhaltensweise. Um ein Beispiel zu nennen: In Luise Adelgunde Victorie Gottscheds *Die Pietisterei im Fischbeinrocke; Oder die doctormäßige Frau*[8] (1736) – der allerersten, die Gattung prägenden Typenkomödie überhaupt – macht sich die weibliche Hauptfigur männlichen, das heißt *übertrieben* gebildeten (‚doktormäßigen') Verhaltens und dazu noch übertriebener Frömmigkeit schuldig. Dahinter steht das Tugendideal der vernünftigen, rationalen Frau, das heißt einer, die nicht schwärmerisch, sondern maßvoll gläubig ist, und die weiß, dass natürliche weibliche Klugheit durchaus wünschenswert und nützlich, aber höhere Gelehrsamkeit dem Familienfrieden abträglich und somit allein dem männlichen Familienoberhaupt vorbehalten ist. Diese Komödie dient dazu, die Zuschauer von der Richtigkeit der gängigen bürgerlichen Geschlechterrollen und einer bestimmten Form von Religiosität zu überzeugen, Werten und Normen, die hier repräsentativ für die moralischen Axiome des neuen bürgerlichen Zeitalters stehen, als da wären: Affirmation der bestehenden bürgerlichen Ordnung mitsamt ihrer Hierarchien, allerdings alles in einem als vernünftig angesehenen Maß.[9] Betont sei an dieser Stelle die von Peter Marx ins Feld geführte soziale Funktion der Typenkomödie:

---

[7] Zur disziplinierenden Funktion des Verlachens als „Komik der Herabsetzung" vgl. beispielsweise Marx (2012, 37) und Greiner (2006, 89): „Die Komik der Herabsetzung stellt einen Helden in seiner erwarteten Vollkommenheit, eine Norm in ihrer behaupteten Gültigkeit in Frage. Der komische Held ist dabei nicht an sich selbst komisch, sondern vor einem Horizont bestimmter Erwartungen oder Normen. Die kognitive Funktion der Komik der Gegenbildlichkeit bzw. der Herabsetzung kann so darin erkannt werden, Normen zur Debatte zu stellen, zu verspotten bzw. zu problematisieren, was in destruktiver wie affirmativer Hinsicht geschehen kann" (Greiner 2006, 89).

[8] Innerhalb der Gattungstradition werden solche Typologien variiert und weiterentwickelt. Gottsched schreibt keine Musterkomödien, nur Mustertragödien. Die Komödien übernimmt seine Frau; ihre Stücke widersetzen sich in Teilen dem Regelwerk ihres Mannes, so weisen einige Figuren Züge des Harlekins auf (vgl. Bartl 2009, 65).

[9] Es geht also beispielsweise nicht darum, dass Frau Glaubeleicht zum christlichen Glauben bekehrt werden müsste, und erst recht nicht darum, dass der Glaube an sich in Frage gestellt würde, sondern ‚nur' darum, vom schwärmerischen Pietismus abzulassen und zu ‚richtigen', maßvollen, nicht affektgeladenen Glaubensvorstellungen zurückzukehren, die bereits in ihr angelegt sind. Bei Lessing verschiebt sich der Fokus weg vom Primat der Rationalität in Richtung Erziehung zum Mitleid.

So lässt sich die Typenkomödie in ihren unterschiedlichen historischen Ausprägungen wie ein Tugend- beziehungsweise Lasterspiegel der jeweiligen Zeit lesen. Diese moralische bzw. gruppenkonstituierende Funktion kann die Komik aber nur erfüllen, wenn das Unschädlichkeitspostulat [die Schmerzfreiheit, S. W.] erfüllt wird. (Marx 2012, 38)

Gottsched selbst liefert mit seiner normativen Regelpoetik in der Nachfolge der Poetiken von Aristoteles und Opitz ein „Kochrezept" (Bartl 2009, 62) für die Verfertigung solcher Komödien. Die Zutaten, die Gottsched vorschlägt, das heißt die Ausstattung, welche die Typenkomödie der Aufklärungszeit mit moralisierender Wirkung aufzuweisen habe, haben gewisse Ähnlichkeiten mit Loriots Komödien, die es im Folgenden nachzuvollziehen gilt. Zu den Figuren erlässt Gottsched folgende Vorschrift:

> Die Personen, die zur Komödie gehören, sind ordentliche Bürger oder doch Leute von mäßigem Stande. Nicht, als wenn die Großen dieser Welt keine Torheiten zu begehen pflegten, die lächerlich wären: Nein, sondern weil es wider die Ehrerbiethung läuft, die man ihnen schuldig ist, sie als auslachenswürdig vorzustellen. (Gottsched 2009 [1730], 189)

Die Figuren dürfen demnach keine Machthaber, keine historischen Figuren, Staatsoberhäupter, Adelige, Helden sein, sondern sie müssen dem Bürgertum entstammen, heute würde man sagen der Mittelschicht, da erst ein solches ‚mittleres' Personal die Voraussetzung für die Identifikation des bürgerlichen Zuschauers mit dem Bühnengeschehen schafft. Den Beweis zu führen, dass Bürger nicht nur komödien-, sondern auch tragödienfähig sind, schreibt sich dann erst die Gattung Bürgerliches Trauerspiel auf die Fahnen; ab dem neunzehnten Jahrhundert wird das bürgerliche Dasein an und für sich als tragisch erkannt. Was Loriot betrifft, so scheinen seine Komödien an die Vorstellung anzuknüpfen, dass Bürgerlichkeit und Komik zusammengehören; bei ihm sind die Protagonisten überwiegend „ordentliche Bürger". Offenkundig geht es auch Loriot um den Bürger und das Bürgerliche an und für sich; er inszeniert das Leben des durchschnittlichen Bürgers *für* ein bürgerliches Publikum vor den Fernsehgeräten, das sicherlich heterogen war, also Mittelschicht, Bildungsbürgertum und Arbeiterschicht einschloss, die breite Masse. Auch er verzichtet auf das Heldenhafte und Staatstragende, aber aus anderen Gründen – Loriot hat gewissermaßen das Komische der Bürgerlichkeit an sich, als inhärente Kerneigenschaft dieser Gesellschaftsschicht, entdeckt und herausgeschält. Die Lächerlichkeit bestimmter bürgerlicher Verhaltensweisen ist keine Abweichung mehr, sondern wird als deren zentrale Eigenschaft identifiziert.

In aufklärerischen Komödien wird das Personal typisiert beziehungsweise holzschnittartig auf bestimmte, ausgewählte Eigenschaften reduziert. Im Lexikon der Filmbegriffe definiert Julius van Harpen im Anschluss an Jochen Hörisch (vgl. Hörisch 1979) die Typenkomödie des achtzehnten Jahrhunderts als „eine Klasse oder Ausprägung insbesondere der volkstümlichen Komödie, deren komische Handlung von überzeichneten und/oder standardisierten überindividuellen Figuren-Typen getragen wird." (van Harpen) Die Figuren sind bewusst nicht als Individuen angelegt, sondern fungieren als „Repräsentanten eines bestimmten Sozial- oder Charaktertypus" (van Harpen). Als solche weisen sie Merkmale auf, die für eine Personengruppe und deren musterhaftes Verhalten stehen. Die Typisierung betrifft den sozialen „Stand, Beruf oder Funktion, Alter, Geschlecht, familiale Rollen usw." (van Harpen). Die von van Harpen genannten Merkmale sind Standard und finden sich in jeder einschlägigen Einführung zur Gattungsgeschichte; zitiert wird van Harpen hier deshalb, weil er explizit darauf hinweist, dass das Verfahren der Typisierung auch in den Filmkomödien und Satiren der Gegenwart zu finden ist. Gottsched selbst verwendet den Begriff der Typisierung nicht, spricht aber davon, man benötige für eine komische Handlung keinen „ganzen Charakter" (Gottsched 2009 [1730], 187).[10] Populäre Typen und Typenkonstellationen der Aufklärungskomödie sind Herr und schlauer Diener (siehe Molière), der Geizhals, der Hypochonder, die alte Jungfer, der gehörnte Alte, oder um nochmals auf das bereits genannte Beispiel zurückzukommen, die übermäßig gebildete Frau.

Die Parallelen zu Loriots bevorzugten Figuren und Figurenkonstellationen sind kaum zu übersehen: Auch Loriot entwickelt kaum originelle, unverwechselbare Individuen mit komplexen Psychogrammen, sondern es geht ihm um eine karikierende Profilierung ganz bestimmter, typischer Verhaltensweisen – sein Interesse gilt nicht den superreichen und auch nicht prekär armen Personen, sondern dem typischen „stellvertretenden kaufmännischen Angestellten" (Loriot 2012, CD 1, Track 5 *Das ist Ihr Leben*) oder Firmeninhaber mit mittlerem Einkommen in mittleren bis späteren Lebensjahren. Kleinkinder und sehr alte Menschen, als eher randständig wahrgenommene Berufsgruppen (Arbeitslose, Künstler, Forscher) kommen allenfalls als Satellitenfiguren vor und dienen vor allem dazu, durch Kontrastierung den Kerntypus des durchschnittlichen Angestellten noch schärfer in seinen wiedererkennbaren Eigenheiten zu profilieren und zu karikieren. Was Loriot, wie bereits die Komödie der Aufklärung, selektiv inszeniert, ist das musterhafte Verhalten der breiten, bürgerlichen Mittelschicht, ihre Denk- und Lebensweise – wobei Gottsched hier ein bürgerliches Publikum im Auge hatte, das sicherlich nicht die breite Masse stellte, und dessen Selbstbewusstsein als autonome kulturpolitische Instanz erst im Entstehen begriffen war. Loriot zeigt das ‚fehlerhafte' Verhalten des typischen, als ‚normal' erachteten, bundesrepublikanischen Bürgers, das von impliziten bürgerlichen Moralvorstellungen geleitet wird, in für das Milieu als einschlägig erachteten, standardisierten Situationen. Die Typisierung des Personals sorgt für eine Wieder-

---

[10] Auf die Unterscheidung zwischen Charakterkomödie und Typenkomödie wird hier verzichtet.

erkennbarkeit seitens der Zuschauer:innen vor den Bildschirmen über alle individuellen Unterschiede hinweg – nur wer sich selbst und seine Verhaltensweisen, Familie und Freunde, wer Sprache, Habitus und Gestus des Bürgerlichen im Fernsehen erkennt, kann potenziell die eigene Lächerlichkeit erkennen und womöglich gebessert werden. Die Typisierung bildet somit die entscheidende Voraussetzung für komische Effekte und deren potenziell erzieherische Wirkung. Die typisierte, teils stereotypisierte und mitunter ins klischeehafte kippende Figurenkonzeption bildet bei Loriot, wie bereits in der Typenkomödie, die Voraussetzung für die Erzeugung des Lächerlichen, das auf erkenntnisfördernde, in Teilen auch sozialkritische Unterhaltung abzielt. Die Figuren lösen Sympathien aus, aber keine allzu starke Empathie, keine tiefe Erschütterung. Einen Anflug von Tragik und Mitleidsästhetik wird man auch bei Loriot finden, beispielsweise im Sketch *Das Galadiner* (Loriot 2012, CD 1, Track 6), worin sich, genau genommen, ein einsamer alter Mann eine schwere Brandverletzung zuzieht, wobei der Schmerz freilich nicht mehr gezeigt wird – aber diese Wirkungen bilden die Ausnahme.

3 Lächerliche Fehler und Laster

Gottscheds Vorschrift lautet: „Die Komödie will nicht grobe Laster, sondern lächerliche Fehler der Menschen verbessern." (Gottsched 2009 [1730], 188) Der Begriff ‚Fehler' stammt aus der antiken Gattungspoetik (griechisch *hamartia*); Fehler motivieren die dramatische Handlung; in der Komödie kommen jedoch, wie Gottsched schreibt, nicht schwerwiegende, sondern mittlere, verzeihliche und korrigierbare Fehler – als lächerlich empfundene Laster – auf die Bühne. Was Gottsched unter dem Fehlerhaften, Lächerlichen und Lasterhaften versteht, ist eine bestimmte Art moralischen Fehlverhaltens; es handelt sich, verallgemeinert gesprochen und wie oben bereits ausgeführt, um leichtere Verstöße gegen bürgerliche Tugenden wie Ordnung, Vernunft, Maßhaftigkeit.

Ein Beispiel aus der bereits erwähnten Komödie der Gottschedin: Die „doctormäßige Frau" namens Glaubeleicht (sprechender Name) macht sich schuldig, männliches Verhalten zu imitieren: Sie liest, disputiert und trifft zu viele eigene, der historischen Norm nach dem Gatten vorbehaltene und dazu noch unvernünftige Entscheidungen; zudem gibt sie sich übertriebener pietistischer Frömmigkeit hin. In der Folge vernachlässigt sie ihre eigentlichen, genuin weiblichen Pflichten, als da wären Kindererziehung und Haushaltsführung – dass es sich um einen Fehler und ein Laster handelt, erkennt der Zuschauer an den negativen Folgen (zum Beispiel finanziellen Einbußen). Dieser Frauentypus bricht also nicht absolut, unverzeihlich oder justiziabel mit den Normen und Moralvorstellungen, verstößt aber, wie Andrea Bartl (2009) sagt, gegen als *moralisch geltende* Vernunft und Maßhaftigkeit; die Protagonistin *bricht* also nicht mit der akzeptierten sozialen, religiösen und geschlechtlichen Ordnung, sondern überdehnt sie gewissermaßen nur vorübergehend. Am Ende des Stückes erkennt Frau Glaubeleicht die Schlechtigkeit ihres Verhaltens und kehrt zu „vernünftigem, maßvollen Handeln zurück" (Bartl 2009, 66). Die Komödie nimmt einen glücklichen Ausgang und der Zuschauer wird, wenn es nach Gottsched geht, die Fehler der Frau verlachen und den implizit vermittelten moralischen Lehrsatz – akzeptiere die Geschlechterordnung, lies nicht zu viel, gib dich nicht übersteigerten pietistischen Schwärmereien hin – auf das eigene Leben übertragen; so zumindest der erzieherische Idealfall, die intendierte implizite Logik. Zu den erfolgreichsten, allerdings auch abgedroschensten Fabeln der Komödie rechnet Gottsched „Liebes-Streiche, da man entweder die Eltern oder die Männer betrieget" (Gottsched 2009 [1739], 189), allerdings solche von jener harmlosen Sorte, die mit Versöhnung der Liebenden endet.[11]

Wie sieht es nun bei Loriot aus; welche ‚Fehler' machen Loriots Bürger und welche Moralvorstellungen verbergen sich dahinter? Ohne Frage haben wir es auch in diesem Fall nicht mit schweren beziehungsweise tragödienfähigen, sondern mit mittleren Fehlern und Lastern der bürgerlichen Protagonist:innen zu tun. Unmittelbare physische und psychische Bedrohungen, prekäre soziale Verhältnisse, Gewalt, Krieg, Tod, Ehebruch und Ähnliches kommen bei Loriot ebenso wenig vor wie in den moralischen Komödien der Aufklärungszeit; wohl aber werden ‚ernsthafte' tagesaktuelle politische Themen wie Atomkraft, Umweltschutz, Nazis thematisiert, allerdings nur am Rande. Wir haben es demnach erneut mit den milderen Fehlern des Bürgertums zu tun, nur handelt es sich gewissermaßen um eine spiegelbildliche Verkehrung der moralischen Koordinaten des aufklärerischen bürgerlichen Komödienmodells: Nicht etwa der *Verstoß* gegen Normen, sondern eine mit deutscher Gründlichkeit betriebene *Übererfüllung* tradierter bürgerlicher Tugenden und Moralvorstellungen, darunter Rollenkonformität, Ordnungssinn und Vernunftglaube, wird von Loriot als signifikanter Fehler der bürgerlichen Mittelschicht entlarvt und lächerlich gemacht.

Um welche übertriebenen Tugendideale des Bürgerlichen es geht, liegt auf der Hand: Führen einer hyperharmonischen Ehe und Beziehung zu den Eltern um den Preis der Selbstaufgabe; Sauberkeit und Gepflegtheit von Haus, Kleidung, Frisuren,

---

[11] Gerade Molière habe sich des Schemas des versteckten oder verkleideten Liebhabers zu häufig bedient: „Bald ist der Liebhaber eine Säule, bald eine Uhr" etc.; es endet in „Hochzeitmachen [...] mit fröhlichem Ausgang". Solche Szenen kennt man auch aus *Ödipussi* und *Pappa ante portas*. Deren Ehe-Fabeln lassen sich dem Grundmuster nach durchaus der Sorte komödiantische Liebeswirren zurechnen (Herr Lohse flirtet mit den Mielke-Schwestern, Frau Lohse mit Herrn Drögel, aber am Ende versöhnt man sich).

Inneneinrichtung; Höflichkeit, Sparsamkeit, geregelte Arbeit und stabiles Einkommen, soziale Reputation, Bildung, Pünktlichkeit, gutes Benehmen, oder in aufsteigendem Abstraktionsgrad: Unauffälligkeit bis hin zur Uniformität, Kultiviertheit, Diszipliniertheit und Kontrolliertheit, Harmonie, Funktionstüchtigkeit, und an oberster Stelle ein auf Affektkontrolle, Rationalität, Vernunft, ein an Maß und Ordnung ausgerichtetes Handeln. Diese Werte gelten auch für die sprachliche Metaebene der Komödienplots: Die bürgerliche Sprache ist bestrebt, so höflich, akkurat, musterhaft, rollen- und zweckkonform, zivilisiert, korrekt, strukturiert, prosaisch wie die Formulare städtischer Verwaltungsapparate zu sein – sprich das Medium rationalistischer bürgerlicher Ordnung, jenseits des Lustprinzips und fernab freiheitlicher poetischer Kreativität.

Fehlerhaft ist bei Gottsched noch das Unangepasste (das Überschreiten der Geschlechterrollen), aber interessanterweise auch das Maßlose und die Übertreibung in jedweder Form. Nicht Tugendhaftigkeit an und für sich, wohl aber die *übertriebene*, sture (stoische) Tugendhaftigkeit des Helden in der Tragödie *Sterbender Cato* wird durch den Gang der Dinge massiv sanktioniert und damit als fehlerhaft ausgewiesen. Bei Loriot jedoch besteht der Fehler des Bürgers nicht in der Nonkonformität, sondern umgekehrt in übertriebener Konformität: Die Übererfüllung des bundesrepublikanischen bürgerlichen Tugendideals auf einer Normskala, die einseitig in Richtung der Affirmation ausschlägt und den Normbruch ängstlich bis zwanghaft vermeidet, erzeugt die bekannten mittleren „Fehler" der Loriot'schen Komödien: Spießertum (mit Anklängen an das Philistertum im achtzehnten Jahrhundert),[12] Konventionalität, Pedanterie, bildungsbürgerlicher Hochmut, Ordnungswahn, Selbstgefälligkeit, Titelhuberei, Kleingeistigkeit und Engstirnigkeit, Rechthaberei, Haarspalterei, Fachidiotie, Geiz, Farblosigkeit, Doppelmoral, Mansplaining and Wifesplaining, Zwanghaftigkeit, Steifheit, Verklemmtheit, Lustfeindlichkeit, Banalität, schöne Scheinhaftigkeit, und auf der Ebene der zwischenmenschlichen Beziehungen und der Kommunikation „chronische Kontaktschwäche" (Loriot 2006, 51–52).[13]

---

12 Hierzu entsteht im achtzehnten Jahrhundert eigens die Gattung der Philistersatire.
13 In Hörischs Analyse von Kotzebues Komödie *Deutsche Kleinstädter*, als repräsentatives Beispiel für das Bürgerliche Lachtheater im neunzehnten Jahrhundert, lassen sich die frappierenden Kontinuitäten hinsichtlich der komödiantischen Bearbeitung dieses bürgerlichen Wertesystems erkennen: „Es geht fast immer um ein kleinbürgerliches Kollektiv, das aufgewirbelt wird. Adel und Proletariat tauchen allenfalls am Rand auf. Und der Störenfried, obwohl er vom kollektiven Verhaltensmaß abweicht, entstammt gleichfalls dem Bürgertum oder doch einer Schicht, die ihm eng verbunden ist. Somit sind die Zeitgenossen zu umwegloser Einfühlung eingeladen, wenn ihnen das Lachtheater im Für und Wider ihre eigenen Bewandtnisse vorführt." (1987, 19) Satirisch inszeniere Kotzebue unter anderem Provinzialismus, einen „widernatürlich konventionalisierten Lebensstil", „zwischenmenschliches Verkehrschaos", das „durch ein Übermaß von Verkehrsregeln entsteht", „krankhafte Titelsucht", einen pingeligen, „bedürfniswidrigen Benehmenskodex", welcher „die

Diese Fehler haben bei Loriot zwar überwiegend keine tragischen und schmerzhaften, aber durchaus unangenehme und störende Folgen: Frustration in der Ehe, Empathielosigkeit, mitunter Einsamkeit, Sinnverlust (auf sprachlicher Ebene), eine Vorform von Identitätsverlust und paradoxerweise auch Chaos (vgl. *Zimmerverwüstung*, Loriot 2012, CD 2, Track 12), und vor allem einen Mangel an Lebenslust und authentischer empathischer Verständigung, das heißt massive Kommunikationsprobleme, die letztlich soziale Probleme sind, die die zwischenmenschliche Verständigung betreffen.[14] Insbesondere das Chaos erscheint als lächerliche, ungewollte, aber durchaus natürliche Folge von Ordnungszwang, und damit als milde Form der Bestrafung (poetischen Gerechtigkeit) für Ordnungszwang, der als durchaus selbstschädigender Fehler identifizierbar wird, insofern er der Lebenslust und Selbstbestimmtheit abträglich ist. Die Folgen dieser ‚mittleren' moralischen Fehler werden in den Sketchen meistens so inszeniert, dass sie weder für die Zuschauer und noch von den Figuren als allzu schmerzhaft, im oben genannten Sinne, sondern allenfalls als ärgerlich empfunden werden. In *Pappa ante portas* ist das schon eher der Fall, aber hier wiederum läuft der Plot auf eine Läuterung der verstrittenen Ehepartner hinaus, an dessen Ende der moralische Lehrsatz steht: Nicht die übertriebene, wohl aber die maßvolle Disharmonie, die Streit und Unordnung einschließt, ist menschlich und hält Individuum wie Ehe lebendig und flexibel. Von maßvoller Disharmonie ist insofern zu sprechen, als man es hier zwar tatsächlich nicht mit einem lupenreinen Happy End zu hat, was durch das schiefe Flötenspiel des Paares auch komisch untermauert wird. Nichtsdestotrotz handelt es sich um eine Versöhnungsszene, die dann wohl doch darauf hinausläuft, dass es besser ist, schief und disharmonisch, aber immerhin gemeinsam zu spielen, als jeder nur noch solo. Ähnlich funktioniert auch die erste Annäherung des Ehepaars auf der Seebrücke von Ahlbeck, wo ebenfalls falsch musiziert wird.

Historisch betrachtet lässt sich eine Linie von den bürgerlichen Moralvorstellungen der Aufklärungszeit über das rigide preußische Pflichtethos der wilhelminischen Epoche (zu Loriot in der Tradition des Preußentums wäre eine eigenständige Studie nötig) bis in die bundesrepublikanische Wirklichkeit der 1980er Jahre zie-

---

Kluft zwischen natürlichem Bedürfnis und den offiziellen, inzwischen verinnerlichten Umgangsformen" zementiere, und sogar die Liebe des Kleinbürgers zu seinem Mops (!) (1987, 20–21).

14 Nicht jedoch Verzweiflung, Einsamkeit, Depression, Kälte, Tod, Gewalt, sozialer Ungehorsam. Was die Kommunikationsprobleme betrifft, wäre zu ergänzen, so resultieren diese meiner Ansicht nach sicherlich nicht immer, aber eben doch häufig, aus dem übertriebenen Anspruch an Konformität und nicht aus der Untererfüllung einer Norm. So verhindert beispielsweise das steife, situationsunangebrachte Siezen von Gesprächspartnern, etwa in der Badewanne oder auf der Bürocouch, hier gedeutet als überkorrekte Einhaltung von Höflichkeits- und Abstandsregeln, dass sich die Protagonisten tatsächlich auf eine authentische Verständigung einlassen können.

hen. Loriots deutsche bürgerliche Mittelschicht weist weitestgehend, und zwar sogar gestärkt durch ein erweitertes Geschichtsbewusstsein seit 1968, jene moralische Tugendhaftigkeit auf, zu der Gottsched es erziehen wollte – aber davon eben ein Quantum zu viel (des Guten). Nun karikiert Loriot in der Jubiläumssendung zu seinem 60. Geburtstag all jene, die nach einer Definition von Komik, mithin von Loriots Komik, suchen und eine Aufgabe von Humor festschreiben wollen; worunter sicherlich auch ein moralisch-erzieherischer Auftrag zu rechnen wäre (vgl. *Gesprächsrunde* [Loriot 2012, CD 3, Track 4]). Dass es ihm um so etwas wie die Erziehung des deutschen Bürgertums ginge, hätte Loriot also vermutlich bestritten. Und dennoch lassen sich, wie bereits angedeutet, moralische Lehrsätze aus Loriots Komödien durchaus herleiten: Keineswegs sollen die Zuschauer:innen dazu erzogen werden, ihre bürgerlichen Tugenden gänzlich über Bord zu werfen, ihre Lebenswelt gänzlich in Frage zu stellen, ihre Identitäten zu brechen – aus ihnen müssen oder sollen durchaus keine Aktivisten, freien Künstler, Notärzte, Auswanderer, Sozialarbeiter werden. Sondern es geht – erneut – um die *Kalibrierung eines vernünftigen Maßes* an Tugendhaftigkeit und Moralität, maßvoll aber im Sinne eines menschlichen, das heißt wünschenswert fehlertolerablen Ausgleichs von Vernunft und Unvernunft. *Ex negativo* öffnet sich auf einer Skala bürgerlicher Normativität eine Tür nach der Seite der Abweichung von der Mitte, der Nonkonformität. Als Ziel wird indirekt ausgegeben: Farbe jenseits von Steingrau oder Pastell, mehr Schiefheit der Möbel, mehr Kreativität, Ziellosigkeit, Verspieltheit, funktionslose Lust und Leidenschaft, das Tierische im Menschen, das offene Wort und der gewaltlose Streit, und vor allem echte Empathie, Sinnlichkeit und selbstironischer Humor. Wovon der Bürger mehr braucht, so der implizite Lehrsatz in Anspielung auf diverse Sketche, ist mehr Toleranz gegenüber (vermeintlichen) Fehlern, Störungen, Unordnung als Teil der Ordnung; Heine *und* Rilke, Michael Jackson *und* Richard Wagner, Porno *und* Pudel (wenn man so will ein postmodernes, plurales *everything goes*). Damit ist nicht gesagt, dass der in *Pappa ante portas* vom jugendlichen Sohn des Herrn Lohse verehrte Michael Jackson für Loriot *über* der Musik Wagners gestanden hätte, wohl aber zeigt diese Szene beispielhaft, dass Loriot sehr wohl auch die Blindheit des gealterten kulturellen Snobismus gegenüber der popkulturellen Gegenwart satirisch in den Blick nahm.

Dem Komischen, das die Metaebene all dieser Phänomene bildet, wird dabei von Loriot eine besondere Funktion zugewiesen. Wer die übertriebene Ordnung verlacht und in sich selbst, im Akt des Verlachens, ein Vergnügen empfindet an der Erschütterung der Ordnung, an der sorgfältig in Unordnung gestürzten Normalität des Bürgerlichen in den Sketchen und Filmen, der steht schon selbst mit einem Bein in jenem Chaos, der wird zu mehr körperlicher wie geistiger Lockerheit, Liberalität und Selbstironie erzogen, womöglich ohne es gemerkt zu haben. Vernünftig ist nach diesem Modell die gelegentliche Unvernunft; die reine Lasterlosigkeit erscheint lasterhaft; die reine übertriebene Tugend enttarnt sich als Schikane für das soziale Umfeld. Wo nur Vernunft herrscht, da herrscht Unvernunft; wer nur Floskeln und Formeln gebraucht, und den sozialen Sinn sprachlicher Äußerungen aus den Augen verliert, macht sich am Ende nicht nur lächerlich, sondern verliert auch viel Menschlichkeit. Nicht ohne Grund kippt in den ebenfalls in den 1980er Jahren entstandenen postdramatischen Stücken von Werner Schwab und Elfriede Jelinek die floskelhafte Sprachfläche, die bei Loriot noch witzig ist, in sinnentleerten Terror um. Das Chaos, der Karneval (bei Loriot beispielsweise in Gestalt einer Revue – *meine Schwester heißt Polyester*), das Lachen als Akt kognitiver und körperlicher Erschütterung (im Sinne Bachtins [1969]), erweist sich bei Loriot als notwendiges anthropologisches Regulativ der bürgerlichen Ordnungsdoktrin und ihrer leblosen, kalten, engen Sprache.[15] Dies, so scheint mir, sind die durchaus moralischen Lehrsätze, die Loriot dem bürgerlichen Publikum nahelegt, aber eben keinesfalls vorschreibt.[16]

4 Der Harlekin

Übereinstimmung zwischen Gottscheds und Loriots Typenkomödien besteht hinsichtlich des Wirkungsprinzips des Verlachens, das den physisch-affektiven Springpunkt zur rationalen Schlussoperation der potenziell moralisierenden Erziehungsmaßnahme bildet. Hier wäre genauer nach adäquaten Definitionen und Begriffen von Komik und Lachen zu fragen, was ich an dieser Stelle knapphalten muss. Eine Komik des Verlachens, so sie durch Gottscheds Komödien bewirkt wird, ist ein Effekt von Inkongruenz, das heißt des Erkennens einer Diskrepanz zwischen dem (folgenreichen) inszenierten Normverstoß und der impliziten, avisierten Norm. In Gottscheds Poetik ist die rationale Operation des Erkennens von Inkongruenz ausschlaggebend, nicht aber die affektive und körperliche Reaktion des Lachens selbst,

---

15 Tatsächlich bewertet Margarethe Tietze ihren karnevalesken Befreiungsversuch als missglückt; tatsächlich empfindet sie es wohl in dieser Situation als entfremdet; sie kann ihren Prägungen nicht entkommen. Um es farbmetaphorisch auszudrücken: Ihre Farbe mag nicht das steingrau sein, sondern ein frisches Grün, aber zu knallbunten Bonbonfarben wird sich Frau Tietze nicht bekehren lassen. Dennoch gelingt der Karneval zumindest von einer höheren Warte aus, nämlich jener der Kinozuschauer: Während das unsichtbare Publikum bei der fiktiven Aufführung der Revuenummer nur müde vereinzelt klatscht, dürfte sich Loriots reales Filmpublikum bei dieser Szene deutlich mehr amüsiert haben.
16 Auf die Aufklärung (Lessing) als Kontext des Komischen weist Tom Kindt in einem Beitrag zu den Ähnlichkeiten zwischen Wilhelm Busch und Loriot hin (Kindt 2021, 19). Auch Claudia Hillebrandt bemerkt das moralische Potenzial der Medienkritik bei Loriot (siehe Hillebrandts Beitrag in diesem Band).

welche von der kognitiven Inkongruenz ausgelöst wird. Gelacht wird bei Gottsched nicht um des Lachens willens, sondern zum Zweck der Erkenntnis und moralischen Erziehung – die Zuschauer sind aufgefordert, sich von den Lastern der Figuren zu distanzieren, sich in eine urteilende beziehungsweise verurteilende, aber keinesfalls hämische Machtposition zu begeben, um dann den dargebrachten moralischen Lehrsatz, die Forderung nach vernunftgemäßem Handeln, bewusst zu machen und auf sich selbst anzuwenden. Da Körper und Affekte als Feind des Rationalen gesehen werden, kann die physische, lustbetonte Dimension des Komischen an und für sich nicht der Zielpunkt der aufklärerischen Komödie sein. Loriots Komik geht hier weiter: Das Lachen selbst hat durchaus eine erzieherische Funktion im Sinne einer potenziellen moralischen Erziehung der Deutschen zum Gelächter an und für sich, das heißt zu weniger Ernst und zu mehr Humor. Damit wird die Körperlichkeit des Lachens, welche die bürgerliche Diszipliniertheit und Steifigkeit erschüttert, wiederum selbst zum Zweck dieser Komik. Dieser Punkt hängt eng mit der Tradition der Harlekin-Figur zusammen.

Gottsched ist der größte Theaterreformer seiner Zeit. Einerseits solle Kunst massentauglich sein, das heißt kein elitäres, sondern ein bürgerliches Publikum ansprechen; andererseits besteht das Ziel seiner Reformen darin, die noch aus dem Mittelalter und der Tradition der italienischen Commedia dell'Arte stammende, beim Zielpublikum äußerst beliebte Bühnenfigur des Harlekin von deutschen Bühnen beziehungsweise aus der Gattung Drama zu verbannen, denn dieser „lebt konsequent gegen die Forderungen bürgerlicher Ethik". „Tugenden wie Maßhalten und Ordnungsliebe sind Kernwerte der bürgerlichen Ethik" (Bartl 2009, 67), gegen die diese Figur verstößt.[17] Vernunftwidrigkeit, die vom Harlekin repräsentierte Lust an der Störung der Ordnung der Dinge, ist keinesfalls in Gottscheds Sinne. Der Harlekin steht für reines *delectare*, für derbe, infantile Unterhaltung, für maßlose, obszöne, karnevaleske, körperliche Situations- und Aktionskomik ohne tieferen Sinn (die subversive Doppelgesichtigkeit der Figur wird zeitgenössisch noch verkannt). Gottscheds Komödien dagegen sind „Sprachkomödien" (Bartl 2009, 65), die das Körperliche am Verlachen eher in Kauf nehmen denn als eigenständigen Wert anerkennen. Die Körperlichkeit und Sinnlichkeit der Harlekin-Figur ist dem rationalistischen, intellektuellen Modus der moralisierenden Aufklärungsstücke diametral entgegengesetzt.

Bei Loriot ist der Harlekin längst rehabilitiert, und zwar vom Bürger selbst, wenn auch in entscheidender Weise unfreiwillig: Nicht ein Außenseiter stört die innere Ordnung, sondern der Bürger selbst mutiert, ohne es zu merken, zum Harle-

---

17 „Pädagogisches Sprechtheater", wie es Gottsched im Sinne hatte, ließe sich mit dem Harlekin nicht machen (Bartl 2009, 68).

kin, und zwar in der logischen Konsequenz seines Handelns, wenn nicht sogar als Strafe für den bereits beschriebenen Zwang zu übertriebener Tugend, Ordnung und Rationalität. Immer dann, wenn der Bürger es mit der Tugend, der Moral, zu genau nimmt, macht er sich selbst zum Narren. Häufig wird der zu hinterfragende, rigide moralische Idealismus wider Willen von der Realität eines nicht vollständig zu domestizierenden Körpers oder von der Tücke eines Objektes (vgl. Kindt 2021), das sich nicht zweckmäßig den Vorstellungen und Regeln fügt, im wahrsten Sinne des Wortes zu Fall gebracht: Je aufrechter der Bürger den Bürgersteig entlang marschiert, desto höher die Wahrscheinlichkeit, dass er über seine eigenen Füße stolpert oder vor Türen rennt. Je manierlicher, gepflegter und sauberer er seinen Körper zurichtet, desto mehr bekleckert er sich und verliert die Kontrolle über sich (beispielsweise im Sketch *Flugessen*). Je höflicher und zuvorkommender er spricht, desto häufiger kommt es zu lächerlichen Missverständnissen und Streitereien; und je moralischer er sich gibt, desto wahrscheinlicher kommt alsbald Doppelmoral zum Vorschein (hierzu gleich ein ausführliches Beispiel). Womit wir es zu tun haben, ist eine Spielart der traditionsreichen Körperkomik des Harlekins, einschließlich seines subversiven Potenzials: Loriot arbeitet gewissermaßen gegen das Gottsched'sche Primat der reinen Rationalität an, und dabei zugleich für eine neue bundesrepublikanische moralische Norm: ein Mindestmaß lustvoller Unordnung und Sinnlichkeit.

5 Die Nudel

Geradezu repräsentativ für eine Vielzahl der hier angesprochenen Punkte ist einer der bekanntesten, man kann sicherlich sagen kanonischsten Sketche Loriots: *Die Nudel*. Loriot mimt darin den namenlosen Angestellten einer nicht näher benannten Firma (eventuell ein Warenhaus, jedenfalls mit Einkaufsabteilung) im gut gebügelten dunkelgrauen Anzug, weißen Hemd, Fönfrisur, eng geschnürter schwarzer Krawatte, der mit angespannt ernster Miene seiner weiblichen Bekanntschaft Hildegard (Evelyn Hamann) – ebenfalls konservativ gekleidet in dunkelblauem Kostüm und mit akkurater Frisur – beim Italiener zu Abend isst und versucht, ihr eine Liebeserklärung zu machen, die, so lässt sich ahnen, eigentlich in einen Verlobungsantrag münden soll. Beflissen tupft sich der Herr mit einer grünen Serviette mutmaßliche Speisereste vom Mund ab, appliziert sich jedoch dabei versehentlich, und von ihm selbst unbemerkt, die legendäre Nudel ans Kinn, welche dann im Verlauf der weiteren Konversation und im Zuge fortdauernder Putzbemühungen im Gesicht herumwandert. Die Gepflegtheit der äußerlichen Erscheinung (Frisur, Kleidung), des auf absolute Sauberkeit abzielenden Benehmens, des Sprachstils (Höchstmaß an Höflichkeit – das

Paar siezt sich), des Körpers selbst (aufrechte bis steife Sitzhaltung, Disziplinierung der Hände beim Essen), wird durch die renitente Nudel permanent gestört. Das tückische Objekt, diese banale, klebrige Nudel, der Schmutz, konterkariert die Ordnung, die Förmlichkeit, Ästhetik, ja das ernste Pathos der Situation, und macht, wie sich zeigen wird, mit der Entstellung des Gesichts auch die moralische Selbstinszenierung des Mannes lächerlich – die Nudel verwandelt den Mann in einen Harlekin; er macht sich selbst zum Narren, ohne es zu wissen, wohl aber sieht und verlacht es der Zuschauer.[18]

Betrachten wir die bis ins allerkleinste Detail sinnhaft durchkonstruierte, nahezu symbolisch aufgeladene Szene: Die Serviette ist nicht zufällig grün; sie bildet einen starken Farbkontrast zum für viele Figuren in Loriots Werken typischen, als seriös geltenden Einheitsgrau. Einleitend vermerkt der Herr in seiner eher geschäftsmäßig dozierenden denn emotionalen Ansprache an Hildegard, dass sie sich nun ja bereits ein halbes Jahr kennen und „heute schon zum zweiten Mal" (Loriot 2006, 76) miteinander essen würden. Dahinter verbergen sich dezidiert konservative, prüde Vorstellungen von moralisch akzeptablem Sexualverhalten – lange Kennenlernphase, womöglich Enthaltsamkeit vor der Ehe; man erinnere sich an die siebenjährige Verlobungszeit von Tante Hedwig und Onkel Hellmuth in *Pappa ante portas*.[19] Der Herr leitet seine Liebeserklärung mit hochromantischen und pathosgeladenen Floskeln ein, die jedoch im Tonfall einer geschäftlichen Besprechung vorgetragen werden: „[E]s gibt Augenblicke , wo die Sprache versagt, wo ein Blick mehr bedeutet, als viele Worte" (Loriot 2006, 76).[20] Hildegards entsetzter, wenn nicht gar leicht angeekelter Blick auf die Nudel steht in performativem Widerspruch zum poetisch-romantischen Idealismus der sprachlichen Äußerung ihres Gegenübers. Er habe, meint der Herr pathetisch, nur „auf den richtigen Augenblick gewartet"; er wolle mit ihr verreisen und sie dabei „immer nur anschauen" (Loriot 2006, 77). Der weibliche Körper soll nur betrachtet, nicht aber berührt werden; mit der Nudel im Gesicht aber macht sich der Realismus des unsauberen, kulinarischen, erotischen wie ekelerregenden Körpers permanent geltend. Weniger sexualmoralisch verklemmt und verdrängt formuliert hätte es eigentlich heißen müssen, dass er sie sexuell begehrt, was er den Konventionen nach aber glaubt nicht sagen

---

18 Während sich im Gegensatz dazu der historische Harlekin seiner komischen Wirkung stets bewusst war und sie strategisch-kritisch einsetzte.
19 Dass man sich in den 1980er Jahren nach sechs Monaten privater Bekanntschaft, selbst in einem solch konservativen Milieu, noch siezte, erscheint auf den zweiten Blick höchst unwahrscheinlich, allerdings wird das vom Zuschauer offenbar umgehend als karikierende Übertreibung akzeptiert.
20 Ähnlich förmlich klingt der Chef gegenüber der Sekretärin in *Liebe im Büro* (Loriot 2012, CD 1, Track 3).

zu können oder zu dürfen. Verklausuliert meint dies wohl, dass er endlich mit ihr eine Nacht verbringen möchte, aber er spricht es nicht offen aus, vielleicht auch, weil er meint, seine Gesprächspartnerin wolle so etwas nicht hören; aber womöglich weiß er selbst gar nicht um sein Begehren. Vielmehr fährt er in Flötentönen fort: Das „[G]ewisse", das er an sich selbst wahrnehme, sei zart und könne „größer" werden – starke Gefühle und Leidenschaften erlaubt er sich nicht; der Mann ist ganz Ratio (Loriot 2006, 78). *Die Nudel*, wie auch das Objekt Nudel selbst, konterkariert diese Abstinenz des im Bürgertum als anstößig und amoralisch empfundenen Sinnlichen und Unsauberen; umgekehrt lassen sich Enthaltsamkeit, Rationalität, Sauberkeit, Disziplinierung der Affekte nach wie vor als moralische Prinzipien der bürgerlichen Mittelschicht erkennen.

Zudem entlarvt die Szene auch einen eklatanten Mangel an kommunikativer Ethik:[21] Der Mann hört Hildegard gar nicht zu, er lässt sie nicht zu Wort kommen, er stellt ihr keine interessierten Fragen, er fordert sie zu Beginn gar auf, *jetzt nichts zu sagen*, sondern nur zu „fühlen" (Loriot 2006, 78); kurz, ein echtes Gespräch kommt gar nicht zustande. Tatsächlich lässt der Herr Blicke eben nicht sprechen, denn ansonsten würde er Hildegards konsternierten Gesichtsausdruck bemerken, vielmehr redet er ununterbrochen auf Hildegard ein, ihre nonverbalen Zeichen ignorierend. (Als er endlich nachhakt, warum sie nicht antwortet, und er dann immer schneller spricht, bleibt die erhoffte Reaktion ihrerseits dennoch aus; offenbar sagt er eben doch nicht das Richtige.) Seitens des Mannes herrscht insgesamt sprachliche Ratio über affektgeleitete mimische Signale. Authentische Nähe wird verhindert, weil der Mann zu sehr damit beschäftigt ist, seine moralische, verklemmte, ordentliche Fassade, körperlich wie sprachlich, aufrecht zu erhalten. Dass es sich tatsächlich um eine moralische Selbstdarstellung handelt, macht die sich anschließende Eigenwerbung des um Hildegard Werbenden deutlich, die nun im Kontext des oben diskutierten Komödienmodells einen besonderen Dreh bekommt: „[G]ewiss, ich habe auch meine Fehler". „Ja", antwortet sie „tonlos" (Loriot 2006, 78). Aber dieses Eingeständnis der eigenen Mängel erweist sich als ebenso floskelhaft, wie die formelhaften Liebesbekenntnisse. Er sagt nicht, welche Fehler das wohl sind, und er fragt sie nicht, welche sie an ihm entdeckt hat. In Wahrheit hält er sich keineswegs für einen ‚gemischten Charakter'; vielmehr glaubt er sich insgeheim wohl fehlerfrei – und ist es doch offenkundig nicht, insofern sitzt die Nudel eben doch nicht zufällig in seinem Gesicht. Sie steht als sichtbares Körperzeichen von natürlicher Fehlerhaftigkeit und moralischer Fehlbarkeit, vor allem aber der Blindheit diesbezüglich gegenüber sich selbst. Es folgt eine Lobeshymne auf die

---

21 Unter diesem Gesichtspunkt lohnenswert wäre ein Rekurs auf Habermas' Theorie des kommunikativen Handelns, insbesondere die Ausführungen zur Diskursethik (vgl. Habermas 1996).

eigene Person, die eigenen Leistungen, die diese vermeintliche Fehlerfreiheit unter Beweis stellen soll: „[I]ch mache keine halben Sachen ... menschlich und beruflich. [...] Warum übernehme ich denn in zwei Wochen die Einkaufsabteilung? ... Weil ich eine saubere Weste habe ... weil ich politisch in Ordnung bin [...]" (Loriot 2006, 79). Die Nudel im Gesicht jedoch korrigiert dieses irrtümliche Selbstbild der äußerlichen wie auch moralischen ‚sauberen Weste' (der sauberen, makellosen, fehlerlosen Person). Nicht die Nudel ist der eigentliche Fehler, denn diese macht ihn nur menschlich, sondern der Anschein von Sauberkeit, den sich der Mann gegenüber Hildegard zu geben versucht. Die Ignoranz, die Blindheit gegenüber dem Fehler wird als Fehler lächerlich gemacht. Die selbst verordneten bürgerlichen Normen hinsichtlich Sexualmoral, Sauberkeit, Ordnung, Aufrichtigkeit werden nicht an und für sich, sondern nur in ihrer Verabsolutierung *ad absurdum* geführt. Diese Erkenntnis bleibt den Zuschauern überlassen, und auch die durchaus moralisierenden Schlüsse, die daraus zu ziehen sind.

Dem folgt nun die eigentliche Liebeserklärung. Hildegard reagiert nicht. Er: „Habe ich Sie verletzt? [...] Sagen Sie mir ruhig, daß Ihnen meine Nase nicht passt [...]" – da zeigt sich die Angst des Mannes vor den Realien des Körperlichen (Loriot 2006, 79). Sie reagiert nach wie vor nicht. In diesem Augenblick kommt der Kellner und bringt den zuvor bestellten Espresso. Es wird der Moment entlarvender Wahrheit: Der Herr pfeift den Kellner umgehend zurück und deutet entrüstet auf den Lippenstiftrest am Rand der Kaffeetasse: „Das können Sie Ihren Gästen in Neapel anbieten ... hier kommen Sie damit nicht durch!" Nun findet Hildegard endlich ihre Sprache wieder und wendet, den Kellner verteidigend, ein: „Das kann doch mal vorkommen!" (Loriot 2006, 80). Sie macht ihn also implizit darauf aufmerksam, dass es sich bei dieser Schmutzspur um einen kleinen, verzeihlichen, menschlichen Fehler handelt – einen, den er selbst unwissentlich im Gesicht trägt. Doch erst jetzt offenbart sich das ganze Ausmaß seines zwanghaften Rigorismus: „Das kann vorkommen, Hildegard, aber es darf nicht vorkommen!" (Loriot 2006, 80). Was ist das anderes als ein preußischer kategorischer Imperativ, ein Moralismus der strengsten Sorte bei absoluter Verkennung der Realität; der Imperativ ist das Heiligtum des Bürgertums, welcher sich hier nun als Verlängerung aufklärerischer Tugenddoktrin zu erkennen gibt.

Beim Austrinken der Kaffeetasse rutscht dem Herrn dann unbemerkt die Nudel von der Nase in die Tasse. Als er das tückische Objekt auf dem Boden der Tasse entdeckt, ruft er erneut im Tonfall der Empörung nach dem Ober. Damit endet der Sketch. Hildegard blickt ihn sprachlos und mit offenem Mund an. Vermutlich ist dies das Ende der Bekanntschaft – sie macht es ‚richtig', denn wer will einen humorlosen, fehlerbehafteten Mann heiraten, der die Fehler der anderen nicht toleriert und die eigenen nicht wahrnimmt. Welcher moralische Lehrsatz lässt sich *ex negativo* implizieren, oder anders gesagt, welchen Mann wünschen wir uns, mit Loriot, für Hildegard? Einen, der kleine Fehler und Schwächen gelassen als menschlich hinnimmt, der sich selbst und anderen gegenüber ehrlich ist, der weniger selbst- und stärker fremdverliebt ist, der in solch einer Situation fähig ist, in den Spiegel zu schauen, der zur Selbstironie fähig wäre – der mit dem Publikum über sich selbst lachen kann. Lacht aber das bürgerliche Publikum über den Mann mit der Nudel, so blickt es in den Spiegel und erkennt, im Idealfall, sich selbst.

Literatur

Aristoteles. *Poetik*. Griechisch/Deutsch. Übersetzt und herausgegeben von Manfred Fuhrmann. Stuttgart: Reclam, 1982.
Bachtin, Michail M. *Literatur und Karneval. Zur Romantheorie und Lachkultur*. Aus dem Russischen übersetzt und mit einem Nachwort versehen von Alexander Kaempfe. München: Hanser, 1969.
Bartl, Andrea. *Die deutsche Komödie. Metamorphosen des Harlekin*. Stuttgart: Reclam, 2009.
Bers, Anna, und Claudia Hillebrandt (Hg.). *Loriot. Text + Kritik* 230 (2021).
Gottsched, Johann Christoph. *Schriften zur Literatur* [1730]. Hg. Horst Steinmetz. Stuttgart: Reclam, 2009.
Greiner, Bernhard. *Die Komödie. Eine theatralische Sendung: Grundlagen und Interpretationen*. Zweite, aktualisierte und ergänzte Auflage. Tübingen, Basel: A. Franke UTB, 2006.
Habermas, Jürgen. *Moralbewußtsein und kommunikatives Handeln*. Frankfurt a. M.: Suhrkamp, 1996.
Harpen, Julius van. *Typenkomödie*. https://filmlexikon.uni-kiel.de/doku.php/t:typenkomodie-8483. *Lexikon der Filmbegriffe* (17. Juli 2023).
Hörisch, Jochen: „Charaktermasken. Subjektivität und Trauma bei Jean Paul und Marx". *Jahrbuch der Jean-Paul-Gesellschaft* 14 (1979): 79–96.
Kindt, Tom. „Loriot und der deutsche Humor?". *Loriot. Text + Kritik* 230 (2021): 16–22.
Klotz, Volker. *Bürgerliches Lachtheater: Komödie, Posse, Schwank, Operette*. Reinbek bei Hamburg: Rowohlt, 1987.
Link, Jürgen. *Versuch über den Normalismus. Wie Normalität produziert wird*. Opladen: Westdeutscher Verlag, 1996.
Loriot. Gesammelte Prosa. Alle Dramen, Geschichten, Festreden, Liebesbriefe, Kochrezepte, der legendäre Opernführer und etwa zehn Gedichte. Mit einem Vorwort von Joachim Kaiser und einem Nachwort von Christoph Stölzl. Hg. Daniel Keel. Zürich: Diogenes, 2006.
Loriot. *Gesammelte Werke aus Film und Fernsehen. Limitierte Sonderausgabe zum 80. Geburtstag: Sein großes Sketch-Archiv, Ödipussi und Pappa ante portas*. Warner, o. J.
Marx, Peter W. „Das Komische". *Handbuch Drama. Theorie, Analyse, Geschichte*. Hg. Peter W. Marx. Stuttgart, Weimar: Metzler, 2012. 36–39.
Neumann, Stefan. *Loriot und die Hochkomik. Leben, Werk und Wirken Vicco von Bülows*. Trier: WVT, 2011.
Steinmetz, Horst. *Die Komödie der Aufklärung*. Dritte, durchgesehene und bearbeitete Auflage. Stuttgart: Metzler, 1978.

Claudia Hillebrandt
Zwischen Spielfreude und Medienkritik – Loriots Fernseh-Sketche über das Fernsehen

> Nach der 13. Sendung verließ mich Peter Kleinknecht, der bis dahin das Studio leitete. Mein nächster Mitarbeiter war Tim Moores. Dieser drängte mich, neben dem Zeichentrickfilm auch die Wirkung von Sketchen nicht zu unterschätzen und mittels Perücken, angeklebten Bärten und Nasen die Hauptrollen selbst zu übernehmen. Wir konzentrierten uns auf das nächstliegende Opfer: die eigene Branche. (Loriot 2007, Booklet, 4)

So heißt es im Einleitungstext zu Loriots erster Sendereihe *Cartoon*, der sich im Booklet der vollständigen Fernseh-Edition findet. Die Entscheidung für das Sketchformat und die Idee, sich darin komisch und auch komisch-satirisch mit dem eigenen Medium auseinanderzusetzen, kommen offenbar gleichzeitig in die Welt. *Dass* Loriot als einer der ersten im deutschen Fernsehen mediale und institutionelle Bedingungen des Fernsehens selbst zum Thema gemacht hat, ist unbestritten (vgl. dazu z. B. Neumann 2011, 238–239). *Wie genau* er dies tut, soll im Folgenden erörtert werden (vgl. dazu auch die Analysen zu einzelnen Mediensketchen bei Reuter 2016, 96–120).

Dazu wird zunächst eine kleine Typologie von Sketchen über das Fernsehen vorgestellt, aus der die Bandbreite der Bezugnahmen auf dieses neue Leitmedium der alten Bundesrepublik in Loriots Werk deutlich werden soll. Im Anschluss soll eine Untergruppe dieser Sketche näher betrachtet werden. Die Hauptthese des Beitrags lautet, dass diese Gruppe von Sketchen im engeren Sinne als satirisch beschrieben werden kann. Und dass diese Satire kritisch v. a. im Sinne einer Diskurs- und Institutionenkritik aufzufassen ist. Diese Fernseh-Fernsehsketche sind in ihrem kritischen Gestus durchaus bemerkenswert, weil sie sich auch als Stellungnahme Loriots zu fernsehpolitischen Fragen verstehen lassen, die in den 1960er und 1970er Jahren relevant waren, und weil sie Loriots Selbstverständnis als satirischer Beobachter des Fernsehens im Fernsehen profilieren helfen: Loriot versteht seine Fernsehsatire vornehmlich als Anregung, Missstände innerhalb eines gesellschaftlich hoch relevanten Mediums zu beheben. Sein Ansatz ist ein kritisch-pädagogischer, kein kritisch-defätistischer.

1 Kleine Typologie von Fernsehsketchen über das Fernsehen

Das Fernsehen als Medium ist in so vielen von Loriots Sketchen bedeutsam, dass es wohl einfacher wäre, eine Liste derjenigen Sketche aufzustellen, die keinen Bezug zu diesem neuen Massenmedium der 1960er Jahre aufweisen. Die Zahl derjenigen Sketche, die auf das Fernsehen thematisch Bezug nehmen, fällt immerhin geringer aus. Grob lassen sich hier zwei Gruppen unterscheiden (Tab. 1):

Tab. 1: Typologie von Sketchen über das Fernsehen.

I. Das Fernsehen als neues Massenmedium: Technik und mediale Rahmenbedingungen	II. Parodien von Fernsehsendungen oder Formattypen
Bello (Der sprechende Hund)	Verspielt:
Das Filmmonster	Aktenzeichen XY ungelöst
Der 65. Geburtstag	Bericht aus Bonn
Der Astronaut	Der 7. Sinn
Der Kunstpfeifer	Deutsch für Ausländer
Englische Ansage	Die Steinlaus
Farbfernsehen	Du und dein Körper
Fernsehabend	Kulturspiegel
Fernsehansagerin	Tagesschau (mehrfach)
Fernsehfreie Minute	Tierstunde – Der wilde Waldmops
Fernsehgebührenordnung	Was bin ich?
Fernsehtechnik	
Frühstück und Politik	Kritisch:
Mutters Klavier (Heim-TV)	Das ist ihr Leben
Olympia-Boykott	Der Familienbenutzer
Ostereier im TV-Gerät	Der Lottogewinner
Plastologie	Der Wähler fragt
Schwäbische Ansagerin	Du und ich
Sollen Hunde fernsehen?	Filmanalyse
Zuschauerpost	Internationaler Frühschoppen
	Loriots Telecabinet
	Panorama
	Politik und Fernsehen
	Studioquiz
	Talkshow (aus: Der 80. Geburtstag)
	Werbung (mehrfach)
	Wünsch dir was
	ZDF-Magazin

Eine Vielzahl von Sketchen bezieht sich auf technische und mediale Rahmenbedingungen der Fernsehproduktion und- rezeption. Diese Sketche sind kultur- und mediengeschichtlich interessant, weil sich in ihnen der Einzug des Fernsehens als Einrichtungsgegenstand wie technischer Apparat in die bundesdeutschen Wohnzimmer ebenso spiegelt wie der Aufstieg des Fernsehens zum Massenmedium in den langen 1960er Jahren (vgl. Hickethier und Hoff 1998, 200–201 sowie Schildt und Siegfried 2009, 197–202). In diesen Sketchen wird humoristisch auf technisch-mediale Besonderheiten des Fernsehens aufmerksam gemacht, werden technische und bürokratische Aspekte des Fernsehgebrauchs und des Fernsehapparates als neuem Konsumgut in den Blick genommen und auf eher freundliche Art verulkt. In *Farbfernsehen* etwa wird zu Beginn eine Empfehlung an die „Hausfrauen" ausgesprochen, in der Unsicherheiten im Umgang mit der neuen Technik des Farbfernsehgerätes auf augenzwinkernd-harmlose Weise lächerlich gemacht werden: „An der Unterseite des Fernsehgerätes heraustretende Farbreste sind für Mensch und Tier völlig unschädlich und lassen sich aus Haargarn und Bettwäsche mit etwas Zitrone mühelos entfernen." (Loriot 2006, 364; Loriot 2007, Disc 1, Track 7)[1]

Darüber hinaus hat Loriot wiederholt Ansagerinnen und Ansager oder Fernsehjournalistinnen und- journalisten in Probleme verwickelt, die sich aus den Rahmenbedingungen vornehmlich von Live-Sendungen ergeben. Hier wäre natürlich an Sketche wie *Englische Ansage* (vgl. Loriot 2007, Disc 4, Loriot IV, Track 3, 8, 10 und 13) zu denken, aber auch an mehrere Interviewszenen wie *Der Astronaut* (vgl. Loriot 2006, 316–319; Loriot 2007, Disc 2, Track 29), *Arbeiterinterview* (vgl. Loriot 2007, Disc 3, Loriot I, Track 9) oder *Kunstpfeifer* (Loriot 2007, Disc 2, Track 24), in denen die Interviewpartner entweder nicht die sind, die sie sein sollten,[2] oder in denen das Interview nicht die Erwartungen einlöst, die an es gestellt werden. In all diesen Sketchen werden auf liebenswert-heitere Art kleine Patzer, die das Medium Fernsehen öffentlich macht, zum Gegenstand der Komik, aber auch technische Tücken des Fernsehapparates oder seine Funktion als Nutz- wie Einrichtungsgegenstand. Diese Sketche sind vorwiegend für das frühe Sketchwerk kennzeichnend.

---

[1] Erstnachweise werden nach Möglichkeit sowohl aus der Schrift- als auch aus der Filmfassung vorgenommen. Wo in der Folge zitiert wird, wird in der Regel die *Gesammelte Prosa* (Loriot 2006) herangezogen, wo auf Bildmaterial verwiesen wird, die *Fernseh-Edition* (Loriot 2007). Einige Sketche, die in der *Gesammelten Prosa* (Loriot 2006) nicht enthalten sind, werden nur anhand der *Fernseh-Edition* (Loriot 2007) nachgewiesen, dann als eigenes Transkript.
[2] In *Der Astronaut* beispielsweise ist der Interviewpartner überraschenderweise eben kein Astronaut, sondern ein Verwaltungsbeamter.

Daneben hat Loriot eine Reihe von bekannten Fernsehsendungen parodiert.[3] Viele dieser Parodien kommen eher verspielt daher. Sie offenbaren eine besondere Lust an der Nachahmung, an der gekonnten Imitation von Sprechgestus, Dramaturgie und Themenbehandlung der parodierten Sendungen. Herabsetzend sind sie nur in einem schwachen Sinne, indem sie das Selbstverständnis der Moderatorinnen und Moderatoren überzeichnen und damit ihr Ringen um Ernsthaftigkeit und Würde ins Lächerliche ziehen. Wenn in *Der 7. Sinn* die Empfehlung ausgesprochen wird, sein Auto in bestimmten Abständen zum Halt zu bringen und direkt am Standort – in diesem Fall also mitten auf der Autobahn – zu überholen, dann wird hier eher augenzwinkernd der belehrende Gestus und das darin zum Ausdruck kommende Sicherheitsdenken der parodierten Sendung ins Groteske übersteigert (vgl. Loriot 2007, Disc 2, Track 28). Den Tierfilmer Bernhard Grzimek imitierte Loriot bekanntermaßen so genau, dass es angeblich zu Verwechslungen kam und Grzimek in seiner nächsten Sendung die eigene Identität noch einmal beteuern musste (vgl. Loriot 2007, Disc 3, Loriot II, Track 6 sowie Neumann, 2011, 263–254). In *Tierstunde – Der wilde Waldmops* nimmt Loriot Horst Sterns bekannte Dokumentarsendereihe *Sterns Stunde* aufs Korn. Gekonnt wird Sterns Selbstverständnis als aufklärerisch-kritischer Tierfilmer aufgegriffen (vgl. Fischer 1997). Sterns Interesse an ökologischen Fragen wird am Beispiel des wilden Waldmopses *ad absurdum* geführt, wenn es am Ende, nach einer Beschwörung der Verheerungen, die der Waldmops anzurichten imstande sei, heißt: „Wir meinen, daß falsch verstandene Romantik hier fehl am Platze ist" (Loriot 2006, 341; Loriot 2007, Disc 2, Track 33). Weitere dieser besonders populär gewordenen Parodien ließen sich hier anführen.

Ziel dieser Parodien ist weniger, die Sendeformate, auf die sie sich beziehen, scharf zu kritisieren. Ihr Reiz liegt offenbar eher darin, das parodierte Original möglichst genau zu treffen und seine Besonderheiten mit komischen Mitteln offenzulegen. Hier wird das Fernsehen als populäres Massenmedium in seinen dramaturgischen Eigenlogiken erkundet und eher milde bespöttelt. Diese Sketche lassen sich unter dem Rubrum „Alltagskultur der BRD" als wichtiger medienspezifischer Teilbereich der Loriot'schen humoristischen Gesellschaftsbeobachtung fassen.

---

3 Mit Theodor Verweyen und Gunther Witting zeichnet die Parodie ihr Sekundärcharakter aus. Dieser liegt darin begründet, dass die Parodie sich auf andere Texte, Stile oder Genres bezieht und damit eine Form der Kommunikation über Texte ist. Im Zuge einer parodistischen Verarbeitung wird die die Vorlage kennzeichnende Textnorm über- oder untererfüllt, meist indem die Parodie antithematisch zur Vorlage verfährt und dadurch einen Kontrast zu dieser schafft. Durch dieses Verfahren der kontrastbildenden Über- oder Untererfüllung wird Komik erzeugt, deren Ziel es ist, die Vorlage zu verspotten und ggf. die Veränderung von Produktions- oder Rezeptionsnormen appellativ einzufordern (vgl. Verweyen und Witting 1979, 101–159).

Anders verhält sich dies bei einer zweiten Gruppe von Sketchen, die z. T. konkrete Sendeformate parodieren, z. T. auch Formattypen. Besonders häufig hat Loriot Diskussionsrunden parodiert wie etwa Werner Höfers *Internationalen Frühschoppen* (Loriot 2007, Disc 1, Track 22; vgl. zu Höfers Sendung Verheyen 2010, 154–206). Daneben sind aber auch Parodien von Unterhaltungs- und Quizsendungen zu nennen wie *Wünsch Dir was* (vgl. Loriot 2007, Disc 1, Track 42) oder *Das ist ihr Leben* (Loriot 2007, Disc 4, Loriot IV, Track 4). Diese Parodien sind dadurch gekennzeichnet, dass sie eine deutlich kritische Perspektive gegenüber den parodierten Formaten oder auch dem Fernsehen als Institution einnehmen und in diesem Sinne satirisch sind.[4] Dies soll zunächst an zwei Beispielen Loriot'scher Parodien von Informationssendungen verdeutlicht werden, nämlich zum einen anhand von Loriots Parodie der Politsendung *Panorama* (Loriot 2007, Disc 2, Loriots Cartoon Teil 2, Tracks 5–10), zum anderen an der Diskussionsrunde *Der Wähler fragt* (Loriot 2006, 238–243; Loriot 2007, Disc 3, Loriot III, Track 7). Dass in den Parodien aus dem Bereich des Unterhaltungsfernsehens ähnliche, z. T. sogar noch kritischere parodistisch-satirische Muster Verwendung finden, soll im Anschluss ein kurzer Blick auf den wenig bekannten Sketch *Du und ich* (Loriot 2007, Disc 1, Track 43) zeigen.

2 Fernsehkritik als Diskurs- und Institutionenkritik

Loriot arbeitet sich immer wieder am medial vermittelten politischen Diskurs der alten BRD ab. Besonders deutlich zeigt sich dies an seiner *Panorama*-Parodie, die sich auch als indirekte medienpolitische Stellungnahme verstehen lässt. Auch hier kam es zu Verwechslungen: Loriot imitierte den Anchorman Peter Merseburger nach eigener Aussage so überzeugend, dass einzelne Zuschauer seine Parodie für das Original hielten (vgl. Loriot 2007, Booklet, 6).

Vordergründig ist die *Panorama*-Parodie ähnlich aufwändig gemacht wie etwa diejenigen von *Sterns Stunde* oder zu Grzimeks Tiersendung. Allerdings erscheint der Moderator hier durchaus wenig liebenswürdig. Was er zu sagen hat, ist absurd – etwa wenn er darüber räsoniert, welche Steuersparmöglichkeiten sich für einen „fünfjährigen Angestellten mit 126 Kindern" ergeben (Loriot 2006, 262) –, wie

---

4 Mit Jörg Schönert wird ‚Satire' als sekundäre Schreibweise gefasst, die strategisch eingesetzt wird, um mittels aggressiver Kritik an einer in der dargestellten Objektwelt vorherrschenden Norm Veränderungen anzuregen. Der kritisierten Objektnorm wird eine mindestens implizit greifbare Gegennorm gegenübergestellt. Die Objektwelt wird dazu a-mimetisch, also z. B. grotesk überzeichnet, dargeboten (vgl. Schönert 2011).

er es in predigend-näselndem Ton sagt, wirkt so sendungsbewusst wie selbstgerecht. Seine politischen Vorlieben und Abneigungen teilt er gleich zu Beginn der Moderation mit:

> Die Christdemokraten, meine Damen und Herren, haben über Umweltprobleme viel geredet und wenig getan. Was ist von einem konservativen Innenminister zu halten, der in dieser entscheidenden Frage die Meinung eines Wissenschaftlers von Weltruf beharrlich ignoriert? Dieter Wallner sprach mit Professor Erwin Damholzer. (Loriot 2007, Disc 2, Track 7)

Im anschließenden Interview wird die Schrumpfung der Menschheit zur Behebung aller Umweltprobleme vorgeschlagen.

Stellt man die *Panorama*-Parodie in ihren fernsehgeschichtlichen Kontext, so erscheint sie deutlich weniger verspielt und harmlos, als es zunächst scheint: Das Politmagazin *Panorama* des NDR war im Senderverbund der ARD umstritten, weil es sich auch insofern als politisch verstand, dass die Moderatoren selbst Stellung zu politischen Fragen bezogen (vgl. Hickethier und Hoff 1998, 268–271). Im Rundfunkrat der ARD kam es dementsprechend wiederholt zu Auseinandersetzungen über die Frage, ob dieses Selbstverständnis dem Informationsauftrag des Fernsehens gerecht werde oder nicht. Merseburger war bereits der vierte Anchorman der Sendung. Der häufige Austausch der Magazinleitung zeigt, wie umstritten diese Position war und wie stark der Versuch der Politik, auf die Berichterstattung Einfluss zu nehmen. Als dies nichts fruchtete, wurden stattdessen weitere Polit-Magazine ins Programm genommen, die teils andere politische Ansichten vertraten, um so eine Ausgewogenheit innerhalb des gesamten Programmangebots herzustellen. Als prominentestes Beispiel ist hier das von Gerhard Löwenthal moderierte *ZDF Magazin* zu nennen, das sich dezidiert als Gegenentwurf zu *Panorama* oder *Monitor* verstand und das Loriot ebenfalls, sogar noch vor *Panorama*, in satirischer Absicht parodiert hat (vgl. Loriot 2007, Disc 1, Track 24). Darüber hinaus setzte eine Debatte darüber ein, wie politische Ausgewogenheit innerhalb der einzelnen Programmsparten umgesetzt werden solle. Eine entsprechende Programmleitlinie wurde aber nur in abgeschwächter Form verabschiedet. Nach Knut Hickethier und Peter Hoff war es damit in den 1960er Jahren zu einer „Balance zwischen ganzen Magazinreihen innerhalb der ARD und zwischen ARD und ZDF gekommen" (Hickethier und Hoff 1998, 270), die aber das Fernsehen als Informationsmedium insgesamt schwächte.

Es scheint, dass Loriot in einem seiner wenigen Programmtexte genau diese Schwächung beklagt. In *Satire im Fernsehen* – vorgetragen am 4. Juli 1979 in der Evangelischen Akademie Tutzing (vgl. Loriot 2006, 271) – bestimmt Loriot die Aufgabe der Satire darin, sich gegen die Macht zu richten. In einer funktionierenden Demokratie wie der Bundesrepublik weise der Pfeil der Satire dementsprechend

> auf den, der für die Zustände verantwortlich ist, in denen wir leben. Das sind der Wähler, der Konsument, der Zuschauer, der Autobesitzer, aber auch der Fernsehmacher, der Ge-

werkschaftler, Werbefachmann, der Vertreter, kurz der Mann und die Frau auf der Straße oder draußen im Lande, wie es immer heißt. Sie haben die Macht und tragen im Grunde die Verantwortung. Damit werden sie zum Ziel der Satire. (Loriot 2006, 407)

Fernsehkritik ist in diesem Sinne Teil einer größer angelegten demokratischen Gesellschaftskritik, die letztlich vor allem nicht politische Eliten, sondern eine breite, einflussreiche Mittelschicht in unterschiedlichen gesellschaftlichen Funktionen aufs Korn nimmt. Unter dieser Voraussetzung wendet sich Loriot gegen die politische Ausrichtung der (Magazin-)Berichterstattung:

> Zum Ethos eines Fernsehmachers der gehobenen Gehaltsklasse müßte auch der Ehrgeiz gehören, aus seiner politischen Überzeugung ein Rätsel zu machen. Nur zwischen sämtlichen Stühlen ist sein Platz. Wie schnell würden wir dann unser Proporzsystem mit seiner zwanghaften Ausgewogenheit als ebenso lächerlich wie unwürdig empfinden.
> Mit Proporz sollten doch wohl nichts anderes als Vernunft und das Verständnis für eine andere Überzeugung gemeint sein. Der Proporz hat also in uns selber stattzufinden. Wenn nicht, ist die Möglichkeit zum Gespräch vertan. (Loriot 2006, 406)[5]

Die Feststellung, dass durch den Proporz eine Möglichkeit zum Gespräch vertan sei, wiegt durchaus schwer. Denn hier wird ganz grundlegend in Zweifel gezogen, dass das Fernsehen seinem Informationsauftrag und damit seiner Rolle als Anreger für eine Debatte nachkomme.

Wenn Loriot im Anschluss mit ungewohnt scharfen Worten einfordert – besonders auffällig und wegen ihrer historischen Prägung im Nationalsozialismus auch unglücklich ist hier die Wortwahl „entartet" –, die Satire müsse sich gegen einen unausgewogenen, medial vermittelten politischen Diskurs stellen, dann wird damit deutlich, dass die *Panorama*-Parodie im Kontext ihrer Entstehungszeit durchaus als medienpolitische Stellungnahme zum Rundfunksystem als Ganzem (und noch grundlegender zur Debattenkultur der BRD) aufzufassen ist:

> Es sollte zur Aufgabe der Satire gehören, die entartete Politisierung unseres Lebens der Lächerlichkeit preiszugeben. Gemeint ist damit nicht die engagierte politische Überzeugung, sondern der Umgang mit ihr. Wenn das politische Gebaren eben jene Charaktereigenschaften kastriert, die allein das Leben in einer Gesellschaft erträglich machen, entwickeln wir uns zurück. (Loriot 2006, 407)

Wie wenig medienpolitisch neutral diese Forderung nach politischer Neutralität innerhalb eines Programms und nicht nur im Proporz zwischen den Programmen war, lässt sich an einem Fernsehinterview ablesen, das Marianne Koch bei *3nach9* mit Loriot geführt hat (vgl. Loriot 2007, Disc 3, Extras). In diesem Interview wieder-

---

5 Verulkt wird das Proporzsystem nicht nur in den Parodien von *Panorama* und des *ZDF Magazins*, sondern z. B. auch im Sketch *Politik und Fernsehen* (vgl. Loriot 2006, 253–257).

holt Loriot zentrale Formulierungen aus *Satire im Fernsehen*. Auf Kochs Einwand, man könne doch nicht verlangen, dass eine Person ihre politische Überzeugung völlig beiseite lasse, widerspricht Loriot heftig und äußert vor dem Hintergrund seiner Diagnose einer mangelnden politischen Neutralität der Programmmachenden sogar Verständnis für das Begehren der Politik, in die Programmgestaltung hineinzuregieren. Resümierend hält er fest: „Insgesamt aber ist der richtige Platz eines verantwortlichen Fernsehmachers zwischen allen Stühlen, jawohl, und nicht auf denselben." (Loriot 2007, Disc 3, Extras) An den Blicken der Zuschauer – z. B. des ebenfalls eingeladenen Wolfgang Menge – wie auch an Kochs etwas entnervtem Ausruf, es handele sich hier um eine Apotheose der Ausgewogenheit, wie sie sie noch nie gesehen habe, wird deutlich, wie wenig konsensfähig diese Auffassung Loriots im Zuschauerkreis der Sendung war.

Dass das Fernsehen als Informationsmedium Defizite aufweise, führt Loriot nicht nur mit der *Panorama*-Parodie vor. Sein Generalthema – Kommunikationsdefizite (vgl. dazu Ehlert 2004; Fix 1996) – wird nicht nur im Privaten, sondern gern auch dort situiert, wo Kommunikation im öffentlichen Diskurs stattfinden sollte, z. B. in den Diskussionsrunden des Fernsehens. Hier hat Loriot eine Vielzahl von Parodien vorgelegt, die insgesamt aber weniger populär geworden sind als seine eher verspielten Fernsehparodien.

Wenn im Sketch *Der Wähler fragt* (Loriot 2006, 238–242; Loriot 2007, Disc 3, Loriot III, Track 7) keine Kommunikation zwischen Wähler und Politikern zustande kommt, dann hat dies vielfältige Gründe: das politische Desinteresse des repräsentativ ausgesuchten Wählers – Opa Hoppenstedt –, die phrasenhaften, völlig austauschbaren Einwürfe der eingeladenen Politiker, die Unfähigkeit der Moderatorin dagegen anzuarbeiten. Tatsächlich wird Opa Hoppenstedt im Sketch als der repräsentative Durchschnittsbürger schlechthin präsentiert. Er wirkt kindisch, politisch desinteressiert und unbefangen im Umgang mit der politischen Vergangenheit und Gegenwart der BRD, wenn er sich zum Schluss den auch nach Kriegsende ungebrochen populären Marsch *Alte Kameraden* wünscht, um damit u. a. „Tante Erika in der DDR" zu grüßen (Loriot 2006, 242). Die erste Frage, die er stellt, lautet: „Was ist der Unterschied ... [...] ... zwischen einem Eichhörnchen und einem Klavier." (Loriot 2006, 239) Die ständige Nachfrage: „... und die Mädels ... was ist mit die Mädels?" (Loriot 2006, 240), zeigt, dass er glaubt, sich in einer Quizshow *à la* Kulenkampff, aber ohne ‚reizende Assistentin' zu befinden (vgl. zu Kulenkampffs Rolle als populärem Moderator von Quiz- und Spielshows Hickethier und Hoff 1998, 258–259). Ein Bürgerdialog kommt so nicht in Gang.

Gerade die medienkritischen Sketche offenbaren so den dezidierten Zeitbezug von Loriots General-Diagnose einer alle gesellschaftlichen Teilbereiche durchdringenden Kommunikationsunfähigkeit der alten BRD (vgl. hierzu ausführlicher Hillebrandt 2023): Wie Nina Verheyen gezeigt hat (vgl. Verheyen 2010), kommen politische Talkformate wie Werner Höfers *Internationaler Frühschoppen* im Zuge einer seit der Besatzungszeit in der BRD zunehmend florierenden Diskussionskultur zunächst in den Rundfunk, dann ins Fernsehen.[6] Dieses Fernsehen, dem noch in den 1960er Jahren vorrangig der Programmauftrag der Bildung zuerkannt wird,[7] soll zu Pluralisierung und Demokratisierung des politischen Diskurses beitragen. Zeigt Loriot das Scheitern dieses Anspruchs auf, so ist dies nicht (nur) so zu verstehen, dass er die prinzipielle Interessensgebundenheit kommunikativen Verhaltens und ein allgemeinmenschliches kommunikatives Defizit konstatiert. Gerade die mit aller Schärfe angeprangerte Selbstherrlichkeit und Parteilichkeit der Programmmachenden und der von ihnen interviewten Politiker, aber auch die Kenntnislosigkeit und das Desinteresse der Zuschauenden sind zentrale Merkmale einer Zeitdiagnose, die dieses gesellschaftsbildende Potenzial des Fernsehens im Prinzip bestätigt, es in der Praxis aber als ungenutzt ansieht.

Wichtig ist hierbei zu betonen, dass diese Kritik nicht nur das Fernsehen als Institution trifft, sondern in gleicher Weise auch das Fernsehpublikum. Im Sketch *Frühstück und Politik* etwa erklärt ein Ehemann seiner Ehefrau, warum ein plakativer, teilweise mit Beleidigungen arbeitender politischer Diskurs für die medial vermittelte Kommunikation zwischen Politikern und Wählern notwendig sei: „Sieh mal, die Parteiprogramme sind nicht leicht zu unterscheiden, und da sind die Politiker übereingekommen, gegenseitig ihre charakteristischen Merkmale herauszuarbeiten." (Loriot 2006, 224) Sie begreift und stimmt ein:

> ER   Wehner könnte sich schon was ausdenken für die Herren Kiep und Albrecht. Vielleicht: „Die Provinzköter an der Leine" ... und die könnten ihn dafür dann „Rote Ratte" nennen ...
> SIE Das klingt auch heiter und verletzt nicht ...

Als sie dasselbe Prinzip jedoch auf ihn anwendet, reagiert er verletzt:

> SIE Du ißt wie ein Schwein!
> ER   Wie bitte?
> SIE Wie ein Schwein!
> ER   Monika!   (Loriot 2006, 225)

Hier wird ein selbstgerechtes Fernsehpublikum vorgeführt, das eine skandalisierende mediatisierte Redeweise einfordert, obwohl es diese selbst als herabsetzend und verletzend empfindet. Loriots Sprach- und Diskurskritik haben damit einen umfassenden sozialen Anspruch, der sich nicht auf die Medienkritik allein beschränkt.

---

6 Insgesamt kann ab den 1950er Jahren von einer sich langsam verändernden Diskussionskultur in der BRD gesprochen werden. (Vgl. Schildt und Siegfried 2009, 151).
7 Dies galt noch für den Intendanten des neu gegründeten ZDF Karl Holzamer in den 1960er Jahren, als das Fernsehen längst zum unterhaltenden Massenmedium avanciert war (vgl. Hickethier und Hoff 1998, 216–217).

Mit Jörg Schönert (2011) liegt Loriots kritischen Fernsehparodien damit insgesamt eine sekundäre satirische Schreibweise zugrunde, die strategisch eingesetzt wird, um Veränderungen der im Fernsehen vorherrschenden Form der (Magazin-)Berichterstattung und der auch im Fernsehen repräsentierten Debattenkultur der alten BRD als Ganzer anzuregen. Die kritisierte Objektnorm lässt sich mit den Stichworten politisches Sendungsbewusstsein und Durchsetzungswille umreißen: Die Berichterstattenden und Diskutierenden wollen vornehmlich eine politische Botschaft platzieren, ohne Rücksichtnahme auf anders gelagerte Sichtweisen ihres jeweiligen Gegenübers. Offenheit für andere Anschauungen in der Diskussion oder die Bereitschaft, die eigene Meinung zurückzunehmen und stärker sachorientiert zu berichten, liegen ihnen fern. Diese Objektnorm wird nicht nur dem Fernsehen als Institution oder einzelnen Fernsehmachenden zugeschrieben, sondern umfassender einer nicht nur im Fernsehen präsenten Debattenkultur attestiert. Ihr wird die Gegennorm einer herrschaftsfreien Debattenkultur und einer informations-, nicht meinungsorientierten Berichterstattung gegenübergestellt.[8]

3 Zynismus des Unterhaltungsfernsehens

Loriots fernsehsatirische Sketche konzentrieren sich zwar auf das Fernsehen als Informationsmedium. Komplementär zu den dort kritisierten Defiziten wird aber auch das Fernsehen als Unterhaltungsmedium angegriffen: Im Sketch *Das ist ihr Leben* (Loriot 2007, Disc 4, Loriot IV, Track 4) wird der Fernsehschauspieler Ted Braun mit einem so lieb- wie kenntnislos zusammengeschusterten Rückblick auf das eigene Leben konfrontiert, das am Ende mit bitterem Zynismus auch den eigenen Tod einschließt. Loriots Parodie der beliebten Unterhaltungssendung *Wünsch Dir was* (Loriot 2007, Disc 1, Track 42) mit Vivi Bach und Dietmar Schönherr muss in grotesker Übersteigerung eigentlich nur auf die Spitze treiben, was in der Sendung selbst passierte. Dort war eine Mutter beim Versuch, sich gemeinsam mit ihrer Familie unter Wasser aus einem Auto zu befreien, fast ums Leben gekommen (vgl. Hickethier und Hoff, 1998, 261–262). Bei Loriot wird die Familie gefesselt und überlebt die Show nicht. Die

---

[8] Loriots mediensatirische Sketche weisen in dieser kritischen Stoßrichtung Ähnlichkeiten z. B. mit Jürgen Habermas' Überlegungen zum Strukturwandel der Öffentlichkeit auf, mit denen sie in einem diskursgeschichtlichen Zusammenhang stehen (vgl. Verheyen 2010): Habermas hatte in seiner Habilitationsschrift von 1962 die These vertreten, dass die kulturräsonierende kritische Öffentlichkeit – genauer eine im achtzehnten Jahrhundert sich herausbildende, auf Ebenbürtigkeit, allgemeine Kritik und einen offenen Publikumsbezug abzielende bürgerliche Öffentlichkeit – unter den Bedingungen der Massenmedien im zwanzigsten Jahrhundert letztlich zerfallen sei (vgl. Habermas 1990).

andere Kandidatenfamilie gewinnt und trägt abschließend ein selbst verfasstes Poem auf den „Nachbarn in der Not" vor. Loriot alias Schönherr lächelt dazu.

Loriot zeigt in beiden Parodien Moderatorinnen und Moderatoren, die ihr Programm professionell, aber desinteressiert abspulen, den Imperativ der Unterhaltung voll verinnerlicht zu haben scheinen und um jeden Preis durchsetzen wollen, dabei rücksichtslos und uneinfühlsam agieren. Seine Parodien von Unterhaltungssendungen gewinnen damit einen regelrecht zynischen Charakter. Besonders drastisch zeigt sich dies im Sketch *Du und ich* (Loriot 2007, Disc 1, Track 43). In diesem Sketch macht „Dr. Julia Kriegel sie bekannt mit dem Menschen von nebenan". Ziel der neuen Sendereihe solle es sein, urbaner Vereinsamung entgegenzuwirken. Der Kontrast zwischen diesem Anspruch und seiner Umsetzung wird maximal entfaltet: Dr. Julia Kriegel präsentiert zufällig ausgesuchte Personen, mit denen sie den Dialog sucht. Ihr erster Gesprächspartner Herr Fröhlich erweist sich als Serienmörder, der die abgeschnittenen Ohren seiner Opfer in einer Schublade in seiner Wohnung aufbewahrt. Die Kritik des Sketches richtet sich auf den Umgang der Journalistin Dr. Kriegel mit ihrem Interviewpartner. Nur kurz aus dem Takt gekommen, spult sie unerschrocken weiter ihr Interviewkonzept ab und unterläuft damit völlig unverfroren das Programmziel einer Annäherung „an den Nächsten" im Dialog, indem sie es nur äußerlich erfüllt.

Dass Loriot mit dem Unterhaltungsfernsehen noch härter und auch eindeutiger kritisch ins Gericht geht als mit dem Informationsfernsehen mag seinen Grund darin haben, dass er das Fernsehen im Sinne des ursprünglichen Programmauftrags der 1950er Jahre primär als Medium mit einem Bildungs-, nicht einem Unterhaltungsauftrag begriff; oder auch darin, dass er die Zurückdrängung der informativen gegenüber den unterhaltenden Programmen kritisch sah (vgl. Hickethier und Hoff 1998, 216–217). Aber das bleibt letztlich Spekulation. In jedem Fall begleitet Loriot das neue Leitmedium Fernsehen mit z. T. deutlich ausgeformter parodistisch-satirischer Kritik. Dies zeigen nicht zuletzt auch seine Parodien von Werbesendungen, die sich in ihrem kritischen Gestus auch als ablehnende Stellungnahme zur Frage der Werbefinanzierung des öffentlich-rechtlichen Fernsehens einordnen lassen (vgl. oben Tab. 1 sowie Hickethier und Hoff 1998, 203 und 210–211 und Reuter 2016, 58–66).

4 Fazit

Loriots Mediensatire lässt sich zusammenfassend grob in zwei Gruppen aufteilen: Eine ganze Reihe von Sketchen kann im Kontext einer Mediengeschichte der BRD als Beleg und Anschauungsbeispiel für den Einzug des Fernsehgerätes in die bundesdeutschen Haushalte wie auch für den Aufstieg des Fernsehens zum Massenmedium gesehen werden. Anlass zur Komik bieten hier vor allem misslingende Prozesse der Gewöhnung an dieses neue Medium bei Fernsehzuschauenden wie Programmverantwortlichen und -machenden, aber auch die übertriebene Integration des Fernsehkonsums in den eigenen Alltag. Diese Sketche gehören zu großen Teilen dem frühen Sketchwerk an. Eine zweite Gruppe parodiert bekannte und beliebte Fernsehsendungen. Sie tut dies oft auf eher verspielt-spöttische Weise und erkundet damit vornehmlich medientechnisch bedingte Funktionsweisen und dramaturgische Eigenheiten dieser Sendeformate. Eine Teilmenge an Parodien sticht insofern heraus, als diese in deutlich schärferem Ton, nämlich im engeren Sinne satirisch vorgetragen wird. In dieser Gruppe, in der politische Magazine, Diskussionsrunden, aber auch Quizshows und Werbung parodiert werden, ist ein deutlich medien- und zugleich kulturkritischer Grundton nicht zu überhören; die Sketche führen vor, wie das Fernsehen als Informationsmedium mit seinem Programmauftrag scheitert, als Unterhaltungsmedium gar in Zynismus abgleitet. Gelegentlich wird dieses Scheitern anhand sympathischer Figuren wie dem Journalisten Klaus Schmoller mit einem gewissen Verständnis für die Tücken des Fernsehalltags vorgeführt. Überwiegend aber werden hier in recht deutlicher Weise Fehler angeprangert, die vermeidbar wären und dem Fernsehen sein gesellschaftsbildendes, informatives Potenzial rauben: politisches Sendungsbewusstsein, Desinteresse an anderen Positionen, kleinkariertes Festhalten an politischem Proporz, Sensationsgier oder Konsumismus. Loriots Mediensketche sind damit mitunter viel weniger freundlich im Ton als viele seiner kanonischeren Sketche. Sie zielen überwiegend auf eine Verlach-, nicht eine Mitlachkomik ab und sie bauen auf der Norm eines an Informativität und Kooperativität orientierten Kommunikationsverhaltens auf, die in der Praxis zwar nur schwer einzulösen ist, im Sketchwerk aber dennoch hochgehalten wird.

Dass dabei auch das Fernsehpublikum nicht geschont wird, zeigt sich nicht nur an der uninformierten, in Teilen reaktionär gezeichneten Figur Opa Hoppenstedts in *Der Wähler fragt* oder im Dialog der sensationslüsternen Ehepartner aus *Frühstück und Politik*. Im Sketch *Fernsehabend* (Loriot 2006, 172–175; Loriot 2007, Disc 3, Loriot III, Track 13) wird ein Ehepaar vorgeführt, das ohne Fernseher auf sich selbst zurückgeworfen nicht in der Lage ist, in einen Dialog einzutreten, und dessen Fernsehkritik von der eigenen Fernsehabhängigkeit konterkariert wird:

    SIE   Was wäre denn heute für ein Programm gewesen?
    ER   Eine Unterhaltungssendung ...
    SIE   Ach ...
    ER   Es ist schon eine Un-ver-schämt-heit, was einem so Abend für Abend im Fernsehen
            geboten wird! Ich weiß gar nicht, warum man sich das überhaupt ansieht! ... Lesen
            könnte man statt dessen, Karten spielen oder ins Kino gehen ... oder ins Theater ...
            statt dessen sitzt man da und glotzt auf dieses blöde Fernsehprogramm!

SIE	Heute ist der Apparat ja nun kaputt ...
ER	Gott sei Dank!
SIE	Ja ...
ER	Da kann man sich wenigstens mal unterhalten ...
SIE	Oder früh ins Bett gehen ...
ER	Ich gehe nach den Spätnachrichten der Tagesschau ins Bett ...
SIE	Aber der Fernseher ist doch kaputt!
ER	(*energisch*) Ich lasse mir von einem kaputten Fernseher nicht vorschreiben, wann ich ins Bett zu gehen habe!

(Loriot 2006, 173–174, Kursivdruck im Original)

Als verantwortlich für das Fernsehprogramm werden damit letztlich die Gebührenzahlenden, Quotenerzeugerinnen und- erzeuger, Wählerinnen und Wähler selbst ermittelt, deren habitualisierter Fernsehkonsum hier karikiert wird (vgl. zur Ritualisierung des Fernsehkonsums in den langen 1960er Jahren Hickethier und Hoff 1998, 203–206). Loriots Mediensatire kritisiert, anders gesagt, nicht nur das Fernsehen als Institution, sondern auch diejenigen, die es durch ihr Nutzungs- und Wahlverhalten mitprägen.

Von einer rezenten Medienkritik, wie sie etwa mit dem schmähenden „Lügenpresse"-Vorwurf (vgl. dazu die Einordnung in Krüger 2016) oder in der These einer Selbstangleichung verschiedener Medien (vgl. Precht und Welzer 2022) greifbar wird, ist Loriots Medienkritik damit weit entfernt, auch wenn sie kurioserweise bei Twitter oder Facebook mitunter für gegenwärtige medienkritische Positionen vereinnahmt wird. Dort wird Loriot offenbar vereinzelt als „Querdenker" tituliert oder seine Medienkritik wird entstellend als Lügenvorwurf an den TV-Journalismus gelabelt.[9] Dies ist schon allein deswegen wenig überzeugend, weil Loriots Medienkritik, wie hier dargelegt wurde, deutlich anders gelagert ist: Sie konstatiert gerade ein zu viel an parteipolitisch *heterogener* Meinung wie auch ein zu viel an Unterhaltung und Werbung und ist außerdem eingebettet in eine umfassende Gesellschaftskritik, die die kritisierten Schwächen nicht nur im Fernsehen aufspürt, sondern in der die Gesellschaft prägenden Mittelschicht als Ganzer (vgl. dazu die Beiträge aus Sektion 1 in diesem Band sowie Classen 2021,

---

[9] In der Abwägung von Datenschutz, Forschungsethik und der wissenschaftlichen Methodik der Beitragenden haben wir uns dafür entschieden, Posts, Tweets und andere Inhalte von Privatpersonen so weit wie möglich zu anonymisieren. Das heißt, dass keine Account-Namen, Profilbilder, Screenshots etc. gezeigt werden und deren Inhalte nach Möglichkeit nicht unmittelbar zuordenbar sein sollten. Wir sehen auch aus ethischen Gründen möglichst von direkten Zitaten ab und verwenden entweder generalisierte, stellvertretende Formulierungen oder wenn möglich Paraphrasen und sinngemäße Wiedergaben von Posts. Ein Nachweis entsprechender Posts und Tweets erfolgt deswegen an dieser Stelle gerade nicht, sie liegen der Verfasserin jedoch vor.

Hillebrandt 2023 und Wietschorke 2013). Auch im Zerrspiegel der Satire ist das Fernsehen bei Loriot also ein Ab-, kein Zerrbild der alten BRD.

Literatur

Classen, Christoph. „Lachen nach dem Luftschutzkeller. Loriot in der bundesdeutschen Nachkriegsgesellschaft". *Loriot. Text + Kritik* 230 (2021): 6–15.

Ehlert, Uwe. *„Das ist wohl mehr 'ne Kommunikationsstörung."* Die Darstellung von Missverständnissen im Werk Loriots. Nottuln: Alda, 2004.

Fischer, Ludwig (Hg.). *Unerledigte Einsichten. Der Journalist und Schriftsteller Horst Stern*. Hamburg: Lit, 1997.

Fix, Ulla. „Text- und Stilanalyse unter dem Aspekt der kommunikativen Ethik: Der Umgang mit den Griceschen Konversationsmaximen in dem Dialog ,Das Ei' von Loriot". *Beiträge zur Text- und Stilanalyse*. Hg. Angelika Feine und Hans-Joachim Siebert. Frankfurt a. M.: Peter Lang, 1996. 53–67.

Görtemaker, Manfred. *Kleine Geschichte der Bundesrepublik Deutschland*. 2. Auflage. Frankfurt a. M.: S. Fischer, 2012.

Habermas, Jürgen. *Strukturwandel der Öffentlichkeit. Untersuchungen zu einer Kategorie der bürgerlichen Gesellschaft*. Mit einem Vorwort zur Neuauflage 1990. Frankfurt a. M.: Suhrkamp, 1990.

Hickethier, Knut, und Peter Hoff. *Geschichte des deutschen Fernsehens*. Stuttgart, Weimar: Metzler, 1998.

Hillebrandt, Claudia. „,Ich habe keine Lust, mich Heiligabend mit diesen Spießern rumzuärgern!' Zum Gesellschaftsbild im Werk Vicco von Bülows (Loriot)". *IASL* 48.1 (2023): 195–218.

Krüger, Uwe. *Medien im Mainstream. Problem oder Notwendigkeit*. https://www.bpb.de/shop/zeitschriften/apuz/231307/medien-im-mainstream/. Bundeszentrale für politische Bildung am 22. Juli 2016 (17. Juli 2023).

Loriot. *Die vollständige Fernseh-Edition*. Reg. Vicco von Bülow. Warner, 2007.

Loriot. *Gesammelte Prosa. Alle Dramen, Geschichten, Festreden, Liebesbriefe, Kochrezepte, der legendäre Opernführer und etwa zehn Gedichte*. Mit einem Vorwort von Joachim Kaiser und einem Nachwort von Christoph Stölzl. Hg. Daniel Keel. Zürich: Diogenes, 2006.

Neumann, Stefan. *Loriot und die Hochkomik. Leben, Werk und Wirken Vicco von Bülows*. Trier: WVT, 2011.

Precht, Richard David, und Harald Welzer. *Die vierte Gewalt. Wie Mehrheitsmeinung gemacht wird, auch wenn sie keine ist*. Frankfurt a. M.: S. Fischer, 2022.

Reuter, Felix Christian. *Chaos, Komik, Kooperation. Loriots Fernsehsketche*. Würzburg: Königshausen & Neumann, 2016.

Schildt, Axel, und Detlef Siegfried. *Deutsche Kulturgeschichte. Die Bundesrepublik von 1945 bis zur Gegenwart*. München: Hanser, 2009.

Schönert, Jörg. „Theorie der (literarischen) Satire. Ein funktionales Modell zur Beschreibung von Textstruktur und kommunikativer Wirkung". *Textpraxis* 2.1 (2011): 2–42.

Verheyen, Nina. *Diskussionslust. Eine Kulturgeschichte des „besseren Arguments" in Westdeutschland*. Göttingen: Vandenhoeck und Ruprecht, 2010.

Verweyen, Theodor, und Gunther Witting. *Die Parodie in der neueren deutschen Literatur. Eine systematische Einführung*. Darmstadt: WBG, 1979.

Wietschorke, Jens. „Psychogramme des Kleinbürgertums: Zur sozialen Satire bei Wilhelm Busch und Loriot". *IASL* 38.1 (2013): 100–120.

Stefan Neumann
Risse in Loriots heiler Welt? – Loriots Zeichnungen aus den späten 1960er und frühen 1970er Jahren im Spiegel der Kritik von Wolfgang Hildesheimer

1 Abrechnung im *Spiegel*

Seit Vicco von Bülow als Loriot Anfang der 1950er Jahre in die mediale Öffentlichkeit getreten ist, begleitet ihn heftige, oft fundamentale Kritik. In der neugegründeten Bundesrepublik Deutschland, in der die fortschrittlichen Kräfte den restaurativen im öffentlichen Diskurs zunächst bei weitem unterlegen sind, eckt Loriot mit seinen entlarvenden Zeichnungen wiederholt an. Ein erster Höhepunkt nicht selten empörter Kritik entsteht als Reaktion auf die Serie *Auf den Hund gekommen* in der Illustrierten *Stern*. So heißt es in einem Leserbrief vom 26. Juni 1953, der den Tenor der damaligen Kritik sehr gut spiegelt:

> Was Sie sich jedoch mit Ihrer neuen Bildserie „Auf den Hund gekommen" von einem gewissen Herrn Loriot leisten, ist derart geschmacklos und primitiv, dass einen das Grausen ankommt. Eine derartige Entgleisung ist überhaupt nicht zu entschuldigen. Haben Sie, bitte, die Freundlichkeit, den Unsinn in Zukunft aus Ihrer Illustrierten herauszulassen. (Loriot 1983, 48)

Auch in der Folgezeit gibt es neben wachsendem Wohlwollen immer wieder harsche Kritik, sei es an Loriots Zeichnungen oder seinen Fernseharbeiten (vgl. Classen 2021). Allerdings ändert sich das Verhältnis der Mehrheitsgesellschaft zu den Arbeiten des Komikers in dem Maße, in dem sich der gesellschaftliche Mainstream der Bundesrepublik Deutschland verändert. Die weitreichende Emanzipation und Liberalisierung Westdeutschlands in den 1960er Jahren sorgt dafür, dass die entlarvenden Arbeiten Loriots nicht nur Akzeptanz, sondern zunehmend Anerkennung finden. Diese Tendenz verstärkt sich, als Loriot durch den Medienwechsel hin zum Fernsehen das eigene Werk qualitativ auf eine neue Ebene stellt und seine Gesellschaftskritik politischer und substanzieller wird, während der Witz eine komplexere Dramaturgie erhält und absurdere Formen annimmt.

Eine Kritik allerdings, die in die Phase genau jenes Umbruchs zwischen zeichnerischem und audiovisuellem Schaffen Ende der 1960er und Anfang der 1970er Jahre fällt, hat Loriot wohl deutlich stärker getroffen, als andere Kritiken vor- oder nachher. Die Rede ist von jener Rezension des Schriftstellers und Malers Wolfgang Hildesheimer, die im *Spiegel*-Heft vom 7. Mai 1973 erscheint und die

Anna Bers und Claudia Hillebrandt (2021) treffend als „eine der schärfsten Abrechnungen mit Loriot" bezeichnen. Jedenfalls wirkte Vicco von Bülow auch 1998 noch sichtlich betroffen von dieser Kritik, die er sich nicht erklären konnte, als ich ihn während eines Gesprächs, das ich im Rahmen meines Dissertationsvorhabens mit ihm geführt habe, darauf ansprach. Schließlich handelt es sich hier nicht um kleinbürgerliche Bedenken eines enttäuschten Illustrierten-Abonnenten oder einer aufgebrachten Fernsehzuschauerin. Es ist vielmehr die Kritik aus der Feder eines der führenden intellektuellen Köpfe der Nachkriegsliteratur, die in der Auseinandersetzung mit Loriot bis heute nachwirkt und die wissenschaftliche Rezeption seiner Komik möglicherweise erschwert.

2 Cartoons zwischen Kunst und Kommerz

Bevor ich auf das Verhältnis zwischen Wolfgang Hildesheimer und Loriot eingehe, möchte ich kurz darstellen, wie von Bülow zum Zeichnen kommt und zu Loriot wird. Nach dem Zweiten Weltkrieg, den Loriot als Offizier erlebt und nach dessen Ende er in eine Sinn- und Lebenskrise rutscht, kommt nicht etwa er selbst auf den Gedanken, ein Kunststudium aufzunehmen. Vielmehr rät der Vater ihm dazu.

> Mein Vater sagte: „Du hast doch immer eine gewisse Neigung zum Zeichnen gehabt, warum nimmst du das nicht auf?" Das ist ungewöhnlich für einen Vater, denn welcher Vater verleitet seinen Sohn schon zu einer künstlerischen Laufbahn? (Schreiber 1982, 82)

Der Weg vom Studierenden der Landeskunstschule in Hamburg zwischen 1947 und 1949, der sich selbst als Bildender Künstler begreift, hin zum bedeutendsten bundesdeutschen Humorzeichner der 1950er und 1960er Jahre, führt über Werbe- und Gebrauchsgrafik, die von Bülow, inzwischen verheiratet, den täglichen Lebensunterhalt mehr schlecht als recht sichert. Und auch die humoristischen Zeichnungen, die in Illustrierten und Magazinen mit immer größerem Erfolg unter dem Pseudonym ‚Loriot' erscheinen,[1] entstehen zunächst vor allem aus wirtschaftlichen Zwängen. Das bedeutet, dass sie sich nicht zu weit vom Massengeschmack des Illustriertenpublikums entfernen dürfen. Wenn dies geschieht, zieht das, wie am Beispiel der frühen *Stern*-Serie *Auf den Hund gekommen* zu sehen ist, unmittelbare wirtschaftliche Konsequenzen für von Bülow nach sich: Ihm wurden für längere Zeit vom *Stern* keine

---

[1] In diesem Text werden die Namen Loriot und von Bülow parallel gebraucht. Da Loriot spätestens seit 1958 mit der Illustriertenserie *Der ganz offene Brief* nicht mehr nur ein Pseudonym, sondern eine Kunstfigur ist, sind die Grenzen zwischen Werk und Urheber fließend.

Aufträge mehr erteilt – sieht man von der Illustration der Serie *Reinhold das Nashorn* für die Kinderbeilage des *Stern* einmal ab. 1954 erhält von Bülow eine Festanstellung beim Thomas Martens Verlag, zu dem damals die Illustrierten *Weltbild* und *Quick* gehören. Diese Festanstellung ist gut dotiert und ermöglicht Loriot eine gewisse Sicherheit und künstlerische Autonomie. Der Erfolgsdruck aber bleibt bestehen. Und dies gilt bis zu einem gewissen Grad auch für die Zeit nach der Rückkehr zum *Stern*, die 1972 erfolgt. Bis Ende 1977 bzw. Anfang 1978 erscheinen Loriots zeichnerische und literarische Werke in dieser Zeitschrift. Zu dieser ökonomischen Basis seiner Kunst passt auch eine Position Loriots, die er 1988 in einem Interview äußert:

> [D]as möchte ich auch deutlich sagen, weil ich es immer ein bißchen peinlich finde, wenn man das umgeht: Ich möchte natürlich unterhalten. Es soll komisch sein, man soll darüber lachen, es freut mich, wenn man darüber lacht. Aber ich möchte auch attackieren. (Schreiber 1982, 143)

Diese ökonomischen Zwänge erwähne ich so ausführlich, weil es wichtig ist, sich vor Augen zu führen, dass die künstlerische Unabhängigkeit Loriots zwar im Vergleich zu anderen Zeichnern in der Branche recht groß ist. Aber sie ist eben nicht absolut.

3 Hildesheimer als Kritiker mit Hintergrund

In dieser direkten Abhängigkeit Loriots von einer gewissen Breitenwirkung seiner Arbeit zeigt sich schon ein großer Unterschied zu Wolfgang Hildesheimer, der, wenngleich seine in den 1950er Jahren bekannten *Lieblosen Legenden* ihm zuweilen den Ruf eines Humoristen einbringen, sich sowohl auf Ebene der Bildenden Kunst als auch der Wortkunst vor allem als Vertreter der ernsten Kunst versteht (vgl. Strobl 2013). Warum ausgerechnet Hildesheimer also 1954 das Vorwort zu Loriots Buchausgabe von *Auf den Hund gekommen* schreibt, ist nicht überliefert. Mit Hildesheimer-Herausgeber Volker Jehle und seinem gut recherchierten Aufsatz *Hildesheimer und Loriot* (Jehle 2012) nehme ich an, dass sich beide damals nicht persönlich kennen, sondern der Verleger Daniel Keel den Beitrag initiiert hat. Denn nicht nur Loriot findet bei Diogenes eine verlegerische Heimat, auch Hildesheimers Zweitauflage der *Lieblosen Legenden* erscheint 1954 in diesem Verlag.[2] Jedenfalls hilft Hildesheimers Vorwort Loriot die literarisch-bürgerliche Welt zu erobern, denn es ist ein sehr wohlwollendes Vorwort, das selbst eine dezidiert bildungsbürgerliche Perspektive einnimmt, die des humanistisch gebildeten Hundes, der anhand des Loriot-Buches die

---

2 Die Erstauflage war 1952 in der Deutschen Verlags-Anstalt in München erschienen.

Frage erörtert, ob und zu welchem Zwecke sich ein Hund einen Menschen anschaffen soll (Loriot 1981 [1954], 5–9). Das „Geleitwort von Wolfgang Hildesheimer" wird sogar auf dem Buchumschlag der Erstausgabe erwähnt. In den Auflagen ab 1956 heißt es dort dann „44 lieblose Zeichnungen mit einem Geleitwort von Wolfgang Hildesheimer", womit sowohl auf den Autor als auch auf die Neuauflage seiner *Lieblosen Legenden* bei Diogenes verwiesen wird. Natürlich lässt sich nicht nachvollziehen, wie groß der Anteil Hildesheimers am immensen Erfolg dieses ersten Loriot-Bändchens bei Diogenes nun tatsächlich ist. Da er aber zu dieser Zeit in literarischen Kreisen geschätzt wird, wirkt Hildesheimers Vorwort auf jeden Fall wie ein Gütesiegel.

4 „Nackte Frau auf Bratenplatte"

4.1 Hildesheimers Kritik als Generalabrechnung

Nun aber zurück zur Kritik von Wolfgang Hildesheimer aus dem *Spiegel* von 1973: Der Grundton in diesem Artikel ist äußerst kritisch. Hildesheimer zielt auf Loriots gesamtes zeichnerisches Werk, nimmt aber dessen neuste Buchpublikation zum konkreten Anlass: Das damals gerade auf Platz vier der Spiegel-Bestsellerliste (vgl. N. N. 1973) rangierende Buch *Loriots heile Welt* ist ein großformatiger Sammelband, der nicht nur aus Zeichnungen besteht, die vorher in den Illustrierten veröffentlicht worden sind – Loriot hat in Büchern niemals Zeichnungen erstveröffentlicht. Es handelt sich vielmehr um einen Band, der auch auf Zeichnungen zurückgreift, die bereits in älteren Buchveröffentlichungen (bis zurück zu *Der gute Ton* von 1957*)* erschienen sind (vgl. Loriot 1973, 4). Darüber hinaus ist auch eine nicht eben kleine Auswahl aus Loriots Fernsehschaffen aufgenommen worden, die im Allgemeinen in Form des jeweiligen Dialogtextes und von Szenenbildern dargestellt wird. Somit steht das großformatige, 19,80 DM teure Buch in der Reihe von Loriot-Best-of-Büchern, die 1968 mit dem *Loriots großem Ratgeber* erfolgreich begonnen wurde; eine Reihe, deren Format und Aufmachung man heute wohl als Coffee Table Books bezeichnen würde. Dazu kommen zahlreiche neue Zeichnungen aus der titelgebenden Serie *Loriots heile Welt* beim *Stern*, denn mit Ende 1971 hatte Loriot seinen seit 1954 laufenden Vertrag mit dem Verlag der *Quick* beendet. Nachdem die *Quick* 1966 verkauft worden war und die Ausrichtung dieser Illustrierten immer konservativer wurde (vgl. N. N. 1992), kehrt Loriot 1972 zum *Stern* zurück, für den er bis Ende 1977 als Zeichner arbeitet (vgl. Neumann 2011, 51).

Wenn also Hildesheimer mit *Loriots heile Welt* eine Auswahl aus Loriots gesamtem zeichnerischen Schaffen der vergangenen elf Jahre rezensiert, kritisiert er damit gleichzeitig Loriots zeichnerisches Gesamtwerk:

> [Loriot] ist ja nicht nur Karikaturist, er war inzwischen Fernseh-Entertainer, und in der Tat gehören die Aufzeichnungen seiner TV-Szenen zum Besten des Buches. Er ist überdies Dichter, dessen Ballade von der Försterfrau, die in einer Adventsnacht ihren Gemahl schlachtet, das Fleisch für Knecht Ruprecht in Geschenkpapier verpackt, als Beispiel lapidarer Entmythologisierung in den Balladenschatz jedes deutschen Haushalts gehören sollte. (Hildesheimer 1973)

Davon, dass das Verhältnis zwischen von Bülow und Hildesheimer hier allerdings auf die Probe gestellt wird, kann auch dieser verhältnismäßig versöhnliche Einschub nicht ablenken. Vielmehr setzt Hildesheimer bereits im ersten Abschnitt seiner Kritik den Ton:

> Dem Absatz eines heiteren Hausbuches kann der Kritiker nichts anhaben, und in diesem Falle will er es auch nicht. Er schätzt Loriot in Maßen, nur mag er dessen Nimm's-leicht-Parole nicht mehr so recht gehorchen. (Hildesheimer 1973)

Dieses Schätzen „in Maßen" klingt kaum nach Bekenntnis zu Werk oder Person Loriots. Dass Hildesheimer die abgedruckten Fernsehsketche in *Loriots heile Welt* „zum Besten des Buches" rechnet, ist letztendlich auch noch keine positive Kritik im Kontext eines Buches, das gerade genüsslich verrissen wird. Lediglich das Gedicht *Advent*, das im Buch ebenfalls abgedruckt wird (vgl. Loriot 1973, 30–31) und auch aus der Fernseharbeit Loriots entstanden ist, findet – siehe oben – wirklich Gnade vor Hildesheimers Augen (vgl. Hildesheimer 1985, ferner Neumann 2011, 231–234).

An Loriots Zeichnungen lässt Hildesheimer unterdessen kein gutes Haar. Was aber stört Hildesheimer daran? Dieser Frage möchte ich nachgehen, indem ich zunächst die Kritik am zeichnerischen Werk insgesamt zusammenfasse, im Anschluss daran auf die inkriminierten Zeichnungen aus *Loriots heile Welt* eingehe und dabei auch eine nähere Betrachtung der Grafiken vor dem werkbiographischen und historischen Hintergrund ihrer Entwicklungszeit vornehme, so dass alternative Deutungsperspektiven für die jeweiligen Zeichnungen entstehen können. Dass es sich dabei, wie bei Hildesheimers Einlassungen auch, um Deutungsansätze aus einer bestimmten Perspektive handelt, die natürlich keinen Anspruch auf Ausschließlichkeit erheben, sei der Vollständigkeit halber erwähnt. Vielmehr geht es mir um einen möglichen interpretatorischen Entwurf, der zeigen soll, dass Hildesheimer recht einseitig und zuweilen auch ungenau deutet.

Also noch einmal: Was stört Hildesheimer? Zunächst, so lässt sich herauslesen, stört ihn die breite Popularität, die Loriots Cartoons inzwischen genießt. Im redaktionellen Eingangstext wird erwähnt, dass *Loriots heile Welt* „in einer Erstauflage von 100.000 Exemplaren" erschienen sei. Kurz darauf heißt es: „Dem Absatz eines heiteren Hausbuches kann der Kritiker nichts anhaben [...]." Und im letzten Absatz der Kritik bezieht sich Hildesheimer abermals auf diese große Popularität Loriots mit seinem vergifteten Lob:

> Loriots Beliebtheit beruht auf einem programmatischen Sieg der Unschuld, der die Frage, wo denn das Positive bleibe, verstummen läßt. Er führt es vor mit seinen Figuren, und es ist ihm immerhin gelungen, mit seinem Standardmännchen einen Archetypen zu prägen, den kleinen Begleiter, den harmlosen Vergnügungsspender für viele. Das macht ihn – ich hoffe das Wort ist nicht zu hart – liebenswert. (Hildesheimer 1973)

Loriots Beliebtheit wird mit dem Konzept der Beliebigkeit konnotiert. Durch diesen Schlusspunkt seiner Rezension nimmt Hildesheimer eindeutig eine distinguierte bildungsbürgerliche Perspektive ein, die unterstellt, dass das künstlerisch Erhabene nur einem kleinen Kreis zugänglich ist, während die Masse das Widerstandsarme bevorzugt (vgl. auch Bourdieu 1999). Möglicherweise brechen sich hier nicht nur tradierte, durch eine lange Aristoteles-Rezeption entstandene Vorurteile gegenüber komischer Kunst und deren fehlender Schöpfungshöhe Bahn, auch wenn Hildesheimer mit seinen *Lieblosen Legenden* selbst, allerdings gegen seinen Willen, im Bereich der Komik verortet wird. Auch mögen eine gewisse Nähe zur Kritischen Theorie, zu Adorno (vgl. Ortheil 1996) und dessen Verachtung populärer Kultur bei Hildesheimers Urteil eine Rolle spielen. Loriot, denn auf ihn und nicht etwa auf „den kleinen Begleiter" bezieht sich das letzte Wort der Kritik, gilt jedenfalls für ihn als „liebenswert", also als harmlos und künstlerisch nicht ernst zu nehmen.

4.2 Kritik an einzelnen Zeichnungen

In diesem Sinne beginnt auch Hildesheimers Kritik an den Zeichnungen selbst, die er, im Gegensatz zum vorher herausgehobenen Fernsehwerk, als „Trivialhumor" bezeichnet, als

> Bildwitze, deren allmählich erstarrendes shaggy-dog-Schema – das Unwahrscheinliche wird als Norm vorgeführt, das Fernliegende zum Gebrauch empfohlen, das Abstruse als Verhaltensvariation vorgeführt, und jedes Naturgesetz ad libitum aufgehoben – ein Modell liefert, wie es beinah jedermann nach eigenem Belieben oder Imaginationsvermögen füllen kann [.] (Hildesheimer 1973)

Es ist sehr interessant, dass Hildesheimer Loriots Zeichnungen unter das Shaggy-Dog-Schema einordnet. Schließlich wird mit diesem Begriff im Allgemeinen ein Witz bezeichnet, dessen Pointe komplett unvermutet auf einen (zuweilen auch langatmigen) Verlauf folgt, der anderes vermuten lässt (vgl. Wirth 2017, 68).³ Dieses Schema greift aber nur, wenn man Hildesheimers eigene Nacherzählung einer Zeichnung aus *Loriots heile Welt* in Anschlag bringt, die erstmals im *Stern* vom 14. Oktober 1971 erschienen war (Abb. 1): „Dem Mieter wird gekündigt, nicht weil er seinen Besucherinnen die Köpfe abschneidet und sie als Trophäen an die Wand hängt, sondern weil er damit mietvertragswidrig die Polstermöbel beschmutzt." (Hildesheimer 1973)

Herr Meierbehr muß mit sofortigem Auszug rechnen, da ihm berufliche Tätigkeit in seinem möblierten Zimmer nur bei sorgfältiger Schonung der Polstergarnitur gestattet ist.

Abb. 1: Cartoon aus *Loriots heile Welt* (Loriot 1973, 124).

Bei Betrachtung der Zeichnung liegt eine andere Beschreibung nahe. Sicherlich gehört diese Arbeit nicht zu den Meisterwerken Loriots. Dennoch tut Hildesheimer ihr Unrecht, denn der Witz entsteht nicht durch ein *Nacheinander* von Witz und Pointe (wie bei der Shaggy-Dog-Story und wie auch bei Hildesheimers Bildbeschreibung), sondern durch ein *Nebeneinander*. Zu sehen ist der für Loriots Zeichnungen klassische Gleichzeitigkeits-Kontrast zwischen Zeichnung und Legende, also jene Bild-Text-Schere, die einen wesentlichen Bestandteil seines Humors aus-

---

3 Gründlicher und ausführlicher auf ‚Shaggy Dog' Story. https://tvtropes.org/pmwiki/pmwiki.php/Main/ShaggyDogStory. *TV Tropes* (17. Juli 2023). Interessanterweise passen einige Fernsehsketche Loriots deutlich besser unter diese Definitionen als seine Zeichnungen.

macht. Hier bricht das Katastrophale, das Unvorstellbare in die kleinbürgerliche Welt der Wirtin ein, deren Reaktion sich ausschließlich aus ihrem kleinbürgerlichen Repertoire speist. Es geschieht etwas im Sinne Goethes Unerhörtes, und die Antwort darauf besteht aus der Anwendung der Regeln im Mietvertrag. Dass diese Zeichnung eine Sozialstudie darstellt, die zeigt, mit welchen Mitteln sich das bedrohte westdeutsche Nachkriegs-Kleinbürgertum zur Wehr zu setzen versucht, scheint Hildesheimer übersehen zu wollen. Denn mit der Zeichnung wird ja die Frage aufgeworfen, inwiefern (klein-)bürgerliche Regeln in elementaren Krisen überhaupt greifen können. Die knollennasige Vermieterin wäre – mit einem heutigen Terminus – somit der klassische Alman oder vielmehr die Almanca, eine zeitlose Figur des Kleinbürgerlichen als Spiegel unserer Gesellschaft. Stets muss sie sich neu entscheiden zwischen Kants kategorischem Imperativ und – wie im Bild auf der Seite davor[4] – einem aufgeklärten Pragmatismus.

Hildesheimer argumentiert weiter, der tiefe Seelenfrieden, den „Loriots Figuren demonstrieren", halte zwar „einen hohen Platz in der deutschen Karikatur, um die es ja ziemlich dürftig bestellt ist", sei inzwischen jedoch aus der Zeit gefallen:

> [D]ie Präokkupation mit ihren wirklichkeitsfernen Beschäftigungen hält [die Figuren] zwar nicht objektiv jung, dafür aber subjektiv alterslos, sie wandeln sich nicht mit uns, sondern bleiben ihrer niemals wahrhaft aufgeschreckten Welt verhaftet, seit je unverändert in Habitus und Gewand. Ihr Milieu ist fiktiv, zwar sind sie Kleinbürger, aber sie unterliegen keinerlei Systemzwang, da sie ihrer eigenen Ordnung gehorchen, und diese Ordnung ist das Objekt des Witzes. (Hildesheimer 1973)

Auch hier muss widersprochen werden. Natürlich sind Loriots Figuren stilisierte, alterslose Figuren, eine Art gezeichneter Jedermann oder Jedefrau. Nur so kann die Identifikation der Rezipienten mit diesen Figuren gelingen. Sie sind so gesichtslos wie Märchenhelden und ebenso wenig agieren sie als Individuen. Dem Systemzwang ihres bürgerlichen Handelns unterliegen sie dennoch.

Obgleich Hildesheimer dieser Deutung vehement widerspricht, vermag er sie nicht zu widerlegen:

> Ohne Zweifel: Loriots wachsende Popularität beruht zum großen Teil auf der dezidierten Entscheidung für den low-brow-Stil, auf seiner – vielleicht nicht demonstrativen, aber doch immer evidenten – Parteinahme für ein Publikum, das mit ihm alles verdrängt, was sticht, verletzt und schmerzt. Ihm bietet er seine Männchen und Weibchen an, nicht zur Identifikation – denn wir sind ja nicht so –, sondern zur Erholung in jenem Bereich, wo das Lachen-Können und das Lachen-Dürfen zusammenfallen. (Hildesheimer 1973)

---

4 Es handelt sich um die Zeichnung *Sexorgie*, siehe unten.

Diese Parteinahme für das Publikum leitet Hildesheimer ausgerechnet aus einer Zeichnung ab, die das genaue Gegenteil dessen nahelegt, was er daraus erkennen möchte (Abb. 2):

Das ansprechendste Objekt einer Ausstellung zeitgenössischer Kunst in Heilbronn, der Künstler selbst (Pfeil), war leider unverkäuflich.

Abb. 2: Cartoon aus *Loriots heile Welt* (Loriot 1973, 247).

Hildesheimer schreibt dazu:

> Auf diese Weise macht sich Loriot zum Anwalt einer anspruchsarmen Mehrheit und dadurch, ohne es zu wollen, zum Ventil kleinkarierter Meinung. Die Bildunterschrift „Das ansprechendste Objekt der Ausstellung zeitgenössischer Kunst in Heilbronn, der Künstler selbst (Pfeil), war leider nicht verkäuflich" betitelt eine Zeichnung, auf der eben jener Künstler, von ein paar Gästen kritisch betrachtet, zwischen seinen Werken, nämlich einem zerbeulten Fahrrad und einer verbogenen Mistgabel – o diese moderne Kunst! – mit heraushängender Zunge an der Lampe hängt. Komisch? Es fragt sich, für welcherart Geschmack. (Hildesheimer 1973)

Vor allem scheint Hildesheimer die Verspottung der zeitgenössischen Kunst zu erkennen: das zerbeulte Fahrrad, die abgebrochene Mistgabel – deformierte Alltagsgegenstände, die für ihren Alltagsgebrauch untauglich und so zur Kunst geworden sind.

Sicherlich finden wir auf den ersten Blick auch Belustigung, die auf Kosten avantgardistischer Kunst geht. Aber meines Erachtens ist dies die am wenigsten hervorstechende Ebene dieser Zeichnung, die zudem durch andere Bedeutungsebenen überlagert und nivelliert wird. Es ist vielmehr die süße Verpackung der bitteren Erkenntnis, die Loriot hier als Mittel anwendet, wie er selbst im Rahmen eines Fernsehgesprächs mit Gero von Boehm feststellt:

> Es wird mir oft geradezu vorgehalten, ich sei zu liebenswürdig in dem, was ich mache. Ich glaube, dass das falsch gesehen wird. Das, was ich mache, ist: bestimmte Bosheiten so einzupacken, dass der Betreffende, der es fressen muss, nicht merkt, was er runtergeschluckt hat, und es ihm erst später, wenn er's im Magen hat, irgendwann mal klar wird. Das ist der ganze Trick dabei. (Boehm 2012, 126–127)[5]

In erster Linie sehen wir den für Loriot typischen Kontrast zwischen (dem Wunsch nach) Weltläufigkeit – im Bild durch die moderne Kunstaustellung ausgedrückt, und der an Orte bzw. Ortsnamen gebundenen Provinzialität als Gegenteil davon, hier ausgedrückt durch eine Ausstellung, die nicht etwa in München, Berlin, Köln oder Hamburg stattfindet, sondern im schwäbisch-provinziellen Heilbronn. Andere Ortsnamen aus Loriots Werk, die in diese Reihe gehören und das Provinzielle in der Sehnsucht nach Weltläufigkeit entlarven, wären zum Beispiel Kassel im *Flugessen*-Sketch (Loriot 1978), Wuppertal in *Der Lottogewinner* (Loriot 2006, 27–32) oder – *last but not least* – Lüdenscheid als Bestandteil des Doppelnamens eines der *Herren im Bad* (Loriot 2006, 33–40). Damit bekommt das Verhalten des in der Zeichnung abgebildeten Publikums, das offenbar mit Kunst nichts anfangen kann, wohl aber mit dem Künstler, der sich erhängt hat, einen sehr bitteren Geschmack. Denn es mag entweder Sensationslust sein, die es antreibt – die sensationsgierige Betrachtung eines Selbstmörders – oder es ist die provinzielle Bewunderung des einzigen Objekts der gesamten Ausstellung, das es zu deuten glauben kann. In beiden Fällen scheint es aber keinesfalls so zu sein, dass der Rezipient oder die Rezipientin auf die Seite des Publikums gezogen werden soll. Sein makabres Handeln stößt den Betrachtenden auf mehreren Ebenen ab und soll reflektiert werden. Zum Schluss lacht man über das Publikum ebenso wie über Herrn Müller-Lüdenscheid oder den dritten Fluggast mit seiner „Ollen". Man erkennt sich wieder, aber distanziert sich zugleich durch das Lachen über den Sachverhalt.

Im Rahmen meines Interpretationsversuches möchte ich den Blick noch einmal auf den Künstler lenken, der sich sowohl im Mittelpunkt der Bild- als auch der Textebene bewegt. Die Textebene spricht lediglich vom Künstler, der unverkäuflich ist. Die Bildebene zeigt einen Künstler, der sich offensichtlich selbst erhängt hat. Die Körperhaltung des Erhängten sprengt den tiefen Seelenfrieden, den Hildesheimer den Figuren Loriots auch bei monströsem Geschehen unterstellt. Vielmehr befindet er sich im Todeskrampf. Warum er sich aufgehängt hat, auch da gäbe es aus meiner Sicht zwei Möglichkeiten der Interpretation. Einerseits fügt der Künstler

---

5 Volker Jehle (2012, 126–127) vermutet in dieser Aussage übrigens auch eine Reaktion Loriots auf die Rezension von Hildesheimer.

sich so in seine Ausstellung hinein. Er selbst wird ein Teil der dysfunktionalen, ausgestellten Exponate, die ihre ursprüngliche Bestimmung eingebüßt haben und somit zur Kunst transzendiert sind.

Eine weniger ästhetische Deutung wäre, dass der Künstler sich erhängt hat, weil er der Ignoranz des provinziellen Publikums seinem Werk gegenüber nicht mehr gewachsen war, genau des Publikums nämlich, das ihn nun mit fachmännischem Blick umsteht und ein sensationslüsternes, zweifelhaftes Interesse an ihm hat. Welcher Deutung man auch folgt, es handelt sich hier mit Sicherheit nicht um die Denunziation avantgardistischer Kunst. Eher das Gegenteil ist der Fall. In diesem Bild drückt sich die Hilf- und Hoffnungslosigkeit eines Künstlers aus, dessen Werk nicht nur nicht verstanden, sondern weiträumig ignoriert wird.

Die Risse, die durch die scheinbar heile Welt der Knollennasenmännchen und -frauen gehen, sind in Loriots Zeichnungen also deutlich markiert. Dass Hildesheimer diese Risse übersehen hat, erscheint mir unwahrscheinlich. Dafür ist seine Rezeptionskompetenz – auch im Bereich des Komischen – zu hoch, wie er bei Kunst- und Literaturbetrachtungen immer wieder unter Beweis gestellt hat. Die Vermutung liegt nah, dass er sie nicht sehen wollte.

Ein weiterer, wenn auch bei weitem nicht ganz so schwerwiegender Vorwurf an Loriots zeichnerisches Werk, der Hildesheimer gleichsam als Beweis für dessen Rückwärtsgewandtheit dient, betrifft die Requisiten seiner Zeichnungen:

> Loriots Requisiten entstammen meist den vierziger Jahren, das Auto – bei Saul Steinberg auf geniale Weise als symbolisches Monstrum entlarvt – ist meist ein zeitloses Standardvehikel des Bilderbuches, die Lokomotive, die nach Willen ihres Führers die Mauer eines Bahnhofs durchstößt (Titel: „Ich hasse Sackbahnhöfe") ist von 1920. Aus dem Schulranzen der Cognac trinkenden Göre hängt das Schwämmchen zum Abwischen der Schiefertafel. Hier gibt es noch Hörrohre, Haarknoten und das Haustier als Problem. (Hildesheimer 1973)

Natürlich nutzt Loriot zuweilen Dampfloks und ältlich anmutende Automobile (vgl. dazu Lukschy, Singer in diesem Band). Doch ist dies der Sprache von Humorzeichnungen geschuldet, die Bildklischees benutzen muss, um die Erkennung des bildlich Dargestellten beim Rezipierenden so unmittelbar zu ermöglichen. Ein Witz funktioniert nicht ohne Timing, auch dann nicht, wenn es sich um einen gezeichneten Witz handelt. Und dies gilt erst recht dann, wenn Bild und Textlegende zusammenwirken müssen. Ein Bild, das man erst mühsam decodieren muss, zündet nicht. Daher braucht es Hörrohre, Schultaschen mit Schwämmchen und Lokomotiven, die aussehen, als wären sie 1920 gebaut worden.

Zudem sind auch diese Vorwürfe Hildesheimers nur zum Teil berechtigt. Autos alter Bauart werden zum Beispiel vor allem dann gebraucht, wenn der Zuschauer sehen muss, was im Wageninneren geschieht (z. B. Loriot 1973, 95). In anderen Fällen gibt es durchaus auch zeitgemäße PKW zu sehen (vgl. Loriot 1973, 96).

Überhaupt ließe sich dem Vorwurf, Loriots zeichnerisches Werk sei erstarrt, seine „Welt [...] nicht nur in der Parenthese ihres Schöpfers heil", „[k]ein Schrecknis der Zeit" habe „sie getrübt, geschweige denn verändert" (Hildesheimer 1973), mit zahlreichen Gegenbeispielen entgegentreten.

Veränderungen ergeben sich schon aus den biographischen und historischen Kontexten, in denen Loriot arbeitet. Von der seit Mitte der 1960er Jahren zunehmend konservativ ausgerichteten *Quick* hin wechselt Loriot 1972 zum *Stern*, einer Illustrierten, die den von der studentischen Bewegung angefachten sozialliberalen Geist dieser Zeit stärker verkörpert als die meisten anderen Periodika dieser Tage.[6]

Die pflegeleichte Lebensgefährtin aus hautfreundlichem Polyvinylchlorid bietet außer zeitgemäßem Liebesspiel (A) auch andere Möglichkeiten naturnaher Freizeitgestaltung (B).

Abb. 3: Cartoon aus *Loriots heile Welt* (Loriot 1973, 111).

---

6 So veröffentlichte der *Stern* am 6. Juni 1971 den Alice-Schwarzer-Artikel *Frauen bekennen vor der Öffentlichkeit: Wir haben abgetrieben!* mit der ikonischen Titelseite, der entsprechend hohe Wellen schlug (vgl. Schwarzer 1971).

Loriot kann daher nicht nur wesentlich freizügigere Zeichnungen veröffentlichen – ein Trend, der allerdings bereits 1967 bei *Quick* seinen Anfang nahm, wo Loriot die Illustrationen zu zwei Aufklärungs-Serien Oswalt Kolles und dem Report *Wo wollen Sie gestreichelt werden* illustrierte (vgl. Neumann 2011, 184–185). Auch aktuelle gesellschaftliche und politische Themen finden nun direkter Eingang in Loriots zeichnerisches Werk, als dies vor seinem Wechsel geschah. Beides möchte ich nun näher darstellen.

Die aus zwei Bildern bestehende Zeichnung (Abb. 3), auf denen die Verwendung einer Sexpuppe aus „hautfreundlichem Polyvinylchlorid" dargestellt wird, zeugt nicht nur von der bereits erwähnten zeitgemäßen sexuellen Freizügigkeit, die auch im Rahmen anderer Zeichnungen des Buches zu sehen ist, so z. B. zu den Karnevalsbräuchen des Düsseldorfer Freikörperkulturverbandes (vgl. Loriot 1973, 13), im Kontext der Einladung einer biederen Zimmerwirtin zu einer Sexorgie (vgl. Loriot 1973, 123) oder im Rahmen der Zeichnung, von der Hildesheimers Rezension ihren Titel erhalten hat: *Nackte Frau auf Bratenplatte* (vgl. Loriot 1973, 225). Vielmehr lassen sich auch deutlich die Übergänge zum audiovisuellen Werk Loriots erkennen. Zum einen haben wir hier den Kontrast zwischen Emotion bzw. Leidenschaft und der nüchternen, technisierten Sprache in der Bildlegende, die ein „zeitgemäßes Liebesspiel" mit der Puppe aus „hautfreundlichem Polyvinylchlorid" verspricht und von der aus es nicht mehr weit ist zur Schwester namens Polyester aus *Ödipussi*. Im zweiten Bild wird die Sexpuppe zum anderen nach dem vollzogenen zeitgemäßen Liebesspiel zu einem hilfreichen Picknick-Accessoire. Gerade hat sich der Betrachter an die Personifizierung der Puppe gewöhnt, da wird diese direkt wieder untergraben. Die Bild-Text-Schere schlägt in einen neuen Kontrast um. So entsteht auch eine zeitliche Schere zwischen erstem und zweitem Bild.

Eine ähnliche mit der Zeit umschlagende Bild-Text-Schere findet sich auch in dem Sketch *Liebe im Büro* aus der Fernsehsendung *Loriot III* aus dem Jahr 1977 (vgl. Loriot 2007, Disc 3). Hier ist es das Büro des Chefs, das als Örtlichkeit im krassen Gegensatz zur ungeschickten Leidenschaft zwischen Sekretärin und Chef steht. Diese Bild-Text-Schere wird am Schluss des Sketches ebenfalls umgedreht. Der Chef entdeckt in leidenschaftlicher Position ein geschäftliches Schreiben unter seinem Schreibtisch, auf das er seit vier Wochen gewartet hat, die entfachte Leidenschaft im Bild wird durch den geschäftlichen Gesprächston des Chefs unterlaufen – und zwar so schnell, dass die Sekretärin die neue Situation noch gar nicht erkennt. Nicht nur thematisch also wird hier das spätere Fernsehwerk vorbereitet; auch die Dramaturgie der Witze verändert sich in Richtung Sketch mit einem zeitlichen Nacheinander. Zwei Bild-Text-Scheren kontrastieren in zeitlicher Abfolge miteinander.

An einer thematisch ganz anders gelagerten Zeichnung lässt sich ebenfalls erkennen, dass zeitgemäße Themen Eingang in das Werk Loriots finden. Das zeigt sich vor allem am Thema Umweltverschmutzung, das Anfang der 1970er Jahre erstmals in einem größeren Umfang ins Bewusstsein der öffentlichen Gesellschaft gelangt und im Folgenden zum konstanten Sujet bei Loriot wird – so zum Beispiel auch in dem Sketch *Weihnachten bei Hoppenstedts* aus Loriot VI von 1978 (vgl. Loriot 2007, Disc 4), bei dem die Weihnachtsfeier mit schier endlosen Müllbergen endet, die aus dem Treppenhaus in die Wohnung hereinstürzen (vgl. Neumann 2011, 298).

Das Interesse ausländischer Gäste für die kulturellen Sehenswürdigkeiten der Bundesrepublik ist ständig im Steigen begriffen.

Abb. 4: *Schöne Umwelt* aus *Loriots heile Welt* (Loriot 1973, 221).

Neben einer weiteren Zeichnung, die ebenfalls Umweltverschmutzung – in diesem Fall „an Europas Sonnenstränden" (Loriot 1973, 22) thematisiert, handelt es sich bei dem vorliegenden Bild um ein Motiv aus Deutschland, und zwar aus Loriots unmittelbarer bayerischer Heimat (Abb. 4). Unschwer zu erkennen sind die beiden Türme der Münchner Frauenkirche, die aus einem Müllteppich herausragen, der München komplett zudeckt und bis an die Alpen heranreicht. Die herausragenden Kirchtürme stehen für die „kulturellen Sehenswürdigkeiten" (Loriot 1973, 221), an denen ausländische Touristen interessiert sind. Die kulturelle Tradition des Landes wird zunehmend verschüttet und geht verloren durch den wirtschaftlichen Fortschritt und dessen unübersehbare Spuren. Ein Land opfert seine Zukunft dem scheinbaren Fortschritt, der im Untergang im Müll endet.

Sicherlich ist diese Zeichnung von Umwelt-Kontroversen unserer heutigen Zeit weit entfernt. Die Erkenntnisse, wie sehr die Umweltverschmutzung unsere Lebensgrundlagen bedroht, sickerte im Laufe der 1970er Jahre erst allmählich in den öffentlichen Diskurs. Insofern ist diese Zeichnung ein Beweis für die gesellschaftliche Aktualität der Zeichnungen Loriots.

Und noch ein weiteres damals aktuelles Thema findet sich in den Zeichnungen von *Loriots heiler Welt* prominent vertreten. Die Rede ist von der Emanzipation der Frau, ihrer Rolle in Familie und Gesellschaft. Obwohl die Position, die Loriots Werk den Frauen in gesellschaftlicher Hinsicht einräumt, keineswegs einheitlich wirkt, stehen die Zeichnungen in *Loriots heiler Welt* für eine sehr emanzipatorische Sichtweise. Dies ist nicht nur der Tatsache geschuldet, dass zahlreiche hier aufgenommene Zeichnungen, wie bereits erwähnt, in der *Quick* als Illustrationen zu Oswalt-Kolle-Artikeln dienten, vor allem der Serie *Deutscher Mann – das ist deine Frau*, die in den Ausgaben 14 bis 24 in der *Quick* des Jahres 1967 erschienen. Besonders deutlich wird dies auch im Rahmen einer Zeichnung, die unter dem Titel *Die harmonische Familie* steht (Abb. 5):

Die harmonische Familie, die drei Generationen umfasst, gruppiert sich auf dieser Zeichnung zu einer artistischen Formation. Als Sockel oder Fundament der gesamten Formation fungiert die Ehefrau. Sie trägt die Familie im wahrsten Sinne des Wortes. Auf ihren Schultern stehen insgesamt sechs Personen und drei Haustiere. Somit wird das herkömmliche Familienbild, in dem der Familienvater im Zentrum steht und derjenige ist, der alles zusammenhält, *ad absurdum* geführt. Der Familienvater hat auf den Schultern seiner Frau eine relativ bequeme Position inne. Diese ‚verkehrte Welt', mit der Loriot oft arbeitet, wird durch den Legendentext um eine weitere Dimension erweitert, in der die untergeordnete Position der Frau noch stärker herausgestellt wird, indem an die Freiwilligkeit appelliert wird. Als Dienst an der Gemeinschaft müssen die Lasten freiwillig, und das heißt natürlich auch frohen Mutes getragen werden. Bitterer lässt sich die Position der Frau in patriarchalischen Familienstrukturen kaum kommentieren. Ähnliches zeigt sich übrigens auf der Titelzeichnung des Buches. Auch hier ist es die Frau, die im Rahmen eines Familien-Portraits den Mann auf einem Arm trägt, während sie das jüngste der drei Kinder der Familie tätschelt (vgl. Loriot 1973, Schutzumschlag und 3).

Erst das freiwillige Einordnen macht eine Gemeinschaft möglich.

Abb. 5: *Die harmonische Familie* aus *Loriots heile Welt* (Loriot 1973, 137).

5 Fazit

Schaut man sich *Loriots heile Welt* vor dem Hintergrund der Kritik Hildesheimers an, so lassen sich deren Argumente in fast allen Bereichen entkräften. Die Welt in Loriots Zeichnungen ist nicht heil. Erkennbar ist stets der für Loriot typische Riss. Die bräsige Unbeschwertheit ist vordergründig. Hildesheimer wählt allerdings relativ deutlich jene Zeichnungen aus, die er für schwächer hält und ignoriert damit die große Mehrzahl der Zeichnungen in diesem Band. Auch nimmt er von vornherein eine ganze Werkgruppe, nämlich die Fernseharbeiten, die einen beträchtlichen Anteil an *Loriots heile Welt* ausmachen, von seiner Kritik aus. Was schließlich übrig bleibt, erscheint nur in wenigen Fällen gerechtfertigte Kritik zu sein.[7]

Vor allen Dingen lässt sich sehr gut erkennen, dass der Vorwurf der Erstarrung, den Hildesheimer Loriot macht, keineswegs zutrifft. Vielmehr sieht man in den Zeichnungen eine Entwicklung, die einerseits aktuelle Themen aufgreift, andererseits mit dem üblichen doppelten Boden der Bild-Text-Schere arbeitet und darüber hinaus in großen Teilen gesellschaftskritisch bleibt. Erkennbar ist zudem eine Übergangsphase vom zeichnerischen Werk zum Filmsketch, die sich anhand des Bandes *Loriots heile Welt* hervorragend nachvollziehen lässt, zum Zeitpunkt des Erscheinens von Buch und Rezension aber bereits so gut wie abgeschlossen ist. Die letzte Folge von Loriots *Stern*-Serie *Loriots heile Welt* erscheint am 25. April 1973.

6 Was dann geschah

Ab dem 1. Mai 1973 und bis Ende 1977 erscheint die letzte *Stern*-Serie mit Zeichnungen von Loriot, *Der Kommentar von Loriot*: Es handelt sich pro Folge um vier Bilder,

> die jeweils ein Brustporträt des Knollennasenmännchens in seiner Siebziger-Jahre-Erscheinungsform mit etwas längeren Haaren zeigen, und zwar in verschiedenen Haltungen, alle jedoch während des Sprechens. Diese vier Zeichnungen [...] wirken fast wie einzelne Phasen eines Trickfilms. Von diesen Phasen wiederholen sich viele im Laufe der verschiedenen Folgen, so dass die Serie mit geringem Aufwand gezeichnet werden konnte. Unter den vier Zeichnungen pro Folge steht jeweils der Kommentar, den das Knollennasenmännchen respektive Loriot als Kunstfigur abgibt. Dieser Kommentar besteht stets aus einem Satz, der durch Auslassungspunkte so auseinandergezogen wird, dass er unter den vier

---

7 So handelt es sich bei der für Hildesheimer titelgebenden „Frau auf Bratenplatte" von *Loriots heiler Welt* (1973, 225) in der Tat um eine der ganz wenigen Zeichnungen, die jene Instinktsicherheit vermissen lässt, die Loriot bei der Behandlung gesellschaftlich relevanter Themen gemeinhin an den Tag legt.

Zur 200-Jahr-Feier der Vereinigten Staaten ...

... vermißten folgende Damen und Herren ihre Einladung: ...

... Hans-Ewald Broitzmann, Mizzi Klöber, Erwin Lohmeyer ...

... Dr. Kurt Seidel, Britta Przybilla, Claus-Heinrich Klein und Bubi Pohle.

Abb. 6: *200 Jahre USA* aus *Loriots Kommentare* (Loriot 1978, 72–73).

> Zeichnungen relativ gleichmäßig verteilt ist. Dass die Gestik des Knollennasenmännchens in ihrer Aussage recht beschränkt bleibt und den Inhalt des Kommentars allenfalls auf eine mehr oder weniger komisch wirkende Art begleitet, kann man diese atypische Loriot-Serie im Grunde genommen als eine Art getarnte Aphorismen- und Wortspielsammlung bezeichnen, die auf mehr oder weniger aktuelle Ereignisse Bezug nimmt. (Neumann 2011, 209)

Offenbar versucht Loriot hier, den Stil seiner Sofa-Bemerkungen aus der Serie *Cartoon* und aus den Sendungen *Telecabinet* und *Loriot I* in Cartoon-Form zu bringen, was allerdings nicht gelingt:

> Ein Vertikalkontrast zwischen Zeichnung und Text entsteht bei dieser Serie [...] zu keiner Zeit [...]. Die eigentlichen Mechanismen, die Loriots gezeichnete Komik unverwechselbar machen, sind durch die Form dieser Serie größtenteils außer Kraft gesetzt. (Neumann 2011, 209)

Der komische Kontrast wird allein auf die Textebene verlegt. Hier bietet der Gegensatz von feierlichem Ereignis – der Jubiläumsfeier zur Gründung der Vereinigten Staaten – und banalen Alltagsnamen den Kern der kontrastiven Komik (Abb. 6). Die Serie erweckt den Eindruck, dass Loriot hier den zeichnerischen Bereich seines Werkes innerlich bereits verlassen habe, um sich komplett dem Fernsehen zuzuwenden, wie er in einem Zeitungsinterview aus dem Jahr 1987 selbst bekennt:

> Ich hatte großes Glück, daß das Angebot des Fernsehens zur rechten Zeit kam. Ich hätte andernfalls wie viele meiner Kollegen als Zeichner weitergearbeitet, nur hätte mir das irgendwann einmal nicht mehr ausgereicht, weil ich doch empfinde, daß die Zeichnung manche Dinge einfach nicht trägt. (Hönig 1987)

Wolfgang Hildesheimers Kritik an Loriots zeichnerischem Werk fällt also ziemlich genau in eine Phase, in der Loriot sich zum Fernsehen hin entwickelt und mit *Loriots heile Welt* einen gehaltvollen letzten großen Überblick über sein aktuelles und älteres, bisher in Buchform nicht veröffentlichtes zeichnerisches Werk der vergangenen zwanzig Jahre präsentiert. Dass Hildesheimer darin ein hohes qualitatives Gefälle zwischen Fernsehwerk und Zeichnungen ausmacht, ist sicherlich nicht gerechtfertigt, wie dieser Beitrag gezeigt haben sollte, vor allem, weil viele jener komischen Effekte, die Loriots Fernseharbeit ausmachen, im zeichnerischen Werk bereits antizipiert werden. Einen großen Unterschied zwischen dem gezeichneten Werk und der Fernseharbeit gibt es allerdings. Im Fernsehen ist Loriot zum ersten Mal in seiner Karriere in seinem künstlerischen Schaffen unabhängig:

> Ich war auf das Fernsehen nicht angewiesen, zumal es nicht sonderlich viel bezahlte [...]. Ich hielt es nicht für unbedingt nötig Fernsehen zu machen, aber der Reiz übermannte mich [...], weil ich für möglich hielt, bestimmte Ideen neu anzugehen. (Beller 1991)

Vielleicht sind es diese neuen Ideen, die Wolfgang Hildesheimer an Loriots Fernseharbeit höher schätzt als an seinem zeichnerischen Werk. Denn alles in allem ist Loriots Zugang zum Humor im Fernsehen deutlich anarchischer als in den Zeichnungen, wenngleich die Grundstrukturen die gleichen sind.

Eine Frage muss allerdings hier letztendlich unbeantwortet bleiben: Was hat Wolfgang Hildesheimer dazu verleitet, diese von oben herabschauende, doch recht harsche und in weiten Teilen ungerechtfertigte Kritik zu veröffentlichen? Volker Jehle vermutet eine Parteinahme für Horst Janssen, den Hildesheimer sehr verehrte (vgl. Jehle 2012, 129). Horst Janssen, der mit von Bülow an der Hamburger Landeskunstschule studiert hatte, äußert sich in seiner Autobiographie *Hinkepott* einigermaßen abfällig über seinen ehemaligen Kommilitonen (vgl. Janssen 1987, 198). Vielleicht ist es aber schlicht Loriots Omnipräsenz, die Hildesheimer gegen den Strich geht. Schließlich ist Loriot 1973 in der Bundesrepublik Deutschland allgegenwärtig, nicht zuletzt in Form des Hundes Wum, den er als Maskottchen für die

Aktion Sorgenkind erfindet und mit dem er in seinem Zeichentrickstudio kleine Sketche für deren Fernsehshow im ZDF schreibt, zeichnet und spricht. Zudem bringt Loriot 1972 und 1973 Schlager unter dem Namen *Wums Gesang* heraus, die sich auf den vorderen Plätzen der Charts platzieren. *Ich wünsch mir 'ne kleine Miezekatze* erreicht sogar Platz eins (vgl. Ehnert 2000). Möglicherweise ist es diese erstaunliche Popularität, diese kleinbürgerliche Volksläufigkeit, die Hildesheimer abstößt, eine Popularität, an der er durch sein Vorwort für *Auf den Hund* gekommen möglicherweise selber mitgewirkt hat. Doch das bleibt Spekulation. Belegbar ist hingegen, dass diese Kritik an Loriot ein Einzelfall geblieben ist: Im Jahr 1985 folgt in der Zeitschrift *Rabe* des Haffmans-Verlags eine würdigende Interpretation des Gedichts *Advent* von Loriot, das sich auch in *Loriots heile Welt* befindet (vgl. Hildesheimer 1985). Vielleicht ist dies eine Art späte Wiedergutmachung. Hildesheimer zieht alle Register einer literaturgeschichtlich motivierten Interpretation und fährt, ähnlich ironisch wie in seinem Vorwort von *Auf den Hund gekommen*, schwerstes bildungsbürgerliches Geschütz auf.

Ein viertes und letztes Mal setzt sich Hildesheimer bei einer Rede zur Eröffnung der Loriot-Ausstellung im Wilhelm Busch-Museum in Hannover anlässlich des 65. Geburtstags Vicco von Bülows im Jahr 1988 mit einem Loriottext auseinander. Er interpretiert den Sketch *Deutsch für Ausländer*,[8] ordnet diesen in die Tradition der griechischen Tragödie ein und stellt zahllose weitere intertextuelle Bezüge her, die nicht immer naheliegend erscheinen und so einen routinierten komischen Effekt erzielen.

Jehle weist anhand des Briefwechsels zwischen Loriot und Hildesheimer, der 1985 in Folge der Adventsgedicht-Interpretation Hildesheimers in Gang kommt, nach, dass der Ton zwischen den beiden Künstlern sehr freundlich, aber doch auch immer verhalten bleibt (vgl. Jehle 2012, 126). Man schätzt sich – gegebenenfalls „in Maßen" –, man spendet sich gegenseitig Lob. Doch auf die vernichtende Rezension aus dem Jahr 1973 geht keiner der beiden Briefpartner auch nur ein einziges Mal ein.

---

[8] Der Sketch stammt ursprünglich aus *Cartoon*, Folge 20 vom 30. August 1972 und wurde später wiederholt auch gedruckt, u. a. in Loriot 2006, 195.

Literatur

Bers, Anna, und Claudia Hillebrandt. „Sitzmöbel und Schieberhut". *Loriot. Text + Kritik* 230 (2021): 3–5.
Boehm, Gero von. *Begegnungen. Menschenbilder aus drei Jahrzehnten.* München: Collection Rolf Heyne, 2012.
Bourdieu, Pierre. *Die Regeln der Kunst.* Frankfurt a. M.: Suhrkamp, 1999.
Classen, Christoph. „Lachen nach dem Luftschutzkeller. Loriot in der bundesdeutschen Nachkriegsgesellschaft". *Loriot. Text + Kritik* 230 (2021): 6–15.
Ehnert, Günter. *Hit Bilanz, Deutsche Chart Singles 1956–1980.* Norderstedt: Taurus, 2000.
„Fernsehen auf dem Sofa". Reg. Hans Beller. Aus der Sendereihe: *Vier über uns.* Stuttgart: Süddeutscher Rundfunk, 1991.
Hildesheimer, Wolfgang. „Nackte Frau auf Bratenplatte. Wolfgang Hildesheimer über ‚Loriots heile Welt'". *Der Spiegel* 19 (1973): 169.
Hildesheimer, Wolfgang. „Gedanken zu einem Gedicht Loriots". *Der Rabe* 9 (1985): 150–154.
Hildesheimer, Wolfgang. *Lieblose Legenden.* Zürich: Diogenes, 1956.
Hönig, Bernhard. „Mit Sinn fürs Absurde". *Wochenpost* 27 (10. Juli 1987): 14.
Janssen, Horst. *Hinkepott. Autobiographische Hüpferei in Briefen und Aufsätzen.* Band 1. Ginkendorf: Merlin, 1987.
Jehle, Volker. „Hildesheimer und Loriot". *Komik, Satire, Groteske. Treibhaus. Jahrbuch für die Literatur der 50er Jahre.* Band 8. Hg. Sven Hanuschek, Günter Häntzschel und Ulrike Leuschner. München: ed. text + kritik, 2012. 115–134.
Kolle, Oswalt. „Deutscher Mann – das ist deine Frau". Serie. *Quick* (1967), Ausgaben 14–24.
Loriot. *Loriots heile Welt.* Zürich: Diogenes, 1973.
Loriot. *Loriots Kommentare.* Zürich: Diogenes, 1978.
Loriot. *Auf den Hund gekommen. 44 lieblose Zeichnungen von Loriot eingeleitet von Wolfgang Hildesheimer.* Zürich: Diogenes, 1981 [1954].
Loriot. *Gesammelte Prosa. Alle Dramen, Geschichten, Festreden, Liebesbriefe, Kochrezepte, der legendäre Opernführer und etwa zehn Gedichte.* Mit einem Vorwort von Joachim Kaiser und einem Nachwort von Christoph Stölzl. Hg. Daniel Keel. Zürich: Diogenes, 2006.
Loriot. *Möpse & Menschen. Eine Art Biographie.* Zürich: Diogenes, 1983.
Loriot. „Im Flugzeug" (Alternativer Titel: „Flugessen"). *Loriot V.* Reg. Vicco von Bülow. Radio Bremen / ARD, 1978.
Loriot. *Die vollständige Fernseh-Edition.* Reg. Vicco von Bülow. Warner, 2007.
N. N. „Bestseller-Liste Spiegel". *Der Spiegel* 19 (1973): 177.
N. N. „Wir haben abgetrieben". *Der Stern* 24 (6. Juni 1971), Titelblatt.
N. N. „Kombiniere Schnickschnack: Die abrupte Einstellung der Illustrierten Quick". *Der Spiegel* 36 (1992): 57.
N. N. *Shaggy Dog Story.* https://tvtropes.org/pmwiki/pmwiki.php/Main/ShaggyDogStory. *TV Tropes* (17. Juli 2023).
Neumann, Stefan. *Loriot und die Hochkomik. Leben, Werk und Wirken Vicco von Bülows.* Trier: WVT, 2011.
Ortheil, Hanns-Josef. „Die Lippen fest geschlossen (Rezension zu Wolfgang Hildesheimer: Schule des Sehens. Hg. Salman Ansari)". *Frankfurter Allgemeine Zeitung* (7. Dezember 1996), B5.

Schreiber, Hermann. *Lebensläufe*. Frankfurt a. M. u. a.: Ullstein, 1982.
Schwarzer, Alice. „Frauen bekennen vor der Öffentlichkeit: Wir haben abgetrieben!". *Stern* 24 (6. Juni 1971): 16–24.
Strobl, Hilde. *Wolfgang Hildesheimer und die Bildende Kunst. „Und mache mir ein Bild aus vergangener Möglichkeit"*. Berlin: Reimer, 2013.
Wirth, Uwe. *Komik: Ein interdisziplinäres Handbuch*. Stuttgart: Metzler, 2017.

Anna Bers
Loriot geht viral? – Zu Funktionen und Folgen der gegenwärtigen Loriotrezeption

„Viral" gehen, das bedeutet, „besonders durch Kontakte in den sozialen Medien schnell weite Verbreitung im Internet findend" (DUDEN 2022). Der Ausdruck adaptiert im Deutschen das englische ‚to go viral' (vgl. DWDS 2022) und war schon lange vor den globalen Auswirkungen eines keineswegs digitalen Virus, des COVID-19 Erregers nämlich, als sprachliche Wendung etabliert (vgl. die einschlägigen Beispiele aus den Jahren 2013–2019 in DWDS 2022).

Der vorliegende Beitrag untersucht die Rezeption von Loriots Werken in der jüngsten Gegenwart und fragt nach beiden Dimensionen des Viralen: Einerseits soll untersucht werden, wie Vicco von Bülows Kunst gegenwärtig rezipiert wird und welche Aspekte seiner Themen und seines spezifischen Humors auf welche Weise (viral?) tradiert werden. Andererseits wurde mit dem Jahr 2021 ein Untersuchungszeitraum ausgewählt, der von den Auswirkungen einer globalen Virus-Pandemie besonders betroffen war. Der Titel dieses Beitrags, „Loriot geht viral", rekurriert nämlich ganz konkret auf eine Meldung, die im März 2020 über die Presseagenturen verbreitet wurde. Die Variante der Nachricht aus der *Jüdischen Allgemeinen* trug den Titel „Loriot-Sketch geht viral" (Jüdische Allgemeine 2020). Darin wird berichtet, dass in der ersten Welle der Pandemie und der ersten häuslichen Isolation ein Loriot-Sketch (es ist der Sketch *Feierabend*, mit der berühmten Zeile „Ich möchte hier sitzen") in Übersetzung ins Ivrit in Israel sehr großen Anklang gefunden habe. Zum einen bezieht sich ‚viral gehen' also hier auf Medienpraktiken der Gegenwart und zum anderen auf die Gegenwart angesichts des Virus, um die es im Anschluss an die Detailanalysen auch gehen soll.

Die aktuelle Loriotrezeption soll im Folgenden anhand eines Textkorpus aus der *Frankfurter Allgemeinen* und der *Süddeutschen Zeitung* untersucht werden. Dafür werden Spezifika der Verweise auf Loriots Werke anhand eines einheitlichen Schemas quantifiziert und anschließend ausgewertet. Besonders wichtig sind zusätzlich die textnahen Auswertungen von ausgewählten einzelnen Verweisen, die bestimmte identifizierte Tendenzen beispielhaft illustrieren können. Auf diese Weise ergänzen einander also Makro- und Mikroperspektive: einerseits ein Bild der Umgangsweisen mit Loriot in journalistischen Texten der jüngsten Zeit und andererseits eine Reihe von Detailanalysen zu konkreten rhetorischen Strategien.

https://doi.org/10.1515/9783111004099-015

1 Korpus und Zugang

Die folgende Analyse lässt sich als Pilotstudie begreifen, die erstmalig die spezifische Qualität der gegenwärtigen Loriotrezeption anhand eines konkreten Korpus überprüfen soll. Während nämlich grundsätzlich und insbesondere im Kontext von Jubiläen (85. Geburtstag 2008, zehnter Todestag 2021 und – so sei prophezeit – auch zum 100. Geburtstag 2023) unisono konstatiert wird, dass Loriot auch heute noch bekannt sei und rezipiert werde,[1] gibt es bisher keine inhaltlich auswertende Auseinandersetzung mit dem Nachleben des Werkes. Die Ergebnisse dieser explorativen Analyse laden dazu ein, einerseits größere Korpora und andererseits verschiedene dezidiert digitale Methoden der Korpusanalyse, etwa linguistische Herangehensweisen, an die Loriotrezeption heranzutragen.

Das Korpus der vorliegenden Analyse umfasst 90 Texte aus der *Frankfurter Allgemeinen* (*FAZ*) und der *Süddeutschen Zeitung* (*SZ*). Die beiden Tageszeitungen sind einerseits nach der *BILD*-Zeitung die auflagenstärksten Zeitungen Deutschlands; im vierten Quartal 2021 betrug die Print-Auflage der *SZ* 279.675 und die der *FAZ* 202.094 Stück (vgl. IVW 2022). Beide Teilkorpora ergänzen einander andererseits im Korpus. Ihre Profile können gemeinsam als Index für publizistische Tendenzen der gesellschaftlichen Mitte gelten:[2] „Die FAZ gilt allgemein als bürgerlich-konservatives Medium" (Wikipedia 2022a) und „In der Außenwahrnehmung wird sie [die *SZ*] als linksliberal bzw. ‚etwas links von der Mitte' eingestuft" (Wikipedia 2022b). Das Korpus wurde erstellt, indem die entsprechenden Archivsu-

---

[1] Als Belege seien einerseits eine Umfrage des Instituts für Demoskopie Allensbach von 2008 angeführt, bei der 92 % der 1.793 Befragten angaben, Loriot zu kennen (IfD Allensbach: Loriot zum 85., 2008, abgerufen auf https://de.statista.com/statistik/daten/studie/2243/umfrage/bekanntheit-des-schauspielers-und-komikers-loriot/, abgerufen am 17. Juli 2023), und andererseits ein Artikel aus dem Teilkorpus der *Süddeutschen Zeitung* zum zehnten Todestag, der einleitend den Topos von der ungemeinen Verbreitung Loriot'scher Phrasen so fasst: „Vom Satz ‚Früher war mehr Lametta' bis zum ironischen ‚Ach was?!' – viele Formulierungen Loriots sind im Laufe der Jahrzehnte als Redewendungen in den allgemeinen Sprachgebrauch übergegangen" (A. Weber 2021), vgl. auch Anm. 10.

[2] Um jedoch bestimmte Analyseergebnisse auch jenseits einer Textgruppe aus den genannten beiden Zeitungen zu prüfen, wurde auch eine Suche in den Online-Archiven von *taz*, *Welt* und *ZEIT* vollzogen und in stichprobenartigen Lektüren geprüft, ob sich auffällige Abweichungen von den beobachteten Tendenzen ergeben. Dies war nicht der Fall. Zukünftige Analysen sollten die hier vorgefundenen Tendenzen dennoch unbedingt auch auf weitere Organe und nicht zuletzt die *BILD*-Zeitung applizieren. Für den vorliegenden Ansatz, der stark literaturwissenschaftlich geprägt ist, wurden mit *SZ* und *FAZ* Medien ausgewählt, deren Texte durchschnittlich länger und daher für hermeneutische Zugänge etwas geeigneter sind.

chen erstens auf den Zeitraum 1. Januar 2021 bis 31. Dezember 2021 und zweitens auf das Suchwort ‚Loriot' eingegrenzt wurden.[3] Loriotverweise, die nicht mit dem Künstlernamen verknüpft sind, werden entsprechend hier nicht erfasst. Die Ergebnisse wurden alsdann um Doppelverwendungen (etwa gleiche oder leicht gekürzte Textfassungen auf *faz.net* und in der Printausgabe) bereinigt. Außerdem wurden einzelne Treffer entfernt, wenn deutlich wurde, dass im entsprechenden Text keine auch noch so geringe Auseinandersetzung mit Loriot und/oder dessen Werk stattfindet. Dies geschieht insbesondere in regional geprägten Artikeln der *SZ* nicht selten, wenn z. B. ein Loriot-Brunnen in dessen einstigem Wohnort Münsing Erwähnung zur Einordnung eines ganz anderen Geschehens findet.[4]

Das im Folgenden für den makroskopischen Überblick über die 90 Artikel genutzte Instrumentarium basiert auf einem Modell für Intertextualität, das Manfred Pfister schon in den 1980er Jahren vorgeschlagen hat (vgl. Pfister 1985). Intertextualität bezeichnet in der Literaturwissenschaft üblicherweise die Beziehung zwischen zwei Texten, die aufeinander verweisen. Zur Illustration dieser abstrakten Modellierung und ihrer Vorteile kann hier und im Folgenden das Beispiel *Ödipussi* dienen, Loriots Spielfilm über den Möbelverkäufer Paul Winkelmann und dessen Liebe zu Margarete Tietze sowie zu seiner Mutter (Loriot 1988a). Der intertextuelle Bezug zum *Ödipus*-Mythos ist hier bereits im Titel markiert: Diese Form der direkten Nennung eines Textes in einem anderen dürfte unstrittig ein besonders klarer und vermutlich auch für die Rezeption unmittelbar als relevant wahrgenommener intertextueller Verweis sein.

Intertextualität kann demnach ganz unterschiedliche formale Realisierungen zeigen: Sowohl ein markiertes direktes Zitat als auch eine Anspielung oder die Übernahme von Strukturen und Schemata sind intertextuelle Phänomene. Das Pfister'sche Modell hat nun den Vorteil, für diese strukturell erkennbar sehr unterschiedlichen und auch unterschiedlich stark wirksamen Erscheinungsformen

---

[3] Die Archive beider Zeitungen greifen auch auf die Online-Publikationen der jeweiligen Zeitungen und ihre Ableger (etwa *Süddeutsche Magazin*, *Frankfurter Allgemeine Sonntagszeitung*) zu. Für das Archiv der *FAZ* konnte ein Vollzugriff über das lizenzierte Bibliotheksportal (https://www.faz-biblionet.de/faz-portal, abgerufen am 10. Oktober 2022), für die SZ die offene Archivsuche (https://www.sueddeutsche.de/news?search=, abgerufen am 10. Oktober 2022) kombiniert mit einem Leserinnen-Account für den Volltextzugriff genutzt werden.

[4] „Als Kulturreferent und Dritter Bürgermeister von 2008 bis 2020 hat sich Grünwald für die Kommune engagiert. Der 65-Jährige setzte sich für das Loriot-Denkmal des 2011 gestorbenen Ehrenbürgers am Dorfplatz ein." (bene 2021) Weitere Ausschlusskriterien waren Meldungen über Preisträger*innen, die von einer Liste früherer Geehrter – darunter Loriot – begleitet wurden oder Einträge in listenhafte Veranstaltungskalender.

offen zu sein. Es integriert besonders viele Intertextualitätskonzepte[5] und kann so durch sechs verschiedene Parameter, die jeweils stärker oder schwächer zutreffen können, das jeweilige spezifische Auftreten von Intertextualität besonders gut fassen. Da Loriot in sehr unterschiedlichen Medien zuhause ist, von denen der Schrifttext, der die Literaturwissenschaft besonders interessiert, nur ein kleiner, eher unbedeutender Teil ist, sei im Folgenden ein sehr weiter ‚Text'-Begriff verwandt, der auch Cartoons, Filme, Sketche und alle Kunstgattungen umfasst, in denen Loriot arbeitet. Vielleicht führt er sogar dazu, dass Zuschauer*innen im Film Plot-Referenzen wie die Tötung des Vaters, die Ehe mit der Mutter und die Blendung des tragischen Helden erwarten? Derartige Übernahmen in der Breite wären ebenfalls eine Form starker Intertextualität. Sie werden in Loriots Spielfilm allerdings nicht realisiert. Eine schwächer markierte, aber dafür kontinuierlich präsente Referenz ist der Bezug zu Sigmund Freuds ‚Ödipus-Konflikt', der die psychologisierte Adaption des antiken Mythos darstellt (vgl. Freud 1942 [1900]). Wenn im Spielfilm also traumartige Sequenzen der (Beinahe-)Vereinigung von Mutter und Sohn stattfinden (Loriot 1988a: 00:14:56 und 01:03:55), dann ist hier in jedem Fall Intertextualität am Werk. Wie aber Freuds und (etwa) Sophokles' Ödipus genau technisch ihren Weg in die Loriot-Komödie finden und wie die unterschiedlichen Stärken der Referenz beschrieben werden können, ließe sich besonders gut mit Pfisters Modell darstellen. Im Folgenden soll jedes Kriterium vorab anhand eines *Ödipussi*-Beispiels veranschaulicht werden, um anschließend das Zeitungs-Korpus auszuwerten.

In einem zweiten Schritt soll dieser Beitrag aber jeweils die strukturalen Grenzen des Kategorien-Rasters verlassen. Während die Auswertung mithilfe differenzierter Skalen nämlich einen Hinweis auf wiederkehrende Strukturmuster geben kann, leistet sie keine Erklärung dessen, wozu bestimmte Referenz-Schemata in der Gegenwart dienen. Eine eher formal orientierte Auswertung der 90 Texte kann daher durch Detailanalysen exemplarischer Passagen ergänzt werden. Die Be-

---

[5] So wie die Formen von Intertextualiät offensichtlicher und versteckter sind, gibt es auch weitere und engere Konzeptualisierungen des Phänomenbereichs. In der poststrukturalistischen Auseinandersetzung mit dem Textbegriff ist es gerade die Pointe, dass theoretisch jeder Text mit jedem intertextuell verbunden ist. Diese sehr weite Auffassung ist theoretisch wirkmächtig, heuristisch aber einigermaßen unbrauchbar. Das Modell von Pfister trägt dieser Beobachtung Rechnung, indem verschiedene Kriterien skaliert werden und eben stärker oder schwächer in einem Text vorhanden sein können: „Ein möglicher Ausweg aus diesem Dilemma scheint uns in dem Versuch zu liegen, zwischen den beiden Modellen zu vermitteln. Möglich erscheint uns das schon deshalb, weil die beiden Modelle einander nicht ausschließen, vielmehr die Phänomene, die das engere Modell erfassen will, prägnante Aktualisierungen jener globalen Intertextualität sind, auf die das weitere Modell abzielt" (Pfister 1985, 25).

schreibung und Interpretation bestimmter rhetorischer Strategien in Einzeltexten wird Aufschluss darüber geben, wozu Loriotverweise in der Gegenwart des Jahres 2021 dienen.

2 Analysen

Die *Ödipussi*-Beispiele können nicht nur die jeweiligen Kriterien erhellen, sondern auch zeigen, dass und wie Kunst mit bestimmten Kriterien arbeitet, wenn sie in hohem Maße erfüllt sind. Ganz ohne nämlich auf die einzelnen Auswertungen eingehen zu müssen, lässt sich bereits ein übergreifender Befund festhalten: Mit einem Blick wird deutlich, dass einige Kriterien im vorliegenden Korpus gar nicht aktualisiert werden. Das heißt, dass Loriots Werk offenbar in Hinblick auf diese Kriterien in der Rezeption der Gegenwart keine Wirkung zeitigt. Aus diesem Grund ist es erhellend, zu erkennen, wie ein beliebiges Kunstwerk (hier *Ödipussi*) die in der gegenwärtigen Loriot-Rezeption vollständig ausgelassenen Möglichkeiten der Intertextualität durchaus nutzt. Im Folgenden wird sich nämlich zeigen, dass die Loriotrezeption nicht alle Dimensionen des Intertextuellen nutzt.

Auch ein zweiter Befund aus der Vogelperspektive ist interessant: Andere Kriterien werden unterschiedlich stark aktiviert. Allerdings ist festzuhalten, dass in diesen Kategorien häufig Extrema, also maximal hohe oder niedrige Werte, erreicht werden. Das Mittelfeld, mittelstarke Intertextualität, tritt nicht sehr häufig auf. Loriotverweise scheinen also in gewisser Hinsicht nach dem Prinzip ‚Ganz oder gar nicht' benutzt zu werden.

2.1 Referentialität

Das erste Kriterium, das Pfister intertextuellen Verfahren zuordnet, heißt *Referentialität*. Die entsprechende Skala benutzt zwanglos[6] die linguistische Unterschei-

---

[6] Weil es Pfister um die inhaltliche Wirkung des Zitats für ein ganzes Kunstwerk geht, die in einem anderen Verhältnis zur sprachlichen Repräsentation des Zitats steht als die linguistischen Kategorien ‚to use/refer' (mit einem Wort auf einen Gegenstand verweisen) und ‚to mention/ quote' (den Signifikanten eines Gegenstandes zitieren) ursprünglich meinen, ist seine Verwendung von ‚refer' eine übertragene und weitere als die linguistisch-analytische: „Ein Zitat z. B., dessen Funktion sich in der Übernahme einer fremden und sich dem eigenen Zusammenhang nahtlos einfügenden Wendung erschöpft, bedient sich dieser Wendung und des Textes, dem sie entnommen ist, und ist damit von geringer intertextueller Intensität, während andererseits in dem Maße, in dem der Zitatcharakter hervorgehoben und bloßgelegt und damit auf das Zitat

dung zwischen ‚to use' (bzw. ‚to refer') und ‚to mention' (bzw. ‚to quote'). Ein Text ist dann besonders intertextuell, wenn er einen Verweis, z. B. ein Zitat, nicht nur benutzt (niedrige Referentialität), sondern, wenn er mit dem Zitat auch etwas für seine eigene Ästhetik oder inhaltliche Zielsetzung erreicht (hohe Referentialität).

Um dieses Kriterium am Film *Ödipussi* zu illustrieren, kann die Darbietung von Brahms' Lied *Juchhe* beim Kennenlernkaffee im Hause Winkelmann herangezogen werden (Loriot 1988a, 01:19:00–01:20:20). Einerseits wird das Lied benannt und zitiert, wenn der Hausfreund Herr Weber Mutter Winkelmanns Performance anmoderiert:

> WEBER Frau Winkelmann bringt ein Lied von Johannes Brahms zu Gehör. Es ist sein Opus 6 ...
> MUTTER WINKELMANN Ja doch!
> WEBER (mit Nachdruck) ... Es ist sein Opus 6 Nummer 4 in C-Dur und trägt den Titel ‚Juchhe'! (Loriot 1988b, 178)[7]

Aber die Dramaturgie bleibt nicht bei der einfachen Referenz: Die Darbietung wird zum Debakel, das das Treffen beendet, und das Lied, das Herrn Weber zufolge „jene[] Zuversicht, die in jungen Menschen ... aber auch in reiferen ... in uns reiferen Menschen ... als heitere Erfahrung ... Lebenserfahrung ... anklingt ..." (Loriot 1988b, 178), zum Ausdruck bringt, wird zur Kontrastfolie für die angespannte Atmosphäre zwischen den rivalisierenden Eltern und den reifen Kindern: „Wie ist doch die Erde so schön, so schön! / Das wissen die Vögelein, das wissen die Vögelein." (Loriot 1988b, 178–179) Auch eine anzügliche Dimension ist möglicherweise wahrnehmbar, wenn die wiederholten Verse „sie heben ihr leicht' Gefieder, sie heben ihr leicht' Gefieder" bei Mutter Tietze zum wiederholten Ausruf „Mir wird ganz", „Mir wird übel", „Mir ist übel!" (Loriot 1988b, 179) führen. Text, Melodie und Werkgeschichte des Brahms-Liedes sind also in die *Ödipussi*-Szene so eingewoben, dass die Ästhetiken beider Kunstwerke sich verbinden und eine gemeinsame Wirkung erzeugen, die das einfache Zitat nicht erreichen kann.

Wie verhält es sich nun mit der Referentialität der Loriotverweise in den journalistischen Texten des Jahres 2021? Werden Zitate und Anspielungen vor allem platziert oder erarbeiten die Autor*innen aus der einfachen Referenz heraus eine ästhetische Weiterentwicklung? Die Referentialität aller Verweise im untersuchten Korpus ist verhältnismäßig niedrig (von fünf möglichen erreicht der

---

und auf seinen ursprünglichen Kontext verwiesen wird, die Intensität des intertextuellen Bezugs zunimmt." (Pfister 1985, 26).

7 Für verbale Zitate verwende ich die Druckfassung des Filmes als Bildband (Loriot 1988b), weil die darin enthaltenen Nebentexte die Belege besonders zugänglich machen.

Mittelwert nur 1,4 Punkte). 19 von 90 Texten erhalten mehr als einen Punkt, verlassen also den Bereich des schlichten Zitierens. Und vier Texte erreichen vier oder fünf Punkte, arbeiten also mit dem Prätext weiter, den Sie aufrufen. Tendenziell findet demnach keine Arbeit mit und gegen Loriots Kunst statt. Sie wird vielmehr als isolierte ‚Zitatkapsel' eingestreut. Mit diesem Terminus, der sich aus ‚Zitat' und ‚Zeitkapsel' zusammensetzt, sei darauf verwiesen, wie erstens abgeschlossen und zweitens überzeitlich tradierbar die Referenzen verwandt werden: Sie können in verschiedenen Kontexten auftauchen, verändern aber weder die eigene Konnotation noch die des neuen Textes produktiv. Diese Kapselartigkeit wird auch in Bezug auf andere Kriterien noch von Bedeutung sein.

Ein typisches Beispiel ist diese Referenz auf Loriots zweiten Spielfilm *Pappa ante portas*, als Eingangspointe eines Artikels aus der *Süddeutschen Zeitung*, der einen Sozialverein mit besonderen Hilfsangeboten für Rentner*innen vorstellt:

> Die einen gehen erst in Rente und dann ihrem Ehegespons auf die Nerven, wie Loriot in „Pappa ante portas". Andere hingegen gründen stattdessen einen Verein, der nicht nur sie selbst gut beschäftigt, sondern sich gleichzeitig als Wohl für eine ganze Kommune entpuppt, weil er zum Dreh- und Angelpunkt von Vernetzung, Unterstützung und Nachhaltigkeit wird. (Pelz 2021)[8]

Und obgleich der Text seine Referenz auch zum Schluss wiederholt, bleibt der Loriotrahmen ein konstruiert-formaler. Der Artikel endet, wie er beginnt – mit einem folgenlosen Zitatdropping:

> Arbeit und Aufgaben gibt es auf jeden Fall auch künftig genug und das Schwungrad-Team freut sich immer über neue helfende Hände. Gerne auch deutlich vor dem Zeitpunkt, an dem man nach Renteneintritt eventuell versucht wäre, wie Loriot das bisherige berufliche Aktivitätslevel durch den Erwerb einer Palette Senf zu kompensieren. (Pelz 2021)

Im folgenden Beispiel (dem eine mittlere Referentialität, also drei von möglichen fünf Punkten zugemessen wurde) kann deutlich werden, wie ein Zitat eingebaut und ansatzweise weiterentwickelt wird. Bei diesem Panorama-Text geht es um Neuigkeiten aus dem Liebesleben von Prominenten. Auch dieser Autor, diesmal aus der *Frankfurter Allgemeinen Sonntagszeitung*, spinnt also eine Szene aus *Pappa ante portas* weiter:

> Richtig romantisch finden wir es jedenfalls, dass Reiner Calmund und seine Frau Sylvia sich gegenseitig „Liebchen" nennen. [...] Gattin Sylvia erzählt: „Jetzt steigt er Treppen, was er nie

---

8 Alle Zitat-Nachweise aus dem untersuchten Zeitungskorpus werden in den Auswertungstabellen am Ende des Beitrags aufgelöst.

gemacht hat. Er kruschelt in der Küche in Ecken herum, wo ich ihn nie vermutet hätte." Damit muss man als Ehefrau wohl leben, wenn der Mann mit einem Mal einen größeren Bewegungsradius hat. Den legendären Loriot-Dialog zwischen dem Frührentner und seiner genervten Gattin („Ich wohne hier." – „Aber doch nicht jetzt, um diese Zeit!") könnte man sich abgewandelt auch zwischen den Calmunds vorstellen: „Was machst du da?" – „Ich krusche." – „Aber doch nicht hier in dieser Ecke!" (Thomann 2021)

Hier geht es um die Tatsache, dass der Fußballfunktionär Reiner Calmund beträchtlich an Gewicht verloren hat. Der Autor, Jörg Thomann, macht aus dem Ehepaar Calmund (ganz der Marke Reiner Calmunds in den Medien entsprechend) komische Figuren und ein Remake der Lohses. Die Umsetzung ist textsortenspezifisch gelungen und zeigt, wie aus einer Referenz eine Weiterentwicklung entstehen kann. Gleichzeitig kann dieser Panorama-Notiz nur eine mittlere Referentialität zugeordnet werden, weil sich die Produktivität des Verweises ausgesprochen schnell erschöpft. In keinem der anderen Liebesdramen, die der Artikel ausführt, kommt der Autor auf die Referenz zurück. Und auch der Ton der Meldung ist vielmehr ein allgemein scherzender, der ohne spezifisch Loriot'sche Verfahrensweisen auskommt. Typisch für den Umgang mit Loriots Kunst ist also eine niedrige und selten auch mittlere Referentialität. Ein rein zitierender Umgang herrscht vor; seine Kunst wird isoliert und als Kapsel eingestreut.

2.2 Kommunikativität

Kommunikativität, die zweite Dimension der Intertextualität nach Pfister, ist ein wirkungsorientiertes Kriterium. Es bezieht sich darauf, wie sich in der Sender-Empfängerinnen-Kommunikation die Bekanntheit des Zitats gestaltet. Wenn also die Logik des Kunstwerks darauf hindeutet, dass sowohl Autor*in als auch Leser*in den Verweis nach Möglichkeit erkennen und in der Rezeption einbeziehen sollen, dann ist die Kommunikativität hoch, ist das nicht der Fall, ist sie niedrig.

Das folgende Bild-Beispiel aus *Ödipussi* kann einen Fall mittlerer Kommunikativität illustrieren:

Wenn die Szene aus Loriots Spielfilm *Ödipussi* vor allem für die Sprachkomik und ihr „frisches Steingrau" (Loriot 1988b, 60) bekannt ist, dürfte die fotografische Komik weniger auffällig, aber ebenso wirksam sein. Das Ehepaar Melzer wird in einer achsensymmetrischen Anordnung als Brustbild frontal gefilmt und im Bild platziert (Abb. 2). Loriot hat eine große Vorliebe für derartig frontale Paar-Kompositionen (man denke nur an das berühmte Sofa, auf dem er mit Evelyn Hamann moderiert). Gleichzeitig verweist diese besondere Einstellung jedoch auf ein Vorbild aus der Kunstgeschichte, das Gemälde *American Gothic* aus dem Jahr 1930 (Abb. 1), dessen sowohl zeitgenössische als auch spätere popkulturelle

Rezeptionsgeschichte besonders lebhaft und facettenreich ist.[9] Die Wirkung der Komik durch die entlarvende fotografische Komposition wird durch das Zitat verdoppelt: Wer das Gemälde wiedererkennt, darf in den Melzers nicht nur zwei komische Alte, sondern einen überhistorischen und kulturübergreifenden Typus des Verhärmt-Kleinbürgerlichen erkennen. Diese Dimension setzt selbstverständlich die Kenntnis des Gemäldes voraus. Hier ist Kommunikativität gefragt. Diese ist jedoch nicht maximal hoch, da das Zitat nicht die notwendige Bedingung dafür ist, das Paar komisch zu finden: Komposition, Mimik, Farbgebung erreichen diesen Effekt – ganz wie im Vorbild aus der Malerei – auch ohne ein Wiedererkennen der Referenz. Der Vollständigkeit halber kann überdies noch das Hausiererpaar (so die Bezeichnung in Drehbuch, Loriot 1991b, 52) aus dem späteren Film *Pappa ante portas* zur Reihe der Verweise hinzugefügt werden, die nicht nur von denselben Schauspieler*innen (Charlotte Asendorf und Nikolaus Schilling) verkörpert werden, sondern in Komposition, Farbgebung, Requisite und Mimik deutlich auf die Vorgängerbilder verweisen (Abb. 3). Allerdings gilt auch hier: Um die Szene zu verstehen und komisch zu finden, muss die kommunikative Dimension, also das Wissen um die Referenzen, nicht zwangsläufig aktualisiert werden. Die Kommunikativität ist nicht hoch.

Abb. 1: Grant Wood, *American Gothic*, 1930, Art Institute of Chicago.

Abb. 2: Das Ehepaar Melzer bei der Farbberatung aus *Ödipussi* (Loriot 1988b, 56).

Abb. 3: Hausierer aus *Pappa ante portas* (Loriot 1991b, 54).

---

9 „American Gothic has been lavishly praised, brutally condemned, waved aloft as a symbol of the greatest good of our land, its creator hailed as American art Columbus, put down as an inept copy of an Old Master, viciously attacked (politically, thankfully, not physically), vilified, psychoanalyzed, mocked, accused of being the Devil's work, its maker called a virtual Nazi sympathizer, snickered at, called a corpse, caricatured, used for myriad parodies, and held hostage for any number of advertisements and Halloween costumes. Since it's been in the public eye, its significance has been puzzled over more than any other painting in American history, and it has become the preeminent American art icon" (Hoving 2005, 6).

Im untersuchten Korpus ist die Kommunikativität tatsächlich das wichtigste Kriterium. Der Mittelwert von 3,0 von fünf möglichen Punkten ist der höchste aller Auswertungen. Eine Vielzahl von Texten arbeitet mit einer ausgeprägten Kommunikativität, die Texte setzen also voraus, dass Loriot-Referenzen erkannt sowie inhaltlich gefüllt werden und eine inhaltliche Verbindung zum Zeitungstext hergestellt werden kann. Dass der Durchschnitt nicht noch höher ausfällt, liegt am erwähnten ‚Ganz oder gar nicht'-Prinzip der Verweisstrukturen: Die Auswertung zeigt ein sehr spärlich gefülltes Mittelfeld und eine Kommunikativität, die tendenziell entweder sehr hoch oder sehr niedrig ist.

Der folgende Abschnitt aus einer TV-Kritik aus der *Frankfurter Allgemeinen* illustriert, wie Kommunikativität typischerweise realisiert wird. Besonders eindrücklich wird diese Dimension des Verweises, wenn man sich vorstellt, man kennte den berühmten *Nudel*-Sketch nicht. Der letzte Satz der Kritik und damit die zentrale Aussage: ‚Was die Moderatorin Illner tut, ist so absurd und deplatziert wie die Kommunikation des Verehrers mit Hildegard', wären schlicht unverständlich.

> Am Ende wünschte man sich fast, ein Loriot könnte diese Sendung parodieren. Mit der grandiosen Evelyn Hamann als Osnabrücker Landrätin. Man freute sich auf ihren Gesichtsausdruck, wenn ihr Loriot als Talkmaster mit den Worten schmeichelte: „Sie führen Ihren Landkreis großartig!" Das sagte Maybrit Illner tatsächlich. Es fehlte wirklich nur die Nudel. (Lübberding 2021)

Der Hinweis auf „die Nudel" ist nämlich kein doppelt codierter Verweis, wie es die symmetrischen Paare in Loriots Spielfilmen sind. Er ist nicht sowohl als Zitat als auch ohne Zitat für die Semantik des Artikels auswertbar: Wenn man den Intertext nicht kennt, dann muss man dieses Ende des Artikels einfach kopfschüttelnd ignorieren. Ein weiteres Beispiel ist dieser kurze Abschnitt aus der *SZ*, in dem es um Lagerungsprobleme des knappen Gutes Microchip geht:

> Was dann nicht funktioniere: Irgendwo ein paar Tausend Chips kaufen und für schlechte Zeiten in den Keller legen und horten. Nach einem Jahr Lagerung seien die nämlich oft nicht mehr zu gebrauchen. „Wie im Loriot-Sketch eine ganze Palette Senf kaufen geht nicht", sagt er. (Busse und Fromm 2021)

Auch hier zeigt sich: Ein größerer Referenzkontext wird vorausgesetzt, in dem Heinrich Lohse palettenweise Senf kauft, weil er dadurch Rabatte einheimsen kann. Der Kontext und die Pointe sind beim Sprecher sogar offenbar jenseits des konkreten medialen Zusammenhangs als *Skript* gespeichert, weil er auf einen „Loriot-Sketch" verweist, obgleich das Zitat aus Loriots Spielfilm *Pappa ante portas* stammt. Dabei übersieht der Chip-Experte aus der *Süddeutschen* zugunsten des rhetorischen Gewinns durch eine charmante Anspielung überdies, dass sein

Vergleich auf ungewollt komische Weise gründlich misslingt: Schließlich verkennt auch in *Pappa ante portas* der ehemalige Leiter der Einkaufsabteilung, dass man Senf (anders als Radiergummis und Schreibmaschinenpapier, die er in einer anderen Szene im vermeintlichen Sinne seiner Firma hortet) ebenso wie Microchips *gerade nicht* unbegrenzt lagern kann.

Der typische Umgang mit Loriotzitaten in Hinblick auf das Kriterium der Kommunikativität setzt also einen impliziten komischen Zusammenhang durch das bloße Nennen eines expliziten (verbalen) Ausschnitts voraus. Mehr noch: Es scheint vielfach das spezifische ästhetische Vergnügen zu sein, Anspielungen so zu gestalten, dass sie nur für Eingeweihte interessant sind und ansonsten dunkel bleiben müssen. In Loriots Werk sind schließlich zentrale Pointen nicht kontextunabhängig komisch, wie etwa ein in sich geschlossenes Bonmot oder ein Slapstickmoment, sondern nur durch den Referenzkontext. So wird tatsächlich schlicht auf „eine Nudel" oder „eine ganze Palette Senf" verwiesen, die für sich genommen nicht komisch sind. Aber auch andere sprichwörtlich gewordene Phrasen aus Loriots Werk sind nicht *per se* komisch, sondern durch den Kontext, auf den die – auch im Alltag der Gegenwart[10] – breit tradierten Sätze verweisen. Für diese verbreitete Praxis findet sich im Korpus sogar eine Meta-Analyse. Ein Künstler*innenpaar gibt Auskunft über gemeinsame Interessen und trennende Humor-Vorlieben:

> Apropos Humor: Wie versteht sich das Künstlerpaar Thorwarth-Kiper auf dieser Ebene? „Dünnes Eis! Ganz dünnes Eis", sagt sie lachend. Sie seien eben sehr unterschiedlich aufgewachsen, sie komme „eher aus der Loriot-Ecke", das sei aber überhaupt nicht sein Ding. Über seinen Ruhrgebiets-Humor könne sie schon lachen, behauptet sie: „Aber andersrum ist mein Humor für ihn eher eine Einbahnstraße." Das will er so nicht stehen lassen: „Einbahnstraße würde ich so nicht sagen, aber mit diesem Zitieren von irgendwelchen Loriot-Filmen kann ich halt nichts anfangen", sagt er. (Grübl 2021)

---

10 Als Beleg sei die Sammlung von besonders breit tradierten Loriot-Floskeln aus der *Wikipedia* herangezogen, von denen die allerwenigsten (etwa die Beschimpfungen aus der ‚Jodelschule' und der ‚Heinzelmann'-Slogan) eine Kontext-unabhängige Sprachkomik besitzen: „Einige Erfindungen und Formulierungen Loriots wurden im deutschen Sprachraum Allgemeingut. Dazu gehören das ‚Jodeldiplom', die ‚Steinlaus' (die sogar mit einem Eintrag im Pschyrembel vertreten ist) und der ‚Kosakenzipfel' mit den den Konflikthöhepunkt des zugehörigen Sketches markierenden Beschimpfungen ‚Jodelschnepfe' und ‚Winselstute', aber auch Sätze wie ‚Da hab' ich was Eigenes, [da] hab' ich mein Jodeldiplom', ‚Und Reiter werden ja immer gebraucht!', ‚Bitte sagen Sie jetzt nichts ...', ‚Das ist fein beobachtet', ‚Früher war mehr Lametta!', ‚Ein Klavier, ein Klavier!', ‚Das Bild hängt schief!', ‚Es saugt und bläst der Heinzelmann, wo Mutti sonst nur saugen kann' (sowie die Variante ‚wo Mutti sonst nur blasen kann'), ‚Männer und Frauen passen (einfach) nicht zusammen!', ‚Frauen haben auch ihr Gutes' oder das lakonische ‚Ach (was)!'" (Wikipedia 2022c).

Das „Zitieren von irgendwelchen Loriot-Filmen" als Alltagshandlung scheint also in der Gegenwart genauso konzeptionell etabliert zu sein wie die Zitate selbst. Die hohe Kommunikativität im untersuchten Korpus verweist auf eine ganz spezifische Loriot-Rezeptions-Praxis, die auch jenseits des Feuilletons relevant zu sein scheint: das Spiel mit Zitaten unter Eingeweihten.

2.3 Autoreflexivität

Das dritte von sechs Kriterien ist die Autoreflexivität. Hier geht es darum, ob ein Text seinen intertextuellen Status selbst reflektiert, also zum Beispiel offenlegt, dass es sich beim Vorliegenden um ein Zitat handelt. Es ist nicht einfach, im Beispiel-Kunstwerk *Ödipussi* einen Fall von autoreflexiver Intertextualität zu finden. Der Film weist nirgends sehr deutlich darauf hin, dass er ein Zitatkunstwerk ist. Eine bestimmte Passage kann jedoch als schwache Autoreflexion gelesen werden. Im Verweis geht es um die Frage des Antiken-Bezugs, die der Titel des Films deutlich aufwirft. Und auch der Name „Winkelmann" macht diese Referenz deutlich: Die Familie des aktualisierten Ödipus heißt nach dem Begründer des deutschen Klassizismus, Johann Joachim Winckelmann. Als Paul Winkelmann (mit einfachem „K") zu Beginn des Films das Haus seiner Mutter verlässt, um kurz darauf Margarete Tietze kennenzulernen, ereignet sich folgende isolierte und für den Plot völlig folgenlose Szene:[11]

> *Straße vor Haus Mutter Winkelmann. Außen. Tag.*
> *Paul Winkelmann verläßt mit einem Trenchcoat über dem Arm das Haus und geht durch den Vorgarten auf die Straße. Frau Winkelmann steht auf dem Balkon. Mutter und Sohn winken sich zu.*
> *Paul wird von einem Passanten angesprochen.*
> 1. PASSANT Entschuldigen Sie, können Sie mir sagen, wie ich zur Schinkelstraße komme ... ?
> PAUL Ja! ... Schinkelstraße ...
> *Er sieht straßauf, straßab und grübelt hilfsbereit. Ein weiterer Passant bleibt stehen.*
> 2. PASSANT Das ist hier die Schinkelstraße.
> PAUL Ja! (Loriot 1988b, 9–10)

---

[11] Neumann misst genau dieser Szene eine wichtige Funktion für die Exposition zu, sie führe „den Charakter des männlichen Filmhelden in seiner zerstreuten Gedankenlosigkeit" (Neumann 2011, 309) vor. Diese Diagnose ist sicher richtig, allerdings ist die Szene gerade wegen der von Neumann wahrgenommenen Präzision und Kürze „nach allen Regeln des Drehbuchschreibens" (Neumann 2011, 309) für die Handlungsentwicklung verzichtbar: Die Vorstellung des Protagonisten in seinen einschlägigen Eigenschaften geschieht hinreichend in den restlichen Teilen der Exposition.

Paul verlässt also das Haus seiner Mutter, das für seine ödipale Verstrickung mit ihr steht. Obwohl just dieses Haus sich in der Schinkelstraße befindet, ist sich Paul Winkelmann seiner Verortung inmitten klassizistischer Ahnen (Schinkel sowie Ödipus und Winckelmann) ganz und gar unbewusst. Paul bekennt, dass er nicht die geringste Ahnung von seinem Leben in klassischen Bahnen hat. Seine Orientierungslosigkeit verweist damit auf die unbewusste Teilhabe aller Figuren an tradierten Mustern, seine Ahnungslosigkeit ist ein Metakommentar zur Verweisstruktur des Films selbst. Zudem verlässt er hier den Bereich des Klassischen und macht sich auf in die Welt der Psychologie, von Win©kelmann und Schinkel zu Tietze und Freud. Aufgrund der isolierten Stellung dieser kleinen Szene liegt eine Deutung als Metakommentar und Autoreflexion nahe. Gleichzeitig ist die Szene so kurz und ihre intertextuelle Auswertung so voraussetzungsreich, dass hier höchstens eine schwache Autoreflexion veranschlagt werden kann.

Im Korpus findet sich kein einziges Beispiel von Autoreflexivität. Das Mittel aller ausgewerteten Texte beträgt 1,0 auf einer Skala von eins (niedrig) bis 5 (hoch). Das ist interessant. Angesichts der Tatsache, dass die Zitate so ausgesprochen kommunikativ sind, also nur innerhalb Eingeweihter zwischen Sender*in und Empfänger*in ausgetauscht werden können, ist es besonders erstaunlich, dass kein Text diese besondere Bedingung von Loriotverweisen thematisiert.

Zwei Texte beschreiben den Umgang mit Zitaten, verwenden dann aber keine solchen. Einer der Texte ist das zuletzt angeführte Künstler*innen-Paar, das das „Zitieren von irgendwelchen Loriot-Filmen" beschreibt, deren Interviewtext aber eben kein Zitat enthält (Grübl 2021). Der zweite Text befasst sich mit Loriots Werk, rezensiert einen Sammelband über den Künstler und beginnt mit den Worten: „Vom Satz ‚Früher war mehr Lametta' bis zum ironischen ‚Ach was?!' – viele Formulierungen Loriots sind im Laufe der Jahrzehnte als Redewendungen in den allgemeinen Sprachgebrauch übergegangen." (A. Weber 2021)[12] Wenn man so will, findet hier eine Autoreflexion statt, allerdings verschwindet dafür die Intertextualität. Die Zitate sind austauschbar und werden nur als Stellvertreter für beliebige Floskeln eingefügt.

Die bemerkenswerte Tatsache, dass die verbreitete hochkommunikative Umgangsweise mit Loriots Schaffen sich nirgends selbst reflektiert, sucht nach einer Erklärung. Eine Hypothese kann in der kulturgeschichtlichen Tradition autoreflexiver Kunstformen gesucht werden: Sich selbst reflektierende Strukturen in der Kunst sind typisch für bestimmte historische Avantgarden. In der Romantik, in der Moderne, in der Postmoderne gehört es zur spezifisch epochalen Ästhetik, die Bedingungen der Kunst im Kunstwerk selbst zu reflektieren. Vergleicht man etwa

---

12 Vgl. auch Anm. 1.

das Schaffen Monty Pythons mit dem Loriots, wird deutlich, welchen Stellenwert Selbstreflexion in komischer Filmkunst spielen könnte:

> This doubled commentary constitutes Pyton's „revolutionary" comedy so that when a Python sketch is counter-cultural, its self-reflexive „meta" dynamic draws attention to the ways it enacts political critique. Satire and parody obviously operate as self-reflexive and „meta"-forms as they are already self-reflexive. But Monty Python perfects metacommentary in its accruing of meta-bits that comment both upon themselves and one another. (Roof 2018, 62)

Und die Reflexion von Intertextualität als Verfahren ist insbesondere in der Postmoderne eine beliebte Strategie. Denkt man dagegen an Loriots ästhetische Verfahren, dann sind diese weder modernistisch noch postmodern. Zwar gibt es inhaltliche Autoreferenzen, zum Beispiel Fernsehbeiträge über das Fernsehen, aber keine Metareflexion des Verfahrens und – wie im Beispielfilm *Ödipussi* – keine oder nur sehr versteckte Kommentierungen von Intertextreferenzen (obwohl diese durchaus deutlich vorhanden sind). Möglicherweise passt sich die Loriotrezeption dieser Tendenz ihres Vorbildes an. Selbstverständlich ist diese Anpassung keineswegs notwendig: Auch wenn Loriot in seiner Darstellungsweise stets in der fiktionalen Referenz verharrt und nie autoreflexiv arbeitet, impliziert dies keine Verpflichtung für seine Zeitungs-Adepten. Weil aber eine derartig homogene Umgangsweise mit der fehlenden Autoreflexion im Korpus zu beobachten ist, darf zumindest vermutet werden, dass sich Loriots ästhetische Präferenz auf die Rezeption auswirkt.[13]

3.1 Strukturalität

Strukturalität, das vierte Kriterium nach Pfister, befasst sich mit dem Verweis in der Breite des Kunstwerks. Es korrespondiert mit dem fünften Kriterium, der Selektivität, das gewissermaßen die Tiefe des Verweises auswertet. Die Strukturalität untersucht nun, ob ein Prätext nur punktuell (geringe Aktualisierung) oder in der Gesamtstruktur des neuen Kunstwerks (hohe Punktzahl) aufgerufen wird. Besonders intertextuell ist demnach, was in der Gesamtheit auf den Prätext verweist. Verfahren wie Pastiche und Parodie sind dafür prädestiniert. Denkt man an *Ödipussi* und seinen Verweis auf den historischen Mythos, so wird deutlich,

---

[13] Zusätzlich kann insbesondere beim Kriterium der Autoreflexivität außerdem nicht ausgeschlossen werden, dass diese Qualität von Verweisen eine hochgradig an künstlerische (ggf. sogar avantgardistische) Kontexte gebundene Eigenschaft ist, die in journalistischen Texten ohnehin selten auftaucht. Um diese Frage zu prüfen, wäre es sinnvoll, ein Kontrollkorpus daraufhin auszuwerten, ob in nicht-künstlerischen Kontexten – z. B. in der journalistischen Rezeption Monty Pythons – intertextuelle Autoreflexion *überhaupt* denkbar ist.

dass die Strukturalität nur niedrige Werte erreicht. Am deutlichsten kann dies daran werden, dass aus dem Tragödienstoff eine Komödie wird. Aber auch im Detail findet sich keine Szene, die deutliche Parallelen zur antiken Vorlage aufweist. Weder die Ereignisse noch die Konflikte, Charaktere und Dynamiken stehen in einem direkten Nachahmungsverhältnis zu König Ödipus und dessen Schicksal. Gleichzeitig gibt es jedoch punktuell Passagen, die sich allein über strukturelle Ähnlichkeiten, genauer Gegensätze erklären lassen: So verweist die allerletzte, traumartige Szene des Films nicht nur auf die Relevanz des Traums für den Freud'schen Prätext, sondern auch auf ein zentrales Motiv des antiken Mythos:

> Mutter Winkelmann sitzt am Lenkrad des Wagens und hat über den Rückspiegel ihren Sohn im Auge. Sie trägt den Hut, der Paul alptraumhaft vertraut ist. In Pauls Gesicht stehen die Zeichen eines nahen Entschlusses. Dann zieht er seiner Mamma den Hut über Augen und Ohren. (Loriot 1988b, 187)

In Umkehrung der dramatischen Katastrophe, wie sie etwa von Sophokles vertraut ist, wird hier nicht der Sohn geblendet, sondern die Mutter. Gerade weil es sich hier durch die Gegensätzlichkeit nicht um ein direktes Zitat handeln kann, muss eine schwache Form der strukturellen Übernahme angenommen werden, wie sie für den gesamten Film und seine losen Verweise auf Mythos und Freud-Theorem kennzeichnend ist.

Im Korpus wird dieses Kriterium ebenfalls nur sehr spärlich aktualisiert. Zwar gibt es Texte wie den oben zitierten zu Hilfsangeboten für Rentner*innen (vgl. Pelz 2021), die Loriotverweise als Rahmenstruktur gewählt haben. Bisweilen zeigen just diese Texte zusätzlich durchaus einen grundsätzlich humorvollen Impetus, allerdings muss auch diesen Annäherungen an Loriots Schaffen eine niedrige Strukturalität zugewiesen werden, weil sie nicht versuchen, ein bestimmtes Kunstwerk strukturell zu imitieren. Weder adaptieren sie Plots noch Konstellationen oder Konflikte, auch Beispiele für eine Annäherung an Loriots besondere Sprache lassen sich nicht ohne Weiteres finden. Einige Texte weisen eine mittlere Strukturalität auf: Sie sind im Grundton humorvoll und suchen nach Verfahren, die das im Zeitungstext Dargestellte der narrativen Struktur von menschlichen Interaktionen bei Loriot annähern. So skizziert der Text *Katz mich mal!* von Moritz Geier, wie ein kurioses Versehen aus einer Online-Konferenz eine Szene macht, die entstanden wäre, wenn „Loriot sich einen Sketch über das Internet hätte ausdenken können" (Geier 2021), und Benjamin Engel beschreibt drollige Szenen in der Sommerfrische am Starnberger See: „Loriot mag es selbst nicht mehr erleben, aber manche Beobachtungen erinnern weiter sehr an seine Figuren ..." (Engel 2021). Der Erweis einer nur mittelstark ausgeprägten Strukturalität ergibt sich für diese Texte durch die Probe: Wäre die dargestellte Szene ohne die entsprechende explizite Rahmung als Verweis auf Loriot aufgefallen? Im Korpus ist dies nirgends der Fall. So wird die folgende Szene zwar durch die Textrahmung als besonders ‚loriothaft' (mehr zu diesem Attribut später) ausgewiesen, allerdings wird sie erstens komisch und zweitens dem angeblichen Vorbild ähnlich nur durch imaginative Zugaben des*r Lesers*in:

> Ein reiferer Herr steigt in kurzer Badehose ins Wasser und schwimmt los, als wäre die Hochphase des Sommers angebrochen. Ein Blick auf das Thermometer aber ernüchtert: 12,2 Grad Celsius Wassertemperatur! Wer unter diesen Bedingungen so beherzt loslegt, verdient Respekt. Oder doch nur mitleidiges Kopfschütteln? (Engel 2021)

Es können mehrere Gründe für die fehlende strukturelle Auseinandersetzung mit Loriots Schaffen angenommen werden. Einerseits dürfte eine niedrige Strukturalität darin begründet sein, dass Loriots Werke in ihrer Eigenschaft als komische Kunst erstens selbst gerne auf Struktur-Schemata zurückgreift (etwa auf die Romantische Komödie, das Talkshowgespräch, die Ansage, die Dokumentation etc.). Und aus diesem Grund kann und muss die Struktur gar nicht als Schöpfung Loriots wahrgenommen und zitiert werden. Und dort, wo andererseits ein komplexerer, nicht durch vorgegebene Schemata abgedeckter Plot notwendig wird, in den umfangreichen Filmkomödien, entpuppt sich die Narration zweitens als eine Reihe sketch-artiger Einzelszenen, die vielfach austauschbar sind. So verbirgt sich hinter *Ödipussi* gerade keine spezifisch wiedererkennbare Ödipus-Geschichte, sondern ein „einfache[s] dramatische[s] Grundgerüst" mit „verschiedenen Nebenhandlungen" (Neumann 2011, 311) und der Nachfolgefilm *Pappa ante portas* wird in der Rezeption ebenfalls als „eine charmante Nummernrevue" (Görner o. D.) zugleich auf- und abgewertet. Die narrative Struktur von Loriots Kunst wird also auch deshalb nicht zitiert, weil sie schematisch und additiv ist. Dasselbe gilt für Schemata, die Loriots Figurenkonstellationen betreffen: In seinem Werk unverwechsel- und damit zitierbare Individuen zu entdecken, fällt schwer. Und dies ist nicht unbedingt ein Manko seiner Kunst, geht es ihm doch um die Abbildung sozialer Typen und bestimmter Milieus (vgl. dazu Uhrmacher in diesem Band). Besonders typisch für Loriot, so könnte man sagen, ist eben nicht das Besondere, das sich dann eindeutig wiedererkennbar zitieren ließe, sondern das Alltägliche. Warum allerdings ausgerechnet im bürgerlichen Schriftmedium Zeitung sich kein*e Autor*in adaptierend mit der durchaus sehr spezifischen Sprache befasst, wieso sich also auch kein Beispiel für eine erhöhte sprachliche Strukturalität findet, muss offen bleiben. Wie z. B. Helga Kotthoff (vgl. in diesem Band) für stilistische und Ulla Fix (Fix 2021) für pragmatische Dimensionen der Sprache zeigen, kann durchaus ein sehr spezifischer Umgang Loriots mit linguistischen Kategorien identifiziert werden. Sich diesen Spezifika umfassend anzunähern, könnte nicht nur eine hohe strukturelle Intertextualität, sondern auch interessante Zeitungs-Texte hervorbringen.

3.2 Selektivität

Die Selektivität eines Zitats lässt sich leicht beschreiben: Je direkter, also selektiver ein Zitat ist (z. B. wörtlich), desto höher ist seine Intertextualiät. So ist etwa die Selektivität in Bezug auf verschiedene Zitate im Film *Ödipussi* unterschiedlich hoch: Das Brahms-Lied *Juchhe* wird wörtlich und getreu der Komposition zitiert, die Selektivität ist hoch. Die Verweise auf Freud und antike Ödipus-Texte hingegen sind ausgesprochen indirekt, ihre Selektivität ist niedrig. Eine mittlere Selektivität kann exemplarisch für das folgende Bildzitat veranschlagt werden. Über die abgebildete Katzenkerze (Abb. 4) verrät Loriot im Bonus-Teil der Drehbuch-Ausgabe (Loriot 1988b, 210): „Wenn ich auf irgend etwas in diesem Film nicht verzichten möchte, dann ist es dies."

Sowohl Paul Winkelmann als auch Margarethe Tietze haben die ikonische Dekokatze für das erste Rendezvous parat: „Paul entnimmt der Tüte die gleiche Kerze, die er zuvor auf den Tisch gestellt hatte. Sie unterscheidet sich nur durch die Farbe. Er stürzt an den Tisch, wechselt die Kerzen aus, sieht sich suchend um und läßt dann seine rosafarbene in den Papierkorb fallen." (Loriot 1988b, 77). Die Katzenform entspricht Darstellungen der ägyptischen Liebes- und Fruchtbarkeitsgöttin Bastet (Abb. 5), allerdings handelt es sich beim Vorbild nicht um eine buntwächserne Kerze. Hier liegt also eine mittlere Selektivität vor: Das Vorbild bleibt deutlich erkennbar, die Adaption wirkt durch entscheidende Veränderungen in Form und Funktion besonders komisch.

Im Korpus erreicht die Selektivität im Mittel einen Wert von 2,8, sie ist damit vergleichsweise hoch. Erneut erreichen die Werte im Einzelnen jedoch häufig

Abb. 4: Katzenkerze, Detail aus *Ödipussi*, (Loriot 1988b, 81).

Abb. 5: Bronzeplastik der ägyptischen Göttin Bastet, Musée du Louvre.

entweder sehr hohe oder sehr niedrige Zahlen ('Ganz oder gar nicht.'). Für eine besonders hohe Selektivität sollen zwei Beispiele angeführt werden. Beim ersten handelt es sich um eine Produktkritik zu einem Auto, das zweite ist der Testbericht eines Küchengeräts:

> Das Auto entlang zieht sich eine scharfe Kante, und auch auf der Motorhaube finden sich Bügelfalten. Dem Fahrer geht es damit wie Evelyn Hamann, die fasziniert die Nudel in Loriots Gesicht anstarrt. (L. Weber 2021)

> Auch Kobold, die zweite Traditionsmarke im Sortiment des Familienunternehmens, die vor allem für den gleichnamigen Staubsauger bekannt ist, hat trotz Geschäftsschließungen und Lockdowns nur unwesentlich an Umsatz eingebüßt. Der Geschäftsbereich Kobold – dem Loriot mit dem „Einhandsaugbläser Heinzelmann" schon 1978 ein Denkmal gesetzt hat – erzielte einen Umsatz von 703 Millionen Euro nach 708 Millionen im Vorjahreszeitraum. (Jansen 2021)

In beiden Beispielen liegt eine hohe Selektivität vor. Jeweils wird ein bestimmtes, ganz zentrales Requisit aus Loriots Sketchen aufgerufen. Das ist keine Seltenheit. Nudel und Staubsauger sind selektive Details, die auf sehr konkrete Pointen hinweisen und in knapp der Hälfte aller Zitate aus dem untersuchten Korpus aufgerufen werden. Besonders interessant ist in beiden Beispielen, dass deren Autoren die kategoriale Grenze zwischen Kunstwerk und dem faktualen Kontext, in dem sie ihre Produktrezensionen verfassen, ganz klar ignorieren: Es ist nämlich nicht Evelyn Hamann, die hier irritiert ist, sondern die Figur Hildegard. Und auch der *Heinzelmann* war und ist nie das gleiche Gerät wie der *Kobold*. Diese Grenzüberschreitung ist aber charakteristisch, weil es in der gegenwärtigen Loriotrezeption gerade darauf ankommt, dass Loriots Kunst eine Art langfristigen Alltagsrealismus entfaltet: Trotz oder gerade wegen der komischen Übertreibung seiner Szenerien werden just die Pointen tradiert, die bis heute besonders alltagsnah erscheinen. Die Sketche werden also nicht als gemachte Kunstwerke rezipiert, sondern als Zeugnisse für Phänomene, die gerade keine Kunst sind, sondern gewöhnlicherweise auftreten. Wie man hier auch an der Zeitangabe „schon 1978" sieht, interessiert an diesen Szenen überdies eine Art überzeitlicher Gültigkeit der Loriot'schen Diagnosen.

Das Gegenstück zu dieser besonders hohen Selektivität ist eine ebenso häufige sehr niedrige Selektivität. Interessanterweise gibt es erneut beinahe kein Mittelfeld, das zum Beispiel entstünde, wenn man oberflächlich auf den Plot eines bestimmten Sketches verweisen würde. Wenn kein konkretes Zitat oder Requisit in den Text integriert wird, dann wird auf etwas verwiesen, dass das Loriothafte heißen könnte. Was jedoch das ‚Loriothafte' ausmacht, erklärt keiner der Texte. Und das ist auffällig. Die diagnostizierte Kommunikativität des Loriotrezeption im untersuchten Korpus zeigt sich hier erneut: Offenbar können Autor*innen unterstellen, dass das Publikum ohne weitere Erklärung weiß, was Loriot auszeichnet. Außer den oben zitierten Passagen von Lübberding („Am Ende wünschte man sich fast, ein Loriot könnte diese Sendung parodieren"), Geier (wenn „Loriot sich einen Sketch über das Internet hätte ausdenken können") und Engel („manche Beobachtungen erinnern weiter sehr an seine [Loriots] Figuren ...") seien zwei weitere Beispiele für eine solche nicht-selektive Referenz angeführt. Beim ersten Ausschnitt handelt es sich um eine Rezension im Rahmen des Klagenfurter Bachmann-Wettbewerbs. Der *FAZ*-Rezensent fühlt sich vom besprochenen Text, der sich mit alltäglichen Paarsituationen befasst, mutmaßlich aufgrund dieses Sujets an Loriots Schaffen erinnert:

> Glücklicherweise nicht einmal auf die Shortlist schaffte es Lukas Maisels trivial loriothafte Szene aus dem Leben eines Tinder-Nutzers, obwohl Tingler sie für ein protokollarisches Meisterstück hielt: ‚Es interessiert die Leute da draußen.' Immerhin dieses Argument wurde als boulevardesk verworfen. (Jungen 2021)

Besonders interessant ist die ambivalente Wertung in diesem Zitat: Bedeutet „trivial loriothaft", dass der besprochene literarische Text sich auf einem ähnlich trivialen Niveau bewegt wie Loriots Beziehungs-Darstellungen? Oder unterscheidet Jungen implizit zwischen dem Trivial-Loriothaften und dem Hochkulturell-Loriothaften, das vermutlich die Kunst Vicco von Bülows selbst kennzeichnet? Auch diese Explikation bleibt der Text schuldig. Das Zitat zeigt, dass es nicht um ein ganz spezifisches Charakteristikum von Loriots Kunst, sondern ein ungefähres, dafür aber breit geteiltes Wissen um das Loriothafte geht. Vergleichbar ist diese Rezeptionserscheinung am ehesten mit dem Gebrauch des Wortes ‚kafkaesk'. Es zeugt einerseits von einer bemerkenswerten Kanonisierung des Werkes und andererseits von einem eher ungefähren und durchaus unterschiedlichen Wissen darüber, wofür Kafka stehen könnte (vgl. Anz 2009, 14).

Das Loriothafte wird jedoch auch auf existenzielle Situationen übertragen, die Loriot sicher nicht zum Gegenstand seines Werkes gemacht hätte: Hier nämlich beschreibt ein interviewter Militärhistoriker das Nicht-Handeln der Bundesrepublik in dem bereits jetzt historisch gewordenen Moment, in dem die Taliban 2021 Kabul einnehmen:

> Denn es ist natürlich ein Armutszeugnis, dass die Bundesregierung in Taschkent, in Usbekistan, nicht längst Transportflugzeuge und Fallschirmjäger bereithielt, um im Fall der Fälle sofort eingreifen zu können; dass man keine Hubschrauber bereithielt, um Leute, die abgeschnitten waren, ausfliegen zu können; dass man sich auf dieses Worst-Case-Szenario gar nicht vorbereitet hat, sondern erst mal gesagt hat: Wir fliegen ab Montag. Das hat ja etwas Loriothaftes! (Encke 2021)

Dieser historisch partikulare Moment ist natürlich alles andere als eine typische und wiederkehrende Alltagssituation, wie sie bei Loriot vorkommt. Er zeichnet sich gerade dadurch aus, dass am Flughafen von Kabul Szenen stattfinden, die absolut einmalig und erschreckend sind. Worauf der Experte jedoch anspielt, ist das für Loriots Szenen typische Überakzentuieren von arbiträren Festlegungen im Stil von „‚Siegfried' ist heute, Donnerstag ist ‚Martha'" (Loriot 2006, 416) oder „Ich sitze immer neben meinem Mann" (Loriot 1991b, 184). Auch dieses Rezeptionszeugnis verlässt sich also darauf, dass Leser*innen schon wissen, was mit ‚loriothaft' gemeint ist und scheint bemerkenswerterweise sogar vorauszusetzen, dass die zweifelhafte Verbindung einer existenziellen Ausnahmesituation mit dem komischen Künstler Loriot ihm nicht als Geschmacklosigkeit ausgelegt werden wird.

3.3 Dialogizität

Das letzte Kriterium ist die Dialogizität. Der Terminus bezieht sich auf Michail Bachtins Intertextualitätstheorie *avant la lettre* (vgl. Bachtin 1979, 192–219), die davon ausgeht, dass verschiedene implizit vorhandene Stimmen im Text einen Dialog führen können. Literarische Texte können also laut Bachtin grundsätzlich dialogischer, vielstimmiger und damit spannungsreicher oder monologischer, einstimmiger und damit ideologisch eindimensionaler sein. In der Adaption im Skalierungsmodell bedeutet dies:

> Eine Textverarbeitung gegen den Strich des Originals, ein Anzitieren eines Textes, das diesen ironisch relativiert und seine ideologischen Voraussetzungen unterminiert, ein distanzierendes Ausspielen der Differenz zwischen dem alten Kontext des fremden Worts und seiner neuen Kontextualisierung – dies alles sind Fälle besonders intensiver Intertextualität, während etwa die bloße und möglichst getreue Übersetzung von einer Sprache in eine andere [...] und ein Zitat als *argumentum ad auctoritatem* von geringer intertextueller Intensität sind. (Pfister 1985, 29, Kursivdruck im Original)

Dieses Kriterium bedarf – anders als die eher quantitativ gelagerten zuletzt vorgestellten der Strukturalität und Selektivität – der interpretativen Auswertung. Das kann bereits am *Ödipussi*-Beispiel deutlich werden. Setzt man nämlich voraus, dass sich *Ödipussi* auf Freuds ödipales Konzept bezieht, dann kann man die Auswirkungen dieses Verweises ganz unterschiedlich bewerten: Man könnte, in Anlehnung an Wietschorkes Analyse Loriot'scher Sketche, den Freud-Verweis so verstehen, dass hier psychoanalytische Konzepte affirmiert und vorgeführt werden. Wietschorke attestiert Loriot eine „gleichsam psychoanalytische[ ] Sichtweise", die „eine ‚Wiederkehr des Verdrängten'" vorführe (Wietschorke 2013, 116). Die Konsequenz wäre, dass der Intertext dazu dient, verborgene Sehnsüchte des bürgerlichen Milieus zu demaskieren und bloßzustellen. Eine andere Lesart wäre, dass der Verweis auf den Ödipus-Komplex im Film eher zu einer Freud-Parodie gerät, in der stereotype biographische Konzepte der Psychoanalyse vorgeführt und parodiert werden. So wirken etwa plumpe sexuelle Anspielungen, die den Figuren als ‚freudsche Versprecher' entschlüpfen, nicht wie die Validierung von Konzepten des Unbewussten, sondern wie deren parodistische Nachahmung: „bevor du ihn reinschiebst, mußt du ihn mit Eigelb einstreichen" (Loriot 1988b, 111), „Die haben da alle mit Eiern balanciert" (Loriot 1988b, 111). Die Möglichkeit, Argumente für beide Lesarten zu finden, verweist auf eine zumindest rudimentär angelegte (niedrige bis mittlere) Dialogizität: Der Verweis entfaltet eine mehrdeutige Wirkung, die eine schlichte Wiederholung oder Bestätigung des Prätextes ausschließt.

Das vorliegende Korpus enthält aus meiner Sicht keine Fälle, in denen Prätext und Nachfolger in eine Art Dialog eintreten, der aus dem Zeitungstext ein unauflösbar mehrstimmiges Produkt macht. Die Zitate werden stets homogenisierend und affirmativ in den Text eingebettet und es entstehen keine Brüche. Aber es gibt bei einigen wenigen Texten auch eine andere Lesart, die im Folgenden zumindest vorgeschlagen werden soll. Denkt man etwa an das zitierte Interview anlässlich der Taliban-Machtübernahme, dann kann man sich fragen, ob der Rekurs auf ‚das Loriothafte' tatsächlich so glatt und wenig geschmacklos zu lesen ist oder ob sich hier zwei Text-Stimmen treffen, die einen möglicherweise missklingenden, aber ästhetisch interessanten Dialog führen. Ein zweites Beispiel wäre dieser Finanztipp für Millionäre. Es geht – in meiner Lesart ganz ungebrochen – darum, wie solche Wohlhabenden, die eher einfache, aber keine Multi-Millionär*innen sind, ihr Vermögen bewahren können. Volker Looman rät in der *FAZ*:

> Natürlich können Sie die Kredite stehenlassen und die Raten der nächsten Jahre aus der Portokasse bezahlen. Damit werden Sie sich aber nur dann einen Gefallen tun, wenn die Bank für Ihre schönen Guthaben keine Negativzinsen erhebt, was ich bei siebenstelligen Beträgen zu bezweifeln wage. Aktien kommen in meinen Augen nicht in Frage, weil die Anlagedauer von vier Jahren mit viel zu hohen Risiken verbunden ist. Folglich kann ich nur wiederholen, wozu ich Sie am Anfang ermuntert habe: Kopf hoch, liebe Millionäre, und Augen zu! Beißen Sie die Zähne zusammen und halten Sie es mit Loriot: Ein Leben mit Schulden ist möglich, aber in der Regel sinnlos! (Looman 2021)

Er zitiert hier das berühmte Mops-Zitat (vgl. Loriot 2006, 666), dessen Pointe ja gerade darauf basiert, dass der Besitz von Möpsen üblicherweise gerade *keine* Fragen zum Sinn des Lebens aufzuwerfen und zu beantworten vermag. Schulden hingegen sind für viele Menschen tatsächlich ein existenzielles Problem, eines übrigens, das Loriot gewiss nicht zum Gegenstand seiner Komik gemacht hätte. Schulden können also tatsächlich Sinnfragen evozieren; allerdings ausgerechnet für die hier adressierten Millionär*innen nicht. Die gewünschte komische Pointe verfehlt ihr Ziel. Hier entsteht eine Dialogizität, die mit dem Intertext den neuen Text zum unfreiwillig zynischen Kommentar macht, der er – so glaube ich – gar nicht sein will.

4 Fazit

Neunzig Zeitungstexte wurden anhand sechs verschiedener Intertext-Kriterien ausgewertet. Da in der quantitativen Auswertung für jedes Kriterium fünf Punkte zu erreichen waren, hätte ein hochgradig intertextuell agierendes Kunstwerk in der Rezeption Loriots bis zu dreißig Punkte erreichen können. Der Mittelwert im Korpus liegt jedoch bei elf Punkten. Das zeigt: Die Loriotrezeption nutzt die Möglichkeiten einer ästhetischen Auseinandersetzung nicht vollständig aus und bedient sich bestimmter Strategien gar nicht. Darüber hinaus zeigt sich, dass die aktualisierten Kriterien häufig nach dem Prinzip ‚Ganz oder gar nicht' verwandt werden. Auf einer mittleren Abstraktionsebene sind Loriots Kunstwerke offenbar nicht zitierbar. Interessant sind selektive Zitate und Verweise auf das Allgemein-Loriothafte.

In Bezug auf die Frage ‚To use oder to mention?' zeigt sich erstens, dass Loriots Kunstwerke eher als Fundus für Zitatkapseln benutzt werden. Es geht nicht darum, etwas weiterzudenken oder zu aktualisieren, was Loriot begonnen hat. Die zweite Dimension, die Kommunikativität, ist dagegen für den Umgang mit Loriots Kunst in der Gegenwart besonders einschlägig: Die Kenntnis eines Prätextes wird besonders häufig vorausgesetzt und entsprechend besteht der spezifische ästhetische Effekt im Genuss unter ‚Eingeweihten'. Deshalb muss das Loriotzitat auf der Zeichenoberfläche auch gerade nicht notwendigerweise *per se* pointiert daherkommen. Weder handelt es sich üblicherweise um Bonmots, noch können etwa Verweise auf Requisiten oder Namen für sich genommen eine komische Wirkung entfalten. Vielmehr entsteht die Komik durch gemeinsame Kenntnis des Referenzkontextes und durch die Autorfunktion, die diesen Kontext aufruft. Die Verweise sind – drittens – typischerweise keine postmodernen Selbstreflexionen, die die Bedingungen des Zitierens selbst thematisieren. Zitate werden schlicht als solche benutzt und markiert. Das vierte Kriterium, die Strukturalität, passt zum ersten und erneut zeigt sich: Loriotzitate sind abgeschlossene Zitatkapseln. Sein Werk interessiert nicht als Struktur aus narrativen Elementen, spezifischen Konflikten oder Konstellationen. Dazu passt, dass fünftens sehr selektive Verweise typisch sind. Häufig wird auf einzelne Sätze oder Sequenzen verwiesen. Interessant ist, dass mehrere Beispiele systematisch die Grenze zwischen Fiktion und Realität verwischen. Meine Auswertung lautet, dass es dabei um eine Art Alltagsrealismus-Funktion geht. Die Zitate werden gerade deshalb ausgewählt, weil Loriot offenbar für die Identifikation kultureller Universalien steht. Es scheint bei Loriot Analysen von Alltagssituationen oder -problemen zu geben, die deshalb so erfolgreich sind, weil vergleichbare Situationen immer wieder und über eine lange Zeit stabil im Alltag auftauchen. Gleichzeitig gibt es offenbar so etwas wie *das Loriothafte*. Diese Eigenschaft belegt die Kanonisierung Loriots dadurch, dass sie so geläufig benutzt wird wie unterbestimmt ist. Das sechste und letzte Kriterium, die Dialogizität, beruht auf der Wahrnehmung von ideologischen Spannungen. Hier wurde behauptet, dass solche Spannungen im vorliegenden Korpus gerade nicht auftauchen. Der Loriotrezeption geht es um eine affirmative und homogenisierende Einverleibung. Gleichzeitig entsteht bisweilen eine unfreiwillige Spannung. Der sehr selektive und beinahe beliebige Umgang mit Loriotzitaten kehrt sich manchmal gegen die Autor*innen. Er entlarvt etwa einen zynischen Umgang mit Sinnfragen. Und dort, wo unfreiwillige Brüche auftauchen, stellen sich nicht nur für die Zeitungstexte, sondern für die Deutung von Loriots Werk interessante Fragen nach dem Gegenstand und der Natur seiner Komik. Loriot bleibt also dadurch lebendig, dass seine Kunstwerke in relativ abgeschlossenen Zitatkapseln bis heute weitergereicht werden. Er ist kein Gegenstand kritischer Auseinandersetzung, seine Kunst eignet sich dazu, Texte zu rahmen und rhetorisch zu würzen. Es gibt dabei offenbar keinerlei thematische Begrenzungen, Loriot dient auch dort als Gewährsmann, wo seine Kunst mutmaßlich gerade nicht nach Pointen gesucht hätte.

Das gilt auch und besonders für die Verwendung von Loriotverweisen in der Gegenwart des globalen Virus: Loriot geht insofern viral, als die Corona-Pandemie besonders großen Einfluss auf Alltagsroutinen nehmen und die einfachsten Konstanten des täglichen Lebens infrage stellen konnte. Hier ist Loriots Werk (theoretisch) hochgradig anschlussfähig. Seine Cartoon-Reihe zum richtigen Husten (Loriot 1998, 303–316) wurde über Chatgruppen und soziale Netzwerke in Deutschland ebenso geteilt, wie offenbar der Sketch *Feierabend* in Israel (Jüdische Allgemeine 2021). Angesichts ständig neuer Verordnungen und des Rückzugs in einerseits häusliche und andererseits Paar-Kontexte läge die Vermutung nahe, dass sich Zeitungskommentare allerorten besonders *loriothafte* Szenen zur Analyse oder pasticheartigen Nachahmung vornähmen. Den Ergebnissen dieser Analyse entsprechend geschieht dies jedoch nur ganz ausnahmsweise. Eine produktive Auseinandersetzung mit Loriot angesichts des global auftretenden Virus findet sich in zwei Artikeln, die nicht zufällig Tier-Mensch-Interferenzen in Pandemiezeiten thematisieren: Einmal geht es um Hundehalter, deren Zahl im Lockdown ungewöhnlich stark steigt (Kulessa 2021), einmal um einen Katzen-Filter in digitalen Videokonferenzen (Geier 2021). Und obwohl sowohl das Thema Camping als auch die komische Wirkung von Frisuren, wie sie in den folgenden Ausschnitten thematisiert werden, sowohl bei Loriot[14] als auch in der Pandemie erstaunlich große Aufmerksamkeit erfahren, vermögen die Autoren

---

14 Vgl. zum Thema Camping die Cartoons (Loriot 1998, 144–147) oder den berühmten Sketch ‚Kosakenzipfel' (Loriot 2006, 41–50) und – stellvertretend für die mannigfache Verwendung ausdrucksstarker Frisuren und Perücken in Loriots filmischem Werk das Diktum von Herrn Brösecke aus *Ödipussi* „... Mit 'ner neuen Frisur fühlt man sich doch gleich ganz anders ... Guck mal, Frau Tietze, mein Haar trag ich jetzt seit acht Tagen so ... ich fühl' mich wie 'n neuer Mensch ..." (Loriot 1988b, 71).

entsprechender Artikel in *FAZ* und *SZ* es nicht, mehr als ein kapselhaft in sich abgeschlossenes Zitat in ihre Texte einzubauen:

> Mit Wohnmobilen ist es in Pandemie-Zeiten ein wenig wie mit dem Jodeldiplom im legendären Sketch des verstorbenen Humoristen Loriot. ‚Da hat man was Eigenes', heißt es an einer Stelle der komödiantischen Szene. (Gropp 2021)

> Loriot hatte schon recht. Aus der Feder des Humoristen stammt der Satz, wer behaupte, Schlaf mache schön, beweise nur, dass er noch nie jemanden aufstehen sah. Hinzu kommt in diesen elenden Corona-Zeiten, dass die Friseurläden schon seit fast einem Monat geschlossen sind. Der letzte Termin war zwar haarscharf vor dem zweiten Lockdown, aber mittlerweile wuchern die Haare wieder struwwelpetermäßig in alle Richtungen. (Schieder 2021)

Für die Pandemie als Thema gilt in Bezug auf die spezifische Loriot-Rezeption also in besonderem Maße, was für die Gegenwart des Jahres 2021 insgesamt zutrifft und was zum Abschluss dieser Pilotstudie hypothesenhaft einer Analyse umfangreicherer Korpora anheimgestellt werden soll: Loriots Kunst ist in Form von Verweisen ausgesprochen lebendig. Seine Kunstwerke scheinen die Autor*innen jedoch nicht zum produktiven Dialog einzuladen, sondern werden als stets irgendwie passende Zitatkapseln tradiert. Eine Interpretation dieser Umgangsweise wäre, dass die Kapseln vor allem der Aufwertung des eigenen Textes und/oder einer Zuordnung zu einem bestimmten kulturellen Zusammenhang dienen. Loriot zu zitieren, würde dann ein bestimmtes kulturelles oder symbolisches Kapital aufrufen, dessen Besitz die Autor*innen anstreben. Das *Loriothafte* ist in der Gegenwart (noch) so präsent, dass es keiner Erklärung bedarf. Diese Tatsache weist vermutlich auf ein Stadium der allmählichen performativen Auswahl und Verfestigung von (Teilen) des Loriot'schen Werks im Rahmen eines Kanonisierungsprozesses hin. Gleichzeitig werden die spezifischen Ästhetiken, die Sprache, die Themen und die Strukturen von Loriots Werk zugunsten einer gemeinsamen Freude unter Eingeweihten weitestgehend ausgeblendet. Durch das offenbar rituell etablierte Spiel mit Loriotzitaten („diesem Zitieren von irgendwelchen Loriot-Filmen", Grübl 2021) ginge dann das kulturelle oder symbolische Kapital des*r Autors*in auf die Rezeption über: Eingeweiht-Sein, verspräche einen spezifischen Gewinn für beide Seiten. Schließlich zeigt sich auch eine inhaltlich zu begründende Funktion von Loriotverweisen. Sein Werk scheint ganz bestimmte Aspekte der Realität besonders gut abzubilden: Loriot steht für diejenigen komischen Alltagserfahrungen, die im kulturellen Umfeld seiner Rezipierenden (zumindest augenblicklich) als zeitübergreifend wahrgenommen und geteilt werden.

Tabellen: Auswertung der Artikel von 2021 mit Verweis auf Suchwort ‚Loriot' aus *FAZ* und *SZ*.

Datum	Titel	Zitiert als	Referentialität		Kommunikativität		Autoreflexivität		Strukturalität		Selektivität		Dialogizität		Summe
Korpus *Frankfurter Allgemeine Zeitung* (insgesamt 33 Texte)															
15-01-2021	KREUZWORT		○	1	◐	3	○	1	○	1	●	5	○	1	12
18-01-2021	Groteskes Weltwissen		○	1	○	1	○	1	○	1	○	1	○	1	6
19-01-2021	Raus aus den roten Zahlen!	Looman 2021	○	1	●	5	○	1	○	1	●	5	○	1	14
04-02-2021	Ungeheuerliche Respektlosigkeit		○	1	●	5	○	1	◔	2	○	1	○	1	11
06-03-2021	Ziehung der Lottozahlen		○	1	●	5	○	1	◔	2	●	5	○	1	15
10-03-2021	„Nach Corona ist nicht vor Corona"		○	1	●	5	○	1	○	1	●	5	○	1	14
12-03-2021	„Sie führen Ihren Landkreis großartig!"	Lübberding 2021	◐	3	●	5	○	1	○	1	◔	2	○	1	13
19-03-2021	Modelleure der menschlichen Widersprüche		○	1	◔	2	○	1	○	1	○	1	○	1	7
24-03-2021	Das Lachen über sich selbst hat etwas unglaublich Erleichterndes		○	1	◐	3	○	1	○	1	○	1	○	1	8
25-03-2021	Die Sache mit dem Badeentchen		○	1	◕	4	○	1	○	1	◕	4	○	1	12
12-04-2021	Das alles gibt es nur in der Phantasie des Erzählers		○	1	○	1	○	1	○	1	○	1	○	1	6
13-04-2021	Das Altwerden genießen		○	1	◕	4	○	1	○	1	●	5	○	1	13
25-04-2021	„Man muss sich große Ziele setzen"		○	1	●	5	○	1	○	1	○	1	○	1	10
10-05-2021	Monty Python		◐	3	●	5	○	1	○	1	◐	3	○	1	14
18-05-2021	Alles Knopfsache	L. Weber 2021	◔	2	●	5	○	1	○	1	●	5	○	1	15
27-05-2021	Der Thermomix lässt nichts anbrennen	Jansen 2021	○	1	●	5	○	1	○	1	●	5	○	1	14
10-06-2021	Hundelatein	Kulessa 2021	◕	4	●	5	○	1	◕	4	◐	3	○	1	18

Tabellen (fortgesetzt)

Datum	Titel	Zitiert als	Referentialität		Kommunikativität		Autoreflexivität		Strukturalität		Selektivität		Dialogizität		Summe
21-06-2021	Den Schmerz wegtanzen	Jungen 2021	○	1	●	5	○	1	○	1	○	1	○	1	10
02-07-2021	KREUZWORT		○	1	○	1	○	1	○	1	●	5	○	1	10
08-08-2021	Verrückter als gedacht		○	1	○	1	○	1	○	1	○	1	○	1	6
29-08-2021	Desaströs		○	1	●	5	○	1	○	1	○	1	○	1	10
05-09-2021	Wahrheit bis Wedding		○	1	◐	3	○	1	○	1	○	1	○	1	8
17-09-2021	Entenhausen		○	1	○	1	○	1	○	1	○	1	○	1	6
22-09-2021	Das große Versagen	Encke 2021	○	1	●	5	○	1	○	1	○	1	○	1	10
30-09-2021	Platz		○	1	●	5	○	1	◐	2	●	5	○	1	15
08-10-2021	Glänzende Geschäfte mit Campingmobilen	Gropp 2021	○	1	●	5	○	1	○	1	●	5	○	1	14
10-10-2021	Die Vergessenen der Pandemie		○	1	◐	2	○	1	○	1	●	5	○	1	11
04-11-2021	Ein Autor heilt sich selbst		◐	3	◐	3	○	1	○	1	◐	3	○	1	12
06-11-2021	Das sind unsere Lieblingswetten von „Wetten, dass..?"		○	1	○	1	○	1	○	1	○	1	○	1	6
06-12-2021	Hape Kerkeling lacht viel		○	1	○	1	○	1	○	1	○	1	○	1	6
11-12-2021	Von Masken und Menschen		○	1	○	1	○	1	○	1	◐	3	○	1	8
12-12-2021	Rosenblüten im Privatjet	Thomann 2021	◐	3	●	5	○	1	◐	3	○	1	○	1	14
31-12-2021	Warum die Hoppenstedts Hoppenstedt heißen		◐	3	●	5	○	1	○	1	●	5	○	1	16
		Mittelwert FAZ	○	1.4	◐	4	○	1	○	1	◐	2.8	○	1	11

Korpus *Süddeutsche Zeitung*
(insgesamt 57 Texte)

Datum	Titel	Zitiert als	Referentialität		Kommunikativität		Autoreflexivität		Strukturalität		Selektivität		Dialogizität		Summe
06-01-2021	Leise Entlarvungen		○	1	○	1	○	1	○	1	◐	4	○	1	9
08-01-2021	Haarige Angelegenheit	Schieder 2021	○	1	○	1	○	1	○	1	◐	4	○	1	9
13-01-2021	Ihr fehlt mir		○	1	◐	4	○	1	○	1	◐	3	○	1	11

Tabellen (fortgesetzt)

Datum	Titel	Zitiert als	Referentialität		Kommunikativität		Autoreflexivität		Strukturalität		Selektivität		Dialogizität		Summe
24-01-2021	Toxisch		◐	3	○	1	○	1	○	1	◐	3	○	1	10
29-01-2021	Lasst uns nicht allein		○	1	◐	3	○	1	○	1	○	1	○	1	8
01-02-2021	Model Mirja du Mont im Zug bestohlen: Auch Glücksbringer weg		○	1	◑	2	○	1	○	1	○	1	○	1	7
10-02-2021	Katz mich mal!	Geier 2021	●	5	●	5	○	1	◐	3	◐	3	○	1	18
19-02-2021	Der Wunsch zur Wandfarbe		◑	2	●	5	○	1	○	1	◕	4	○	1	14
21-02-2021	Groundhopping nach Jerusalem		○	1	○	1	○	1	○	1	○	1	○	1	6
21-02-2021	Der Ente droht das Ende		◑	2	◐	3	○	1	○	1	●	5	○	1	13
23-02-2021	Im Fernsehen der Vergangenheit		○	1	○	1	○	1	○	1	●	5	○	1	10
22-03-2021	Diese deutschen Drehorte sind heute beliebte Ausflugsziele		○	1	◑	2	○	1	○	1	◐	3	○	1	9
01-04-2021	„Diese Offenheit hat uns in unseren größten Krisen geholfen"		○	1	○	1	○	1	○	1	●	5	○	1	10
05-04-2021	Seebrücken in MV: Neubau und Sanierungen in den Ostseebädern		○	1	◑	2	○	1	○	1	◐	3	○	1	9
09-04-2021	Oper Leipzig streamt Loriots „Der Ring an einem Abend"		○	1	○	1	○	1	○	1	○	1	○	1	6
21-04-2021	Kranke Esel		○	1	◑	2	○	1	◐	3	◑	2	○	1	10
28-04-2021	Auf ein Glas Wein mit Händel		○	1	●	5	○	1	○	1	◕	4	○	1	13
01-05-2021	Ich will mich nicht zu einer bestimmten Redeweisezwingen lassen		○	1	○	1	○	1	○	1	○	1	○	1	6
06-05-2021	Vom Mops geht keine Gefahr aus		◐	3	●	5	○	1	○	1	◕	4	○	1	15
11-05-2021	Die Lust, Ordnung scheitern zu lassen	A. Weber 2021	○	1	◐	3	○	1	○	1	●	5	○	1	12

Tabellen (fortgesetzt)

Datum	Titel	Zitiert als	Referentialität		Kommunikativität		Autoreflexivität		Strukturalität		Selektivität		Dialogizität		Summe
16-05-2021	Gemeinsame Späße und Leiden		○	1	◐	2	○	1	○	1	◐	3	○	1	9
17-05-2021	Von „Didlioh" bis „Büloo-Büloo"		○	1	○	1	○	1	○	1	○	1	○	1	6
30-05-2021	Kalenderblatt 2021: 31. Mai		○	1	○	1	○	1	○	1	○	1	○	1	6
01-06-2021	Erfrischende Perspektiven	Engel 2021	●	4	◐	3	○	1	◐	3	◐	3	○	1	15
04-06-2021	Last des Mythos: Stück nach Wagners Ring uraufgeführt		○	1	○	1	○	1	○	1	○	1	○	1	6
09-06-2021	Stadtrat streitet über „Bodenberührungspflicht" bei Wahlplakaten		○	1	●	5	○	1	○	1	●	5	○	1	14
21-06-2021	Schimpfen verbindet		○	1	●	5	○	1	○	1	●	5	○	1	14
12-07-2021	Sommerlesungen starten mit Vicco von Bülow		○	1	○	1	○	1	○	1	●	5	○	1	10
15-07-2021	Das Lachen der Bäume		○	1	○	1	○	1	○	1	○	1	○	1	6
18-07-2021	Ode an Karl Valentin		○	1	○	1	○	1	○	1	○	1	○	1	6
25-07-2021	Das Wasser und wir		○	1	●	5	○	1	○	1	●	5	○	1	14
27-07-2021	Chip, Chip hurra	Busse/Fromm 2021	○	1	●	5	○	1	○	1	●	5	○	1	14
29-07-2021	Michael Graeter Kennt sie alle		○	1	○	1	○	1	○	1	○	1	○	1	6
05-08-2021	„Lachen ist Drama plus Zeit"		○	1	○	1	○	1	○	1	○	1	○	1	6
12-08-2021	Um die Wurst		○	1	●	4	○	1	○	1	○	1	○	1	9
20-08-2021	Auch Blender verändern den Blick		●	4	◐	2	○	1	○	1	●	5	○	1	14
21-08-2021	Hatte Loriot bestimmte Vorlieben, Frau Schmid?		○	1	○	1	○	1	○	1	●	5	○	1	10
21-08-2021	Kalenderblatt 2021: 22. August		○	1	○	1	○	1	○	1	○	1	○	1	6
24-08-2021	Stammtisch für Abstinenzler		○	1	◐	3	○	1	○	1	◐	2	○	1	9

Tabellen (fortgesetzt)

Datum	Titel	Zitiert als	Referentialität	Kommunikativität	Autoreflexivität	Strukturalität	Selektivität	Dialogizität	Summe
26-08-2021	Prominente Autoren und neue Formate bei der Herbstlese		○ 1	○ 1	○ 1	○ 1	○ 1	○ 1	6
08-09-2021	Schon bei unserem ersten Date hat Peter mir die Geschichte des Films erzählt	Grübl 2021	○ 1	○ 1	○ 1	○ 1	○ 1	○ 1	6
10-09-2021	„Paare sind glücklicher, je mehr Übereinstimmungen es gibt"		◐ 2	◐ 4	○ 1	○ 1	● 5	○ 1	14
10-09-2021	Viel Kommentar		○ 1	● 5	○ 1	○ 1	○ 1	○ 1	10
12-09-2021	Das Streiflicht		◐ 3	◐ 2	○ 1	○ 1	● 5	○ 1	13
04-10-2021	Ungebremster Einsatz für Senioren	Pelz 2021	○ 1	● 5	○ 1	○ 1	○ 1	○ 1	10
10-10-2021	Bildung besser wertschätzen		○ 1	◐ 3	○ 1	○ 1	◐ 3	○ 1	10
20-10-2021	Streit um Kuchen landet vor Gericht		◐ 2	● 5	○ 1	○ 1	◐ 4	○ 1	14
15-11-2021	Tastendonner		◐ 2	◐ 3	○ 1	○ 1	● 5	○ 1	13
29-11-2021	Was Sie so noch nicht über Weihnachten wussten		○ 1	○ 1	○ 1	○ 1	◐ 3	○ 1	8
30-11-2021	Das Streiflicht		◐ 3	○ 1	○ 1	○ 1	● 5	○ 1	12
03-12-2021	Bei Rosamunde Pilcher heiraten erstmals zwei Frauen		○ 1	◐ 3	○ 1	○ 1	◐ 4	○ 1	11
05-12-2021	Kommt jetzt die späte Buße?		○ 1	● 5	○ 1	○ 1	○ 1	○ 1	10
05-12-2021	Über wen Hape Kerkeling selbst gerne lacht		○ 1	○ 1	○ 1	○ 1	○ 1	○ 1	6
07-12-2021	Auf der Jagd nach der Sagengestalt des Humors		○ 1	○ 1	○ 1	○ 1	○ 1	○ 1	6
22-12-2021	Kernschmelze am Christbaum		○ 1	○ 1	○ 1	○ 1	● 5	○ 1	10

Tabellen (fortgesetzt)

Datum	Titel	Zitiert als	Referentialität		Kommunikativität		Autoreflexivität		Strukturalität		Selektivität		Dialogizität		Summe
27-12-2021	Schaum mall		O	1	●	5	O	1	O	1	◐	4	O	1	13
30-12-2021	Das Streiflicht		O	1	●	5	O	1	O	1	●	5	O	1	14
		Mittelwert SZ	O	1.4	◐	3	O	1	O	1	◐	3	O	1	10
Korpus gesamt (90 Texte), Mittelwerte				1.414		3.04	O	1		1.17		2.892	O	1	11

Literatur

Anz, Thomas. *Franz Kafka. Leben und Werk*. München: Beck, 2009.
Bachtin, Michail M. *Die Ästhetik des Wortes*. Hg. und eingeleitet von Rainer Grübel. Übers. v. dems. und Sabine Reese. Frankfurt a. M.: Suhrkamp, 1979.
bene. *Verspäteter Ehrentitel*. https://www.sueddeutsche.de/muenchen/wolfratshausen/muensinger-politik-verspaeteter-ehrentitel-1.5275345. *Süddeutsche Zeitung* am 25. April 2021 (10. Oktober 2022). (bene 2021)
Fix, Ulla. „Was ist das ‚Loriot'sche' an Loriot? Eine Betrachtung seiner ‚Ehe-Szenen' aus der Perspektive der kommunikativen Ethik". *Loriot. Text + Kritik* 230 (2021): 63–71.
Freud, Sigmund: „Die Traumdeutung". *Gesammelte Werke chronologisch geordnet*, Band II/III. Hg. Anna Freud unter Mitwirkung von Marie Bonaparte. London: Imago Publishing, 1942.
Görner, Jan. [Filmkritik] *Pappa ante portas*. https://www.filmstarts.de/kritiken/171635/kritik.html. Kritik der *Filmstarts*-Redaktion (10. Oktober 2022).
Hoving, Thomas. *American Gothic: The Biography of Grant Wood's American Masterpiece*. New York: Chamberlain Bros, 2005.
Loriot. *Gesammelte Prosa. Alle Dramen, Geschichten, Festreden, Liebesbriefe, Kochrezepte, der legendäre Opernführer und etwa zehn Gedichte*. Mit einem Vorwort von Joachim Kaiser und einem Nachwort von Christoph Stölzl. Hg. Daniel Keel. Zürich: Diogenes, 2006.
Loriot. *Das große Loriot Buch. Gesammelte Geschichten in Wort und Bild*. Zürich: Diogenes, 1998.
Loriot. *Loriots Pappa ante portas, Drehbuch*. Zürich: Diogenes, 1991. (Loriot 1991b)
Loriot. *Loriots Ödipussi, Drehbuch*. Zürich: Diogenes, 1988. (Loriot 1988b)
Loriot. *Loriots Ödipussi*. Reg. Vicco von Bülow. Bavaria Film / Rialto Film GmbH, 1988. (Loriot 1988a)
Loriot. *Loriots Pappa ante portas*. Reg. Vicco von Bülow. Rialto Film GmbH, 1991. (Loriot 1991a)
Neumann, Stefan. *Loriot und die Hochkomik. Leben, Werk und Wirken Vicco von Bülows*. Trier: WVT, 2011.
IfD Allensbach. *Loriot zum 85., 2008*. https://de.statista.com/statistik/daten/studie/2243/umfrage/bekanntheit-des-schauspielers-und-komikers-loriot/ (17. Juli 2023).

o. A.: *viral gehen* (Lemma). https://www.dwds.de/wb/viral%20gehen>. *Das Digitale Wörterbuch der deutschen Sprache* (17. Juli 2023). (DWDS 2022)

Datenbank der Informationsgemeinschaft zur Feststellung der Verbreitung von Werbeträgern e. V. https://www.ivw.de/ (17. Juli 2023). (IVW 2022)

o. A.: *viral* (Lemma). https://www.duden.de/rechtschreibung/viral. *DUDEN online* (17. Juli 2023). (DUDEN 2022)

o. A.: *Loriot-Sketch geht viral*. https://www.juedische-allgemeine.de/israel/loriot-sketch-geht-viral/. *Jüdische Allgemeine* am 30.03.2020 (17. Juli 2023).

o. A.: *Frankfurter Allgemeine Zeitung* (Art.). https://de.wikipedia.org/wiki/Frankfurter_Allgemeine_Zeitung. *Wikipedia. Die freie Enzyklopädie* (10. Oktober 2022). (Wikipedia 2022a)

o. A.: *Süddeutsche Zeitung* (Art.). https://de.wikipedia.org/wiki/S%C3%BCddeutsche_Zeitung. *Wikipedia. Die freie Enzyklopädie* (10. Oktober 2022). (Wikipedia 2022b)

o. A.: *Loriot* (Art.). https://de.wikipedia.org/wiki/Loriot. (10. Oktober 2022). (Wikipedia 2022c)

FAZ-Bibliotheksportal. https://www.faz-biblionet.de/faz-portal (10. Oktober 2022).

Archivsuche der Süddeutschen Zeitung. https://www.sueddeutsche.de/news?search= (10. Oktober 2022).

Pfister, Manfred. „Konzepte der Intertextualität". *Intertextualität. Formen, Funktionen, anglistische Fallstudien*. Hg. Ders. und Ulrich Broich. Tübingen: Niemeyer, 1985. 1–30.

Roof, Judith. „The Comic Event: Comedic Performance from the 1950s to the present". New York u. a.: Bloomsbury Academic, 2018.

Wietschorke, Jens. „Psychogramme des Kleinbürgertums: Zur sozialen Satire bei Wilhelm Busch und Loriot". *IASL* 38.1 (2013): 100–120.

Lachen in Wort und Bild: Zur Komikkonzeption bei Loriot

Stefan Lukschy, Rüdiger Singer
„[E]s gab keine Lachpausen" – Loriots Timing

SL: Timing ergibt sich zum Teil aus der Art und Weise, wie die Texte geschrieben sind, die sind sehr rhythmisch geschrieben, sehr verkürzt. Also ein komischer Dialog, der zu ausufernd ist, ist in der Regel nicht komisch. Es müssen eigentlich immer Verkürzungen sein, und diese Verkürzungen, die haben dann schon ihren eigenen Rhythmus, aber in den Sketchen kommt natürlich noch ein anderes rhythmisches Element dazu, das ist der Schnitt. Da war es ihm wichtig, nicht irgendwie schick oder elegant zu schneiden, so in der Bewegung den Schnitt zu vermogeln, sondern die Schnitte wurden oft in Sprachpausen gesetzt, um ein zusätzliches rhythmisches Element zu liefern. Und das ist etwas, was dann tatsächlich bis auf Zehntelsekunden genau getimt wurde, bis alles haarklein saß. Das ist ja überhaupt bei der Komödie ein Riesenthema, das Timing. Wenn das Timing nicht stimmt, funktioniert's nicht.

RS: Aber was ist das eigentlich? Sie haben den Begriff des Rhythmus genannt. Das klingt nach einer *inneren* Logik, aber Timing hat ja auch was zu tun mit Zuschauerreaktionen und für jemanden auf der Bühne hat das Timing damit zu tun, dass man den richtigen Rhythmus mit dem Publikum bekommt, das man auch nicht zu schnell ist. Also, dass die den Text richtig verarbeiten können. Das fällt ja weg bei den meisten Loriot-Produktionen.

SL: Naja, das ist ein Problem mit dem Timing bei Filmen. Ich weiß, dass Heinz Erhardt in seine Drehbücher immer in Klammern „Lachpause" reingeschrieben hat. Dass also schon beim Inszenieren der Filme darauf gesetzt wurde, dass gelacht werden konnte. In *Some Like It Hot*, hat Billy Wilder mal geschrieben, gibt es eine Szene, wo Jack Lemmon immer einen Satz sagt und danach mit seinem komischen Tango-Rasseln drei Bewegungen macht. Billy Wilder sagte dazu, in den Bewegungen können die Leute lachen, dadurch geht der nächste Satz nicht verloren. Loriot hat das nicht so geplant, es gab keine Lachpausen, die wir reingeschnitten hätten, es gab ja auch kein Gelächter, das vom Band kam.

Helga Kotthoff
Loriot, sein elaborierter Code, Gender und die Komik der Seitenkicks

1 Einleitung

Vicco von Bülow alias Loriot agierte in seinen verschiedenen Produktionen in absurden Alltagssituationen und legte darin seiner Persona (etwa Karl-Heinz oder Herr Müller-Lüdenscheidt) eine extrem elaborierte und hyperkorrekte Sprechstilistik in den Mund, deren komisches Potenzial ich im Handlungskontext analysieren möchte.

Die Komik entsteht in vielen Szenen und Sketchen dadurch, dass die Figuren sich auch in grotesken Situationen (etwa wenn zwei einander unbekannte Herren versehentlich in derselben Badewanne gelandet sind) darum bemühen, gesellschaftliche Regeln und (Höflichkeits-)normen überzuerfüllen (vgl. Koob 2007), wodurch einerseits ein absurder Humor erzeugt wird, andererseits die Figur eines gebildeten Großbürgers komisiert wird (was in der Medienkomik eher selten geschieht). Meine Analysen stehen im Kontext der linguistischen Pragmatik und Stilistik (vgl. Kotthoff 2006) und streifen auch Gender-Dimensionen von Loriots Komik (vgl. op den Platz 2016).

Ich gehe also im Folgenden hauptsächlich auf drei Momente in den Fernsehsketchen dieser Kunstfigur namens Loriot von Vicco von Bülow ein und bemühe mich, deren Rolle etwas näherzukommen: der Sprechstilistik, der Frage nach Komiktheorien, die helfen, das Funktionieren zu erklären, und dann werfen wir einen Blick auf Genderfaktoren bei Loriot. Widmen wir uns zunächst den Herren in der Wanne.

2 Die Wannenszene interaktional und sprechstilistisch

Die Komik entsteht bei Loriot in den Szenen und Sketchen oft dadurch, dass die Figuren sich in grotesken Situationen (etwa wenn sich zwei einander unbekannte Herren versehentlich in derselben Badewanne befinden) darum bemühen, stilistische Sprechnormen ins Gehobene hin zu übertreffen und über alle Unbilden hinweg durchzuhalten, wodurch ein oft absurder Humor erzeugt wird. Bei Loriots Œuvre handelt es sich um ein Sprachkunstwerk (vgl. Neumann 2011, 14). In seinen Filmen und Fernsehsketchen zeigt sich Loriots Figur oftmals als übertrieben distinguierter Herr, der in den verschiedensten Situationen bürgerliche Kommunikationsformen auch dann noch auf die Spitze treibt, wenn die parallelen Handlungen dem eklatant zuwiderlaufen. Ich stimme hier Uhrmacher (in diesem Band) darin zu, dass ein Habitus des Distinktionsgewinns im Sinne Bourdieus karikiert wird.

In dem berühmten Badewannensketch stellen die Herren Müller-Lüdenscheidt und Dr. Klöbner sich mit ihrer beruflichen Position vor, rutschen aber nichtsdestotrotz sofort in die Kindlichkeit (vgl. Loriot 2007, Disc 4, Track V, 7, 10 und 14). Sie streiten sich, wessen Ente ins Wasser darf und wer am längsten (tauchen) kann. Aber sprachstilistisch bleiben sie in der kindlichen Szenerie hochformell, beispielsweise angezeigt durch das formelle Verbgefüge: ‚die Ente zu Wasser lassen'. ‚Zu Wasser' ist ja so viel vornehmer als ‚ins Wasser'. Wir wissen vom Deutsch der Speisekarten (‚Erdbeere an Weinschaum'), dass Präpositionen es in sich haben.

Insofern zeichnet sich Loriots Humor durch einen anderen Gebrauch der deutschen Sprache aus als er den verschiedenen Komikgenres ansonsten eigen ist. Komik verträgt sich sehr gut mit der Informalität von Nähesprachen und es wundert deshalb nicht, dass von Gerhard Polt und Monika Gruber bis Django Asül das gesamte bayrische Kabarett auch in verschiedenen Unterarten des Bairischen dargeboten wird. Das gilt auch im großen Ganzen, wurde doch durch Tegtmeier das Ruhrdeutsche des Kohlenpottes ebenso popularisiert wie später durch das Duo Missfits. Das Hamburgische lernen wir derzeit mit Dittsche, Kölsch mit Carolin Kebekus und mit Bülent Ceylan Mannheimerisch. Letztgenannter sieht sich geradezu als Propagandist des Kur-Pfälzischen (vgl. Ceylan 2021).

Bei Loriot liegt der Fall ganz anders. Werfen wir einen Blick auf die berühmte Badewannenszene (Loriot 2007 Disc 4, Track V, 7; im Folgenden wird die Textvariante Loriot 2006 zitiert):

> HERR I Ich möchte ja nicht unhöflich erscheinen ... aber ich wäre jetzt ganz gern allein ...
> HERR II Wer sind Sie denn überhaupt?
> HERR I Mein Name ist Müller-Lüdenscheidt ...
> HERR II Klöbner ... Doktor Klöbner ...
> MÜLLER-L. Angenehm ...
> DR. KLÖBNER Angenehm ...
> MÜLLER-L. Können Sie mir sagen, warum Sie in meiner Badewanne sitzen?
> DR. KLÖBNER Ich kam vom Pingpong-Keller und habe mich in der Zimmernummer geirrt ... das Hotel ist etwas unübersichtlich ...
> MÜLLER-L. Aber jetzt wissen Sie, daß Sie in einer Fremdwanne sitzen, und baden trotzdem weiter ...
> (Loriot 2006, 33)

Mit Koob (2007) können wir den situativen Kontext im Sinne des Symbolischen Interaktionismus angehen: Hier finden wir zwei schon etwas ältere Herren, die sich nicht kennen und in einem Hotel gemeinsam in einer Badewanne sitzen; eine unmögliche Situation. Nun befinden sich die beiden Protagonisten aber gemeinsam in der Wanne und daraus resultiert für sie ein Handlungs- bzw. Interaktionsproblem. Müller-Lüdenscheidt und Dr. Klöbner müssen die Situation interpretieren, ihr also eine Bedeutung zuweisen und sie hierüber bestimmen bzw. definieren, um zu einer Beendigung der Ungewissheit zu gelangen.

Müller-Lüdenscheidt definiert die außeralltägliche Situation als eine Art Hausfriedensbruch und zeigt dies Dr. Klöbner kommunikativ mit ausgesuchter Höflichkeit an („‚Ich möchte ja nicht unhöflich erscheinen … aber ich wäre jetzt ganz gern allein …' […] ‚Können Sie mir sagen, warum Sie in meiner Badewanne sitzen?' […] ‚Aber jetzt wissen Sie, daß Sie in einer Fremdwanne sitzen, und baden trotzdem weiter …'"). Ungewöhnliche Komposita wie „Fremdwanne" steigern die Formalität dieser extrem informellen Situation des gemeinsamen Sitzens in einer Wanne.

Mit Koob (2007) registrieren wir, dass beide ihre eigene Rolle und die des anderen in weitgehend einmütiger wie komplementärer Weise festgelegt haben. Damit antworten sie gewissermaßen auf die Frage: ‚Wer bin ich und wer ist der andere in dieser Situation?' Hochformell werden trotzdem weitere Kinderkämpfe ausgefochten:

> MÜLLER-L. (*springt auf*) Herr Doktor Klöbner! (*Beide Herren setzen sich wieder*) Also lassen Sie die Ente in Gottes Namen herein … (*setzt den Stöpsel wieder ein*)
> DR. KLÖBNER Nein! … mit Ihnen teilt meine Ente das Wasser nicht!
> MÜLLER-L. Sie lassen sofort die Ente zu Wasser …
> DR. KLÖBNER Ich denke nicht daran!
> MÜLLER-L. Dann tauche ich jetzt so lange, bis Sie die Ente zu Wasser lassen …
> DR. KLÖBNER Bitte sehr … (Loriot 2006, 38)

Mit der verstehenden Soziologie und der linguistischen Pragmatik gehen wir davon aus, dass man im Alltag im Rahmen typisierter Situationen handelt. Wenn zwei Menschen gemeinsam in der Wanne sitzen, dann sind es am ehesten Kinder. Insofern brechen die älteren Herren von Beginn an alltägliche Erwartungsschemata so stark, dass ein absurdes Skript entsteht, und ihr syntaktisch und phonetisch sehr gehobener Sprechstil tut ein Übriges für eine kontinuierliche Doppelrahmung der Situation. Die Hyperformalität der Sprache kreiert die ganze Zeit über eine maximale Fallhöhe zur Hyperinformalität der Situation.

2.1 Erster Exkurs: Zum elaborierten Code

In der Soziolinguistik der 1970er Jahre unterschied der Soziologe Basil Bernstein in Bezug auf Sprechweisen von Schülern in London einen „elaborierten" und einen „restringierten" Code (vgl. zu dem Thema Barbour und Stevenson 1998). ‚Code' ist ein Terminus der Einschätzung von Ausdrucksmöglichkeiten, die situationsgebunden entweder eingeschränkt (bzw. restringiert) ausfallen können oder eben einen reichhaltigen Wortschatz nutzen, komplexe Grammatik aufweisen und damit für distanziertes, situationsentlastetes Sprechen besonders taugen. Ein System von Rollenerwartungen und Rollenzuweisungen regelt, ob eher restringiert oder elaboriert gesprochen wird. Inzwischen ist dieser recht statische Codebegriff dem des ‚Soziolekts' oder des ‚Registers' gewichen. ‚Varietät' ist der Oberbegriff, unter den wir solche Begriffe wie ‚Standard', ‚Dialekt', ‚Soziolekt' subsumieren könnten. Ein ‚Code' im Sinne der Soziolinguistik wäre dann ein Teil einer solchen speziellen Varietät, nämlich des Soziolekts. Müller-Lüdenscheidts Rede weist viele Merkmale von Elaboriertheit auf, wie metakommunikative Einleitungen („Ich möchte nicht unhöflich erscheinen", „können Sie mir sagen"), Konjunktiv II („wäre gern"), konjunktionale Nebensätze („als ich das Bad betrat"), nicht geläufige Komposita („Fremdwanne"), Funktionsverbgefüge („pflege das zu tun", „zu Wasser lassen"). Nirgends taucht ein dialektales Moment auf, immer wird Hochlautung gesprochen.

Loriot schreibt über die Komisierung seiner enormen Formorientierung:

> Jemand, der keine Formen anzuwenden bereit ist, Gott, der ist nicht komisch, wenn er sich in dieser Welt fehlverhält. Der ist auszurechnen. Wenn aber jemand mit dem hohen Anspruch an Formen und gutes Betragen, mit einer entsprechenden Erziehung auf die Gesellschaft losgelassen wird, und er wird mißverstanden, und alles läuft schief, dann ist es eben Anlaß zur Groteske, zur Komik. (Loriot 1988)

Der gehobene Sprechstil hebt auch die Fallhöhe der Komik.[1] In der Badewanne wird vordergründig kommunikativ nicht kooperiert. So kommt weder eine Verständigung darüber in Gang, wer das Wasser einlässt, noch darüber, wer über-

---

[1] Mit Dank an Stefan Lukschy erwähne ich hier Dr. Erika Fuchs, die der Ente Donald Duck, die im amerikanischen Original einen deutlichen Slang spricht, eine übertrieben bildungsbürgerliche – und damit sehr komische – Sprache angedichtet hat, u. a. gespickt mit Schiller-Zitaten. Bedauerlicherweise seien die gestelzten Formulierungen der ursprünglichen Originale in späteren Wiederveröffentlichungen ‚modernisiert' worden (Beispiel Donald über seine drei Neffen: „Mich deucht, die haben mich behumst" wurde zu „Ich glaub', die haben mich beschummelt"). Loriot steht laut Stefan Lukschy in einer Komiktradition, die mit Gehobenheit spielt. (28. Sonderheft der Micky Maus vom Juli 1955 *Donald Duck im Moorbad*, 5; das veränderte Reprint [„Ich fürchte, die haben mich beschummelt"] im Sonderheft 5/1966 der Reihe *Die tollsten Geschichten von Donald Duck*, 38).

haupt die Befugnis für dergleichen Wünsche besitzt. Andererseits können die Herren mit der jeweiligen Oppositionshaltung des Gegenübers doch einen Umgang finden und insofern findet durchaus minimale Kooperation statt. Das Grice'sche Kooperationsprinzip wird erfüllt und die Maximen werden maximal ausgebeutet (vgl. Fix 2021):

> DR. KLÖBNER Von Baden kann nicht die Rede sein, es ist ja kein Wasser in der Wanne ...
> MÜLLER-L. Als ich das Bad betrat, saßen Sie bereits im warmen Wasser ...
> DR. KLÖBNER Aber Sie haben es ja wieder abgelassen ...
> MÜLLER-L. Weil Sie es eingelassen haben, Herr Doktor Klöbner ... in meiner Wanne pflege ich das Badewasser selbst einzulassen ...
> DR. KLÖBNER Na, dann lassen Sie es doch jetzt ein!
> MÜLLER-L. Mein Badewasser lasse ich mir ein, wenn ich es für richtig halte ...
> DR. KLÖBNER Gewiss ... natürlich ... (*Pause, Dr. Klöbner pfeift*) (Loriot 2006, 33–34)

Beiläufig erfährt man hier, dass Müller-Lüdenscheidt in einer Wanne ohne Wasser sitzt. Es entwickelt sich ein Streit. Der mit Nebenpointen gespickte Kindlichkeitsrahmen wird weiterhin parallel geführt mit dem Konflikt zweier distinguierter Herren. Neumann spricht vom Bild-Sprach-Kontrast und vom Kontrast zwischen absurder Welt und sachlich wirkender Sprache (vgl. Neumann 2011, 320). Das Knollnasenmännchen ringe mit dem elaborierten Code um Würde. Neumann arbeitet sich an Loriots Sprache in vielen weiteren seiner Werke gekonnt ab.

2.2 Zweiter Exkurs: Zu Rahmentheorien

Es gibt in den Kognitions- und Kommunikationswissenschaften viele Rahmen- und Skripttheorien, denen gemeinsam ist, dass Verständigung nur auf der Basis geteilter Typikalitätsstrukturen gedacht wird. Mit Blick auf Goffmans Rahmen-Theorie (vgl. Goffman 1974, 1977) lassen sich zwei Deutungsrahmen als unterschiedliche ‚modulierende Transformationen' (vgl. Goffman 1974, 57) von Inszenierungen feststellen. Die Humorforschung hatte lange Pointenkomik im Sinne des unerwarteten Rahmenbruchs im Zentrum, nämlich dann, wenn etwas plötzlich ‚aus dem Rahmen fällt' und deshalb eine Neurahmung erforderlich macht. Der obigen Szene liegt aber von Beginn an eine Abweichung von der Norm zugrunde. Sofort tritt aber auch die Doppelrahmung in Erscheinung. Die Regelverletzung des gemeinsamen In-der-Wanne-Sitzens zweier Herren wird von deren geregelter, hyperelaborierter Sprechstilistik begleitet. Dieser Kontrast bleibt die ganze Szene über erhalten.

3 Über ein Humormodell, das sich für Loriot als zu simpel erweist

Wir weisen ein zu simples Modell aus der linguistischen Humorforschung in die Schranken, und zwar Viktor Raskins *Semantic Mechanisms of Humor* (1985), die nur Pointenhumor überhaupt als Humor fasst. Witzpointen werden als plötzlicher Switch in einen nicht aufgerufenen Rahmen hinein gedeutet. Raskins Hauptthese lautet, dass ein Text dann komisch wird, wenn eine Textäußerung ganz oder teilweise mit zwei verschiedenen semantischen Skripten kompatibel ist, die sich teilweise überlappen. Entscheidend sei, wie der Übergang, das Switching, von einen Skript zum anderen erfolge. Das Oppositionsverhältnis würde über einen Auslöser, den ‚script-switch trigger' in Gang gesetzt. Die zwei Skripte müssten in einem besonderen Oppositionsverhältnis, dem des Widerspruchs oder dem der Ambiguität, zueinander stehen. Dabei bewirkten die im komischen Widerspruch befindlichen Skripte eine komische Überlappung der Deutungsrahmen. Das heißt, es lassen sich alternative, gleichermaßen kohärente und plausible Interpretationshypothesen für bestimmte Äußerungen aufstellen, die sich gegenseitig ausschließen.

Raskin (1985) hatte dieses Modell semantischer Inkongruenz verabsolutiert und es auf binäre Oppositionen von lexikosemantischen Skripts sowie auf die Inkongruenz der zu bisoziierenden Rahmen auf solche einer basalen und textintrinsischen Semantik (beispielsweise Sex oder Nicht-Sex) beschränkt. Kritik daran findet sich ausführlich u. a. bei Mulkay (1988), Brock (1996/2004), Kotthoff (1998), Feyaerts und Brône (2002) und Eisenberg (2020).

In der obigen Szene und in den meisten anderen Werken von Loriot gibt es diesen plötzlichen Raskin'schen Switch in einen anderen Rahmen hinein nicht. Die Besonderheit der Loriot'schen Komik besteht vielmehr darin, dass über den gesamten Zeitraum einer Szene zwei inkompatible Rahmen parallel geführt werden und in beiden sich weiterhin Sonderbares ereignet. Der alltägliche Rahmen ist ja in der ersten Einstellung bereits gebrochen und wird sofort vom hyperkorrekten Gesprächsrahmen der beiden Herren begleitet. So entsteht ein Verschnitt von zwei längerfristig angelegten, konträren Rahmen, die mit verschiedenen kleinen Pointen durchsetzt sind. Solch eine kleine Pointe wäre z. B., dass noch nicht einmal Wasser in der Wanne ist, oder der Entenwettstreit: „[M]it Ihnen teilt meine Ente das Wasser nicht!" (Loriot 2006, 38). Es gibt somit eine komische Grundlinie von zwei bisoziierten Rahmen und weitere thematische Sonderbarkeiten, die man mit Tsakona (2003) als „jab lines" bezeichnen kann, kleine Hakenschläge oder Seitenkicks:

DR. KLÖBNER [...] Es sitzt sich recht kühl ... einfach so ... in der Wanne ...
MÜLLER-L. Und ich sitze gern mal ohne Wasser in der Wanne ...
DR. KLÖBNER Ach ...
MÜLLER-L. Was heißt „ach"?
DR. KLÖBNER „Ach" ... Sie sagten, daß Sie gern so in der Wanne sitzen, und ich meinte „ach" ...
MÜLLER-L. Aha ...
DR. KLÖBNER Ich hätte auch „aha" sagen können, aber ich wollte meiner Verwunderung darüber Ausdruck geben, daß Sie es vorziehen, ohne Wasser in der Wanne zu sitzen ...
MÜLLER-L. (*springt auf*) Herr Doktor Klöbner, ich leite eines der bedeutendsten Unternehmen der Schwerindustrie und bin Ihnen in meiner Badewanne keine Rechenschaft schuldig ... !
(Loriot 2006, 34–35)

Zum elaborierten Code gehört auch das metakommunikative Aufgreifen von solchen Interjektionen wie ‚ach' und ‚aha', deren Bedeutungen dann in der Wanne reflektiert werden.

Obwohl bei Raskin (1985) sogar vom Entwurf einer ‚generellen Humortheorie' die Rede war, welche er glaubte, aufgestellt zu haben, wurden nur semantische Textstrukturen von schriftlich dargebotenen Witzen debattiert. Bei Loriot ist Semantik gar nicht zentral, sondern eher das Unterlaufen von typisiertem Verhalten sowie das Parallelführen situativen und sprachlichen Agierens in kontrastierenden Rahmen mit laufenden, hakenschlagenden Mini-Pointen.

Die Kombination von zelebrierter Distinguiertheit und Kindlichkeit zieht auch die Männlichkeit ins Komische. Dr. Klöbner streicht seine Position in der Schwerindustrie heraus und debattiert gleichzeitig, wer ‚länger kann'. Untertauchen ist gemeint, aber natürlich soll der Doppelsinn amüsieren. Während die parallelisierten Rahmen eine große Komiklinie etablieren, finden sich viele kleine Spitzen und Doppeldeutigkeiten, so wie oben.

4 Projektierte Komik durch Parallelführung von Rahmungsdiskrepanzen

Je nach Aktivität findet nicht unbedingt ein plötzlicher Wechsel statt, sondern ein Parallelführen von zwei Bezugsrahmen, die vordergründig schlecht zueinanderpassen, aber genau dadurch Komik erzeugen. Brône (2008) und Ehmer (2011) greifen zur Erklärung des Aufrufens von zwei Bezugsrahmen bei komischen Phantasiespielen und anderen Scherzaktivitäten auf die Blending-Theorie mentaler Räume von

Fauconnier und Turner (1996) zurück. Die Performanz des Sitzens zweier Herren in der Wanne ergibt einen Rahmen und das gestelzte Reden ergibt einen weiteren.[2]

Diese neuen diskurssemantischen Herangehensweisen tragen solchen kreativen Bedeutungskonstruktionen wie denen Loriots Rechnung. Die Theorie des Überblendens findet einen deskriptiven Umgang mit der Verbindung von Konzepten oder Rahmen, die in der Scherzkommunikation kontinuierlich ablaufen. So wird „backstage cognition" (Fauconnier und Turner 1996, 115) einbezogen und kann auch anhand von Dialogen nachvollzogen werden. Auch im humoristischen Diskurs finden Projektionen auf das Kommende statt. In der Badewannenszene wird die Handlung projiziert und gleichzeitig werden es die dazu unpassenden Kommunikationsweisen.

Koestler entwickelt in *The Act of Creation* (1964) die Idee der Bisoziation. Der Terminus fokussiert die mit Humor verbundene Kreativität. Für Humor sei die gleichzeitige Wahrnehmung einer Situation oder Idee in zwei selbständigen, aber inkompatiblen Referenzrahmen entscheidend (vgl. Koestler 1964, 35). Duales Prozessieren von Wahrgenommenem, Gehörtem oder Gesehenem führe zur simultanen Doppelassoziation, Bisoziation genannt. In der Rezeption müsse zur Wahrnehmung des Komischen der Bezugsrahmen entweder gewechselt werden oder zwei inkompatible Rahmen werden mitgeführt. Dieser von einem Trigger ausgelöste Wechsel ist in der filmischen Komik sehr oft nicht der Fall, in der Badewannenszene auch nicht. Hier wird auf zwei Ebenen längerfristig projiziert. Der meistbeachtete Typus des humoristischen Texts war ja lange der Standardwitz (siehe Raskin 1985). Koestlers Modell der Bisoziation ist flexibel genug, um auch die Loriot'sche Komik zu erfassen.

5 Phraseologische Elaboriertheit bei inhaltlicher Leere

Kindt (2021) macht darauf aufmerksam, wie oft sich bei Loriot die Verständigung in Phrasen und Ritualen verfängt. Das stimmt auch für den Badewannensketch. Die beiderseitige Selbstbehauptung in der Szene hat keine instrumentelle Funktion, aber eine interaktionsrituelle von merkwürdigem Respekterweisen und -entziehen: ein ritueller Hahnenkampf.

---

[2] Ich bin mir der Tatsache bewusst, dass man sich den Eigenarten der Bildwelt für die Analyse stärker stellen müsste, kann das aber aus Platzgründen hier nicht leisten.

Gerade politische Rederituale wirken oft elaboriert, auch bei inhaltlicher Armut an Aussagen oder gar, wie bei Loriot, absolutem Wegfall einer Aussage. Hinzu treten die Beschränkung der gesamten Rede auf Ein- und Ausleitungsfloskeln, Unterstreichungen bei Fehlen des Unterstrichenen, Gliederungs- und Klarstellungsfloskeln sowie Zurückweisungen eines möglichen Kontrazuges:

> Politik bedeutet, und davon sollte man ausgehen, das ist doch – ohne darum herumzureden – in Anbetracht der Situation, in der wir uns befinden. Ich kann meinen politischen Standpunkt in wenige Worte zusammenfassen: erstens das Selbstverständnis unter der Voraussetzung, zweitens, und das ist es, was wir unseren Wählern schuldig sind, drittens, die konzentrierte *Be-inhal-tung* als Kernstück eines zukunftweisenden Parteiprogramms.
> Wer hat denn, und das muß vor diesem hohen Hause einmal unmißverständlich ausgesprochen werden. Die wirtschaftliche Entwicklung hat sich in keiner Weise ... Das wird auch von meinen Gegnern nicht bestritten, ohne zu verkennen, daß *in* Brüssel, *in* London die Ansicht herrscht, die Regierung der Bundesrepublik habe da – und, meine Damen und Herren ... warum auch nicht? Aber *wo haben* wir denn letzten Endes, ohne die Lage unnötig zuzuspitzen?
> *Da*, meine Damen und Herren liegt doch das Hauptproblem. Bitte denken Sie doch einmal an die *Alters*versorgung. *Wer war* es denn, der seit 15 Jahren, und wir wollen einmal davon absehen, daß niemand behaupten kann, als hätte sich damals – so geht es doch nun wirklich nicht! (Loriot 2006, 227–228, Hervorhebung im Original)

Die Floskeln strotzen vor metakommunikativen Ein- und Ausleitungen, leiten aber gar nicht auf Hauptaussagen hin, die sie üblicherweise modalisieren, unterstreichen oder auch abschwächen und überleiten. So kommt eine Parodie auf die Inhaltsarmut vieler politischer Kundgaben zustande, die sich in ihrer Elaboriertheit totlaufen, ohne je auf den Punkt zu kommen und dadurch austauschbar sind. Aber auch hier funktioniert die Komik nicht über einen Rahmenwechsel, sondern es wird ein textueller Normbruch produziert und auch projektiert. Man amüsiert sich ja gerade darüber, wie lange eine solche Rede durchgehalten werden kann. Es geht Loriot kaum um eine konkrete politische Kritik, sondern eher um eine Parodie des Gesamtapparats. Als Komiker lehnt er Formen nicht etwa ab, beruht doch Komik auf dem Spiel mit ihnen:

> Ich liebe die Ordnung, weil es ungeheuer reizvoll ist, sie zu unterlaufen. Oder umgekehrt gesagt: weil mich der ganze Aberwitz unserer geformten Gesellschaft so überfällt, liebe ich auch die dazugehörige Ordnung, um den Widerspruch der Geschichte zeigen zu können. Darin liegt der ganze Reiz. (Loriot 2011, 46)

Auch der Genderbereich strotzt vor Ordnungen, die man *ad absurdum* führen und auflaufen lassen kann.

6 Komisierung der Herrenattitüden

In diesem Kontext darf ein Blick auf die berühmte Nudelszene nicht fehlen. Loriots Sketch *Die Nudel* (Loriot 2007, Disc 3, Track 2; im Folgenden wird die Textvariante Loriot 2006 zitiert) bietet auch in Liebeserklärungen den steifsten Formelschatz der deutschen Phraseologie auf:

> ER Hildegard, ich möchte Ihnen heute etwas sagen ... ich möchte Ihnen sagen, daß ich ...
> SIE *(sieht ihn starr an)*
> ER ... daß ich mehr als bloße Sympathie für Sie empfinde ... mehr als Freundschaft ... und ich
> SIE Sie haben ...
> ER Nein, sagen Sie noch nichts ... Hildegard, es gibt Augenblicke, wo die Sprache versagt, wo ein Blick mehr bedeutet als viele Worte ...
> SIE Sie haben ...
> ER ... vielleicht fühlen Sie, was ich meine ... Hildegard ...
> SIE Sie haben da was am Mund ...
> ER *(tastet mit der Serviette zum Mund)*
> SIE Nein, auf der anderen Seite ...
> ER *(entfernt den Nudelrest mit der* Serviette) Ist es weg?
> SIE Ja ...
> ER *(Pause. Trinkt. Tupft mit der Serviette an den Mund. Die Nudel sitzt nun auf der Oberlippe)* ... Hildegard ...
> SIE ... Ja ...
> ER Sehen Sie mich an ...
> SIE *(starrt auf die Nudel)*
> ER Ich wollte schon so lange zu Ihnen sprechen ... ich habe nur auf den richtigen Augenblick gewartet ... jetzt ist er da! ... Hildegard ... warum sagen Sie denn nichts?   (Loriot 2006, 76–77)

In dieser Steifheit der Abarbeitung der Phraseologie entgeht der männlichen Figur gänzlich, wohin Hildegard (gespielt von der kongenialen Partnerin Evelyn Hamann) ihre Aufmerksamkeit gewendet haben könnte. Die durch das Gesicht wandernde Nudel konterkariert von Anfang an sein Bemühen um Feierlichkeit. „[E]s gibt Augenblicke, wo die Sprache versagt", dieser Satz erzeugt eine wundersame Doppeldeutigkeit. Die zeremonielle Art der Liebeserklärung ist natürlich von Vorvorgestern und konnte auch Vorvorgestern keinen Realitätsanspruch für sich behaupten. Hildegard hört gar nicht zu und bleibt auf die Nudel fixiert. Die Ritualität der angedeuteten Abläufe der Annäherung sieht hier so aus, dass man wohl länger miteinander ausgeht, bevor der Herr dann so umständlich wie irgend möglich zum großen Bekenntnis aushole. Sie sollte sich der Etikette entsprechend erfreut zeigen. Aber eine einzige Nudel setzt die Abläufe außer Kraft. Als Seitenkick kann hier noch seine Aufforderung „Hildegard, sehen Sie mich an" gelten, denn genau das tut Hildegard ja die ganze Zeit. Später serviert der Ober dem Verehrer einen Espresso mit Lippenstift am Tassenrand, woraufhin dieser seine Vornehmheit abrupt fahren lässt („Das können Sie Ihren Gästen in Neapel anbieten ..."; Loriot 2006, 80), und der Ober bringt ihm eine frische Tasse.

Floskeln sollen natürlich die soziale Ordnung garantieren, die etwa eine Benimmschule herzustellen bemüht ist. Beim Benehmen dient der richtige Floskeleinsatz dem Ausweis der Distinguiertheit der Herren und der Damen. Gender wird hier aufgeführt, *performed*. Wir erleben ein „arrangement between the sexes" im Goffman'schen Sinne (1977), das von vorn bis hinten gelernt werden muss und dargeboten werden will. Der Herr hat die Initiative zu haben, aber auch bei den Damen ist Spontaneität immer nur inszeniert, und zwar schlecht. Die bemerkbar schlechte Inszenierung deutet genau auf den „ganzen Aberwitz unserer geformten Gesellschaft" hin (op den Platz 2016, 43). Ich stimme op den Platz darin zu, dass Loriot antiessentialistisch vorgeht. Überall wird uns übermäßig Gelerntes vorgeführt, bis zur Themenfolge beim Smalltalk, wo der Herr thematische Initiative zeigen muss. Natürlich fallen alle Beteiligten völlig aus der Rolle und beschimpfen sich zuletzt volltrunken.

> DR. DATTELMANN Text!
> BLÜHMEL Es ist etwas kühl für diese Jahreszeit.
> FRAU KRAKOWSKI Dafür hatten wir im Mai drei schöne Tage.
> FRAU SCHUSTER Man muß ja auch an die Landwirtschaft denken.
> BLÜHMEL Zum Wohl! (*Blühmel trinkt, die Damen markieren*)
> BLÜHMEL Vielleicht möchten Sie sich noch etwas frisch machen vor dem Essen?
> (Loriot 2006, 199)

Op den Platz (2016) arbeitet heraus, wie viel genderkritisches Potenzial in den verschiedenen Produktionen von Loriot steckt. Gemeint ist die alltäglich wahrnehmbare große Bandbreite an kulturell-semiotischen Männlichkeiten, Weiblichkeiten und Zwischentönen. Loriot arbeitet sich stark an der Männlichkeit des distinguierten Villenbewohners ab, der dann aber beispielsweise den mütterlichen Rockzipfel nicht loslässt (wie im Spielfilm *Ödipussi*) oder nackt in der Badewanne Kämpfe um Ente und Wassereinlassen austrägt und darum, wer ‚länger kann'. Der distinguierte Herr rutscht ständig in die Kindlichkeit ab. Er kann seine Distinguiertheit auf der Ebene von Syntax und Phonetik oder der Phraseologie durchhalten, nicht aber auf derjenigen des kommunikativen Handelns. Auf Hintergründe für Loriots Sensibilität in Bezug auf Formen habe ich schon hingewiesen.

Das zeigt sich auch in einer anderen Szene: Monika (Evelyn Hamann) und Karl-Heinz (Loriot) zeigen sich in *Frühstück* (im Folgenden wird die Textvariante Loriot 2006 zitiert, Titel dort *Frühstück und Politik*) sehr orientiert an der herrschenden Etikette der Einladezirkel mit den Erwartungen von Gegeneinladungen. Beide rekonstruieren das Wer-mit-Wem der Blöhmeiers, Müller-Lüdenscheidts,

Koops und Meltzers (alle sind aus anderen Sketchen bekannt) mit großem Interesse an korrekten Abfolgen, um wenig später alle Korrektheiten fahren zu lassen. Zunächst sind beide sehr an der richtigen Form interessiert, sprechen aber mit vollem Mund (ein Seitenkick):

> SIE Wir müssen Blöhmeiers mal wieder zum Essen einladen ...
> ER Mhmm ... aber dann müssen *wir* ja wieder zu *Blöhmeiers* ...
> SIE Nein, erst müssen wir zu Müller-Lüdenscheidts ...
> [...]
> ER ... Ohne Blöhmeiers?
> SIE Die sind an dem Abend bei Müller-Lüdenscheidts ...
> ER Warum waren denn Blöhmeiers neulich nicht bei Meltzers?
> SIE Wieso bei Meltzers?
> ER Äh ... bei Koops ... warum waren sie denn nicht mit bei Koops?
> SIE Blöhmeiers hatten doch *Meltzers* zum Essen ...
> ER ... und wann müssen *wir* zu Meltzers?
> SIE Erst müssen *Blöhmeiers* zu *uns* ... (*Pause*)
> ER Was sagen eigentlich Meltzers über Blöhmeiers?
> SIE Frau Meltzer sagt, Frau Blöhmeier ist eine intrigante Ziege ...
> (Loriot 2006, 223–224)

Op den Platz (2016, 42) betont die Häufigkeit des Verbs „müssen". Beide Gesprächspartner legitimieren und performieren sich zunächst als vollwertige Mitglieder der heteronormativen Gesellschaft.

Ehlert (2004, 216) schreibt, dass solche absolut alltäglichen Szenen sich in Loriots Ehegespräche-Trilogie in ähnlicher Form immer wieder finden. Zunächst scheint der schlichte Dialog geradezu festgefahren in seiner Alltagsritualität. Beide Partner sind etwa fünfzig Jahre alt, unauffällig und bieder gekleidet. So sieht auch der gedeckte Frühstückstisch aus. Beide sprechen aber mit vollem Mund (vgl. op den Platz 2016, 38), was zunächst den einzigen Ausbruch aus der Biederkeit kennzeichnet. Das ändert sich später. In der räumlichen Anordnung sind hier beide gleichberechtigt. Im Kamerafokus steht meist der/die Sprechende (vgl. op den Platz 2016, 38). Hinter Monika wird die Küche gezeigt, das weibliche Refugium in der traditionellen Biederwelt. Loriot zelebriert den zermürbenden Teufelskreis des gesellschaftlichen Paarlebens und demonstriert auch, wie sehr dieser des dauernden ‚doing' bedarf (im ethnomethodologischen Sinne, vgl. Kotthoff 2002). Es kommt dann heraus, dass die Ehepaare sehr schlecht übereinander denken. Hinter der Fassade des Anstands lauert also der Abgrund. Karl-Heinz vollzieht dann den abrupten Themenwechsel hinein in die Politik, wodurch sich bei beiden ein großer Genuss an Schimpfworten offenbart, die sie wechselseitig einigen Politikern zuordnen.

Die Wendungen „linker Schmierenkomödiant" und „politischer Umweltzerstörer" überführen die mit „intrigante Ziege" und „altes Klatschmaul" (Loriot 2006,

224) begonnene Reihe von Schimpfwörtern aus dem Privaten in die Politik (vgl. op den Platz 2016, 53). Mit op den Platz (2016, 52) können wir auch festhalten, dass Loriot in den Diskursen der Sexualität (vielleicht aber eher der Privatwelt) und der Politik dieselben Strukturen zugrunde liegen sieht. Zijdervelt (1976) betont, dass Komik gesellschaftliche Formverfestigungen lockert. Diesen Formverfestigungen, die auch als Typisierungen oder Stereotypisierungen gefasst werden, existieren auf vielen Ebenen, beispielsweise auf sprachlicher, interaktionaler oder sozialer. Im Genderbereich komisiert Loriot die um Hyperkorrektheit kämpfende Herrenattitüde ebenso wie etwa das Ausgreifen eines mütterlichen Animationsimpetus auf den Ehemann. Der Genuss von Loriots Komik setzt voraus, dass man ähnliche soziale Typen mit ihrer Etiketteorientierung und ihren gehoben mittelschichtigen Lebenswelten kennt und gern parodiert und karikiert sieht.

7 Hyperinszenierung: „es muss natürlicher aussehen"

Familienleben will mit all seinen Rollen performiert werden und wird bei Loriot dann hyperperformiert. Natürlich sieht es auf gar keinen Fall aus:

> VATI Also Kinder, alles wie besprochen ... Mamilein, du klatschst in die Hände und rufst „Was ist denn das?" ... so richtig freudig überrascht ... Klaus-Dieter und Heinz-Herbert ... „Schau mal, Opa, das schöne Klavier!" ... und du Helga ... wie war das?
> HELGA Ein Klavier ... ein Klavier!
> VATI Ach ja ... dann sage ich „Mutter, wir danken dir!", und Thomas, du achtest drauf, daß das Klavier immer schön im Bild ist ...
> THOMAS Jaja ...
> VATI (*sieht durch die Tür in den Flur*) Jetzt! (*setzt sich rasch*) Läuft das Band?
> THOMAS Ja doch! (*richtet die Kamera auf die Tür. – Die Tür wird aufgestoßen. Beide Träger kommen ohne Klavier ins Zimmer*)
> TRÄGER Guten Tag!
> MAMI (*klatscht in die Hände*) Was ist denn *das*?
> KINDER (*im Chor*) Schau mal, Opa, das schöne Klavier!
> HELGA Ein Klavier ... ein Klavier!
> VATI Halt ... Haaalt! So geht das nicht ... meine Herren, wir hatten natürlich angenommen, Sie hätten das Klavier bei sich! (Loriot 2006, 96–97)

Ich nehme diese Szene als ein weiteres Beispiel dafür, dass es der Loriot'schen Komik keinen Abbruch tut, wenn man szenische Folgen projektieren kann. Das kann man auch im Klavier-Sketch gut. Die hypertypisierte Kleinfamilie mit dem Vater als Arrangeur vorzeigbarer Abläufe für einen Videofilm bekommt Text und

Kontext nicht zusammengebracht. Opa soll sich auf Ausruf von Klaus-Dieter und Heinz-Herbert hin das schöne Klavier anschauen, das aber noch im Flur steht; Mutter Helga soll gekünstelte Ausrufe von sich geben („Ein Klavier ... ein Klavier!"). Man erwartet, dass sich das Missglücken der Videoaufzeichnung dieser Familie Mustermann mit ihren deplatzierten verbalen Absonderungen wiederholen wird, bis sich dieses Tun *ad absurdum* führt, weil beispielsweise die Söhne sich am Kuchen verschlucken und Gattin Helga mit Übelkeit kämpft.

Wenn Text und Kontext nicht zusammenpassen, stimmt die Pragmatik der Szenerie nicht. Der Witz liegt wieder einmal in den Besonderheiten des Unpassenden. Das erste Schlusswort zu meinen Ausführungen gebe ich Patrick Süskind, dem ich mich anschließe:

> Loriot verfügte über eine ausgezeichnete Beobachtungsgabe, und es gelang ihm auch, die so gewonnenen Ideen in urkomische Szenen umzusetzen, sie auf den Punkt zu bringen und bis ins Groteske zu steigern. Auf diese Weise hielt er uns einen Spiegel vor, ohne den Zeigefinger zu heben. Seine Genialität bezog sich nicht nur auf Bilder, sondern auch auf Texte, bei deren Formulierung er ein besonders feines Sprachgefühl bewies. Wer denkt bei Wörtern wie Jodeldiplom, Auslegeware oder Kosakenzipfel und Namen wie Dr. Klöbner oder Müller-Lüdenscheidt nicht an Loriot? Verblüffend ist, dass Menschen unterschiedlicher Herkunft und Bildung Loriot etwas abgewinnen können: Wer etwa kein Ohr für subtile Sprachspielereien hat, kann sich über den perfekt inszenierten Klamauk amüsieren, den es in Loriots Cartoons, Sketchen und Kinofilmen auch gibt. Was ich an Loriot mag, ist seine Intelligenz. Was ich am meisten an seinem Werk bewundere, ist die Art, wie gut alles gemacht ist – wie gut es gearbeitet ist, hätte ich beinahe gesagt, als wäre er ein Handwerker, ein Goldschmied etwa –, und meine damit nicht einen Oberflächenglanz, sondern das Wohldurchdachte, das durch und durch Ausgetüftelte, das mit Raffinement und größter Sorgfalt Erzeugte seiner Produktion. (Süskind 1993)

8 Zusammenfassende Schlussbetrachtung

Vor allem Süskinds Befund der „guten Gemachtheit" schließe ich mich unbedingt an und hole aus der Beobachtung dessen noch ein zweites Fazit mit Überlegungen in Form der folgenden kondensierten Thesen heraus:
1. Die sehr auffällige grammatische und prosodische Sprechstilistik mit ihrer Formvollendetheit trägt zur Fallhöhe des Komischen bei.
2. Verdrehtheiten, Brechungen und Abstürze liegen primär auf der Ebene der Pragmatik (Sprechhandlungen).
3. Komisierungen von Gender sind meist rollenspezifisch: Herrenattitüden, Politikerattitüden, Genderetikette, Frau/Mutter als Animateurin. Mann und Frau weisen durch Aneinandervorbeireden traditionelle Ansprüche von sich.

4. Der Genuss dieser Komik hängt u. a. damit zusammen, dass man vergleichbare, sehr um gehobene Sprechstilistik, Bildungsausweise und Distinktionsgewinn bemühte Menschen kennt und deren Parodie genießen kann.
5. Wir haben es mit einer Komik zu tun, die zwar im thematischen Verlauf mit einer Doppelrahmung projektierbar ist, dann aber sehr viele überraschende und wunderliche Haken schlägt (*jab lines*).
6. Loriots Kunst bewegt sich im oftmals dichten Dreieck von Komik, Satire und Parodie (vgl. Neumann 2011, 306 und 359).

Literatur

Barbour, Stephen, und Patrick Stevenson. *Variation im Deutschen. Soziolinguistische Perspektiven.* Berlin, New York: De Gruyter, 1998.

Brock, Alexander. „Wissensmuster im humoristischen Diskurs. Ein Beitrag zur Inkongruenztheorie anhand von Monty Python's Flying Circus". *Scherzkommunikation. Beiträge aus der empirischen Gesprächsforschung.* Hg. Helga Kotthoff. Opladen: Westdeutscher Verlag, 1996. 21–48. 2. Auflage, Radolfzell: Verlag für Gesprächsforschung, 2004. 21–49.

Brock, Alexander. „Modelling the Complexity of Humour – Insights from Linguistics". *Lingua* 197 (2017): 5–15.

Brône, Geert. „Hyper- and misunderstanding in interactional humor". *Journal of Pragmatics* 40.12 (2008): 2027–2061.

Ceylan, Bülent. *Der Mannheimer Dialekt muss an der Schule gelehrt werden.* https://www.youtube.com/watch?v=ElXVXIMWXvI. Video Podcast KURPFALZerleben 2021 (17. Juli 2023)

Disney, Walt. „Donald Duck im Moorbad". *Sonderheft der Micky Maus 28.* Stuttgart: Ehapa, 1955.

Disney, Walt. „Die tollsten Geschichten von Donald Duck". *Sonderheft der Micky Maus 5.* Stuttgart: Ehapa, 1966.

Eisenberg, Benjamin. *Aspekte der Komik-Analyse: Wie entsteht Sprachkomik?* Duisburg: Universitätsverlag Rhein-Ruhr, 2020.

Ehlert, Uwe. „„Das ist wohl mehr 'ne Kommunikationsstörung." Die Darstellung von Missverständnissen im Werk Loriots.* Nottuln: Alda, 2004.

Ehmer, Oliver. *Imagination und Animation. Die Herstellung mentaler Räume durch animierte Rede.* Berlin, New York: De Gruyter, 2011.

Fix, Ulla. „Was ist das „Loriot'sche" an Loriot? Eine Betrachtung seiner „Ehe-Szenen" aus der Perspektive der kommunikativen Ethik". *Loriot. Text + Kritik* 230 (2021): 63–72.

Fauconnier, Gilles, und Mark Turner. „Blending as a Central Process of Grammar". *Conceptual Structure, Discourse and Language.* Hg. Adele E. Goldberg. Stanford: CSLI publications, 1996. 113–130.

Feyaerts, Kurt, und Geert Brône. „Humor through 'double grounding'". *The Way We Think. Odense Working Papers in Language and Communication. 23. Jg. 2002.* Hg. Anders Hougaard und Steffen N. Lund. Odense: Institute of Communication at Odense University, 2002. 313–336.

Goffman, Erving. *Frame Analysis. An Essay on the Organization of Experience.* New York: Harper & Row, 1974.

Goffman, Erving. „The Arrangement between the Sexes". *Theory and Society* 4.3 (1977): 301–331.

Grice, Paul. „Logic and Conversation (Logik und Konversation)". *Syntax and Semantics. Vol. 3. Speech Acts*. Hg. Peter Cole und Jerry L. Morgan. New York, San Francisco, London, 1975 [dt. 1979]. 41–58.

Kindt, Tom. „Loriot und der deutsche Humor?". *Loriot. Text + Kritik* 230 (2021): 16–23.

Koob, Dirk. *Loriot als Symbolischer Interaktionist. Oder: Warum man selbst in der Badewanne gelegentlich soziale Ordnung aushandeln muss.* https://www.qualitative-research.net/index.php/fqs/article/view/221/488. Forum: Qualitative Sozialforschung / Forum: Qualitative Social Research, 8.1, 2007 (17. Juli 2023).

Koestler, Arthur. *The Act of Creation. A Study of the Conscious and Unconscious Processes of Humor, Scientific Discovery and Art.* New York: Macmillan, 1964.

Kotthoff, Helga. *Spaß Verstehen. Zur Pragmatik von konversationellem Humor.* Tübingen: Niemeyer, 1998.

Kotthoff, Helga. *Was heißt eigentlich ‚doing gender'? Zu Interaktion und Geschlecht.* https://projektwerkstatt.de/media/text/gender_download_doinggender2002.pdf. *Wiener Slawistischer Almanach*, Sonderband 55 „Gender-Forschung in der Slawistik". München, Berlin, Wien: Verlag Otto Sagiener, 2002 (17. Juli 2023).

Kotthoff, Helga. „Conversational Humor and the Pragmatics of Performance". *Interdisciplinary Journal for the Study of Humor. Special Issue on Cognition in Humor* 19.3 (2006): 271–304.

Loriot. *„Der Faun und sein Wunschtraum". Interview mit Loriot über Komik, Umgangsformen und Filme.* https://www.spiegel.de/kultur/der-faun-und-sein-wunschtraum-a-394c9e91-0002-0001-0000-000013526919. *Spiegel* 10 (1988) (17. Juli 2023).

Loriot. *Gesammelte Prosa. Alle Dramen, Geschichten, Festreden, Liebesbriefe, Kochrezepte, der legendäre Opernführer und etwa zehn Gedichte*. Mit einem Vorwort von Joachim Kaiser und einem Nachwort von Christoph Stölzl. Hg. Daniel Keel. Zürich: Diogenes, 2006.

Loriot. *Die vollständige Fernseh-Edition*. Reg. Vicco von Bülow. Warner, 2007.

Loriot. *„‚Lachen ohne Anlass ist pure Dämlichkeit'. Südwestrundfunk 17. 1.1986.Interview mit Gero von Böhm". Bitte sagen Sie jetzt nichts ... Gespräche.* Hg. Daniel Kampa und Daniel Keel. Zürich: Diogenes, 2011. 25–54.

Mulkay, Michael J. *On Humour. Its Nature and Its Place in Modern Society.* Cambridge: Polity Press, 1988.

Neumann, Stefan. *Loriot und die Hochkomik. Leben, Werk und Wirken Vicco von Bülows.* Trier: WVT, 2011.

Op den Platz, Michel. *„Männer sind ... und Frauen auch ... Überleg Dir das mal!". Wider die heteronormative Lesart von Geschlechterbildern im Werk Loriots*. Würzburg: Königshausen & Neumann, 2016.

Raskin, Victor. *Semantic Mechanisms of Humor.* Dordrecht: Reidel, 1985.

Süskind, Patrick. „Loriot und das Komische". *Loriot.* Hg. Loriot. Zürich: Diogenes, 1993. 11–13.

Tsakona, Villy. „Jab lines in narrative jokes". *Humor – International Journal of Humor Research* 16.3 (2003): 315–329.

Zijderveld, Anton C. *Humor und Gesellschaft. Eine Soziologie des Humors und des Lachens.* Graz, Wien, Köln: Styria, 1976.

Dietrich Grünewald
Alltagskaleidoskop –
Loriots Bildgeschichten – Humorstrategien und Erzählweisen

Dieser Beitrag widmet sich dem Zeichner Loriot, genauer: dem Bildgeschichten-Erzähler.[1] Dem Publikum heute ist Loriot vor allem durch seine Fernsehsketche und seine Filme vertraut. Doch Loriot ist zunächst Zeichner, der mit sicherem Strich, mit erkennbar eigenem Stil humorvolle, oft auch satirisch-kritische Bildgeschichten geschaffen hat, deren auf die witzige Pointe zugespitzte Erzählweise dann auch sein Film- und Fernsehschaffen prägte. Im Folgenden soll diese Erzählweise, wie sie in den Ein-Bildgeschichten und in den Bildfolgen zu finden ist, näher erläutert werden. Dabei werden spezifische Aspekte, wie die Darstellung seiner gezeichneten Akteure in auf „Rollen" verweisender „Kostümierung", wie ihre innere und äußerliche Bewegtheit in der Körpersprache, an prägnanten Beispielen aufgezeigt. Seine gezeichneten Geschichten sind höchst anschaulich und bedürfen meist keiner verbalen Erläuterung. Doch daneben entwickelt Loriot sein spezielles Verfahren, Bild und Wort in einem überraschenden Spannungsverhältnis miteinander zu verbinden. Vielfach kommentiert der Text auf eine trocken ironische Weise, wie Loriot es dann in seinen Sketchen zum Markenzeichen entwickelte. Loriots Erfindungsreichtum, die „Eigenwelt" seiner Bildgeschichten, die sich für den achtsamen und kritischen Rezipienten als Spiegel der Wirklichkeit entpuppen, soll besondere Aufmerksamkeit gewidmet werden.

    Loriots Ausbildung nach dem Kriege startete mit Zeichnen. Motiviert durch seinen Vater, studierte er bekanntlich 1947 bis 1949 an der Landeskunstschule Hamburg. Seine verzweifelte finanzielle Lage, so schreibt er in seiner Biographie, trieb ihn dazu, mittels Gebrauchsgrafiken Geld zu verdienen. „1950 kam ich auf die absurde Idee, es mit Heiterem zu versuchen." (Loriot 1983, 34) Die ersten drei Zeichnungen erschienen in *Die Straße. Die illustrierte Wochenzeitung*, Nr. 20 am 14. 5. 1950,[2] und erbrachten ihm je 25 DM. Schon im neunzehnten Jahrhundert war das Zeichnen für Zeitschriften und Bilderbogen für Kunststudenten ein gern angenommener Verdienst, doch da die populäre, schon gar die komische Kunst als zweitrangig galt, publizierten viele anonym oder mit Pseudonym, um dem

---

1 Loriot als Zeichner (vgl. dazu Grünewald 2019 und 2021, Vowinckel-Textor 2021).
2 Ein chronologisches Werkverzeichnis der Zeichnungen in Zeitungen, Zeitschriften und Büchern findet sich bei Neumann (2011, 361–398).

Künstler-Image nicht zu schaden. Erst Moritz von Schwind, Eduard Ille oder Wilhelm Busch bekannten sich namentlich zu ihren Bildgeschichten. Auch Bernhard-Viktor Christoph-Carl von Bülow wählte, signalisierend, dass die Idee einer Künstlerkarriere noch im Bewusstsein blieb, ein Pseudonym: Loriot, den französischen Namen des Pirols, das Wappentier seiner Familie. Eine der Zeichnungen zeigt einen Herrn, der eben seinen Hut ablegt (Loriot 1983, 35). Er wendet einem großen Hund den Rücken zu, sieht also nicht, dass der einen anderen Mann im Maul hält. Dessen Kopf mit Hut lugt gerade noch hervor. Der Strich wirkt noch ein wenig ungelenk, hat nicht die gekonnte Leichtigkeit, wie sie Loriots späteres Werk auszeichnet. Aber die Zeichnung offenbart bereits sein spezielles Talent: den Sinn für grotesken Humor. Die Szene animiert den Betrachter, über das Gezeigte hinaus zu sehen. Loriot gelingt, was schon Lessing 1766 im *Laokoon* angesprochen hat: Die Prägnanz des gewählten Moments regt den Betrachter an, das Geschehen davor wie danach zu imaginieren.[3] Dass dies hier der Fantasie des Betrachters bewusst überlassen bleibt, macht zusammen mit dem Untertext („Keine Angst – er beißt nicht.") den Witz der kleinen Geschichte aus.

1 Ideelle Bildfolge: Ein-Bild-Geschichten

Loriot ist zeigender Erzähler. Seine Zeichnungen animieren das ergänzende Sehen.

So kann der Betrachter, seiner Lebenserfahrung geschuldet, gar nicht anders, als die statische Szene in Abb. 1 als Prozess zu ergänzen. Im Kopf konstruiert man die Vorstellung, wie der Bär, ich-bezogen, unachtsam auf der Straße radelt und dabei die Vorfahrt des Autos an der Kreuzung (es kommt, bezogen auf die Fahrtrichtung des Bärs, von rechts) missachtet. Offenbar hat er gar nicht mitbekommen, dass er über dessen Haube gefahren ist und diese mit seinem Gewicht eingedrückt hat; ungerührt (man sieht ein geschlossenes Auge) radelt er weiter. Die Verblüffung im Gesicht des Autofahrers (oder Beifahrers?), der aus dem Wagenfenster schaut, dürfte sich auch auf den Betrachter übertragen. Denn die Szene irritiert, nicht nur, weil das Fahrrad unbeschädigt ist. Die Zeichnung hat, was so viele Loriot-Geschichten auszeichnet, ihre Eigenwelt. Als Kreator kümmert sich der Zeichner nicht um Logik und Gesetze der realen Welt, ohne freilich den Bezug zu ihr zu negieren. Im Gegenteil: Der ungewohnt neue Blick schärft übertragend auch die Sicht auf die erfahrbare Realität.

---

3 „Die Malerei kann in ihren koexistierenden Kompositionen nur einen einzigen Augenblick der Handlung nutzen, und muss daher den prägnantesten wählen, aus welchem das Vorhergehende und Folgende am begreiflichsten wird" (Lessing 1766, zit. 1964, 115; s. auch 22–23).

Alltagskaleidoskop – Loriots Bildgeschichten – Humorstrategien und Erzählweisen — 239

Abb. 1: Cartoon aus *AK Potsdam, Düsseldorf, München, Hamburg* (Loriot 1993, 54).

Verlässt sich Loriot hier ganz auf die Bildaussage, so können in anderen Beispielen Beitexte die visuelle Information unterstreichen, ergänzen, fördern. Wie in der Zeichnung, die eine Dame auf einem Aussichtsturm zeigt (Loriot 1971, 41). Sie beugt sich über die Brüstung, um auf den sich tief unten windenden Fluss zu schauen. Dabei reißt ihre Halskette und Perlen fallen in die Tiefe. Wie auch der betroffen schauende, wenngleich hilflose Herr neben ihr anzeigt: Das ist keine lustige Szene, sondern für die Dame höchst betrüblich und leider auch nicht korrigierbar. Wenig Witz vermittelt auch eine Zeichnung Ferdinand von Rezniceks aus dem *Simplicissimus* (9/1905), die einen Herrn zeigt, der gerade dabei ist, das Korsett einer Dame (wohl seiner Ehefrau) aufzuschnüren. Doch der Untertext (sein Kommentar: „Sonderbar, heute früh war es eine Schleife und jetzt ist es ein Knoten!") wendet dann die Szene ins Komische, lässt er doch den Betrachter – gewissermaßen als verschmitzt wissenden Komplizen – ahnen, um was es hier wohl geht, was die Dame im Laufe des Tages erlebt haben könnte. So entsteht bei vielen Cartoons im Wider- wie im Mitspiel von Bildinformation und Text die Essenz der Komik. Bild und Text verschmelzen zu einer Einheit, ja, ohne dieses Zusammenspiel ist die Pointe meist gar nicht zu erfassen. So auch bei der Loriot-Zeichnung, deren Untertext („Im Herbst ist von hier aus das Fichtelgebirge zu sehen."), der Werbefloskel aus dem Prospekt eines Reiseveranstalters gleich, die Qualität des Ausblicks dieses Ortes preist (Loriot 1971, 41). Er reagiert also nicht, wie eigentlich zu erwarten ist, auf das Drama des Geschehens, sondern ignoriert es. In diesem Kontrast entsteht Komik, wobei auch der Zeichenstil wichtiger Träger der Wirkung ist. Während Reznicek relativ realistisch zeichnet, wendet Loriot einen karikaturistischen Stil an, der uns eher Schmunzeln als Bedauern empfinden und zugleich die Schadenfreude, die in realer Situation sicher als unangebracht, zumindest als moralisch fragwürdig gewertet würde, im fiktiven Spiel erträglich erscheinen lässt. Das gleiche Verfahren, Komik zu erzeugen, wird noch deutlicher, wenn Loriot eine Dame zeichnet, die offensichtlich von einem Berghang gestürzt ist und sich mit beiden Händen – unter ihr der Abgrund – gerade noch an einer Klippe halten kann (Loriot 1993, 60). Ein Mops betrachtet die lebensbedrohliche Szene, wie auch ein Herr (im typischen Loriot-Stresemannanzug mit Hut). Er liegt auf dem Bauch, nah am Klippenrand, so dass er die Dame sehen kann. Der Untertext enthält, vom Kommentar des auktorialen Erzählers eingeleitet, was er zu ihr sagt. „Der virtuose Meister des Flirts findet stets das richtige Wort zur richtigen Zeit. Hier: ‚Hat Ihnen schon mal jemand gesagt, was für schöne braune Augen Sie haben?'" Man hätte Mut machende Worte und eine hilfebringende Aktion erwartet; für das Kompliment ist hier eben nicht die richtige Zeit. Der Zeichenstil in Kombination mit diesem offensichtlichen Widerspruch nimmt der Szene das Dramatische und wendet sie ins Komische.

Herr Meierbehr muß mit sofortigem Auszug rechnen, da ihm berufliche Tätigkeit in seinem möblierten Zimmer nur bei sorgfältiger Schonung der Polstergarnitur gestattet ist.

Abb. 2: Cartoon aus *Gesammelte Bildergeschichten* (Loriot 2008, 233).

Verzerrung, Vereinfachung wie auch selektive Betonung und Übertreibung, wie sie der Karikatur merkmalhaft eigen ist, nutzt Loriot zur Ausbildung eines unverkennbar eigenen Stils – der auch bei einem grausamen, makabren Thema wie Mord weniger Entsetzen und Abscheu denn Komik erzeugt (Abb. 2). Während Mord-Darstellungen z. B. von George Grosz oder Oskar Kokoschka[4] durch ihren expressiven Stil eher Schaudern und Nachdenken provozieren, wird Loriots Zeichnung als „schwarzer Humor" aufgefasst. Vergleicht man sie mit ähnlichen Szenen, die, der Gier nach vom Alltag ablenkender grausiger Unterhaltung dienen, als „Moritat" per Bilderbogen oder Bänkelsängertafel lange Tradition haben, so wird ihr ironischer Charakter offenbar, der den Schrecken durch Lachen verdrängt, mittels des karikierenden Zeichenstils, gesteigert durch den abstrus-lapidaren Untertext: Er banalisiert die grausige Tat und lenkt die Aufmerksamkeit auf eine – im Vergleich – geradezu lächerliche Verfehlung (Verschmutzung der Polstergarnitur durch das verspritzte Blut). So wird die Bilderzählung zu einem Spiel mit dem Horror, der ins Lächerliche abstürzt und – wie Gisold Lammel treffend beschreibt – ein „Grinsen mit Gänsehaut" bewirkt (Lammel 1995, 9).

Loriot hat das Thema in einer Serie weitergeführt, die mit Krimi-Unterhaltung und Schauermeldungen, wie sie im bundesdeutschen Fernsehen und der Boulevardpresse kundenmagnetisch integriert sind, ironisch spielt (Loriot 2008, 728–730). Dabei ist die Figur des Mörders dank visueller Kennzeichnung (Kappe, Maske, Bartstoppeln) nicht nur wiedererkennbar, sondern – als Spiel mit dem Klischee – in seiner Rolle zu erfassen. Serien solcher Ein-Bild-Geschichten mit stehenden Figuren finden sich auch in Comic und Cartoon – zu nennen sind u. a. *Dennis* von Hank Ketcham oder *Hermann* von Jim Unger. Es handelt sich dabei um visuelle Kurzgeschichten, die den Betrachter zum ergänzenden Mitspielen animieren. Als Mit-Autor vervollständigt er die Handlung im Kopf. Ich möchte hier von „ideeller Bildfolge" sprechen. Eine solche ideelle Bildfolge finden wir schon bei Hans Holbein d. J. in seiner Totentanzserie.[5] Er greift das europäische Thema nicht wie vertraut als Reigen auf, sondern summiert eine Fülle von kleinen Szenen, visuellen Kurzgeschichten, die erzählen, dass niemand, weder Papst noch Kaiser, weder Reicher noch Armer, vom Tod verschont bleibt, ja sein Erscheinen aufgrund von Fehlverhalten mit verschulden kann. Die Bilder der additiven Bildfolge werden durch das Thema wie die Figur des Todes, der stets als allegorisches Skelett auftritt, miteinander verbunden.

---

4 George Grosz: Lustmord in der Ackerstraße, 1916/1917; Oskar Kokoschka: Mörder, Hoffnung der Frauen, 1910 (Hoffmann-Curtius 1993, Abbildung Seite 28, 15).
5 Hans Holbein d. J.: Totentanz, 1538 (Ausgaben s. u. a. Wiesbaden: Fourier 2003).

Loriot hat das Verfahren in seiner Serie *Auf den Hund gekommen* genutzt.[6] In einer Fülle unterschiedlicher Szenen dreht er hier auf witzige Weise die Rolle von Hund und Herrchen um. Die Methode geht auf das Thema der „verkehrten Welt" zurück, das z. B. in zahlreichen Bilderbogen aufgegriffen wurde. In einem Bogen aus der zweiten Hälfte des neunzehnten Jahrhunderts aus der Offizie Gustav Kühn, Neu-Ruppin, finden wir bereits die Verkehrung der Mensch- und Hunde-Rolle: Während der Mann angekettet in der Hundehütte liegt, spaziert der mit Weste, Fliege und Hut bekleidete Hund, Spazierstock und Lorgnette in Händen (Pfoten) stolz davon.[7] Loriots Serie wurde allerdings nach sieben Folgen gestoppt. Wie Loriot erzählt, gab es heftige ablehnende Reaktionen. In Leserbriefen hieß es u. a.:

> „Die Bildfolge ... ist ekelerregend und menschenunwürdig ..." die Bildserie „ist derart geschmacklos und primitiv, dass einen das Grausen ankommt", „Wann werden die scheußlichen, menschenverhöhnenden Hundewitze aus dem ‚Stern' verschwinden?" (Loriot 1983, 48)

Wir sehen die Serie heute als Paradebeispiel ironischer Komik über die menschliche Hybris. Loriot dreht das allgemein Beobachtbare und Existente rollenmäßig um und macht es so dem innehaltend-kritischen Nachdenken zugänglich. Das muss der Betrachter nicht nur erkennen und kreativ wieder zurechtrücken, er muss auch eine gute Portion Selbstironie haben. Anders gesagt: Es bedarf eines gefestigten Selbstbewusstseins, um über sich und eigene Schwächen lachen zu können. 1953, so kurz nach dem Krieg, haben wohl viele aus dem Volk der selbstbeschworenen ‚Herrenrasse' diese Hybris noch so internalisiert oder standen beschämt unter Schock, dass jede spöttische Kritik ihres Selbstbildes auf Ablehnung stieß. Loriot fand dann auch zunächst keinen Verlag für die weiter ausgeführte Serie; erst der Schweizer Daniel Kehl brachte sie in seinem Diogenes Verlag heraus. 1954 wurde das Buch auf der Frankfurter Buchmesse präsentiert – und es zeigte sich, dass diese Art Humor nun doch eine stets wachsende Zahl von Befürwortern fand.

Solche Ein-Bild-Geschichten-Serien finden wir häufiger bei Loriot. Dabei greift er spezielle Berufsstände heraus, deren Vertreter er exemplarisch in einer Reihe von Szenen parodierend vorführt. Beispiele sind *Damen- und Herrenfriseur Edmund B.* (Loriot 2008, 704–706), *Skilehrer Toni H.* (Loriot 2008, 707–709), *Oberkellner Edgar P.* (Loriot 2008, 676–679), *Installateur Friedrich-Carl P.* (Loriot 2008, 698–700) oder *Neuheitenvertreter Eduard H.* (Loriot 2008, 731–733). An der Tradition z. B. des *Simplicissimus* anknüpfend, verschont er auch Staatsorgane wie Polizisten (*Polizei-*

---

[6] Loriot: Auf den Hund gekommen. *Stern* 1953, Buch-Ausgabe Zürich: Diogenes 1954, auch: Loriot 2020, 46–119.
[7] Abb. in Koschatzky 1992, 238.

hauptwachtmeister Ludwig O., Loriot 2008, 689–691) oder Alltagshelden wie Feuerwehrmänner (*Brandmeister Eugen A.*, Loriot 2008, 695–697) nicht. Dabei sind die im Zentrum stehenden Protagonisten durch spezielle Attribute erkennbar in ihrer Rolle ausgewiesen und (auch hinsichtlich Statur und Physiognomie) von Bild zu Bild wiedererkennbar. Solche sogenannten „stehenden Figuren", wie wir sie auch aus Comic-Serien kennen, finden sich schon im neunzehnten Jahrhundert: Honoré Daumier hat mit seiner Figur *Robert Macaire* den Betrüger,[8] Franz von Pocci mit seinem *Staatshämorrhoidarius* den Staatsdiener als gesellschaftlichen Typus satirisch vorgeführt.[9] Pocci macht sich lustig über dessen Eitelkeit. Sein Beamter bekommt aufgrund aufopfernder Betriebstreue einen Orden verliehen und von den Kollegen eine papierne Lorbeerkrone aufgesetzt (Pocci 1857, 22–23).

Auch Loriot greift das Thema auf. Spöttisch zeigt er uns, wie die Ordenspracht sich despektierlich der Schwerkraft beugt, sich von der Uniform des dekorierten Offiziers löst und damit zeigt, dass sie nur äußerlich angeheftet ist (Loriot 1971, 167).

2 Tatsächliche Bildfolge (zwei Bilder und mehr)

In einem anderen Beispiel trägt der Dekorierte keinen Orden, sondern eine Schärpe (Loriot 2008, 331). Schärpen werden seit 1600 getragen und drücken eine Ehrung aus. Die stoische Miene des vornehmen Herrn (das sichtbare rechte Auge ist geschlossen) zeigt Zufriedenheit an. Das liegt vor allem daran, dass ein unschöner Fleck, der in der ersten Zeichnung (*Vorher*) auf der Kleidung „prangt", im zweiten Bild (*Nachher*) durch die Schärpe verdeckt wird. Es mag der sinnbildlich gemeinte schwarze Fleck auf der weißen Weste sein, der zwar nach wie vor vorhanden ist, hier aber für die Augen aller, die dem Herrn begegnen, verschwunden ist. Auch Adolf Oberländer hatte die Eitelkeit verspottet – nur wird bei ihm ent-deckt, was bei Loriot ver-deckt wird. Dem Herrn Commerzienrat wurde ein Orden verliehen. Um diese ehrende Dekorierung auch aller Welt kundzutun, hat der eitle Herr, der einen Vollbart trägt (erste Zeichnung), diese Zierde abrasiert. Nun trägt er nur noch einen Schnurrbart und der am Hals getragene Orden ist

---

[8] Vgl. Honoré Daumier: *Robert Macaire*. https://daumier-gesellschaft.de/kategorie/werke/robert-macaire/ (17. Juli 2023).
[9] Serie in *Fliegende Blätter* in loser Folge von 1854 bis 1863; Buchausgabe 1857, Faksimile-Nachdruck München: Buch&media, 2009.

für alle sichtbar (zweite Zeichnung).[10] Oberländer wie Loriot zeigen das in zwei Bildern, die der Betrachter zum einen als zwei Zustände miteinander vergleicht, zum anderen als zusammengehörend (aufgrund der Nähe beider Zeichnungen wie der beibehaltenen Figur), als zeitlich aufeinander folgend und damit als Prozess versteht.

Loriot ist ein Meister des Erzählens mit zwei Bildern. Die Lesefolge und damit der Vergleich erbringen Erkenntnis und offenbaren die Pointe. Zum Beispiel durch eine unerwartet neue Sichtweise mittels aufdeckenden Einblicks, wenn sich der Fernsehapparat im zweiten Bild, das ihn aufgeklappt zeigt, als Bücherschränkchen entpuppt (Loriot 2008, 471) oder die „Abwaschmaschine", bei der die sonst verdeckende Rückwand im zweiten Bild entfernt wurde, nun preisgibt, dass sie kein maschinelles Inneres besitzt, sondern eine spülende Dame birgt (Loriot 2008, 651). Unerwartete Einsicht bietet auch ein Perspektivwechsel, wenn das zunächst von vorne („Stirnseite") gezeigte Richtertrio im zweiten Bild von hinten („Rückseite") sichtbar wird und der Betrachter erkennt, dass die Herren unter ihrer Robe nackt sind– ein decouvrierendes Beispiel, wie scheinbar Unantastbare vom hehren Sockel gestoßen und ihrer schlichten Menschlichkeit zurückgegeben werden bzw. laut Untertext: „In der Rechtsprechung hat alles seine zwei Seiten." (Abb. 3)

Zwei Bilder präsentieren eine tatsächliche Bildfolge; sinnvoll und nötig dann, wenn der Autor das Folgegeschehen nicht der ergänzenden Fantasie des Betrachters überlassen will, sondern selbst erzählt, wie es weitergeht. Dabei kann eine zeitliche Distanz im Vergleich wie ein in der Zeit verlaufender Prozess aufgezeigt werden. So beim Thema Umgang mit Damen: Da bietet der galante Herr im ersten Bild der Dame höflich den Arm zum Geleit, während im zweiten ein Macho-Typ die Dame unter den Arm nimmt und davoneilt (Loriot 2008, 16). Der Untertext („Einst" / „Jetzt") zeigt, wie auch die jeweils zeitgemäße Kleidermode, den großen zeitlichen Abstand zwischen beiden Bildern auf. Eine solche „weite Bildfolge" ist auch das Beispiel, in dem man im ersten Bild eine Dame sieht, die, auf der Couch sitzend, absurderweise drei kleine Elefanten als Schoßtiere hält, während im zweiten Bild die groß gewordenen Tiere (was den Prozess der Lebenszeit, das Altern und Wachsen als Zeitmaß spiegelt) raumgreifend die Couch zerdrücken (Loriot 2008, 806). Nutzt dagegen die Zwei-Bild-Geschichte die „enge Bildfolge", so zeigt sie einen Prozess, bei dem von Bild zu Bild nur wenig Zeit vergeht. Da kann man mitverfolgen, wie die reinigende Anstrengung der Putzfrau, die ein Porträt-Gemälde mit Schrubber und Lappen bearbeitet, tilgenden Erfolg hat (Loriot 2008, 214). Man

---

10 Adolf Oberländer: Der Herr Commerzienrat vor und nach seiner Dekorierung. *Fliegende Blätter* 2053 (1884).

Alltagskaleidoskop – Loriots Bildgeschichten – Humorstrategien und Erzählweisen — 245

In der Rechtsprechung hat alles seine zwei Seiten.

Abb. 3: Cartoon aus *Gesammelte Bildergeschichten* (Loriot 2008, 323).

kann die Zeitspanne daran ablesen, wie lange die Putzfrau in etwa braucht, das Porträt abzuschrubben und damit schließlich das Gemalte zu entfernen.[11] Noch weniger Zeit vergeht, wenn einem Parkwächter beim Laubaufsammeln ein Missgeschick passiert. Die Kiepe, die er auf dem Rücken trägt, ist bereits mit Laub gefüllt. Da sieht er noch ein Blatt am Boden liegen, er bückt sich – und durch die Bückbewegung rutscht das mühsam gesammelt Laub aus der Kiepe und macht das Ziel des eigentlichen Bemühens zunichte (Loriot 2008, 793).

Keinen Handlungsprozess, sondern einen geistigen Prozess, den der Betrachter erkennend nachvollziehen soll, präsentieren die beiden Bilder, die einen Herrn bei Tisch beim Spaghetti-Essen zeigen (Loriot 1971, 32). Bild eins zeigt, wie er wenig ma-

---

11 Was tatsächliche Aktionen vorwegnimmt: wie die Vernichtung durch Reinigung einer Kunst-Fettecke von Josef Beuys 2011; vgl. *Putzfrau schrubbt Kunstwerk kaputt. Wie einst Beuys' Fettecke.* https://www.sueddeutsche.de/kultur/wie-einst-beuys-fettecke-putzfrau-schrubbt-kunstwerk-kaputt-1.1180540. *Süddeutsche Zeitung* vom 4. November 2011 (17. Juli 2023).

nierlich mit zwei Gabeln die Nudeln vom Teller hebt und in diese zusammenklebende Masse hineinbeißt. Bild zwei dagegen zeigt denselben Herrn. Er hat jetzt die Spaghetti ordentlich auf dem linken Unterarm in Reihe platziert und verspeist sie Nudel für Nudel per Gabel. Mit diesem Verfahren folgt Loriot dem Berliner Künstler Daniel Chodowiecki (1726–1801), der im achtzehnten Jahrhundert auf eben diese vergleichende Weise das kultivierte Benehmen seiner Zeitgenossen befördern wollte (vgl. Chodowiecki 1779). Er greift dabei zu ironischen Mitteln, wenn er z. B. eine übersteigert künstliche und damit unechte Empfindungspose als „affectiert" vorführt. Doch während Chodowiecki seine pädagogischen Bemühungen durchaus ernst verstand, sind Loriots *Ratgeber* pure Ironie, witzige Knigge-Parodien, die letztlich satirische Kritik an der bundesdeutschen Gesellschaft üben, an jenen, die meinen, durch Benimmbücher, durch Übernahme formaler Regeln, könne man sich und die Welt bessern. Die „verbesserte" Anweisung zum Spaghetti-Essen ist so wohl kaum ernsthaft anzuwenden.

Dass Loriot erzieherisches Bemühen eher skeptisch beurteilte, zeigen viele seiner Geschichten. So wird die freundliche Geste einer Dame, die einem Knaben einen Luftballon schenken will, überraschend mit einem Knall beendet, nimmt doch der Junge die Gabe nicht dankbar an, sondern lässt sie mit einer brennenden Zigarette platzen (Loriot 1983, 143). Dabei dürften die dem Betrachter automatisch aufscheinenden Gedanken „Kinder sollen höflich und dankbar sein" wie „Kinder sollen nicht rauchen" als Erziehungsabsicht ironisch verpuffen. Loriot erzählt hier mit drei Bildern, die, in Reihe gelesen, eine Handlung, ein Geschehen vorstellen, das im Kopf des Betrachters lebendig wird. Thema und Verfahren finden sich schon bei e. o. plauen (i. e. Erich Ohser). In seiner Serie *Vater und Sohn* in der *Berliner Illustrirten* (1934–1937) konterkariert er vielfach ironisch-witzig das als pädagogisches Exempel dienende Verhalten seiner Protagonisten. Ein typisches Bespiel ist die Geschichte „Zurück zur Natur" (1936), in der Vater und Sohn einen Fisch fangen und nach Hause tragen, es dann aber nicht über sich bringen, ihn zu töten und auszunehmen. So bringen sie ihn frohgemut wieder zurück in den Fluss, nur um zu erleben, wie ein Raubfisch heranschwimmt und ihn frisst. Die Bildfolge (Ohser erzählt in sechs Bildern) belässt zwischen den Panels wenig Zeit, die Leerstellen sind nicht mühsam interpretierend zu füllen, sondern die Verbindung von Bild zu Bild erfolgt gewissermaßen automatisch. In einer Neuauflage (Bonn 2003, 106) wird die Geschichte treffend neu betitelt: „Gut gemeint."

3 Dynamik der Bildfolge

Diese enge Bildfolge, die in der Historie der Bildgeschichte eher die Ausnahme ist, wird im Verlauf des neunzehnten Jahrhunderts zur dominierenden Form, von den Bilderbogen bis hin zu den Zeitungscomics. Angestoßen wurde das Interesse an rascher Bewegung durch die Erfindung des Zeichentricks in den 1830er Jahren. Bildstreifen mit aufgezeichneten Bewegungsphasen werden in die „Wundertrommel" eingelegt. Wird die gedreht, kann der Betrachter beim Blick durch einen Schlitz eine tatsächliche Bewegung erkennen. Die Bilder folgen so rasch aufeinander, dass sie zu einem scheinbar bewegten Bild verschmelzen.[12] Loriot hat solche Bewegungsstreifen 1972 als Daumenkino, genannt „Bewegte Botschaften", gezeichnet.[13] So sieht man z. B. ein Männchen, dem beim Lüften seines Hutes Tulpen aus dem Kopf sprießen. Bewegung wird im statischen Bild durch die prägnante Pose ausgedrückt. Die Bikini-Mädchen in den Fresken der antiken römischen Villa Armerina (Sizilien)[14] werden so präsentiert, dass der Betrachter gewissermaßen körperlich mitsieht, dass sie laufen. Ihre Posen können nicht über einen längeren Zeitraum beibehalten werden und zielen auf Veränderung, also auf Bewegung. Auch Wilhelm Busch zeigt in *Fips der Affe* (1879) in prägnanter Pose höchst dynamisch, wie Affe Fips einem Bettler eine Brezel stielt und davoneilt. Dabei entreißt er dem Bettler eine Krücke, so dass dieser hinstürzt. In seiner Geschichte *Der Undankbare* (1878) steigert Busch den Eindruck von Bewegung durch Bewegungslinien. Die rasche Drehbewegung, die ein Betrunkener um sich selbst macht, wird zum Wirbel, eine dynamisierende Abstraktion, wie sie auch in vielen Comicgeschichten, z. B. in den Donald-Duck-Geschichten von Carl Barks, zu finden ist. In seinem bekannten Gemälde *Der Sturz der Blinden* (1568) hat Pieter Bruegel d. Ä. die einzelnen Positionen der Fallbewegung auf verschiedene Personen aufgeteilt. So kann der Betrachter den Sturzverlauf genau verfolgen. Bewegungsphasen können miteinander verschmolzen werden und verweisen damit auf Heftigkeit und Schnelligkeit. Wilhelm Busch zeigt uns seinen Balduin Bählamm (1883) beim Bader. Als ihm ein Zahn gezogen wird, strampelt er vor Schmerz mit gleich mehreren Beinen. Der Futurist Giacomo Balla vervielfacht in seinem Bild *Dynamisierung eines Hundes an der Leine* (1912) die Beine von Hund und Herrchen und der Karikaturist Tomicek zeichnet Minister Habeck beim Bemühen, Lunten auszutreten, acht Beine (*Gießener Allgemeine* 30.4.2022). Auch Loriot nutzt diese Möglichkeiten der dynamisierten Bewegungsdarstellung in zahlreichen Bildgeschichten. Bewegungsstriche zeigen Schnelligkeit wie Bewegungs-

---

12 Beispiele und Variationen in Füsslin 1993, 58–101.
13 Beispiele in Loriot 1992, 214–215.
14 Abb. in Catullo 1999, 62–63.

richtung eines stürzenden Skiläufers an wie auch die Vervielfachung der Skistöcke, die sich beim Sturz um ihn drehen (Loriot 2008, 521). Die Bewegungsphasenfolge wird modifiziert. Kein Sturz, sondern der Weg von Münzen wird auf diese Weise gezeigt: Ein bettelnder Herr reicht das in einem Hut gesammelte Geld an den nächsten weiter, der übergibt es dem dritten, der nach Notierung der Summe das Geld auf ein Fließband schüttet, das die Münzen dann in einen Keller befördert (Loriot 2008, 344–345). Ein Meister der bewegten Bildgeschichte war Lothar Meggendorfer (1847–1925). So zeigt er das akrobatische Können eines Schlangenmenschen über drei Seiten hinweg. Der Betrachter kann verfolgen, wie der Artist (als schwarze Silhouette gezeichnet) sich in dreißig verschiedenen Posen um einen Stuhl windet (Meggendorfer 1987, 7–9). Die Darstellung von Bewegung kann dann zu einer Geschichte werden, wie in *Ein fataler Bubenstreich.* Da sieht man, wie ein junger Mann einen Karren, auf dem ein Tuchballen liegt, einen Hang hinaufzieht. Ein vorbeikommender Spaziergänger will ihn ärgern, löst den Haltestrick, der Tuchballen fällt vom Karren und rollt sich auf. Triumphierend, die Betrachter mit gelüftetem Hut grüßend, setzt sich der Bösewicht auf den Tuchballen, ohne mitzubekommen, dass der junge Mann den Streich entdeckt hat und beginnt, das Tuch wieder aufzurollen. Dieser Bewegung kann man nun in den nächsten drei Paneln folgen und sehen, dass der Stoff den Bösewicht einrollt und er im letzten Panel genötigt wird, die Tuchrolle (um ihn herumgerollt und mit einer Schnur zusammengehalten) den Hang hinauf zum Karren zu bringen (Meggendorfer 1987, 14).

Auch Loriot setzt die Bewegung, dargestellt in enger Bildfolge, als Mittel manch skurriler Geschichten ein. In drei Bildern erzählt er, wie ein Mann den Weihnachtsbaum schmückt (Panel 1), (s)eine Frau durch die Tür ins Zimmer tritt und dadurch einen Luftzug auslöst, der den Baumschmuck ansaugt (P2), so dass in P3 der Baum schmuck- und nadellos, die Dame dagegen nun reich geschmückt dasteht (Loriot 2008, 796–797). In vier Paneln (querformatig, von oben nach unten zu betrachten) wird gezeigt, wie eine Windböe sechs Männern die Hüte vom Kopf weht (P1). Während fünf den Hüten hinterherlaufen, bleibt der sechste stehen (P2), um zu erleben, wie der Wind dreht und die Hüte wieder zurück in die Gegenrichtung bläst (P3). Im letzten Panel hat der sechste Herr seinen Hut wieder auf und hält die fünf anderen gestapelt für die zurückgekehrten Kollegen in Händen (Loriot 1983, 56). Zahlreiche Bildgeschichten Loriots erzählen mittels drei oder auch mehr Bildern, meist textfrei als Pantomime. Die Narration wird durch Handeln und Zusammenspiel der Akteure in entsprechender Kulisse geprägt. Das letzte Bild führt zur überraschenden Pointe. Ein prägnantes Beispiel: Nur noch das Dach eines Hauses überragt das Hochwasser (Loriot 2008, 557). Davor schwimmt ein Boot, in dem eine Gruppe von Personen steht. Ein Herr winkt einem anderen, der sich auf das Dach geflüchtet hat, zu (P1). Der folgt dem Angebot und springt vom Dach hinunter ins Boot (P2), worauf (so muss man folgern) dieses untergeht; denn in P3 sieht man nur noch die Köpfe der Personen aus dem Wasser ragen (P3).

4 Erscheinungsbild und Körpersprache

Für Akteure in der Bildgeschichte ist entscheidend, dass man sie von Bild zu Bild wiedererkennt, was durch gleichbleibende Physiognomie, Statur und Kleidung erreicht wird. Das Verfahren entstammt der Tradition des Theaters, in dem die Schauspieler und Schauspielerinnen in markanten Kostümen auftreten. Solche „Masken" verweisen, für das Publikum erkennbar, auf die Rolle, die sie im Stück spielen.[15] Comicserien, von *Superman* und *Batman* bis *Asterix*, charakterisieren auf eben diese Weise ihre Akteure. Auch Loriot bedient sich dieser Rollenmarkierung in seinen Bildgeschichten und nutzt konventionelle Merkmale, vertraute Klischees, um die Akteure zu kennzeichnen. Verdutzt schaut der Dieb (Augenmaske und Bartstoppeln sind prägnanter Rollenverweis), nachdem er den Safe aufgeschweißt hat, auf den Polizisten (Rollenverweis: Tschako[16] und Pistole), der ihn, im Safe hockend, mit der Pistole im Anschlag festnimmt (Loriot 2008, 394). Loriot weiß aber auch mit Kostümen zu spielen: Wenn auf dem Maskenball sich eine Verkleidung dann doch als real entpuppt,[17] ist das ein Verweis darauf, dass eine Maske Erwartungen weckt, die nicht unbedingt erfüllt werden müssen.

Zudem ist für die Rolle, die die Figuren in der Geschichte spielen, der (bestätigende) Kontext von Bedeutung. Ein signifikantes Beispiel liefert Abb. 4. Den Bettler erkennt man an Pose und Tat: Er hält seinen Hut hin, um so erbettelte Geldstücke einzusammeln. Sein Äußeres (ein ungepflegter Bart, ausgefranste Hose, er ist barfuß) unterstreicht den Rolleneindruck. Als Kontrastperson erscheint der Herr, der vor ihm steht: Sein gepflegtes Äußeres (Stresemann-Anzug, Hut) lässt auf einen eher betuchten Herrn schließen, ein sicher „passendes" Objekt zum Anbetteln. Die Mimik des Bettlers in P1 drückt bittende Erwartung aus, auf die der Herr mit Überlegen reagiert, wie die auf den Mund gelegte linke Hand signalisiert (P2). Er schaut angestrengt auf den hingehaltenen Hut des Bettlers, in den dann seine rechte Hand langt (P3). Der Betrachter – der Logik und sicher seiner Erfahrung folgend – wird nun erwarten, dass er dem Bettler ein Geldstück geschenkt hat, doch in P4 sehen

---

15 „Maske" meint hier Kostüm, Attribute; vielfach tragen die Schauspieler auch tatsächlich Gesichts-Masken. Für prägnante Beispiele zur Commedia dell'Arte vgl. Riha 1980.
16 Der Tschako wird in Deutschland von Polizisten von 1918 bis Mitte der 1960er Jahre getragen.
17 Unter dem „Beamten"-Schwellkopp sitzt, wie sich nach der Demaskierung zeigt, der gleiche „reale" Kopf (Loriot 2008, 754).

Schon kleinste Beträge helfen in Fällen echter Bedürftigkeit.

Abb. 4: Cartoon aus *Gesammelte Bildergeschichten* (Loriot 2008, 343).

wir überrascht, wie der Herr weitergeht und eine Münze in Händen hält, die er genauer begutachtet, während der Bettler, der in seiner „Bettelpose" wie versteinert verharrt, ihm konsterniert (so ist die Mimik mitzuempfinden) verkniffenen Auges nachschaut. Die Pointe der Geschichte wird durch den ironisch kommentierenden Untertext verstärkt: „Schon kleinste Beiträge helfen in Fällen echter Bedürftigkeit", womit zugleich die visuell vermittelte Rollenverteilung (der adrette Herr wird als bedürftig bezeichnet) umgedreht wird. Neben der „Maske" sind die Akteure der Bildgeschichte durch ihre Körpersprache bestimmt (Mimik, Geste, Pose), die äußere Bewegung wie innere Bewegtheit sowie Kommunikation anschaulich macht. Loriot hat – bis auf wenige Ausnahmen[18] – keine Sprechblasen eingesetzt. Was gesprochen wird, muss der Betrachter aus Kontext und Pose erschließen und kombinierend ergänzen. Wenn eine bestimmte wörtliche Rede zum Verständnis nötig ist, findet sie sich im Untertext.

5 Bildgeschichten-Serien

Im Unterschied zu seinen Kollegen Roland Kohlsaat, Friedrich-Wilhelm Richter-Johnson oder Manfred Schmidt,[19] hat Loriot keine langen, in Fortsetzungen publizierten Bildgeschichten geschaffen. Sein Metier war die autonome Kurzgeschichte, bestehend aus einem oder wenigen Panels, stets auf eine überraschende Pointe abzielend. Allerdings hinderte ihn das nicht, auch Serien in Bildfolge mit jeweils abgeschlossenen Episoden zu kreieren (vgl. dazu Neumann 2011, 103–106, 116–122, 156–163; Grünewald 2019). Die erste und langlebigste ist *Reinhold das Nashorn*, eine witzige Serie um ein rotes Nashorn, dem sich später noch ein Neffe zugesellt. Loriot zeichnet sie 17 Jahre lang, ab 1953 für die Kinderbeilage des *Stern*, das *Sternchen*, respektive nach dessen Einstellung integriert im *Stern* bis 1970. Als Loriot zur Münchener Konkurrenz, zu *Weltbild* und *Quick*, wechselte (1954 wird er fester Mitarbeiter des Verlags Thomas Marten), behielt er im *Stern* die Serie bei, signierte sie aber jetzt mit „Pirol". Eigentlich ist sie ein Pantomimenstrip, doch der Tradition der deutschen Bildgeschichte mit Untertexten folgend (auch um dem Negativ-Image der Sprechblasen-Comics in den 1950er und 1960er Jahren zu entgehen), wurden von *Stern*-Redakteur Wolf Uecker (unter dem Namen Basil) gereimte Zweizeiler unter die Panels gesetzt. Reinhold ist eine selbstbewusste Figur, die sich nicht anpasst, kein braver Untertan. Er spielt Streiche, er weiß sich zu wehren. Die Serie

---

18 Ein Beispiel (ein Flugzeugpilot spricht seine Passagiere an) findet sich in Loriot 1983, 72–73.
19 Roland Kohlsaat: „Jimmy das Gummipferd". *Stern* (1953–1976); Friedrich-Wilhelm Richter-Johnsen: „Taró". *Stern* (1959–1968); Manfred Schmidt: „Nick Knatterton". *Quick* (1950–1970).

war bei Kindern außerordentlich beliebt, ein erster Sammelband erschien 1954, weitere (Diogenes 1958, Rotfuchs 1976) folgten. Weniger bekannt sind seine anderen (für Erwachsene gedachten) Serien. Während Episoden aus *Poppe & Co* (*Quick* 1963–1969), die in prägnanten Szenen mit kommentierenden Untertexten skurrile Erfindungen und Dienstleistungen offerieren, in späteren Sammelbänden wieder auftauchen, ist *Familie Liebsam* (*Weltbild* 1954–1955) weitgehend vergessen. Die Serie spiegelt auf witzig-parodierende Art das bundesdeutsche Familienleben, oft im kontrastiven Zusammenspiel von Wort und Bild, wenn z. B. dem sich hinter die Zeitung verziehenden Papa nachgesagt wird, er habe „viel Sinn für Gemütlichkeit".[20]

Abb. 5: *Adam und Evchen* aus *Quick* (Loriot 1956, 33).

Adam und Evchen ist ein Pantomimenstrip, der die Tücken im Leben eines jungen Ehepaares schildert. Die Serie startete 1956 und erschien wöchentlich, 29 Folgen lang. Sie ist eher humorvoll als satirisch angelegt. Vielleicht ist darin der Grund zu sehen, dass die stehenden Figuren im Unterschied zu den Figuren in allen anderen Geschichten so nett mit kleinen Stupsnasen gezeichnet sind. Die Widersprüchlichkeiten im Alltagsgeschehen werden in vielen Episoden aufgegriffen. Ein Beispiel bietet Abb. 5. Adam ist wohl unterwegs zur Arbeit, als er plötzlich etwas merkt. Er eilt die Treppe wieder hinauf und jetzt zeigt sich, was er vergessen hat: Innig gibt er seiner Frau einen liebevollen Abschiedskuss – nur um kurz darauf ärgerlich, ja wütend festzustellen, dass ihn dieser Kuss das pünktliche Erreichen der Straßenbahn gekostet hat (P5). In seiner Dissertation über Loriot weist Stefan Neumann darauf hin, dass Adam – je weniger Evchen Opfer ist und die Komik „auf einem Wechselspiel zwischen den Geschlechtern basiert" (Neumann 2011, 161) – mehr und mehr zum Knollennasenmännchen mutiert.

---

20 Statt mit Frau und Sohn abendlich ins Gespräch zu treten, verschanzt sich Papa am Tisch hinter der Zeitung. Daraufhin öffnet seine Frau die Tür, worauf ein Windstoß Papa die Zeitung entreißt, hinter die sich jetzt seine Frau verschanzt (5. Geschichte, *Weltbild* 21 [1954]).

6 Knollennasenfigur

Die Knollennasenfigur – Männchen wie Weibchen – ist Loriots Markenzeichen, wenn man so will, die repräsentative Symbolfigur für den Bundesdeutschen. Sie korrespondiert mit dem Gartenzwerg, der deutsche Kleinbürgerlichkeit, Gemütlichkeit aber auch Unbedarftheit spiegelt. In einer Geschichte hat Loriot diese Verbindung selbst hergestellt: Sein Männchen übernimmt die Gartenzwergrolle und -aufgabe, hängt sich einen Bart um, wechselt die Kleidung (einschließlich Zipfelmütze) und legt sich ins Tulpenbeet (Loriot 2008, 238–239). Ottmar Hörl, dessen multiple Plastik *Geheimnisträger* (2006) drei Gartenzwerge in der bekannten Pose Nichts-Sehen, -Hören und -Sagen darstellt, hat sie zudem mit den Bundesfarben ausgestattet und unterstreicht so ihre bundesdeutsche Repräsentanz. Eigentlich ist die Symbolfigur des Deutschen der „deutsche Michel". Seine Zipfelmütze verweist auf die enge Verwandtschaft mit dem Gartenzwerg. Während Michel in seiner 200-jährigen Tradition vor allem als der gebeutelte, schikanierte und hilflose Untertan auftritt,[21] spiegelt Loriots Pendant weniger politische denn sezierend allgemein gesellschaftliche Alltagsbelange der (vornehmlich mittelständischen) Bundesbürger. Bei allen Missgeschicken, bei aller Peinlichkeit – das Männchen wie das Frauchen wirken doch sympathisch und bieten so eine selbstironische Identifikation an. In der Gartenzwergserie von Kurt Halbritter findet sich eine Zeichnung, in der zwei Gartenzwerge einen in einem Gartenteich platzierten Herrn bewerten: „Wie kann man sich nur solchen Kitsch in den Garten stellen!" (Halbritter 1970, 70). Die skeptisch beurteilte Figur ähnelt (Stresemann-Anzug, Bowler-Melone, Knollennase) dem Loriot'schen Männchen. Wie in einer Bildgeschichte von Hans Traxler kann man das Zitat als Hommage an Loriot verstehen. Traxler hatte zu Loriots 60. Geburtstag sechs Panel gezeichnet, in denen in P1 zunächst eine kleine Figur recht undeutlich in der Ferne zu sehen ist. Der Untertext vermutet: „Wer steigt da aus dem Wattenmeer?/ Das ist doch Tomi Ungerer?" Aber je näher das Männchen dem Betrachter kommt, also größer und damit detailgenauer wird, entpuppt es sich weder als Sempé, Waechter noch Flora, sondern (P6) als Loriots Knollennasenmännchen, vor dem Zeichner Traxler eine Verbeugung macht: „Nein, welche Freude, Herr Loriot!" (Traxler 2008, 101–103). Er identifiziert Loriot also mit dessen Schöpfung, was Loriot in einem Selbstporträt, das ihn mit Knollennase zeigt, durchaus bestätigt (Loriot 1983, 298). Wie sich der (deutsche) Rezipient in der Knollennasenfigur selbst erkennen kann, so kann man davon ausgehen, dass auch Loriot sich selbstironisch in ihm sah – und er daher mehr ist, als der satirisierende Beobachter von außen. Er schließt sich mit ein.

---

21 Zur Michel-Karikatur vgl. Grünewald 2020, 19–32.

7 Eigenwelt der Bildgeschichten

Im satirisch-ironischen Spiel der Loriot'schen Bildgeschichten wird bundesdeutscher Alltag selbstkritisch durchleuchtet – in breiter Themenvielfalt. Sein Parade-Thema ist Fehlverhalten im Alltag. Er stellt es weniger mit dem erhobenen Zeigefinger als mit ironischer Note dar – als Exempel, das wir im Prozess des Betrachtens und Verstehens durchdenken müssen und damit einen prüfenden Bezug zu uns selbst herstellen. Dabei verschmilzt er das vertraut Alltägliche mit dem Besonderen, der Fantasiewelt des Zeichners. Zur Metapher wird das Verfahren, wenn er einem Herrn, der im Begriff ist, in seinen rasanten Sportwagen zu steigen, Teufelshörner und Vampirzähne verleiht. „Wenn Jürgen in sein Auto steigt, geht eine seltsame Verwandlung mit ihm vor", heißt es im Untertext (Loriot 2015, 26. Mai). Die kleinen Details – wie das Grinsen in Jürgens Gesicht – regen die Fantasie des Betrachters an, eine kleine Geschichte zu imaginieren. Das konventionalisierte Wissen um Wesen und Charakter von Vampir und Teufel lässt Bilder im Kopf entstehen, wie dieser Herr sich im Straßenverkehr wohl verhalten wird. Während Loriot für die Metamorphose nur ein Bild benötigt, die Verwandlung also im Kopf des Betrachters vor sich geht, führt sie uns Alben (i. e. Alberto E. Rodriguez)[22] in Dreier- und Eberhard Holz[23] in Siebener-Folge vor. Auch Alben thematisiert den Autofahrer: Seine anthropomorphe Hasenfigur verwandelt sich, nachdem sie in ihr Auto gestiegen und losgefahren ist, in einen zähnefletschenden Tiger. Holz führt den braven Bürger vor, der sich im Fußballstadion während des Spiels, gesteigert von Bild zu Bild, in ein geiferndes Monster verwandelt, nach dem Spiel das Stadion wieder in Gestalt des netten Herrn verlässt. Die Metamorphose nicht nur als äußerliche, sondern auch als inhaltliche und wesensmäßige Veränderung schildert auch Loriot in Bildfolgen. Da wandelt sich in zwölf Zuständen die aus einem Kiosk davonfliegende Zeitung in eine (entlarvende) Zeitungsente (Loriot 1983, 59). Ein VW-Festredner deckt „das Entwicklungsgeheimnis unseres Welterfolges" auf: Vom Käfer führt die Reihe auf sechs aufgestellten Bildtafeln zu einer Schildkröte, einem gebückten Menschenbaby, einer kauernden Mannsperson, die sich dann, auf Beine und Hände gestützt, hochwölbt, schließlich, die Form übernehmend, zum berühmten Käfer-Volkswagen (Loriot 2008, 622). Auch die aus der Karikatur vertraute Mensch-Tier-Darstellung greift Loriot auf. Die Wandlung des Menschen vom lurchähnlichen Schwanzträger zum schwanzlosen Zweibeiner (Loriot 2008, 128–129) hat ihre Quelle in der – ernst gemeinten – Metamorphose Lavaters, der Entwicklung vom Frosch zum Menschen (Baur 1974, 57). J. J. Grandville hat sie ironisch-spöttisch umgedreht, wandelt das ideale menschliche

---

22 Abb. in Lipinski und Sandberg 1980, 195.
23 Abb. in Cartoon Service 5 (1982): 23.

Gesicht in sieben Schritten in einen Frosch (Baur 1974, 103). Das mag Loriot inspiriert haben, wenn er visionär den Menschen in einen (besseren) Hund überführt (Loriot 1993, 215). Der Metamorphose ist eine fantasievolle Magie eigen, wie sie sich in vielen Bildgeschichten Loriots zeigt, wenn er, die Gesetze der Realität ignorierend, uns in die Scheinlogik seiner Bildwelt führt. Da wird aus einem großen, dicken Herrn ein kleiner dünner, weil er einen Luftballon zu einer großen Kugel aufgeblasen hat, also, so suggeriert die Zeichnung, seine „innere" Luft in den Ballon geblasen hat, was natürlich einen Mangel hinterlässt (Loriot 2008, 76–77). Ebenso ergeht es der baden wollenden Dame, die ihre Schwimmente aufbläst und danach deutlich an körperlichem Umfang verloren hat (Loriot 2008, 788–789). Verdutzt erleben der Betrachter wie die betroffenen Akteure, dass aus einem Seegemälde Wasser austritt und das Sofa „unbenutzbar" macht (Loriot 2008, 227), ein riesiger Dampfer irrtümlich einen Bach hinauffährt, bis dieser nur noch ein Rinnsal ist und die Fahrt stoppen muss (Loriot 2008, 555) oder ein Knoten im Schienenstrang dem Zug die Fahrt verwehrt (Loriot 2008, 384). Weil eine als Kreisform gezeichnete Seifenblase von einer gezeichneten Kugel aus Stein oder Metall kaum zu unterscheiden ist, scheint es nur logisch zu sein, dass ein Herr, als er einer von ihm erzeugten Seifenblase per Hand weiteren Schwung zum Fliegen verleiht, erleben muss, wie diese eine Fensterscheibe durchdringt und das Glas zersplittert (Loriot 2008, 492–493).

Loriot wusste die komischen und narrativen Möglichkeiten der Bildgeschichte vielfältig zu nutzen.[24] Er zieht traditionelle Verfahren heran und entwickelt neue, eigene Methoden. Der karikaturistisch lockere Strich, der mit der englischen Karikatur seit dem achtzehnten Jahrhundert, den naiven Zeichnungen Rudolf Töpffers und dann den pointiert gesetzten Übertreibungen, Verzerrungen und Reduzierungen Wilhelm Buschs die moderne Bildgeschichte, insbesondere die frühen Comics prägt, verschmilzt auch in Loriots Zeichnungen mit einem typischen Stil. Das verleiht seinen Figuren Dynamik und eine prägnante Körpersprache, setzt sie als Schauspieler auf Papier höchst lebendig in Szene. Auch die Erzählweisen der klassischen Bildgeschichte, die Entwicklung der Geschichte auf eine überraschende Pointe hin, das kontrastierende Gegenüber unterschiedlicher Lösungen, inhaltliche und grafische Unbestimmtheiten, die die ergänzende Fantasiearbeit der Betrachter einkalkulieren, weiß Loriot anschaulich zu nutzen. Das fantasievolle Spiel mit der grafischen Eigenwelt, die zulässt, was in der realen Welt unmöglich ist, hier aber doch scheinbar plausibel wirkt, wird bei ihm zu einem speziellen Merkmal seiner abstrusen Geschichten. Vor allem das besondere Wechselverhältnis von Bild und Wort, das auf ironische Weise beider Aussagen auf einer höheren Ebene miteinander verschmilzt und so die eigentliche Pointe (nicht selten eine satirisch-kritische

---

24 Zu Komikstrategien in Bildgeschichten vgl. Grünewald 2015.

Erkenntnis) erkennbar macht, ist eine ganz eigene Kunst Loriots. Ob als ideelle oder als tatsächliche Bildfolge, seine Bildgeschichten weisen in den meisten Fällen einen skurrilen, oft auch abstrusen Humor auf, der sich als erlösendes schelmisches Spiel mit unseren Lebensweltproblemen erweist. Korrespondierend mit seiner Erfahrung und sich zunächst naiv auf das Gezeigte einlassend, folgt der Betrachter den präsentierten Prozessabläufen und kann sich meist recht problemlos in die Akteure, ihr Handeln, ihr Denken, ihre Emotionen hineinversetzen und das gezeigte Geschehen miterleben. Wobei – und das macht den Reiz der Geschichten aus – eine gewisse Offenheit vieldeutiges Interpretieren nahelegt, was dann oft im Schlusspanel durch die überraschende Pointe gemäß Loriots Intention wieder eindeutig wird und zum Lachen reizt – ganz im Sinne Kants, der es als „Affect aus der plötzlichen Verwandlung einer gespannten Erwartung in nichts" (Kant 1790, 332) beschrieben hat. „Humor", so soll Joachim Ringelnatz gesagt haben, „ist der Knopf, der verhindert, dass uns der Kragen platzt!" Wir brauchen im Stress des Alltags, ja des Lebens, diesen Entlastungsanker, der oft mehr ist als nur unverbindlicher Spaß, sondern auf ironisch-spielerische Weise mit seiner Kritik am Falschen Denkimpulse gibt. Loriots Ironie enthält nicht selten eine verdeckte pädagogische Intention, ist aber nie pathetisch, sondern selbstironisch und vor allem nicht von oben herab belehrend.

Ein letztes Beispiel (Abb. 6). Der gut gefüllte Rucksack, den der Wanderer auf seinem Weg mitschleppt, platzt auf und sein Inhalt fällt heraus. Ein Grund, sich sehr aufzuregen. Doch die Mimik im dritten Bild zeigt Erleichterung an. Das können wir metaphorisch verstehen: Übertragen auf die oft überflüssigen Lasten, die wir im Alltag, im Leben aufgebürdet bekommen und mit uns herumschleppen. Vielleicht ist es gar nicht so falsch, davon etwas zu verlieren. Es erleichtert. Das Lachen, das Loriots Bildgeschichten auslösen, verbunden mit seiner ironischen Weltsicht und Weisheit, erweist sich als hervorragende Methode, das zu erreichen.

Alltagskaleidoskop – Loriots Bildgeschichten – Humorstrategien und Erzählweisen — 257

Abb. 6: Cartoon aus *Gesammelte Bildergeschichten* (Loriot 2008, 530).

Literatur

Baur, Otto. *Bestiarium Humanum. Mensch-Tier-Vergleiche in Kunst und Karikatur*. München: Moos, 1974.
Catullo, Luciano. *Die antike römische Villa des Weilers von Piazza Armerina in der Vergangenheit und der Gegenwart*. Messina: Apollonlykeios, 1999.
Cartoon-Caricature-Contor. „Fußball – eine runde Sache". *Cartoon-Service* 5 (1982).
Füsslin, Georg. *Optisches Spielzeug oder wie die Bilder laufen lernten*. Stuttgart: Verlag Georg Füsslin, 1993.

Grünewald, Dietrich. „Visuelle Lachimpulse. Strategien des Komischen in Bildgeschichten". *Das Komische in der Kultur.* Hg. Hajo Diekmannshenke, Stefan Neuhaus, Uta Schaffers. Marburg: Tectum, 2015. 167–191.
Grünewald, Dietrich. *Loriot und die Zeichenkunst der Ironie.* Berlin: Bachmann, 2019.
Grünewald, Dietrich. „Loriot und sein Platz im Comickosmos". *CAMP. Magazin für Comic, Illustration und Trivialliteratur* 3 (2019): 36–45.
Grünewald, Dietrich. „Germania, Michel und der Tod. Allegorien der visuellen Satire". *Grenzen des Sag- und Zeigbaren. Humor im Bild von 1900 bis heute.* Hg. Frank Becker und Antonia Gießmann-Konrads. Darmstadt: wbg, 2020. 10–34.
Grünewald, Dietrich. „Loriot". *Lexikon der Illustration im deutschsprachigen Raum seit 1945.* 11. Nachlieferung. Hg. Helmut Kronthaler. München: Edition Text + Kritik, 2021.
Halbritter, Kurt. „Miniwelt". *Halbritters Halbwelt.* Hg. ders. Frankfurt a. M.: Bärmeier & Nikel, 1970. 51–70.
Hoffmann-Curtius, Kathrin, und Uwe M. Schneede. *George Grosz. ‚John, der Frauenmörder'.* Stuttgart: Hatje, 1993.
Kant, Immanuel. *Kants gesammelte Schriften.* Hg. Königlich-Preußische Akademie der Wissenschaften. Bd. 5: *Kritik der Urtheilskraft.* Berlin: Reimer, 1913.
Koschatzky, Walter (Bearbeiter). *Karikatur & Satire. Fünf Jahrhunderte Zeitkritik.* München: Hirmer, 1992.
Lammel, Gisold. *Deutsche Karikaturen. Vom Mittelalter bis heute.* Stuttgart, Weimar: Metzler, 1995.
Lessing, Gotthold Ephraim. *Laokoon oder Über die Grenzen der Malerei* [1766]. Stuttgart: Reclam, 1964.
Lipinski, Eryk, und Herbert Sandberg (Hg.). *Satirikon '80. Karikaturen aus sozialistischen Ländern.* Berlin: Eulenspiegel, 1980.
Loriot. „Adam und Evchen". *Quick* (21. Januar 1956): 33.
Loriot. *Loriot's kleiner Ratgeber.* München: dtv, 1971.
Loriot. *Möpse & Menschen.* Zürich: Diogenes, 1983.
Loriot. *AK Potsdam, Düsseldorf, München, Hamburg.* Zürich: Diogenes, 1993.
Loriot. *Gesammelte Bildergeschichten. Über das Rätsel der Liebe. Vater, Mutter, Kind. Menschen auf Reisen. Umgang mit Tieren. Autos – Herr und Hund. Beruf und Büro – Sport. Haus und Garten. Weihnachten und andere Feste. Manieren und Kultur und vieles andere in 1345 Zeichnungen.* Zürich: Diogenes, 2008.
Loriot. *Tagesabreißkalender 2016.* Unterhaching: KV&H, 2015.
Loriot. *Ein Hundeleben mit Loriot.* Zürich: Diogenes, 2020.
Meggendorfer, Lothar. *Lothar Meggendorfer's Humoristische Blätter.* Reprint. Esslingen: J. F. Schreiber, 1987.
Neumann, Stefan. *Loriot und die Hochkomik. Leben, Werk und Wirken Vicco von Bülows.* Trier: WVT, 2011.
Ohser, Erich (i. e. e. o.plauen). „Vater und Sohn. Zurück zur Natur". *Berliner Illustrirte* 27 (1936); abgedruckt in: Ders. *Vater und Sohn. Zweiter Band.* Berlin: Ullstein, 1936, o. p. Neu aufgelegt u. a. in: *Erich Ohsers schönste Vater- und Sohn-Geschichten.* Bonn: Deutsche Post, 2003. 106.
Riha, Karl. *Commedia dell'Arte. Mit den Figurinen Maurice Sands.* Frankfurt a. M.: Insel, 1980.
Traxler, Hans. *Meine Klassiker. Bildergedichte.* Stuttgart: Reclam, 2008.
Vowinckel-Textor, Gertrud. „Witz mit Über-Biss. Loriots künstlerisches Spiel mit Realität und Widerspruch im Kontext humoristischer Zeichnungen des 20. Jahrhunderts". *Loriot. Text + Kritik* 230 (2021): 38–48.

Sarah Alice Nienhaus
Klangvolle Kommentare – Störfrequenzen und Verdrängungsoptimierungen in Loriots Filmen

1 „Humor ist ein strapaziertes Wort"

Ein lila marmoriertes Notizbuch mit seitlicher Spiralbindung versieht Wolfgang Hildesheimer im Jahr 1988 mit zwei quadratischen Klebezetteln, um obenauf einen aussagekräftigen Zweifachtitel zu platzieren. Ebendiese vorerst unscheinbare Etikettierung bringt Vicco von Bülow in bedeutsame Nachbarschaft, denn sie verortet ihn en passant im literarischen Feld des westlichen ‚Nachkriegsdeutschland' und im Kontext kuratorischer Wissensvermittlung: „Herrn Dr. Ott Skizzen zur Rede für die Eröffnung der Ausstellung Günter Eich. Skizzen zur Rede für die Eröffnung der Ausstellung LORIOT im Wilhelm-Busch-Museum Hannover 16. Okt, 1988. Wolfgang Hildesheimer". Seitlich lugt – nahezu kess – eine Haftnotiz hervor, auf der nochmals in Kapitälchen der Name ‚Loriot' notiert ist. Die Haftnotiz führt unmittelbar zu jener Rede, die mindestens in zweifacher Hinsicht aufschlussreich ist: Hildesheimer verwirft seinen vorerst gewählten Einstieg, für den er Loriots Schaffen – im Filmdebütjahr 1988 – unter ‚Humor' subsumiert. Dementgegen betont er als Auftakt die ‚Unsubsumierbarkeit', die Loriots Gesamtwerk auszeichnet:

> ~~Humor ist ein strapaziertes Wort, es wechselt den Sinn mit dem, der es jeweils auswählt. Das Wort Humorist ist noch schlimmer, denn es hebt den, den es bezeichnet sozusagen auf die sekundäre Ebene~~ Loriot, oder in gänzlich anderen Worten, Vicco von Bülow, ist weder auf <u>einen</u> Nenner noch unter <u>einen</u> Hut zu bringen. Er würde sich vermutlich gegen beides wehren. Jedenfalls habe ich es nicht versucht und schon gar nicht ernsthaft. Wir müssen uns aus der Mehrzahl der Hüte und Nenner einen aussuchen, im Lichte dessen freilich uns ein Teil des umfassenden Werkes des Künstlers beleuchtet werden kann. (Hildesheimer 1988, Durch- und Unterstreichungen im Original).

Die signifikante Tilgung, die einem Neuanfang gilt, soll hier Impulsgeberin dafür sein, Störfrequenzen nicht vorschnell und primär als *humoristisches* Stilelement zu klassifizieren, sondern ihre wirkmächtige Kommentarfunktion zu ermitteln. Die Tilgung zeigt bereits an, dass weder die Bezeichnung ‚Humorist' noch der Ausdruck ‚Humor' allein ausreichen, um Vicco von Bülows Werk, das unter dem Namen seiner „Kunstfigur Loriot" kursiert (Pabst 2021, 24), adäquat zu beschreiben (vgl. Kindt 2021, 16). Die Versuchung liegt nahe, das Thema der Störfrequenz unter den gleichfalls ‚strapazierten' Ausdruck ‚Kommunikation' zu subsumieren. Aufschlussreich ist gerade deshalb Hildesheimers Kritik an topischen Klassifizierungen, da sie vorschnelle und durchaus plausible Kurzschlüsse und differenzierungswürdige Näheverhältnisse bewusst macht. Sein Plädoyer für neue Perspektiven auf Loriots Œuvre ist ausschlaggebend dafür, die Kommentarfunktion hörbarer Störgeräusche nicht ausschließlich als kommunikatives, bisweilen humoristisches Beiwerk einzuordnen. Es zeigt sich besonders bei diesem Stilelement, dass es kaum ‚unter einen dieser Hüte' passen kann. Die Absage an eine allgemeingültige, offenkundig wiederholt mit Loriots Schaffen assoziierte Kategorie geht dezidiert mit der Zusage an eine Werkpluralität einher (vgl. Reuter 2021). Diese implizite Charakterisierung verrät ferner, dass Loriots Gesamtwerk zahlreiche Forschungsangebote offeriert.

Im Zentrum des Beitrags soll gerade deshalb fortan die Kommentarfunktion des ‚Klangs' stehen,[1] denn diese verschwand unter einem weiteren, besonders schillernden sowie dominanten ‚Hut', der in der Rezeptionsgeschichte wohl zum prominentesten Kollektivsingular avancierte: der ‚Kommunikation'. Im Folgenden werden Kommunikationsbegleiterinnen, nämlich die Störgeräusche in Loriots Filmen *Ödipussi* und *Papa ante portas* analysiert, denn auch hier „[eröffnet d]er Blick fürs versteckte Detail [...] eine reichhaltige Vielschichtigkeit" (Reuter 2021, 49). Ausgangspunkt ist die Beobachtung, dass punktuell eingesetzte, pointiert arrangierte Störfrequenzen als klangvolle Kommentare fungieren, die das jeweilige Geschehen ironisch perspektivieren und eine ostentativ ausgestellte „bürgerlich-bundesrepublikanische" Geräuschtoleranz persiflieren (Hillebrandt 2021, 58; vgl. auch Wietschorke 2013).

2 Der gute Ton

Es überrascht kaum, dass Vicco von Bülow in einem Kalenderblatt mit dem Titel *Vor 20 Jahren: Vicco von Bülows erste Filmkomödie ‚Ödipussi' wird in Ost- und Westberlin uraufgeführt* aus dem Jahr 2008 bei Deutschlandradio unmittelbar zitiert wird, um seine Freude an heikler Kommunikation zu dokumentieren: „Das Thema, das mich am meisten interessiert, ist die schieflaufende Kommunikation. Menschen die miteinander nicht reden können, die aneinander vorbeireden. Das ist seit Jahrzehnten, was die Beobachtung betrifft, meine größte Freude gewesen" (Maisch

---

1 Entscheidend für die Analyse ist, dass ‚Klang' stets sozial eingefärbt erscheint, wohingegen laut Michael Werner der Ausdruck ‚Ton' diese Konnexion nicht aufweist. „‚Ton' und alles, was damit zusammenhängt, ist deskriptiv präziser und zugleich emotional neutraler als ‚Klang'" (Werner 2018, 102). Mit Ton wird hier die Lautstärkenregulierung benannt, die Klangstile werden mit Blick auf die *Sound Studies* als Sammelbegriff für die einzelnen Komponenten verwendet: *Keynote*, *Soundmark* und *Signal* (vgl. Kaltenecker 2018).

2008). Auch Eckhard Pabst hebt in seinem Aufsatz „*Das Bild hängt schief!*". *Loriots TV-Sketche als Modernisierungskritik* hervor, dass „‚Sprache und Kommunikation als Problem'" ein zentrales, wenn nicht sogar das charakteristischste Merkmal für Loriots TV-Sketche sei (Pabst 2021, 26). Mit der prominenten Fokussierung auf das knifflige Kommunikationsgefüge ist die tonale Polyphonie sowie die versierte Klangdramaturgie bereits in Sicht, allerdings weithin unscharf konturiert. Aussagekräftig ist umso mehr Joana Ortmanns Rundfunkmanuskript zu ihrem Feature im Zeichen der Fährtenlese „*Och nö, Kinder, muss das sein?". Auf den Spuren des unbekannten Loriot*. Ebendort betont sie für den Bayerischen Rundfunk eine weitere, oft benannte und für die Darstellung misslingender Kommunikation, also für ‚klangvolle Kommentare', unabdingbare Kunstfertigkeit: das ‚Timing' (Ortmann 2017, 2). Das kunstvolle Timing zeichnet die hochregulierte Lautstärke als Kommentarfunktion aus und bedingt ihre klangbasierte Wirkmächtigkeit. Aufgehorcht werden darf, wenn für das Feature ab und an Stefan Lukschys Erinnerungen eingespielt werden und Loriots langjähriger Kollege – mit Verve – feststellt: Loriot „war ein großartiger DJ, v. a. was die Einführung in das Werk Richard Wagners anbelangte, da war er phänomenal [...]. Da erzählte er, worum es ging und illustrierte das mit Musikbeispielen aus seiner Plattensammlung" (Ortmann 2017, 7; vgl. Hillebrandt 2021, 60–61). Was läge näher, als einer ‚phänomenalen' Tonspur zu folgen, die ein ‚großartiger DJ' mit Interesse an ‚schieflaufender Kommunikation' und Wagner-Expertisen dem Publikum ‚(auf-)legt'? Die Selbstauskunft als auch die Aussagen zu Loriots Kommunikationsinszenierungen lassen dennoch weiterhin unbeantwortet, wie die Kommunikation konkret in Schieflage gerät. Anders formuliert: Wie sieht das voraussetzungsreiche Gestaltungsverfahren aus, das die wohlkalkulierte Kommunikation dezidiert als eine ‚schieflaufende' darbietet?

Der gezielte, konsequente und mitnichten sparsame Einsatz expliziter Alltagsgeräusche, der das gezeigte Gespräch als akzeptiertes Missverstehen oder selbstzentriertes Desinteresse am Gegenüber ausflaggt, darf als ein zentrales Gestaltungselement gelten. Bezeichnend ist, dass zunächst unscheinbare Nebentätigkeiten konzentriert laut gestellt werden, und daraus folgt unmittelbar eine diskrete Gesprächskommentierung oder -durchkreuzung. Der gute respektive gelungene Ton scheint erreicht, sobald die Tonalität asymmetrisch gestaltet ist. Das Gespräch bildet dabei den Grundton, der mittels einzelner Klänge sukzessiv unterlaufen wird. Das betonte Überhören einzelner Störgeräusche mit Irritationspotenzial präsentiert wiederum routinierte Praktiken, die sich als Verdrängungsoptimierung beschreiben lassen. Sie stellen den problematischen Umgang mit der jüngsten Vergangenheit in Deutschland nahezu dokumentarisch aus. Welche Funktion die klangliche Dimension dabei einnimmt, wird nach einer gegenstandsadäquaten Begriffsbestimmung analysiert.

3 *Sound Studies* und Klanganalysen

Als wegweisend entpuppt sich bei der gewählten Fährte ein Blick in die *Aural History*. Gerade sie verbinde, so Martin Kaltenecker, zwei Anliegen: „Sie stellt für sich selbst eine Geschichte des Hörens dar [...] und sie leistet einen Beitrag zur Darstellung historischer Vorgänge" (Kaltenecker 2018, 122). Besonders der zweite Aspekt ist im Falle von Loriots Filmen informativ. Die klangvollen Kommentare dienen nicht allein der Entlarvung einer kommunikativen Schieflage, sie machen unkritisches Überhören als eine spezifische Verdrängungsform der Nachkriegs-BRD anschaulich (vgl. dazu auch den Beitrag von Eckhard Pabst in diesem Band). Hilfreich erweist sich in Ergänzung Daniel Fuldas Deskription zur *Sound History*: Ihr „geht es um die Erforschung von historischen Klangverhältnissen, nicht um Klänge als Medium der Geschichtsdarstellung" (Fulda 2019, 34). Ein Klang allein kann keine Geschichtsdarstellung leisten, die Klangverhältnisse erklären jedoch Interaktionsmuster und systembedingte Gesellschaftsstrukturen.

Dem vorgebrachten Plädoyer dafür, Loriots Filme – als auch seine Fernsehproduktionen – im Sinne Fuldas klangsensibel zu untersuchen, kommt zupass, dass Kaltenecker in seiner Studie Raymond Murray Schafers Konzept zur ‚Soundscape' weiterführt, nebstdem sinnvoll ergänzt. In knapper Zusammenschau setzt sich eine *Soundscape* aus drei obligatorischen Bestandteilen zusammen, namentlich ‚Keynote', ‚Signal' und ‚Soundmarks'. Unter ‚Keynote' fällt für Schafer der geografische Grundton. Dieser könne als ein kontinuierlicher Ton verstanden werden, der die jeweilige Umgebung auszeichnet. Ein weiteres Merkmal ist, dass es sich um einen auf Dauer angelegten Ton handle. ‚Signale' seien wahrnehmbare Vordergrundgeräusche, beispielsweise die Laute eines einfahrenden Zuges oder einer schwingenden Kirchenglocke. Der mitberücksichtigte Bewegungsprozess und auch der Resonanzraum verraten bereits, dass das gemeinsame Charakteristikum eine chronotopische Momenthaftigkeit ist (vgl. Bers 2021, 77). Die im Falle Loriots sicherlich entscheidenden ‚Soundmarks' beschreibt Schafer als „soziale Klangzeichen, die sich spezifisch auf eine Gemeinschaft oder Gesellschaft beziehen" (Kaltenecker 2018, 127). Im Anschluss daran schlägt Kaltenecker vor, darüber hinaus zwischen ‚permanenten und okkasionellen' sowie zwischen „‚natürlichen' und ‚kulturell' bedingten" Klängen zu differenzieren (Kaltenecker 2018, 127). Diese heuristische Feindifferenzierung kommt nicht allein der späteren Szenenanalyse zugute. Vielmehr schärft sie ausgewiesene ‚Sonic Skills', die wiederum den Interpretationshorizont hin zu einem *Close Listening* öffnen können. Ermöglicht wird dadurch insgesamt die hörbasierte Annäherung an ein ‚Audible Past' (vgl. Sterne 2003).

In *Ödipussi* und *Pappa ante portas* erklingt die BRD beziehungsweise BRD *Noir* als ein solches *Audible Past* und erhält mithilfe dieser Perspektivierung bereits historische Patina, die wir dezidiert aus spürbarer Distanz bemerken (vgl. Felsch 2016,

10; Witzel 2016, 169). Mit ‚BRD Noir' prägen Philipp Felsch und Frank Witzel einen assoziationsreichen Begriff, der ihrem Vorhaben dient, „die Etappen nachzuzeichnen, in denen sich die Historisierung der BRD vollzogen hat" (Felsch 2016, 8). Das Interesse entspringt einer Gegenwartsdiagnose, die Felsch in seiner Einleitung *Die schwarze Romantik der Bundesrepublik* festhält: Auffällig seien in Film, Kunst und Literatur zahlreiche Reminiszenzen auf die „Optik des BRD Noir" (Felsch 2016, 9). Überspitzt werde diese als ‚harmlos', „[p]olitisch unpolitisch und ästhetisch unergiebig" gegenwärtig topisch in Szene gesetzt (Felsch 2016, 7). Unklar bleibt, ob Gleiches für die Akustik veranschlagt werden darf. Loriots explizit gesetzten *Soundmarks* dürfen allerdings zuversichtlich stimmen, sie stehen gewissermaßen für eine Etappe, in der „sich die Historisierung der BRD vollzogen hat" (Felsch 2016, 8). Kurzum: Loriots Filme bieten eine Zeitdiagnose und schaffen zugleich ein frühes Moment der Historisierung in sozialgeschichtlicher als auch audiovisueller Hinsicht.

4 Gehaltvolle Geräuschkulissen

Für die klangliche Dimension und deren Kommentarfunktion werden in erster Linie zwei Beispiele einem vergleichsbasierten *close listening* unterzogen. Die erste Passage stammt, mit Margarethe Tietzes und Paul Winkelmanns intimem Kaffeeplausch im ‚heimischen sowie provisorischen Interieur', aus *Ödipussi*. Die Regieanweisung ist bereits auffällig klangorientiert:

> *Beim Öffnen der Küchentür wird er [Paul Winkelmann] durch ein übles Geräusch daran erinnert, daß er den Zugang zu seiner Küche mit den Styroporteilen verstellt hat. Er lächelt verlegen in Richtung auf seinen Gast und eilt aus dem Zimmer, wobei ihm die offene Tür im Wege steht.*
> PAUL Wenn Sie sich einen Moment gedulden wür ... mögen ... [...]
> *Margarethe liest einen Warenanhänger, der am Sofa hängt.*
> *Paul kommt mit dem Hefezopf durch die Wohnzimmertür, drückt auf dem Weg den schiefstehenden Kamin noch einmal an die Wand und stellt den Zopf auf den Tisch. Margarethe gießt Tee ein.*
> MARGARETHE Der sieht ja wundervoll aus ... Und den haben Sie selbst gebacken ... ?
> PAUL Ja ... nach einem Rezept von meiner Mutter ...
> *Er schiebt bei dem Wort ‚Mutter' mit einem Ruck die beiden Teile des Hefezopfes zusammen.*
> (Loriot 1988, 79–80)

Es ist bemerkenswerterweise „ein übles Geräusch", das im Zuge einer alltäglichen, eigentlich unscheinbaren Handlung Paul Winkelmanns Rückschau aktiviert. Erinnert wird nicht ein in ferner Vergangenheit liegendes Ereignis, sondern das just zuvor optisch retuschierte, noch immer provisorische Wohninterieur. Überhaupt kann dieses, wie Eckhard Pabst es für eine andere Szene benennt, als „fragile Installation" beschrieben werden (Pabst 2021, 33). Eine Installation, der permanent ein Kippmoment droht respektive die an ein mögliches Entlarvungsmoment mahnt. Bedrohlich scheinen in der Gesamtkonstruktion allein bloßlegende Korrekturmöglichkeiten, die der mühsam inszenierten Staffage ein authentisches Gegenbild vorhalten könnten. Ebendiese würden die wohlstandssituierte Bürgerlichkeit als trügerisches Arrangement und Täuschungsmanöver ausstellen.

Doch von vorne: Margarethe Tietzes Klingelläuten, als Signal für die konkrete Besuchsankündigung, beantwortet Paul Winkelmann geschult mit einer ad hoc Verdrängungsleistung, die ihn das wacklige Arrangement vergessen lässt; eine kurzweilige Absicherung. Keinesfalls zufällig erzeugen zeitnah Styroporteile die okkasionellen *Soundmarks*, die die kürzlich hergestellte ‚heile Fassade' mit ersten Rissen versehen. Weder Gemütlichkeit noch Lässigkeit, um die sich die Figur Paul Winkelmann sichtlich bemüht, sind in dieser Konstellation vorstellbar. Es knirscht, rumpelt und schleift. Das konsequente Ignorieren der omnipräsenten *Soundscape* erzeugt unweigerlich Skurrilität, ein befreites Kennenlernen bei Kaffee und Keksen entgleitet Paul Winkelmann zusehends. Kennzeichnend ist besonders die Geräuschquelle, da in beiden Filmen zumeist Kunststoffmaterialien knistern, knarzen oder knallen. Beiläufig gelingt auf diese Weise ein Seitenblick auf eine sich im Film noch unbedarft etablierende Konsumkultur des Anthropozäns, die eine massive Müllproduktion verantwortet und in Loriots Spielfilmen als vermeintliches Fortschrittsnarrativ demaskiert wird. Die Omnipräsenz kunststoffbasierter Materialien visualisiert die symptomatische Überforderung mit einem kaum handhabbaren oder abbaubaren Material im frühen Plastikzeitalter.[2] Ebendiese müllbasierte Materialdichte markiert in Summe metaphorisch die nicht aufgearbeitete und subkutan präsente Vergangenheit und kollektive Vorgeschichte der BRD.[3] Nebstdem ist die

---

[2] So ist Vater Tietzes Kekskommentar beim ersten gemeinsamen Kaffeekranz in mindestens dreifacher Hinsicht ein Metakommentar (1) zur angespannten Kommunikationskonstellation, (2) besorgniserregenden Müllproduktion und (3) zur unkontrollierbaren bis absurden Komplexitätssteigerung als Gegenwartsdiagnose: „… Kekse waren früher einfach in einer Pappschachtel … jetzt ist da so Plastik drum … das macht die Sache sehr kompliziert" (Loriot 1988, 167).
[3] Besonders plausibel ist Anna Bers' Beobachtung, dass in Loriots Spielfilmen Freuds Traumanalysen parodiert und besonders individuelle Verdrängungsmechanismen demonstriert werden (Bers 2021, 76, 79–80). Die als professionalisiert dargestellten Verdrängungspraktiken berühren unterschiedliche Sozialbereiche: Die unkontrollierbare Plastikpräsenz platziert in diesem Zusammenhang prominent ein Material, das aufgrund seiner erschwerten Abbaubarkeit für ein ganzes Kollektiv absehbar zum Langzeitproblem wird. Sie steht symbolisch für die permanente Anwesenheit des Verdrängten. Erkannt werden kann darin eine implizite Zeitdiagnose der Nachkriegsgesellschaft.

ökokritische Perspektive auf ein massives Müllaufkommen prominent. Die sperrige Verpackung fordert in der zitierten Passage nahezu den gesamten, ohnehin spärlichen Wohnraum ein. Die Habitatnutzung ist so nur bedingt möglich. Selbst das neuerworbene Kaminensemble erweist sich als ein kunststoffbasiertes Replikat, das unverhältnismäßig groß gegenüber den restlichen Möbeln seinen Raum einfordert. Sinnbildlich steht diese asymmetrische Konfrontation für das ungleiche Verhältnis zwischen gewollter, gelebter und möglicher Großzügigkeit. Zuletzt gleitet auch der frischgebackene Hefezopf, bevor er serviert wird, rasch über die nur notdürftig verstaute Styroporverpackung, wobei er auf dieser – eigentlich auf Schutz und Schonung ausgerichteten – Möbelverkleidung ein kurzes, dennoch verräterisches Schleif- und Quietschgeräusch provoziert. Ebendieses Signal kommentiert indirekt die zuvor bekundete qualitätsorientierte Anpreisung eines Möbels aus Naturmaterialien, als Paul Winkelmann unbemerkt in die Rolle des Möbelverkäufers rutscht, auf seine Kommode zeigt und ungefragt Margarethe Tietze darüber informiert: „Das ist echt Nußbaum" (Loriot 1988, 77). ‚Echt' im Sinne von ‚authentisch' darf in der gewählten Passage als Gefahr bezeichnet werden, denn sie allein stört konsequent das Bemühen um ein bürgerlich geordnetes Gesamtbild. Zumal es sich hier um eine explizit benannte ‚Mogelpackung' handelt. Vorgetäuscht werden soll ein Qualitätsmöbel aus Vollholz mittels Furnierung. Paul Winkelmann preist folglich einen Gegenstand an, der eine bürgerliche Inszenierungsstaffage, einen ‚schönen Schein' begünstigt. Mehr noch, die Geräusche bilden Paul Winkelmanns Hektik und Nervosität ab, die er gerade gewillt ist, vor Margarethe Tietze zu verbergen. Kontinuierlich kommentieren die Klänge die soziale Konstellation und betonen, dass das Kommunikationsgefüge von Beginn an auf schiefem, wenn nicht trügerischem Grund ruht.

Besonders der Vergleich zwischen *Ödipussi* und *Pappa ante portas* verdeutlicht, dass das Plastikzeitalter als zukunftsweisende *Audible Past* hörbar wird. Loriot archiviert in gewisser Weise die prekäre Freude, Indolenz und punktuelle Überforderung an der heiklen Plastikmassenproduktion, die ihr Geburtsjahr schon 1950 feierte. Prägnant wird dies spätestens mit Margarethe Tietzes Showproben zum Polyestersong der Firma Kunststoffmeier. Den Auftakt macht eine leere Getränkedose, die Paul Winkelmann eiligen Schrittes versehentlich trifft und dabei zur Seite schleudert. Auf das blecherne Zufallsgeräusch setzt prompt die Showmusik ein. Paul Winkelmann folgt der Musik sichtlich desorientiert und kollidiert beinahe mit einem Hausmeister, der das Probegebäude mit großformatigen Styroporhüllen verlässt. Die Umrisse dieser Styroporhüllen lassen ahnen, dass sie jüngst einem Gegenstand Schutz vor Erschütterung boten, nun als Kostüm und Requisite dienen und baldigst zum dauerhaften Müllproblem aufleben. Die indirekt kommunizierte Schutzlosigkeit hat in dieser Passage proleptische Funktion. Sie ist ein früher Hinweis darauf, dass mit Paul Winkelmanns Ankunft ein Störfall unaufhaltsam Fahrt aufnimmt. Es kündigt sich wie in Loriots TV-Sketch *Das Bild hängt schief!* latent „eine Kette des Versagens größeren Umfangs" an (Pabst 2021, 25). Betroffen ist dieses Mal nicht das Interieur, sondern der generationale Konflikt, den Paul Winkelmann und Margarethe Tietze stoisch ertragen und gekonnt ignorieren. Die Fallhöhe ist im ‚Klein-Klein' der Show angelegt; auf einer Kleinkunstbühne wird ein Kleinunternehmen als vermeintlicher Showmaster aufgebauscht. Für die Premiere trägt Margarethe Tietze eine Art Styropor-Diadem, insofern ist auch das ‚üble Geräusch' beim Kaffeeplausch proleptisch angelegt. Es deutet ferner sachte auf die Beziehung zwischen Margarethe Tietze und Paul Winkelmann hin, die aufgrund der uneingestandenen Mutter- und Elternbindung nicht in Schwung kommen kann.

Der Songtext vermittelt zügig, dass sich die Show ganz Kunststoffmeier Polyvinylchlorid widmet. Ein Material, das vor der Zugabe von Weichmachern als spröde und hart beschrieben wird. Eigenschaften, die auch auf die gezeigten Sozialbeziehung zutreffen und im Bild des Ehepaars Schröder als Spiegel- und Schreckbild zu Paul Winkelmann und Margarethe Tietze kulminieren. Die unausgesprochenen, unaufgearbeiteten und – im Wortfeld des Kunststoffes – nicht auflösbaren Konflikte korrespondieren mit der im Song explizit angepriesenen Eigenschaft von Polyvinylchlorid. Diese sind, so intoniert es der Song, zuvörderst Langlebigkeit und Beständigkeit: „Meine Schwester heißt Polyester, sie lutscht nun schon bald neun Jahre immer denselben gelben Plastikbonbon, das ist eben Spitzenware" (Loriot 1988, 156). Fluch und Segen dieser Eigenschaften kommen bei Margarethe Tietzes Versprecher auf einen Punkt. Gestaltet ist dieser mithilfe eines Lexemaustausches, wenn Püree den Ausdruck Bonbon ersetzt. Beiden Lebensmitteln ist gemein, dass sie ohne ‚Biss' verzehrbar sind. Darin mag eine indirekte Anspielung auf Paul Winkelmanns Position als ‚Kindmann' und seine phlegmatische Mutterbindung erkennbar sein. Verantwortlich für den Versprecher ist Paul Winkelmanns situationsinadäquater Kummerbericht kurz vor Margarethe Tietzes Auftritt. Die konfliktreiche Mutterbindung und Paul Winkelmanns Eifersucht auf ihren neuen Mitbewohner sorgt für die punktuelle Störung, die auf dem Show-Höhepunkt ausbricht. Margarethe Tietze unterläuft der bedeutungsschwere Versprecher. Metonymisch steht die Wendung „immer dasselbe gelbe Plastik-Püree" (Loriot 1988, 156) für Paul Winkelmanns Mutter, ihr durchdringendes Matriarchat und seine Stagnation in der Rolle des ‚ewigen Sohns'. Die angewandte Metonymie expliziert etwas zuvor implizites, die Unmöglichkeit einer Beziehung durch eine ausgebliebene Emanzipation. Der aufgezeigte Konflikt hat, wie bereits erwähnt, dieselben Eigenschaften wie Polyvinylchlorid: Er ist hart, spröde und auf Dauer angelegt. Hinzu kommt, dass die einmal versehentlich benannte Konfliktquelle, gemäß dem Prinzip *the show must go on*, flott überspielt respektive verdrängt wird, er harrt somit seiner Lösung.

Heinrich und Renate Lohses Bummel durch ein Wäschefachgeschäft ist gleichfalls eine konfliktbehaftete Paarkonstellation:

Er vertieft sich in Spitzenhöschen, die auf Bügeln hängen. Dabei bemerkt er nicht, daß Renate beiseitegetreten ist und ein junger Mann mit langen Haaren ihren Platz eingenommen hat.
PAPPA Warum trägst Du nicht mal schwarze Unterwäsche?
Die neben ihm stehende vermeintliche Renate dreht sich und erweist sich als stoppelbärtiger Kunde männlichen Geschlechts. Pappa ist schockiert und spielt sich verlegen in die Nähe Renates. (Loriot 1991, 102–103)

Die Geräuschkulisse bilden hier eine unaufgeregte Warenhausmusik als *Keynote*, ein überbordender Wäschewust in Weiß auf Einwegplastikkleiderbügeln, deren permanentes Klicken und Klacken im Kontakt mit der Kleiderstange und das leisehektische Rascheln, das von Heinrich Lohses Plastiktüte als *Soundmark* ausgeht. Visualisiert und intoniert wird eine ‚Ton-in-Ton-Situation', die einen Überfluss an kaum unterscheidbarer Ware feilbietet. Das Rascheln der Plastiktüte kommentiert diskret Heinrich Lohses Wunsch, das Wäschefachgeschäft für Damen zeitnah zu verlassen. Ausgerechnet diese Plastiktüte gerät zunächst unbemerkt mit der Ausstellware in Kontakt und zieht ein Spitzennachthemd geräuschvoll zu Boden. Am Versuch, das durch desinteressiertes Schlendern verursachte Miniaturchaos zu beseitigen, scheitert Heinrich Lohse kläglich. Ähnlich ungeduldig wie Paul Winkelmann bringt er den Störgegenstand behelfsmäßig zum Verschwinden und schiebt die ‚Spitzenware' unter ein Wäscherondell. Der kurz darauf fließend gesprochene Satz „Warum trägst Du nicht mal schwarze Unterwäsche?" (Loriot 1991, 103), der ohne Auslassungszeichen auskommt – für die publizierten Drehbücher beider Filme eine typographische Seltenheit – gewinnt in seiner ungewohnten Interjektionsfreiheit humoristisches Potenzial. Die Reaktion auf den Satz intensiviert diesen Effekt, denn sie ist als Erkennungsmoment gestaltet. Ebendieses setzt mit einem Stocken ein, es wird für ein Moment still, allein die *Keynote* ist hörbar und dann ein letztes Einwegbügelklacken. Das Aussparen weiterer Klänge betont die Zügigkeit der gezeigten Szene. Der punktuell reduzierte Klang pointiert erst die Peinlichkeit der Verwechslung, die Heinrich Lose mit der Aussprache einer intimen Frage unterläuft. Nicht seine Frau, sondern ein Mann mit nahezu identischem Outfit und ähnlicher Frisur ist der Botschaftsempfänger. Die Verwechslungsszene ist eine intertextuelle Referenz auf *Ödipussi*, denn auch dort trägt Margarethe Tietze die gleiche Frisur wie ihr Frisör, was zu einer situationsinadäquaten Assoziation führt (vgl. Bers 2021, 74). Die visuell bemerkte Übereinstimmung, die Paul Winkelmann unbedacht ausspricht, zerstört die Möglichkeit des ersten Kusses (vgl. Loriot 1988). Während Paul Winkelmann sein *faux pas* unbewusst bleibt, verdrängen Heinrich Lohse und der ihm fremde Mann die Verwechslung rasch. Etwas Geschehenes wird erneut unsichtbar gemacht.

Die Kommentarfunktion der eingesetzten Klangstile wird präzise mittels unterschiedlicher Geschwindigkeiten und Lautstärken gesteuert. Die Verwechslung steigert Heinrich Lohses Bedürfnis, den Laden zu verlassen. Ohne seiner Ehefrau den Grund zu erklären, versucht er unbeholfen einen genauen Zeitpunkt für den gemeinsamen Aufbruch zu ermitteln:

> PAPPA Sag mal ...
> RENATE Ja ...
> PAPPA ... Willst Du noch lange rumgucken? ... Ich dränge dich nicht ... laß dir ruhig Zeit ... wie lange ... wie lange meinst du denn ... ich meine, bis du alles gesehen hast ... in aller Ruhe? ...
> RENATE Och ... weißt du ...
> PAPPA Ich dräng dich gar nicht ... ich hätte nur gern gewußt, wie ... äh ... wie lange es noch so dauert ... etwa ... (Loriot 1991, 103)

In Diskrepanz stehen Heinrich Lohses Aussagen und sein Ermittlungsvorgehen. Sein Unvermögen, die eigene Ungeduld zu kaschieren, wird spätestens dann erkennbar, wenn er Renate Lohses Antwort nicht abwarten kann und sie zum Aufbruch drängt, weil er sie und sich selbst aus dem Laden manövrieren möchte. Unmöglich ist ihm, dieses Bedürfnis klar zu benennen. Auch hier übernimmt ein Kunststoffgegenstand geräuschvoll die Kommentierung: Parallel zu Heinrich Lohses bohrenden Fragen beschleunigen sich die Klickgeräusche der Kleiderbügel, die Renate Lohse im Zuge ihrer Durchsicht ziellos hin- und herschiebt. Die Signale bilden das Gegenteil zum Ausdruck ‚Ruhe'. Heinrich Lohses Ra(s)tlosigkeit schlägt sich auch in der syntaktischen Wiederholungsstruktur nieder („Ich dränge dich nicht", „Ich dräng dich gar nicht", „Wie lange ... wie lange", „wie lange es noch so dauert", „meinst du denn ... ich meine", „laß dir ruhig Zeit", „in aller Ruhe"). Die enervierende Wiederholung betont, dass Heinrich Lohses Ruhetoleranz erschöpft ist beziehungsweise nie gegeben war. Die Wiederholungen sind zudem ein Äquivalent zur kaum unterscheidbaren Wäscheflut. Der beidseitige Überfluss symbolisiert jeweils die Unmöglichkeit, eine Entscheidung zu treffen. Die Signale stehen in signifikanter Diskrepanz zur *Keynote* und verweisen auf die Schieflage der gezeigten Kommunikation, die darin besteht, „dass Maximen für glückendes Miteinanderreden verletzt werden" (Fix 2021, 63).

Mit gemäßigter Geschwindigkeit geht es durch die Lande in der ebenfalls klangvollen Reiseszene aus *Pappa ante portas*:

> *Zunächst ist die Situation bestimmt durch das Fahrgeräusch, die vorbeiziehende Landschaft und das Schweigen der Familienmitglieder, die es vermeiden, sich anzusehen. Dann wendet sich Hedwig lächelnd an Dieter.* (Loriot 1991, 172)

> *In diesem Augenblick legt sich der Zug in eine unerwartet scharfe Kurve. Im Bemühen, sich abzustützen, gerät der Kellner mit der Hand in das eben servierte Tortenstück des Ehepaares*

Ködel. Die Cremeschichten des Backwerkes, durchsetzt von Schlagsahne, quellen ihm durch die Finger. (Loriot 1991, 175)

Die *Keynote* bilden hier das dauerhafte Vorbeirauschen der Landschaft und das Waggongeklapper. Der Klang ist im Fluss, während die Kommunikation am Familientisch stockt und alle „es vermeiden, sich anzusehen" (Loriot 1991, 172). Hedwig Ködel, Renate Lohses Schwester, erscheint in der ersten Nahaufnahme. Erstaunlich ist, dass ihr so sorgsames wie behutsames Entfernen der Eierschale deutlich und zuerst hörbar ist. Die ambitionierten Kaubewegungen ihres Ehemannes, die an das Fressverhalten einer Kuh erinnern, verlaufen überraschend geräuschlos. Hedwig Ködels penetrante Akribie, „ihre Prüderie und Bigotterie" (Classen 2021, 10), ist in dieser Szene auch mit einer optimierten Verdrängung nicht zu ignorieren, dies wird durch die punktuellen *Soundmarks* – genauer: mit den okkasionellen Schälgeräuschen – explizit. Diese Klangasymmetrie kommentiert implizit die Unmöglichkeit einer entspannten Unterhaltung. In einem Entspannungsversuch übt sich erfolglos Heinrich Lohse, der in einem sorglosen Anekdotenangebot die bewegungsstarken Kauübungen seines Schwagers aufgreift: „[K]ennt ihr die Geschichte von der Gemeindeschwester und der Kuh" (Loriot 1991, 173). In den unbemerkt gefährlichen Assoziationen bestätigt sich Tom Kindts Feststellung, dass das „Unheil, in das Loriots Figuren geraten, [...] von ihnen zumeist selbst in Gang gesetzt wird" (Kindt 2021, 19). Den arglosen Eisbrecher erkennt seine Frau unmittelbar als riskanten Kommentar mit ironischer Grundschärfe und verhindert Heinrich Lohses Erzählvorhaben. Die Stimmung der gesamten Szene regiert ein vorheriger Streit zwischen Renate und Heinrich Lohse. Dieser trägt maßgeblich zu Renate Lohses Hellhörigkeit bei, mit der sie unachtsam platzierte Kommentare ihres Ehemanns frühzeitig erkennt und unterbindet. Ihre Vorsicht erweist sich als berechtigt, denn Hedwig Ködel kann *Soundmarks* treffsicher als soziales Klangzeichen deuten. Ein Aufstoßen ihrer Schwester interpretiert sie direkt als wertenden Kommentar und quittiert diesen mit einer hochgezogenen, rügend-entlarvenden Augenbraue (vgl. Pabst 2021, 27). Diese Interpretationsfähigkeit unterstreicht, dass die Klangasymmetrie oftmals mit ungleichen Kommunikationsexpertisen einhergeht. Die Tragweite situationsunsensibler Assoziationen ist zumeist allein den Frauen bewusst. Die Kommunikationsschieflage ist in den gewählten Passagen gender- als auch generationenspezifisch.

5 Klangvoll kommentiert

In den Teilanalysen der ausgewählten Passagen konnte erkennbar werden, dass den eingesetzten Klangelementen eine ironisch-kritische Kommentarfunktion zukommt. In dieser Funktion betonen sie metaphorische als auch metonymische

Näheverhältnisse, die etablierte Konfliktkonstellationen kontextsensibel erläutern. Bemerkenswert ist der konsequente Kunststoffeinsatz als bevorzugte Geräuschquelle. Beispielhaft hierfür steht die Regieanweisung für die Szene, in der Renate Lohse ihren Ehemann von der Polizeiwache abholt, Regen einsetzt und er zum Schutz: „aus der Tasche eine alte Plastiktüte [zieht] und [...] sie Renate auf den Kopf [setzt]" (Loriot 1991, 147). Ein Moment der Nähe schafft in einer konfliktgebeutelten Ehe ‚eine alte Plastiktüte'. Sie steht metaphorisch für das ramponierte, liebgewonnene und auf pragmatische Beständigkeit angelegte Bündnis. Gleichzeitig veranschaulicht die Bildkomposition das Dilemma ungleicher Berufsmöglichkeiten und somit eingeschränkter Wahlmöglichkeiten in der *BRD Noir*. Diese schwelenden Gesellschaftskonflikte werden wie die Müllberge und Störfälle einstweilig zum Verschwinden gebracht. Prägend ist ein paradoxes Verhältnis, das Classen als Grundmotiv beschreibt. Dieses zeichne sich durch eine gesteigerte „Ordnungsobsession und ihr Scheitern" aus (Classen 2021, 12). Gezeigt wird eine Gesellschaft, die unfähig ist, Konflikte zu benennen, aufzuarbeiten und umfassend zu lösen. Ihre Kunstfertigkeit ist die der Verdrängungsoptimierung. Erklären könnten diese sozialkritische Kommentarfunktionen und die Ausstellung einer Leistungsgesellschaft des Verdrängens, weshalb, wie Classen schreibt, „die wenig ruhmreiche Auseinandersetzung mit dem Nationalsozialismus bei ihm nie explizit zum Thema wurde" (Classen 2021, 13). Die subtile Kritik ermöglichte sehr wahrscheinlich die unproblematische Ausstrahlung der Filme und Sketche, standen sie doch primär unter dem Vorzeichen einer harmlos-humoristischen Unterhaltung. Loriot liefert mithilfe eines akustischen Timings dezidiert sozialkritische Kommentare zur kommunikationsbasierten Schieflage der BRD.

Eine Fotografie, die sich im Deutschen Literaturarchiv Marbach finden lässt, zeigt Vicco von Bülow neben Walter Jens. Dies ist wieder eine Nachbarschaft, die Loriot einen Platz im literarischen, nun auch literaturwissenschaftlichen Feld zuweist. Die Momentaufnahme erfasst, wie Vicco von Bülow gemeinsam mit Walter Jens aus dem Briefwechsel zwischen Friedrich dem Großen und Voltaire liest. Eine offenkundig bedeutsame Konstellation ist hier festgehalten. Der Inhaber des bundesweit ersten Lehrstuhls für Rhetorik und ein außeruniversitärer Sozialforscher setzen gemeinsam auf das gesprochene Wort. Walter Jens veröffentlichte bekanntermaßen unter dem Pseudonym Momos Fernsehkritiken. Diese sind gebündelt in einem kleinen Sammelband verfügbar, der den Titel *Fernsehen – Themen und Tabus* trägt. Ziel sei es, mit dieser Sammlung das Lesepublikum zu kritischen Zuschauer:innen auszubilden. Nebstdem biete es Gegenkonzepte zu aktuellen Fernsehtrends. In diesem Band steht ein Artikel mit dem gewissermaßen vertrauten Titel *Demonstration des Hustens* (vgl. Jens 1973). Ein Titel, der als intertextueller Verweis auf Loriots *Hustenkonzert* gelesen werden könnte. Der Verdacht liegt nahe, dass Loriot mit seiner klangvollen Kommentarkunst weit mehr zur Wissensgeschichte der Rhetorik gehört, als bislang zaghaft vermutet wurde. Hörbar wird womöglich nicht allein „wie Klänge geschichtskonstituierend wirken" oder die *Audible Past* einer BRD *Noir* (Langenbruch 2019, 7; vgl. Classen 2021, 7). Verstehbar wird vielmehr ihre spezifische Rhetorik.

Literatur

Bers, Anna. „Von Räumen, Träumen und Türen. Aspekte räumlicher Semantik in Loriots Spielfilmen". *Loriot. Text + Kritik* 230 (2021): 73–81.
Classen, Christoph. „Lachen nach dem Luftschutzkeller. Loriot in der bundesdeutschen Nachkriegsgesellschaft". *Loriot. Text + Kritik* 230 (2021): 6–15.
Felsch, Philipp. „Die schwarze Romantik der Bundesrepublik". *BRD Noir*. Hg. Philipp Felsch und Frank Witzel. Berlin: Matthes & Seitz, 2016. 7–18.
Fix, Ulla. „Was ist das ‚Loriot'sche' an Loriot? Eine Betrachtung seiner ‚Ehe-Szenen' aus der Perspektive der kommunikativen Ethik". *Loriot. Text + Kritik* 230 (2021): 63–71.
Fulda, Daniel. „Geschichte – erzeugt, nicht gegeben. Wie viel Historisierung können Klänge leisten?". *Klang als Geschichtsmedium. Perspektiven für eine auditive Geschichtsschreibung*. Hg. Anna Langenbruch. Bielefeld: transcript, 2019. 21–40.
Hildesheimer, Wolfgang. *Rede für die Eröffnung der Loriot-Ausstellung im Wilhelm-Busch-Museum Hannover* [Titel von Bearbeiter/in], Signatur: DLA, HS007232105.
Hillebrandt, Claudia. „Von Schwänen und Fahrplänen. Loriots komische Oper". *Loriot. Text + Kritik* 230 (2021): 56–62.
Jens, Walter. *Fernsehen – Themen und Tabus: Momos 1963–1973*. München: Piper, 1973.
Kaltenecker, Martin. „‚Das Ohr vertieft sich'. Veränderungen, Verstörungen und Erweiterungen des Hörens im Krieg". *Klang als Geschichtsmedium. Perspektiven für eine auditive Geschichtsschreibung*. Hg. Anna Langenbruch. Bielefeld: transcript, 2019. 121–155.
Kindt, Tom. „Loriot und der deutsche Humor?". *Loriot. Text + Kritik* 230 (2021): 16–22.
Langenbruch, Anna. „Einleitung". *Klang als Geschichtsmedium. Perspektiven für eine auditive Geschichtsschreibung*. Hg. Anna Langenbruch. Bielefeld: transcript, 2019. 7–18.
Loriot. *Loriots Ödipussi*. Reg. Vicco von Bülow. Bavaria Film / Rialto Film GmbH, 1988.
Loriot. *Loriots Pappa ante portas*. Reg. Vicco von Bülow. Rialto Film GmbH, 1991.
Maisch, Nicole. „Kalenderblatt. Vor 20 Jahren: Vicco von Bülows erste Filmkomödie ‚Ödipussi' wird in Ost- und Westberlin uraufgeführt". *Deutschlandfunk*, 09. März 2008.
Ortmann, Joana. „‚Och nö, Kinder, muss das sein?'. Auf den Spuren des unbekannten Loriot. Hörbild und Feature". *Bayern 2*, 04. Februar 2017. 2–24.
Pabst, Eckhard: „‚Das Bild hängt schief!'. Loriots TV-Sketche als Modernisierungskritik". *Loriot. Text + Kritik* 230 (2021): 23–37.
Reuter, Felix Christian. „Loriots Fernsehsketche – mehr als nur Klassiker. Ein Plädoyer für eine historisch kritische Loriot-Ausgabe". *Loriot. Text + Kritik* 230 (2021): 49–55.

Werner, Michael. „Klang und Ton als Thema und Gegenstand einer Erfahrungsgeschichte". *Klang als Geschichtsmedium. Perspektiven für eine auditive Geschichtsschreibung*. Hg. Anna Langenbruch. Bielefeld: transcript, 2019. 101–119.

Wietschorke, Jens. „Psychogramme des Kleinbürgertums: Zur sozialen Satire bei Wilhelm Busch und Loriot". *IASL* 38.1 (2013): 100–120.

Witzel, Frank. „BRD Chamois". *BRD Noir*. Hg. Philipp Felsch und Frank Witzel. Berlin: Matthes & Seitz, 2016. 155–169.

Bonusmaterial

Stefan Lukschy, Rüdiger Singer
Loriots Namen, Loriot und die DDR, Loriots Filmmusik

Namen

SL: Ich weiß nicht, woran es liegt, also wenn man sich seine Namen anguckt: Seine Namen haben ja immer etwas mit merkwürdigen Lippenbewegungen zu tun: Schmoller, Blöhmann, Blöhmeier.

RS: Lüdenscheid, Müller-Lüdenscheid.

SL: Müller-Lüdenscheid. Also, er hat irgendwie immer, das hat mir auch ein Schauspieler erzählt, mit dem er gearbeitet hat, außerhalb unserer Sketche, dass er immer dieses (*gestikuliert und macht Mundbewegung*) immer dieses Spitzen des Mundes und das Auseinandergehen benutzte. Das kam natürlich aus seinen Zeichentrickfilmen, aber da ist er [...] soweit von Grünlich und Peeperkorn nicht entfernt. Er war ein unglaublicher Bewunderer Thomas Manns, liebte das heiß und innig, hat in Thomas Mann aber eben auch sehr stark den Humoristen gesehen oder den humoristischen Teil des Schriftstellers. Aber er fand das dann eben, dass Herr Grünlich „Grünlich" heißt, obwohl der ohnehin so ein bisschen grünlich und grämlich war, das war ihm offensichtlich zu deskriptiv.

DDR

SL: Er hat auch dafür gesorgt, dass sein erster Spielfilm, der in Berlin Premiere hatte, erst in Ost-Berlin gezeigt wurde und dann in West-Berlin.[1] Wobei er da noch eine ziemlich freche Bemerkung gemacht hat, dass es eigentlich ungeheuerlich sei, dass die Leute ins Kino gehen würden und nicht am Aufbau des Sozialismus arbeiten würden, die natürlich wahnsinnig gut ankam. Aber er hat sich eher als ein Brückenbauer verstanden, denn als jemand, der da irgendwie in eine politische Auseinandersetzung gegangen wäre.

---

[1] Gemeint ist der Film *Ödipussi*. Vgl. Loriot. *Die Spielfilme. Pappa ante portas, Ödipussi*. Reg. Vicco von Bülow. Universum Film, 2011.

RS: Sie haben ja auch in der DVD-Sammlung seine Lesung im Palast der Republik mit Evelyn Hamann von 1987.[2] Konnte man das von den Rechten her problemlos kriegen?

SL: Das lagerte im Deutschen Rundfunk Archiv und die wiederum verwalten die alten Rechte des DDR-Fernsehfunks. Die DDR hatte das aufgezeichnet und ich weiß gar nicht, ob sie es auch damals gesendet haben. Ich gehe aber mal davon aus, und es war irrsinnig schwierig für Leute in Ost-Berlin, dafür Tickets zu bekommen. Es war natürlich komplett ausverkauft. Ich weiß noch, dass er dann eine Geschichte von einer absurden Situation erzählte. Er traf sich mit der Intendantin des Theaters im Palast im Grand Hotel Friedrichstraße, Ecke Behrenstraße. Was es ja noch gibt, das war so ein internationales Hotel, in dem man eben nur mit Westgeld bezahlen konnte, und sie saßen da und tranken Kaffee und dann sagte diese Intendantin, sie müsse mal kurz verschwinden, und wenn sie aber jetzt da in dem Café auf die Toilette geht, muss sie die Klofrau oder den Klomann mit Westgeld bezahlen. Also bat sie ihn darum, ihr 50 Pfennig zu geben. Das hat er natürlich als wahnsinnig peinliche Situation empfunden, dass diese Leute in ihrem eigenen Land in einem Hotel, wenn sie aufs Klo gehen, eine Währung aus dem anderen Land, nämlich aus der bösen Bundesrepublik oder dem bösen West-Berlin, brauchten. Das waren Dinge, die ihm sehr aufgefallen sind und die er auch als absurde Verrenkungen deutsch-deutscher Politik gesehen hat.

RS: Ich war erstaunt, als ich das noch mal gesehen habe, dass es da doch so kleine Spitzen gibt. Ich meine jetzt weniger, dass er im Trabbi bei *Geigen und Trompeten*[3] nachhause kommt. „Da führen sie ein Gespräch, soweit man das im Trabbi machen kann." Das hat von den Oberen bestimmt noch niemanden gestört, aber es gibt ...

SL: Naja, die haben ja selber in der DDR die ersten Trabis – es gab ja auch bei uns diese Lloyd-„Leukoplastbomber" – die wurden ja auch drüben in der DDR als „Rennpappe" verspottet, weil die aus so einem komischen Material – die Karosserie war irgendwie fast aus Pappe oder so, jedenfalls nicht aus Metall – und da war in der DDR durchaus der Humor da für diese Dinge. Es war ja nicht so, dass es ein Land ohne Humor war. Im Gegenteil, es gab ja ungeheuer viele, sehr subversive Witze über die Herrschenden.

---

2 Vgl. Loriot. *Die vollständige Fernseh-Edition.* Reg. Vicco von Bülow. Warner, 2007, Disc 5, Zu Gast in Berlin.

3 Vgl. Loriot. *Die vollständige Fernseh-Edition.* Reg. Vicco von Bülow. Warner, 2007, Disc 5, Zu Gast in Berlin, Track 3.

RS: Aber solche Witze durfte man dann auch in der Öffentlichkeit machen oder so was hätte es dann auch in der „Distel" [Kabarett in Ost-Berlin] oder sowas gegeben?

SL: Bis zu einem gewissen Grad. Ich glaube, die Politik war, solange das nicht wirklich weh tat oder solange es nicht wirklich ein Aufruf zum Widerstand war, war das erlaubt. Das beruhigte ja dann auch die Menschen irgendwie.

RS: Was ich doch sehr interessant fand, ist, dass es dann da den *Schnittbohnen-Dialog* gab.[4] Eine Bundestagsdebatte, Opposition gegen Regierung, und da sagte er dann hinterher: „Na, sowas kennen Sie ja nicht."

SL: Ja, naja *(lacht)*. Er hatte ja dort auch eine gewisse Narrenfreiheit und konnte sagen, was er wollte. Man hätte ihn jetzt nicht festgenommen, aber es ist natürlich auch ein relativ sanfter Humor gewesen. Er ist ja nicht wirklich offiziell kritisch mit der DDR ins Gericht gegangen. [...] Wir waren noch zu DDR-Zeiten in Ost-Berlin. Da hat er mir die Stätten seiner Jugend gezeigt und dann waren wir Zeugen des Wachwechsels der Volksarmee vor der Schinkel'schen Wache. Das hat ihn sehr berührt, weil ihn das an seine Jugend erinnerte.

Musik

SL: Als es um die Musiken für die Sketche ging – wir haben ja vorhin gesagt, dass er sich als „Disc Jockey" betätigt hat –, saßen wir in seinem Arbeitszimmer und dann gab es so bestimmte Platten mit Musiken, die man auflegte und sich fragte: Passt das dazu? Also, bei Sketchen wie dieser Bananenschale im Flughafen sollte das irgendsoeine Fahrstuhlmusik sein, die im Flughafen im Hintergrund laufen konnte und so ein bisschen amerikanisch-international sein sollte, – und das wurde dann ein Stück von Russ Conway, das ist ein Unterhaltungsorchester der 50er/60er Jahre gewesen.[5] Oder bei der *Zimmerverwüstung*[6] war es ein Bolero von Mantovani, das war ein italienisches Streichorchester, mit schön hohen Gei-

---

4 Vgl. Loriot. *Die vollständige Fernseh-Edition*. Reg. Vicco von Bülow. Warner, 2007, Disc 5, Zu Gast in Berlin, Track 5.
5 Gemeint ist der Sketch *Flughafenkontrolle*. Vgl. Loriot. *Die vollständige Fernseh-Edition*. Reg. Vicco von Bülow. Warner, 2007, Disc 3, Loriot III, Track 1.
6 Vgl. Loriot. *Die vollständige Fernseh-Edition*. Reg. Vicco von Bülow. Warner, 2007, Disc 3, Track 4.

gen; der hatte eben einen Bolero komponiert, der an Ravels Bolero angelehnt ist, und der passte wunderbar zu diesem Stück, weil er eine innere Steigerung drin hat. Und so hat man sich immer Sachen angehört und ausprobiert und auf eine Kassette überspielt, und dann am Schneidetisch die Kassette zu dem Sketch gespielt.

Autor*innen-Informationen

Dr. Anna Bers, wissenschaftliche Mitarbeiterin am Seminar für deutsche Philologie der Georg-August-Universität Göttingen. Forschungsschwerpunkte: Johann Wolfgang von Goethes Spätwerk, Lyrik in Theorie, Geschichte und Praxis (Gegenwartslyrik, Phänomene des Performativen, Lyrikerinnen, Gedichte unterrichten), deutschsprachige Literatur des Baltikums. Zuletzt erschienen: *Loriot. Text + Kritik* 230 (2021, gemeinsam mit Claudia Hillebrandt).

Prof. em. Dr. phil. habil Dietrich Grünewald, Jg. 1947, bis WS 2012/2013 Professor für Kunstwissenschaft/Kunstdidaktik am Institut für Kunstwissenschaft, Universität Koblenz-Landau, Campus Koblenz. Forschungsschwerpunkte seit der Emeritierung: Bildgeschichte, Karikatur. Zuletzt erschienen: *Abstrakt? Abstrakt! Abstraktion und Bildgeschichte*. Berlin: Bachmann, 2021; Hg. zusammen mit Bernd Dolle-Weinkauff: *Studien zur Geschichte des Comic*. Berlin: Bachmann, 2022.

PD Dr. Claudia Hillebrandt, Vertretungsprofessorin an der Universität Bielefeld im Fach Germanistik und Privatdozentin am Institut für Germanistische Literaturwissenschaft der Friedrich-Schiller-Universität Jena. Forschungsschwerpunkte: Literaturtheorie, Emotions- und Erzählforschung, Lyriktheorie und -geschichte, Literatur der Moderne, Gegenwartsliteratur. Zuletzt erschienen: *Loriot. Text + Kritik* 230 (2021, gemeinsam mit Anna Bers).

Prof. em. Dr. Helga Kotthoff, Germanistische Linguistin an der Universität Freiburg und dieser nach wie vor über ein DFG-Forschungsprojekt zu Personenreferenzen verbunden. Forschungsschwerpunkte: Interaktions-, Humor- und Soziolinguistik. Zuletzt erschienen: „Gender and humour: The new state of the art". *Linguistik Online* 118.6 (2022), 57–80: https://doi.org/10.13092/lo.118.9084.

Stefan Lukschy, Regisseur und Autor, Mitglied der Deutschen Filmakademie, zahlreiche Kino- und Fernseharbeiten (Film: *Wer spinnt denn da, Herr Doktor?* [1982], *Suche Mann für meine Frau* [2005]; Serie: *Loriot 1–6* [1976–1978], *Harald und Eddi* [1989–1990] u.v.a.m.). Im Erscheinen: *Der Glückliche schlägt keine Hunde. Ein Loriot Porträt*. Neuauflage. Berlin: Aufbau, 2023.

Prof. Dr. Dr. h. c. Stefan Neuhaus, Neuere deutsche Literatur, Universität Koblenz. Forschungsschwerpunkte: Literatur des achtzehnten bis einundzwanzigsten Jahrhunderts, Literaturtheorie, Literatur und Film. Zuletzt erschienen: *Grundriss des Interpretierens*. Tübingen: UTB, 2022.

Dr. Stefan Neumann lehrt Literaturdidaktik und -wissenschaft an der Bergischen Universität Wuppertal. Forschungsschwerpunkte: Literatur- und Filmdidaktik, Märchen, Romane der Gegenwart, Popkultur. Zuletzt erschienen: Stefan Neumann (Hg.): *„Warum wir der Poesie und Mythologie einen Dienst erweisen wollen". Abhandlungen zu den Märchen der Brüder Grimm von Heinz Rölleke*. Trier: WVT, 2022.

Dr. Sarah Alice Nienhaus, wissenschaftliche Mitarbeiterin an der Ludwig-Maximilians-Universität München. Forschungsschwerpunkte: Literaturpreise (SFB *Praktiken des Vergleichens*, Universität Bielefeld), autobiografische Praktiken, Verlagspolitik und Buchgestaltung. Zuletzt erschienen: *Entscheidungen erzählen. Autobiografische Archivierungspraktiken bei Fanny Lewald-Stahr, Paul Heyse und Arthur Schnitzler*. Göttingen: Wallstein Verlag, 2022.

Dr. Eckhard Pabst, Mitarbeiter am Institut für Neuere Deutsche Literatur und Medien an der Christian-Albrechts-Universität zu Kiel und Programmleiter des Kommunalen Kinos Kiel. Aktuelle Forschungsschwerpunkte: Verhältnis von Architektur und Film, Darstellung von Migration und Integration im deutschen Film und Fernsehen.

PD Dr. habil. Rüdiger Singer, Privatdozent für Neuere deutsche Literatur und Komparatistik, gegenwärtig Senior Research Fellow am Trier Center for Digital Humanities.
Forschungsschwerpunkte: deutsche Literatur des achtzehnten und neunzehnten Jahrhunderts im europäischen Kontext, Poesie zwischen Mündlichkeit und Schriftlichkeit, Schauspielkunst, Wort-Bild-Rhetorik und -Satire. Zuletzt erschienen: „,The bloody assassin of the workers, I presume?' Beobachtungen zum Verhältnis von politischer Karikatur und Anekdote". *Anekdotisches Erzählen. Zur Geschichte und Poetik einer kleinen Form*. Hg. Christian Moser und Reinhard Möller. Berlin und New York: De Gruyter, 2022. 379–416.

Prof. Dr. Hans-Georg Soeffner, Seniorprofessor an der Universität Bonn, Sprecher des Bonner Zentrums für Versöhnungsforschung, Vorstandsmitglied und Permanent Fellow des Kulturwissenschaftlichen Instituts Essen. Forschungsschwerpunkte: Wissens-, Kultur- und Religionssoziologie. Zuletzt erschienen: Hans-Georg Soeffner, Marija Stanisavljevic und Lara Pellner (Hg.) *Theresienstadt – Filmfragmente und Zeitzeugenberichte*. Wiesbaden: Springer VS, 2021.

Prof. Dr. Christoph Stölzl (†), Historiker, Publizist, Kulturjournalist. 1980–1987 Direktor des Münchner Stadtmuseums, danach bis 1999 Generaldirektor des Deutschen Historischen Museums in Berlin, 2000/2001 Berliner Senator für Wissenschaft, Forschung und Kultur, 2002 bis 2006 Vizepräsident des Berliner Abgeordnetenhauses, 2010 bis 2022 Präsident der Hochschule für Musik „Franz Liszt" in Weimar. Die Entstehung dieses Bandes wurde durch folgendes Diktum Stölzls im Nachwort zu Loriots *Gesammelter Prosa* angeregt: „Wenn man die Geschichte unseres Landes nach dem Zweiten Weltkrieg schreiben wird, kann man getrost auf die Tonnen bedruckten Papiers der Sozialforscher verzichten und sich Loriots gesammelten Werken zuwenden: *Das* sind wir, in Glanz und Elend."

PD Dr. Anne Uhrmacher, Privatdozentin an der Universität Trier und Adjunct senior lecturer an der Université du Luxembourg. Forschungsschwerpunkte: Felder zwischen Sprach- und Literaturwissenschaft, Komik, sprachkritische Dichtung, Kommunikation. Zuletzt erschienen: „,Gewalt ist keine Lösung und das soll sie auch nicht sein … ' (K.I.Z.). Faszination der Gewaltphantasien in Texten und Bildern des Deutschrap". *Literatur im Unterricht* 23.1 (2022): 83–98.

PD Dr. phil. Sophia Wege, Lehrkraft für besondere Aufgaben am Germanistischen Institut der Martin-Luther-Universität Halle-Wittenberg. Forschungsschwerpunkte: Fontane und Schopenhauer, faktuales und autofiktionales Erzählen, Evolutionstheoretische Literaturwissenschaft und Kognitive Poetik, Begriff der Einbildungskraft, Literatur und Film.

PD Dr. Jens Wietschorke, Akademischer Rat am Institut für Empirische Kulturwissenschaft und Europäische Ethnologie der Ludwig-Maximilians-Universität München. Forschungsschwerpunkte: Historische und gegenwartsbezogene Stadtforschung, Raum- und Architekturforschung, Geschichte und Kulturanalyse sozialer Ungleichheit(en), Populäre Kultur. Zuletzt erschienen: *Wien – Berlin. Wo die Moderne erfunden wurde*. Stuttgart: Reclam, 2023.

Abbildungsverzeichnis

Anne Uhrmacher: „‚Sie lesen Gedichte, gnä' Frau?' Loriots Blick auf die Komik bundesrepublikanischer Milieus"

Abb. 1 Loriot. *Flugessen. Die vollständige Fernseh-Edition.* Reg. Vicco von Bülow. Warner, 2007, Disc 4, Loriot V, Track 5, 00:07:39 —— **53**
Abb. 2 Loriot. *Flugessen. Die vollständige Fernseh-Edition.* Reg. Vicco von Bülow. Warner, 2007, Disc 4, Loriot V, Track 5, 00:10:30 —— **55**
Abb. 3 Loriot. *Flugessen. Die vollständige Fernseh-Edition.* Reg. Vicco von Bülow. Warner, 2007, Disc 4, Loriot V, Track 5, 00:07:59 —— **56**
Abb. 4 Loriot. *Flugessen. Die vollständige Fernseh-Edition.* Reg. Vicco von Bülow. Warner, 2007, Disc 4, Loriot V, Track 5, 00:08:35 —— **58**
Abb. 5 Loriot. *Die Spielfilme. Ödipussi, Pappa ante portas.* Reg. Vicco von Bülow. Universum Film, 2011, 00:37:24 (*Pappa ante portas*) —— **59**
Abb. 6 Loriot. *Die Spielfilme. Ödipussi, Pappa ante portas.* Reg. Vicco von Bülow. Universum Film, 2011, 00:37:35 (*Pappa ante portas*) —— **62**

Eckhard Pabst: „Nicht mit dem Führer sprechen. Zum Erbe der NS-Vergangenheit bei Loriot"

Abb. 1 Loriot. *Wahre Geschichten erlogen von Loriot.* Zürich: Diogenes, 1959, 74 —— **79**
Abb. 2 Loriot. *Wahre Geschichten erlogen von Loriot.* Zürich: Diogenes, 1959, 22–23 —— **80**
Abb. 3 Loriot. *Wahre Geschichten erlogen von Loriot.* Zürich: Diogenes, 1959, 60–61 —— **83**
Abb. 4 Kubitz, Peter Paul, und Gerlinde Waz (Hg.). *Loriot. Ach was!* Ostfildern: Hatje Cantz, 2009, 59 —— **87**
Abb. 5 Kubitz, Peter Paul, und Gerlinde Waz (Hg.). *Loriot. Ach was!* Ostfildern: Hatje Cantz, 2009, 41 —— **90**

Stefan Neuhaus: „‚Das Ei ist hart!' Loriots hybride Welt"

Abb. 1 Loriot. *Spätlese.* Hg. Susanne von Bülow, Peter Geyer und OA Krimmel. Zürich: Diogenes, 2013, 20 —— **98**
Abb. 2 Loriot. *Spätlese.* Hg. Susanne von Bülow, Peter Geyer und OA Krimmel. Zürich: Diogenes, 2013, 21 —— **99**
Abb. 3 Loriot. *Spätlese.* Hg. Susanne von Bülow, Peter Geyer und OA Krimmel. Zürich: Diogenes, 2013, 38 —— **100**
Abb. 4 Loriot. *Spätlese.* Hg. Susanne von Bülow, Peter Geyer und OA Krimmel. Zürich: Diogenes, 2013, 140 —— **102**

Stefan Neumann: „Risse in Loriots heiler Welt? Loriots Zeichnungen aus den späten 1960er und frühen 1970er Jahren im Spiegel der Kritik von Wolfgang Hildesheimer"

Abb. 1 Loriot. *Loriots heile Welt.* Zürich: Diogenes, 1973, 24 —— **169**
Abb. 2 Loriot. *Loriots heile Welt.* Zürich: Diogenes, 1973, 274 —— **171**
Abb. 3 Loriot. *Loriots heile Welt.* Zürich: Diogenes, 1973, 111 —— **174**
Abb. 4 Loriot. *Loriots heile Welt.* Zürich: Diogenes, 1973, 221 —— **176**

Abb. 5   Loriot. *Loriots heile Welt*. Zürich: Diogenes, 1973, 137 —— **178**
Abb. 6   Loriot. *Loriots Kommentare*. Zürich: Diogenes, 1978, 73 —— **180**

Anna Bers: „Loriot geht viral? Zu Funktionen und Folgen der gegenwärtigen Loriotrezeption"

Abb. 1   Grant Wood. *American Gothic*. 1930, Öl auf Holzfaserplatte, 76 × 63,3 cm, Art Institute of Chicago, https://de.wikipedia.org/wiki/Datei:Grant_DeVolson_Wood_-_American_Gothic.jpg (17. Juli 2023) —— **193**
Abb. 2   Loriot. *Loriots Ödipussi, Drehbuch*. Zürich: Diogenes, 1988, 56 —— **193**
Abb. 3   Loriot. *Loriot Pappa ante portas, Drehbuch*. Zürich: Diogenes, 1991, 54 —— **193**
Abb. 4   Loriot. *Loriots Ödipussi, Drehbuch*. Zürich: Diogenes, 1988, 81 —— **201**
Abb. 5   Unbekannt. *Bastet*. 666 bis 610 v. Chr., Bronze und Glas, 20 × 26,7 cm, Musée du Louvre, Paris, https://upload.wikimedia.org/wikipedia/commons/6/67/Bastet-E_2533-IMG_0630-gradient.jpg (17. Juli 2023) —— **201**

Dietrich Grünewald: „Alltagskaleidoskop – Loriots Bildgeschichten – Humorstrategien und Erzählweisen"

Abb. 1   Loriot. *AK Potsdam, Düsseldorf, München, Hamburg*. Zürich: Diogenes, 1993, 54 —— **239**
Abb. 2   Loriot. *Gesammelte Bildergeschichten. Über das Rätsel der Liebe. Vater, Mutter, Kind. Menschen auf Reisen. Umgang mit Tieren. Autos – Herr und Hund. Beruf und Büro – Sport. Haus und Garten. Weihnachten und andere Feste. Manieren und Kultur und vieles andere in 1345 Zeichnungen*. Zürich: Diogenes, 2008, 233 —— **240**
Abb. 3   Loriot. *Gesammelte Bildergeschichten. Über das Rätsel der Liebe. Vater, Mutter, Kind. Menschen auf Reisen. Umgang mit Tieren. Autos – Herr und Hund. Beruf und Büro – Sport. Haus und Garten. Weihnachten und andere Feste. Manieren und Kultur und vieles andere in 1345 Zeichnungen*. Zürich: Diogenes, 2008, 323 —— **245**
Abb. 4   Loriot. *Gesammelte Bildergeschichten. Über das Rätsel der Liebe. Vater, Mutter, Kind. Menschen auf Reisen. Umgang mit Tieren. Autos – Herr und Hund. Beruf und Büro – Sport. Haus und Garten. Weihnachten und andere Feste. Manieren und Kultur und vieles andere in 1345 Zeichnungen*. Zürich: Diogenes, 2008, 343 —— **250**
Abb. 5   Loriot. „Adam und Evchen". *Quick* (21. Januar 1956): 33 —— **252**
Abb. 6   Loriot. *Gesammelte Bildergeschichten. Über das Rätsel der Liebe. Vater, Mutter, Kind. Menschen auf Reisen. Umgang mit Tieren. Autos – Herr und Hund. Beruf und Büro – Sport. Haus und Garten. Weihnachten und andere Feste. Manieren und Kultur und vieles andere in 1345 Zeichnungen*. Zürich: Diogenes, 2008, 530 —— **257**

www.ingramcontent.com/pod-product-compliance
Lightning Source LLC
Chambersburg PA
CBHW050859300426
44111CB00010B/1307